U0209859

R 语言与地理数据分析

李建国　戴小清　徐　璐　朱长明　杨仁敏　李　鑫　王　媛　编著

科学出版社
北　京

内 容 简 介

本教材主要包括 10 个章节。前 4 章主要阐述 R 语言的基本操作，包括 R 语言的演化发展、语言编译器（IDE）及其 R 核心计算模块的安装、R 语言支持的主要数据类型与结构、R 语言的数据操作与管理以及传统的统计分析工具和方法介绍。第 5～10 章分别阐述 R 语言在栅格（遥感）数据（第 5 章）、社会经济数据（第 6 章）、生态数据（第 7 章）、时间序列分析（第 8 章）、机器学习（第 9 章）和空间自相关与空间回归模型（第 10 章）中的方法及其应用案例。

本教材主要面向地理、生态和环境科学专业的本科生与研究生。

审图号：GS 京（2025）0243 号

图书在版编目（CIP）数据

R 语言与地理数据分析 / 李建国等编著. -- 北京 ：科学出版社, 2025. 1. -- ISBN 978-7-03-080662-8

Ⅰ. P208.2

中国国家版本馆 CIP 数据核字第 2024PP2949 号

责任编辑：周　丹　沈　旭　李嘉佳/责任校对：樊雅琼

责任印制：张　伟/封面设计：许　瑞

科学出版社出版

北京东黄城根北街 16 号

邮政编码：100717

http://www.sciencep.com

北京厚诚则铭印刷科技有限公司印刷

科学出版社发行　各地新华书店经销

*

2025 年 1 月第　一　版　开本：787 × 1092　1/16

2025 年 1 月第一次印刷　印张：25 1/2

字数：602 000

定价：169.00 元

（如有印装质量问题，我社负责调换）

前　言

21 世纪的今天，大学生知行合一能力的培养是其综合素养提升的核心内容。对于地理、生态和环境科学等相关理学专业的学生来说，学习和使用一门可以用于其专业探索和应用的编程语言是提升其实践能力的重要内容。在学习过程中拥有一本适合专业背景的工具书是提升其学习效果的利器。经过近 30 年的发展，R 语言已经成为理学学科中进行数据处理与分析的核心工具，其灵活且简便的语言特点、强大的数据获取与分析能力以及已经被广泛证明的多学科与专业的包容性与适用性使其逐渐成为理学高校中占据主导地位的编程语言。在长期的本科生和研究生计量分析教学过程中，我们发现很难找到一本适合地理、生态和环境科学专业背景学生学习和使用的 R 语言教材，其中突出的问题主要表现在：①多数的计量分析教材中重点突出计量分析方法的数理基础，常忽视其工具的实现与应用；②传统教材中不同分析方法和模型的实现多借助不同的软件平台，不同的软件、编程语言及其环境给学生在计量分析方法上的学习增加了不少难度，产生了无形的障碍；③传统的 R 语言编程书籍多没有考虑地理、生态与环境科学相关专业学生背景及其知识结构，多从编程语言的语法规则和模型算法的角度突出强调 R 语言的编程技巧和算法机理，缺乏与地理、生态以及环境科学紧密结合的案例，缺少专业上的共鸣与共情，导致学习的效果往往难以保证。因此，编写一本适合于以上专业学生使用的 R 语言教材甚为必要。

本教材主要供地理、生态和环境科学专业的本科生与研究生使用。教材立足于 R 语言的基础语法规则和常用工具等基础知识讲授，并在此基础上对以上专业常用的方法进行案例代码演示，以强化 R 语言学习的专业实用性。本教材主要包括 10 个章节，前 4 章主要阐述 R 语言的基本操作，包括语言的演化发展、语言编译器（IDE）及其 R 核心计算模块的安装、R 语言支持的主要数据类型与结构、R 语言的数据操作与管理以及传统的统计分析工具和方法介绍。从第 5 章开始，主要介绍地理、生态和环境科学领域中常见的方法和模型在 R 语言中的实现，主要包括栅格数据处理与分析（第 5 章），涉及遥感影像的处理与分析、光谱数据的分析以及 MODIS 和 SPI/SPEI 数据的处理等；社会经济数据的分析处理（第 6 章），涉及调查问卷、多目标优化、层次分析法以及爬虫算法的实现等；生态数据处理与分析（第 7 章），涉及常见的地理探测器、Meta 分析、结构方程模型和排序技术等；时间序列数据分析（第 8 章），涉及突变检测、周期性变化检测、趋势分析及其相关的工具与函数详解等；机器学习（第 9 章），涉及神经网络、随机森林和支持向量机等方法的实现；空间自相关与空间回归模型（第 10 章），涉及全局与局部自相关的模型构建、空间回归等计量模型的实现等。本科生使用本教材重点学习前 4 个章节的内容，即重点针对 R 语言的初学者，详细阐述 R 语言的语法规则、常见处理与管理工具以及注意事项等。研究生可以通过深入学习本教材第 5～10 章的内容，全面掌握 R 语言在遥感数据、社会经济数据、生态数据、时间序列等不同数据类型下的处理工具与方法实现过程，即通过特定的模型代码实现案例提升其利用 R 语言解决本专业中实际问题的能力。

在本教材的撰写中，突出强调 R 语言编程基础的学习，用大量的案例代码演示强化 R 语言的编程基础。在重要的代码后，我们都会用解释性语言详细地阐述代码的含义以帮助读者理解编程的逻辑思路。另外，由于教材版面的限制，我们无法就某一特定的方法模型进行详细的阐述，特别是模型中参数的设置、模型的条件与环境适应性以及功能，仅能就其基本的功能实现进行代码演示。这方面给大家带来的不便，还请谅解。

本教材的编写安排如下：第 1～4 章由徐璐和李建国主笔完成；第 5 章由李建国、徐璐和李鑫主笔完成；第 6 章由李建国和王媛主笔完成；第 7 章由李建国和朱长明主笔完成；第 8 章由李建国和戴小清主笔完成；第 9 章由杨仁敏和李建国主笔完成；第 10 章由李建国主笔完成。全书由李建国统稿，书中的案例数据、PPT 和代码由王媛、张如意和蒋晓迪整理完成，以上的配套资料都会随书附赠。另外，教材的编写过程中还得到了左希爱、路迅、曹思珩、朱倩倩、罗文涂、陈海昊等研究生的帮助，在此表示感谢。教材的编写也参考了大量资料，包括 Kabacoff 著的《R 语言实战》（中文版）、哈德利·威克姆著的《ggplot2：数据分析与图形艺术》、张杰著的《R 语言数据可视化之美：专业图表绘制指南（增强版）》以及 Paul Teetor 著的《R 语言经典实例》等，在此也一并表示感谢。与此同时，我们也借鉴了大量的 R 语言社区与网络博主的资料，包括统计之都、CSDN 以及网站社区和微信公众号中的优秀博主，在此一并表示感谢。同时，感谢科学出版社的编辑在教材出版过程中给予的宝贵意见和专业的技术支持。

沧海横流，方显英雄本色。希望这本教材能够经得起实践的检验，这有赖于学者、老师和广大读者在使用中给我们源源不断地提供宝贵建议。历经一年半的紧张编写，能够让教材及时与大家见面，真是有种冬去春来、万物明媚的感觉，希望这本教材的出现能给你的 R 语言学习之路带去阳光和花朵。

本书出版得到国家自然科学基金项目（42271287、42371053）、江苏高校青蓝工程、江苏省优势学科“地理学”和国家级一流本科专业“地理科学”的联合资助，在此一并表示感谢。

最后，囿于笔者水平所限，书中难免有不足之处，还请及时批评指正！

邮箱：lijianguo531@126.com

微信公众号： 素材二维码：

编　者

2023 年 12 月 22 日

目　　录

第1章　R语言介绍

1.1　起　　源

R 语言是一种面向统计计算和数据分析的编程语言，它的起源可以追溯到 20 世纪 80 年代末和 90 年代初。当时，传统的统计软件如 SAS 和 SPSS 缺乏灵活性和现代化功能，对于当时数据科学家和统计学家的需求无法完全满足。Ihaka 和 Gentleman 决定创建一种开放源代码、易于扩展的统计软件，以便更好地满足用户的需求。他们于 1993 年正式发布了 R 语言的第一个版本，并在全球范围内积极宣传 R 语言，获得了越来越多的用户和开发者的支持。随着时间的推移，R 语言的功能和性能不断改进，成为数据科学领域最受欢迎的开源统计软件之一（Kabacoff，2013）。

R 语言最初的设计目的是提供一种方便的统计计算环境，可以进行数据操作、数据可视化和统计分析。R 语言的开放源代码使得用户可以自由地修改和扩展其功能，进而被广泛用于统计分析、数据可视化、机器学习、数据挖掘、自然语言处理等领域。

R 语言的成功得益于其丰富的软件包和库，用户可以使用这些软件包和库来扩展 R 语言的功能和应用领域。同时，R 语言还具有一系列优点，如可视化和报告功能强大、易于学习、有活跃的用户社区等。它从各种统计软件中脱颖而出，原因如下。

（1）免费：R 完全免费。用户不需要购买许可证，所以使用它和它的大部分扩展包没有财务进入障碍。

（2）开源：R 及其大部分软件包都是完全开源的。数千名开发人员不断审查软件包的源代码，以检查是否存在需要修复的程序缺陷（bug）或需要改进的地方。如果遇到异常，甚至可以深入源代码，找到问题所在，并帮助解决问题。

（3）流行：R 是一种非常流行的（即便不是最流行的）统计编程语言和平台，用于执行数据挖掘、分析和可视化。高人气通常意味着用户之间的交流更容易，因为使用的是同一种语言。

（4）灵活：R 是一种动态代码语言。它具有高度的灵活性，允许多种范式中的编程风格，包括功能性编程和面向对象编程。它还支持灵活的元编程。R 的灵活性体现在能够执行高度定制和全面的数据转换和可视化。

（5）可再现性：当使用基于图形用户界面的软件时，只需要从菜单和单击按钮中进行选择。然而，如果不编写代码，很难准确地复制且自动地完成操作。在大多数科学研究领域和许多工业应用中，再现性是必要的。R 的代码可以精确地描述对计算环境和数据所做的操作，因此它可以从头开始完全复制。

（6）丰富的资源：R 拥有大量快速增长的在线资源。一种类型的资源是扩展包。在撰写本书时，CRAN（Comprehensive R AnchiveNetwork，是综合 R 存档网络的简称）提供了 19383 个软件包，这是一个全球镜像服务器网络，用户可以从中获得相同的、最新的 R 发行版和软件包。

这些软件包由软件包开发人员在相关领域创建和维护，如多元分析、时间序列分析、计量经济学、贝叶斯推断、优化、金融、遗传学、化学计量学、计算物理学等。请查看 CRAN 任务视图以获得良好的总结。除了数量庞大的软件包外，还有大量作者定期撰写个人博客和 Stack Overflow 答案，并分享他们的想法、经验和推荐做法。此外，还有许多专门研究 R 的网站，如 R 博主、R 文档和 METACRAN。

许多 R 用户是统计学、计量经济学或其他学科的专业研究人员。很多时候，作者都会发布他们的新论文以及一个新的包，其中包括论文中提出的尖端技术。也许这是一种新的统计测试，一种模式识别方法，或者一种更好的优化算法。

1.2　安装（R，RStudio）

R 语言是一种面向统计计算和数据分析的编程语言，它是开源的，并且可以免费下载和安装。本书中将介绍如何在 Windows、Mac 和 Linux 操作系统上安装 R 语言。

（1）在 Windows 操作系统上安装 R 语言：访问 R 语言官方网站 https://www.r-project.org/，单击下载按钮，选择与用户的操作系统相应的版本。运行下载的安装程序，并按照提示完成安装。默认情况下，R 语言会安装在 C:\Program Files\R\目录下。

（2）在 Mac 操作系统上安装 R 语言：访问 R 语言官方网站 https://www.r-project.org/，单击下载按钮，选择与用户的操作系统相应的版本。运行下载的安装程序，并按照提示完成安装。默认情况下，R 语言会安装在/Applications/R.app 目录下。

安装 RStudio（可选）：RStudio 是一个流行的 R 语言集成开发环境（IDE），可以帮助用户更方便地使用 R 语言进行编程和数据分析。可以在 RStudio 官网（https://www.rstudio.com/products/rstudio/download/）下载 RStudio 安装程序，然后按照提示进行安装。未来 RStudio 将会被 Posit 所取代，但是编程规则和语法将不会发生变化。

安装 R 语言非常简单，只需要下载安装包并按照提示进行安装即可（注意：需要先安装 R 语言安装包再安装 RStudio，安装路径建议采用默认 C 盘安装）。安装完成后，安装 RStudio 也可以帮助用户更方便地使用 R 语言进行编程和数据分析。需要注意的是，R 语言安装和使用过程中可能会遇到一些问题，如软件包安装失败或者版本不兼容等问题。但是，这些问题都可以通过 R 官方文档或者 R 语言社区的帮助解决。同时，R 语言社区也有很多在线课程和教程，可以帮助新手快速入门和学习 R 语言。

RStudio 是一个流行的 R 语言集成开发环境，它提供了一个用户友好的界面，帮助用户更高效地编写和运行 R 代码。如图 1-1 所示，RStudio 界面主要包括一个标题栏（A）和四个面板（B、C、D、E）。标题栏位于界面的顶部，包含了一系列按钮和菜单，用于帮助用户更方便地使用 RStudio。以下是 RStudio 标题栏的主要组成部分。

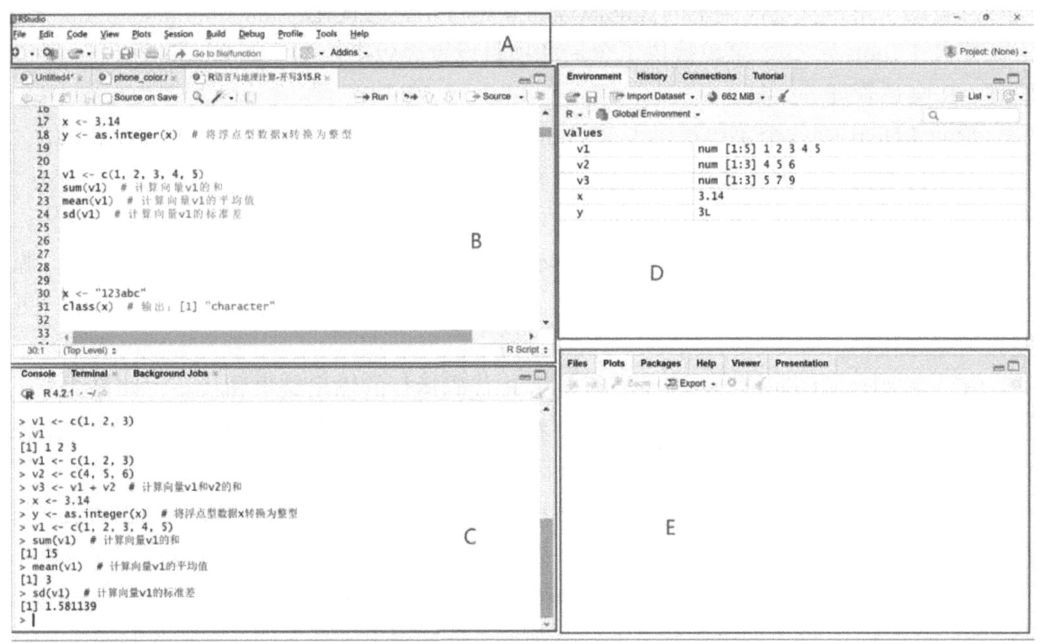

图 1-1　RStudio 界面分区图

文件（File）：这个菜单提供了创建、打开、保存和关闭 R 脚本、R Markdown 文档和其他文件类型的选项。此外，用户还可以在这里创建和管理 RStudio 项目。

编辑（Edit）：这个菜单包含了剪切、复制、粘贴、查找和替换等文本编辑功能。此外，还提供了代码折叠、注释和格式化等代码编辑选项。

代码（Code）：这个菜单提供了运行 R 代码的选项，如运行当前行、运行选定代码、运行当前脚本等。此外，还包括了代码补全、跳转到函数定义和查看函数帮助等功能。

视图（View）：这个菜单允许切换 RStudio 界面的布局和显示设置，如显示或隐藏各个面板、放大或缩小字体等。

绘图（Plots）：这个菜单提供了查看和保存图形的功能。当在 R 中使用绘图函数绘制图形后，可以在 Plots 面板中查看生成的图形结果。

工作会话（Session）：这个菜单提供了用户对当前的工作目录、环境变量、历史命令、打开的文件以及其他设置进行管理的功能。Session 可以帮助用户在不同时间点恢复到之前的工作状态，提高工作效率。

构建（Build）：这个菜单提供了用于构建和编译 R 语言项目的功能。通过 Build 功能，用户可以轻松地构建 R 包、编译 C/C++代码、生成文档和其他相关任务。

调试（Debug）：这个菜单包含了 R 代码调试功能，如设置断点、单步执行、跳过函数等。

概况（Profile）：这个菜单提供了一个用于性能分析和优化的工具。通过 Profile 功能，用户可以监视 R 代码的执行情况，包括函数调用次数、执行时间、内存使用等信息。这些信息有助于用户发现代码中的性能瓶颈，并进行相应的优化。

工具（Tools）：这个菜单提供了全局和项目设置、版本控制（如 Git 和 SVN）、R 包管理、R 会话管理等工具。

帮助（Help）：这个菜单提供了 RStudio 和 R 语言的帮助文档、教程和支持资源。

除了标题栏，占据更大面积的是四个面板，分别如下。

（B）源代码编辑器（Source Editor）：在这个面板中，可以编写、编辑和运行 R 代码。可以创建 R 脚本（.R 文件）或 R Markdown 文档（.Rmd 文件），并在这里运行它们。源代码编辑器还提供了语法高亮、颜色显示、自动补全和代码折叠等功能，以帮助用户更轻松地编写代码。

（C）控制台（Console）：这个面板显示 R 代码运行的输出结果和状态，如报错等。也可以在这里直接输入 R 代码并运行，查看变量、函数和包的信息，以及执行其他 R 会话相关的操作。控制台还显示了运行的代码的输出结果和错误信息。

（D）环境（Environment）：这个面板显示了当前 R 会话中的变量、函数和数据对象。用户可以在这里查看对象的类型、大小和值，以及对它们进行操作（例如，删除或修改对象）。

（E）文件、图形、包、帮助、查看器和展示（Files，Plots，Packages，Help，Viewer and Presentation）：这个面板包含了五个选项卡，分别用于管理文件、查看图形输出、管理 R 包、查找帮助文档和显示 HTML 输出。

文件（Files）：在这个选项卡中，用户可以浏览、打开和管理项目中的文件和文件夹。

图形（Plots）：这个选项卡显示了运行的 R 代码生成的图形。用户可以在这里放大、缩小和导出图形。

包（Packages）：这个选项卡列出了已安装的 R 包，并提供了安装、更新和卸载包的功能。

帮助（Help）：在这个选项卡中，用户可以搜索和查看 R 函数和包的帮助文档。

查看器（Viewer）：这个选项卡用于显示 R 代码生成的 HTML 输出，如交互式图形和报告。

展示（Presentation）：这个选项卡主要用于显示使用 Quarto 的 reveal.js 格式生成的 HTML 幻灯片。

通过熟悉 RStudio 界面，用户可以更有效地使用 R 语言进行数据分析和可视化。

1.3　帮　　助

在使用 R 语言进行编程和数据分析的过程中，很多时候我们需要查阅函数的帮助文档或者寻求其他用户的帮助。R 语言提供了多种帮助功能，可以帮助用户快速解决问题和提高编程效率。以下是常用的几种帮助功能介绍。

帮助文档（help）：R 语言内置了丰富的帮助文档，使用 help()函数或者?符号可以查看某个函数的帮助文档。例如，使用 help(mean)或者?mean 可以查看 mean()函数的帮助文档。帮助文档中包括了函数的定义、参数说明、示例代码等信息。这一帮助文件信息在 RStudio 中 E 界面的“Help”选项卡下显示。如果查看某一包的功能解释，以及查看包里面的不同功能，则需要用到工具 help(package="ggplot2")（其中，ggplot 2 为包的名称）。以 ggplot2 包为例，如果要查看包内某一功能工具，则用“?”，首先要载入对应的包——library(ggplot2)，查看 ggplot2 包内的 labs 功能，则可以用?labs，然后运行，可获得对应功能的帮助。

搜索引擎：有时候用户不知道具体要查找哪个函数，可以使用搜索引擎搜索相关主题。R 语言有很多在线资源，如 R 语言官网、R 语言社区、GitHub 等，可以在这些网站上搜索相关主题。

R 语言社区：R 语言社区是一个非常活跃的社区，有很多用户会分享自己的经验和解决方案。用户可以在 R 语言社区（如 R 语言官方社区）上提问，获取其他用户的帮助和建议。同时，用户也可以参与社区中的讨论，学习其他用户的经验和知识。

在线教程和书籍：R 语言有很多在线教程和书籍，可以帮助用户快速学习和掌握 R 语言的使用。例如，R 语言官网提供了很多在线教程和手册，同时，很多出版社也出版了 R 语言的教程和书籍。用户可以根据自己的需求选择适合的教程和书籍进行学习。

RStudio IDE 的帮助：RStudio 是一个流行的 R 语言集成开发环境，提供了丰富的帮助功能，如自动完成、代码提示、错误提示等。同时，RStudio 还提供了 R Markdown 文档，用户可以在文档中直接嵌入代码和图表，方便编写报告和文档。用户可以通过查看 RStudio 的帮助文档、学习 R Markdown 文档等方式提高编程和数据分析的效率。

sos 包：在 R 语言编程过程中经常会遇到不知道某一特定工具在哪个功能包里面的情况，这时“sos”包可以帮助用户快速找到具体工具所在的功能包。首先，在源代码编辑器（B）中用 install.packages("sos")下载这个包，接着用 library(sos)载入和激活已经下载好的 sos 包。载入后 sos 包的功能就可以使用了。例如，用户想在 R 语言的包库中查找能实现结构方程模型的功能包，则可以在源代码编辑器（B）中输入“???SEM”（SEM 为结构方程模型的英文简写）字样，运行如下：

```
install.packages("sos")
library(sos)
???SEM
```

结果如下：

这个包会将所有包含“SEM”字样的包用表格的形式显示出来，而且会给每个包进行打分和排序。结果显示，lessSEM 包是目前最受欢迎的结构方程模型功能包（TotalScore 分数高达 1782）。

packageSum for SEM

call: pS <- findFn(string = fe1)

Title, etc., are available on installed packages. To get more, use installPackages(pS,...)

See also: writeFindFn2xls(pS)

Id	Package	Count	MaxScore	TotalScore	Date	Title and Link	Version	Author	Maintainer	helpPages	vignette	URL
1	lessSEM	99	48	1782	2023-09-16 13:02:34							
2	manymome	54	34	758	2023-09-16 12:02:48							
3	semTools	30	29	361	2023-09-16 09:43:30							
4	sem	26	72	661	2023-09-16 15:10:25							
5	semfindr	26	36	413	2023-09-16 13:30:40							
6	scpi	25	14	214	2023-09-16 13:23:17							
7	semtree	23	50	698	2023-09-16 13:30:40							
8	bmem	19	73	328	2023-09-16 15:18:17							
9	tidySEM	19	47	258	2023-09-16 15:10:00							
10	semEff	18	75	568	2023-09-16 14:58:35							
11	semlbci	18	48	331	2023-09-16 14:47:52							
12	lavaan	18	43	266	2023-09-16 08:55:19							
13	simsem	18	31	250	2023-09-16 09:32:30							
14	semhelpinghands	17	22	259	2023-09-16 13:30:39							
15	semPower	16	47	178	2023-09-16 09:31:50							
16	psych	16	22	178	2023-09-16 09:42:12							
17	semPlot	14	52	409	2023-09-16 15:18:19							
18	RAMpath	14	48	226	2023-09-16 09:26:12							
19	semptools	13	47	223	2023-09-16 15:22:06							
20	MBESS	12	62	335	2023-09-16 15:17:58							
21	SEMgraph	12	44	274	2023-09-16 11:28:21							
22	influence.SEM	11	50	270	2023-09-16 09:15:33							
23	sesem	11	48	322	2023-09-16 10:57:56							

总之，R 语言提供了多种帮助功能，用户可以根据自己的需求选择适合的方式进行查找帮助。使用帮助文档、搜索引擎、R 语言社区、包、在线教程和书籍等方式可以快速解决问题，提高编程和数据分析的效率。

1.4 包

如前面提到的包，R 语言的“包”（packages）是一种功能强大的工具，可以扩展 R 语言的数据分析与处理功能，提供各种数据分析和可视化的工具和函数，包含有预先编写好的代码和数据，可以直接被导入和使用。

R 语言社区中有数以万计的 R 包，它们的用途各不相同，涵盖了各种数据科学领域，如统计学、机器学习、数据挖掘、数据可视化等。R 包也可以用于解决各种实际问题，如金融分析、社会科学、医疗研究等。

使用 R 包可以大大简化代码的编写和数据分析的过程。R 包的安装和加载都非常简单。用户可以在 R 语言的控制台或 RStudio IDE 中使用 install.packages()命令安装包。例如，要安装 ggplot2 包，用户可以在源代码编辑器（B）中输入以下命令：

```
install.packages("ggplot2")#安装 ggplot2 软件包
```

一旦安装完成，用户可以使用 library()命令加载包。例如，要加载 ggplot2 包，用户可以在控制台中输入以下命令：

```
library(ggplot2)
```

在加载包之后，用户可以使用该包中的函数和数据。例如，要使用 ggplot2 包中的 ggplot()函数创建散点图，用户可以在控制台中输入以下命令：

```
library(ggplot2)
library(showtext)
library(sysfonts)
showtext_auto(enable=T)
font_add("hwzs", "C:\\Windows\\Fonts\\STZHONGS.ttf")
ggplot(mtcars, aes(x=wt, y=mpg)) + geom_point()+
labs(x="车重（t）",y="单位体积汽油行驶的英里数（mile/gallon）",family="hwzs")
dev.off()
```

上述代码将创建一张以 mtcars 数据集中的 wt 和 mpg 变量为坐标轴的散点图（图 1-2）。

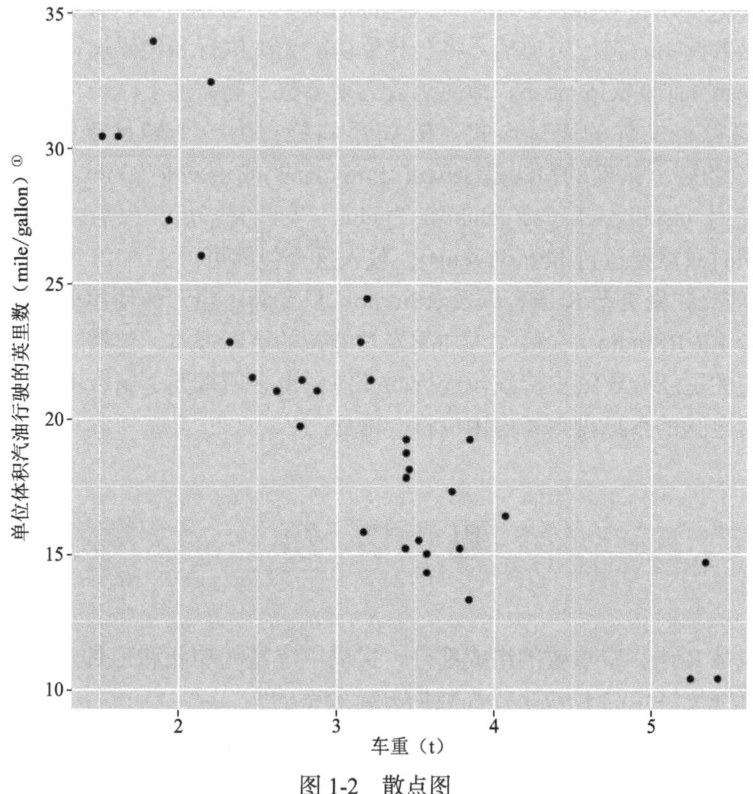

图 1-2　散点图

总之，R 包是 R 语言中非常重要的组成部分，可以扩展 R 语言的功能，提供各种数据分析和可视化的工具和函数。通过简单的安装和加载，用户可以轻松地使用这些包中的函数和数据，从而更加高效地进行数据分析和可视化。

在这里，需要特别提醒大家注意以下几点：

（1）建议大家用 RStudio 编译器（未来可能是 Posit）进行编程，以提高 R 语言的编程效率。

① 1 mile = 1.609344 km；1 gallon（加仑）= 3.78543 L（美制）。

（2）在 RStudio 源代码编辑器（B）中，如果需要运行某一行代码，需要将鼠标定位于这一行代码上，单击源代码编辑器（B）右上角的“Run”键即可完成该行代码的运行。也可以使用快捷键“Ctrl+Enter”来完成运行。如果想同时运行多行代码，则需要用鼠标同时选定需要运行的多行代码后再运行。

（3）在 RStudio 编译器中赋值符为“<-”，用“Alt+减号键”来实现。当然，R 语言也可以使用“=”。

（4）如果需要后退找回删除的代码，可以使用“Ctrl+Z”组合键来完成。

（5）R 语言是一门需区分大小写的编程语言，即大写和小写是两个完全不同的字符。例如，help()、Help()和 HELP()是三个不同的函数（只有第一个是正确的）。

（6）注意使用必要的引号。例如，install.packages("gclus")能够正常执行，然而 install.packages(gclus)将会报错。而当载入包的时候则不需要引号，如 library(gclus)。

（7）在函数调用时忘记添加括号将会导致功能无法执行和代码运行报错。例如，要使用 help("mean")而非 help mean。即使函数无须参数，仍需加上()。

（8）注意路径文件的表达形式。R 将反斜杠视为一个转义字符。例如，setwd ("c:\mydata")会报错，正确的写法是 setwd("c:/mydata")或 setwd("c:\\mydata")。

（9）当使用 install.packages(gclus)将“gclus”安装完毕后，以后就无须再安装这一包。每次使用时只需要运行 library(gclus)，载入这个包即可。

（10）不需要频繁更新 R 语言以及 RStudio，只要满足当下的使用要求即可，频繁地更新软件平台（R/RStudio）会极大增加配套功能包的更新成本，包括时间和本地电脑内存。如一个包的更新会导致支持该包运行的其他包也必须得到更新，由此会增加更新的时间成本，且电脑的系统盘空间占用也将会增加。

思 考 题

（1）R 包是 R 语言中重要的组成部分，提供了丰富的功能和工具。在实际工作中，你是如何选择使用特定的 R 包来提高数据分析效率的？

（2）你是否曾从 R 社区获得过帮助或分享过自己的经验？R 社区对于新手入门和解决问题有何特别之处？

（3）在你的使用过程中，你是如何有效利用帮助文档的？有没有碰到过在帮助文档中难以理解的部分，是如何解决的？

（4）面对成千上万的 R 包，你是如何做出选择的？有没有碰到过因为包过多而产生选择困难？如何权衡不同包的优劣以满足需求？

第 2 章　数据结构与类型

2.1　数 据 类 型

数据类型是每种数据的自然属性。在 R 语言中，数据类型的选择和使用对于数据处理和分析十分重要。不同的数据类型有不同的格式及其对应的内存存储形式，也有不同的用途和限制。正确使用数据类型可以提高数据处理和分析的效率和准确性，从而更好地帮助我们有效地利用和分析数据。但是，不正确的数据类型和类型转换可能会导致数据失真、计算错误和结果精度降低等问题。因此，了解和熟练掌握 R 语言支持的数据类型及其分类是进行数据分析和处理的基础。R 语言支持多种数据类型，包括数值型（numeric）、字符型（character）、逻辑型（logical）、因子型（factor）、日期/时间型（date/time）等，不同类型的数据可以用来处理不同的问题，如统计分析、数据可视化和机器学习等，学会使用和转换数据类型是进行数据处理和分析的重要基础。

2.1.1　数值型

在 R 语言中，数值型数据通常用来表示数值型变量，包括实数、整数、有理数等类型。数值型数据可以进行基本的数学计算和统计分析，如加减乘除、均值、标准差、方差等。在处理数值型数据时，要注意数据类型和数值范围的一致性，并且要注意数值精度和舍入误差的影响。

数值，即实数，可以进行各种算术和统计运算。例如，3.14、–5 都属于数值型。

```
x <- 3.14
class(x)
 > class(x)
 [1] "numeric"
```

数值型数据类型主要包括：整型（integer）、浮点型（floor）和双精度型（double）。默认情况下，R 语言会将数值型的数据存储为双精度型，如果需要将数据存储为整型，可以使用 L 后缀，这样可以节约大量内存空间，例如：

```
x <- 5L #将 5 存储为整型
class(x)
```

```
> class(x)
[1] "integer"
```

如果是数值型的数据，R 语言就可以对其进行常规的数学计算。R 语言常见的数学运算符号如表 2-1 所示。

表 2-1　算术运算符的形式和意义

运算符号	意义
+	求和相加
–	求差相减
*	求积相乘
/	求商相除
^	指数次方，如 2^2 表示 2 的平方

注：本书未讨论矩阵运算，因此未将矩阵运算符列出。

例如：

```
x<-3+4*5  #计算 3+4*5 的结果
x
 > x
 [1] 23
z<-x^3  #计算 x 的立方

z
 > z
 [1] 12167
```

向量化运算：R 语言支持向量化运算，即对整个向量或矩阵进行运算，而不是逐个元素进行运算。例如：

```
v1 <- c(1, 2, 3)
v2 <- c(4, 5, 6)
v3 <- v1 + v2  #计算向量 v1 和 v2 的和

v3
 > v3
 [1] 5 7 9
```

统计计算：R 语言提供了很多统计函数对数值型数据进行分析统计，如 sum()、mean()、max()、min()、sd()、var()等，可以对数值型数据进行统计计算。例如：

```
> v1 <- c(1, 2, 3, 4, 5, 6, 7, 8, 9)
> sum(v1) # 计算向量v1的和
[1] 45
> max(v1)  # 计算向量v1的最大值
[1] 9
> min(v1)  # 计算向量v1的最小值
[1] 1
> mean(v1)  # 计算向量v1的平均值
[1] 5
```

```
> sd(v1)  # 计算向量v1的标准差
[1] 2.738613
> var(v1) # 计算向量v1的方差
[1] 7.5
```

更多统计计算命令见 3.8 节。

数值型数据除了能够进行数值计算外，还可以进行比较运算：可以使用比较运算符对数值型进行比较，返回逻辑型结果（TRUE/FALSE）。常见的逻辑比较运算符如表 2-2 所示。

表 2-2　比较运算符及其含义

运算符号	含义
==	相等
!=	不等于
>	大于
>=	大于或等于
<	小于
<=	小于或等于

例如：

```
x <- 2
y <- 3
z1 <- x == y #等于
z1
```

结果如下：

```
> z1
[1] FALSE
```

```
z2 <- x < y #小于
z2
```

结果如下：

```
> z2
[1] TRUE
```

```
z3 <- x > y #大于
z3
```

结果如下：

```
> z3
[1] FALSE
```

```
z4 <- x <= y #小于或等于
z4
```

结果如下：

```
> z4
[1] TRUE
```

```
z5 <- x >= y #大于或等于
z5
```

结果如下：

```
> z5
[1] FALSE
```

```
z6 <- x != y #不等于
z6
```

结果如下：

```
> z6
[1] TRUE
```

2.1.2 字符型

字符型数据类型是一种常见的数据类型，用于存储文本和字符串数据，可以包含字母、数字和符号等字符。例如，“hello world”“123abc”“123”等都属于字符型，其特有的标志是字符都会用引号包裹，在 RStudio 中显示为绿色。字符串可以由任意类型的字符组成，包括字母、数字、标点符号、空格等。字符型数据类型的特点是可以通过单引号或双引号来定义。

字符型数据与数值型数据不同，不能进行基本的数学计算和统计分析，但是可以进行文本处理、字符串拼接、查找和替换等操作。另外，在处理字符型数据时，需要注意数据的编码格式，如 UTF-8、GBK、GB2312 等不同的编码方式，以避免乱码等问题。

1. 数据类型识别

通常用 str()、attributes()和 class()三个功能对数据类型和数据结构进行识别，其中 str()用于紧凑地显示 R 对象的内部结构和数据类型，attributes()用于查看数据结构类型，而 class()则用于查看数据类型。

```
x <- c("1","2","3")#建立一个包含字符“1”、“2”和“3”的字符型向量
str(x)
attributes(x)
class(x)
```

```
> str(x)
 chr [1:3] "1" "2" "3"
> attributes(x)
NULL
> class(x)
[1] "character"
```

可以看出，向量是最基本的数据结构单元，因此 attributes()无法查看其数据结构类型。

再如：

```
x <- c(1:5)  #建立一个包含 1～5 的数值型向量
str(x)
attributes(x)
class(x)
```

```
> str(x)
 int [1:5] 1 2 3 4 5
> attributes(x)
NULL
> class(x)
[1] "integer"
```

2. 字符串显示

不同于数值型数据可以用于数值计算，字符型数据可以用于拼接、查找、替换等操作，常用的函数如下。

1）cat 函数

cat()函数主要用于批量快速字符组合显示，其主要的调用格式如下。

cat(⋯, file = "", sep = " ", fill = FALSE, labels = NULL, append = FALSE)，举例如下：

```
y <- 1:10
y
cat(y,sep=" --- ")
cat(y,sep=" + ",fill=TRUE)
cat(y,sep="\t",fill=TRUE)#以制表符分割字符
```

```
> cat(y,sep=" --- ")
1 --- 2 --- 3 --- 4 --- 5 --- 6 --- 7 --- 8 --- 9 --- 10
> cat(y ,sep=" + ")
1 + 2 + 3 + 4 + 5 + 6 + 7 + 8 + 9 + 10
> cat(y ,sep="\t")
1       2       3       4       5       6       7       8       9       10
```

2）paste 函数

paste()函数主要用于字符的组合，其调用格式为 paste(⋯, sep = " ",collapse=NULL)。默认以空格连接字符。sep 参数是 paste 为了分割两个数据项（separate the terms）的可选字符串。collapse 参数则是 paste 以及 paste0 共有的，是一个可选择的字符串，用途是分割结果。举例如下：

```
x <- "Hello"
y <- "World!"
paste(x, y)
paste(x, y, sep = "_")
paste(x, y, sep = "_", collapse = "|")
```

结果如下：

```
> paste(x, y)
[1] "Hello World!"
```

```
> paste(x, y, sep = "_")
[1] "Hello_World!"
> paste(x, y, sep = "_", collapse = "|")
[1] "Hello_World!"
```

再如：

```
x <- "Hello"
y <- c('World','R','Youth')
paste(x, y)
paste(x, y, sep = "+")
paste(x, y, sep = "+", collapse = "|")
```

结果如下：

```
> paste(x, y)
[1] "Hello World" "Hello R"     "Hello Youth"
> paste(x, y, sep = "+")
[1] "Hello+World" "Hello+R"     "Hello+Youth"
> paste(x, y, sep = "+", collapse = "|")
[1] "Hello+World|Hello+R|Hello+Youth"
```

3）paste0 函数

相比于 paste()函数，paste0()提供了一种快速组合的工具，其调用格式为 paste0(…, collapse = NULL)。paste0()函数没有 sep 这个参数，只有 collapse 这个参数。举例如下：

```
LETTERS <- c('A','B','C','D')
paste0(LETTERS [1:4],1:4)
paste0(LETTERS [1:4],1:4,collapse = "")
paste0(LETTERS [1:4],1:4,collapse = " ")
paste0(LETTERS [1:4],1:4,collapse = " | ")
```

结果如下：

```
> LETTERS <- c('A','B','C','D')
>  paste0(LETTERS[1:4],1:4)
[1] "A1" "B2" "C3" "D4"
>  paste0(LETTERS[1:4],1:4,collapse = "")
[1] "A1B2C3D4"
>  paste0(LETTERS[1:4],1:4,collapse = " ")
[1] "A1 B2 C3 D4"
>  paste0(LETTERS[1:4],1:4,collapse = " | ")
[1] "A1 | B2 | C3 | D4"
```

4）字符串多样化显示

字符串的输出还有多种不同的形式,如公式和出图过程中常遇到的上下标、加粗、斜体等形式的表达都需要借助特有的工具来实现，比如 CO_2、$\log_2(X)$，以及有时需要插入一些公式和表达式。在 R 语言中通常使用 expression()函数来显示多样化的字符表达式，同时还可以联用 paste()函数来简化流程，输出更复杂多样的表达式。expression()中的下标为[]，上标为^，空格为～，连接符为*。表 2-3 列出了 R 语言中主要的符号多样化显示标识。R 语言自带完整的 expression()工具表达格式及其对应的字符显示形式，用 demo(plotmath)可以查看 R 语言显示的字符形式。

表 2-3　符号多样化显示

算数运算符		列表	
x+y	x+y	list(x,y,z)	x,y,z
x−y	x−y	关系	
x*y	xy	x= =y	x=y
x/y	x/y	x!=y	x≠y
x%+−%y	x±y	x<y	x<y
x%/%y	x÷y	x<=y	x⩽y
x%*%y	x×y	x>y	x>y
x%.%y	x·y	x>=y	x⩾y
−x	−x	x%~~%y	x≈y
+x	+x	x%=~%y	x≅y
上下标		x%= =%y	x≡y
x[i]	x_i	x%prop%y	x∝y
x^2	x^2	x%~%y	x~y
并列		字型	
x*y	xy	plain(x)	x
paste(x,y,z)	xyz	italic(x)	*x*
根基		bold(x)	**x**
sqrt(x)	$\sqrt{x}$	bolditalic(x)	***x***
sqrt(x,y)	$\sqrt[y]{x}$	underline(x)	$\underline{x}$

以常用上标、下标和组合工具来进行案例展示，代码如下：

```
plot(cars,xlab="速度",ylab=("距离"))
title(main = expression(paste(Sigma[1], ' and ', Sigma^2)))#图件标题的显示
```

结果如图 2-1 所示。

2.1.3　逻辑型

逻辑型数据类型也叫布尔型数据，是一种常见的数据类型，用于存储逻辑或布尔类型的数据。它只有两个取值，即 TRUE 或 FALSE。逻辑型数据常用于条件判断和逻辑运算。创建逻辑型变量：可以使用 TRUE 或 FALSE 来创建逻辑型变量。例如：

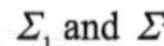

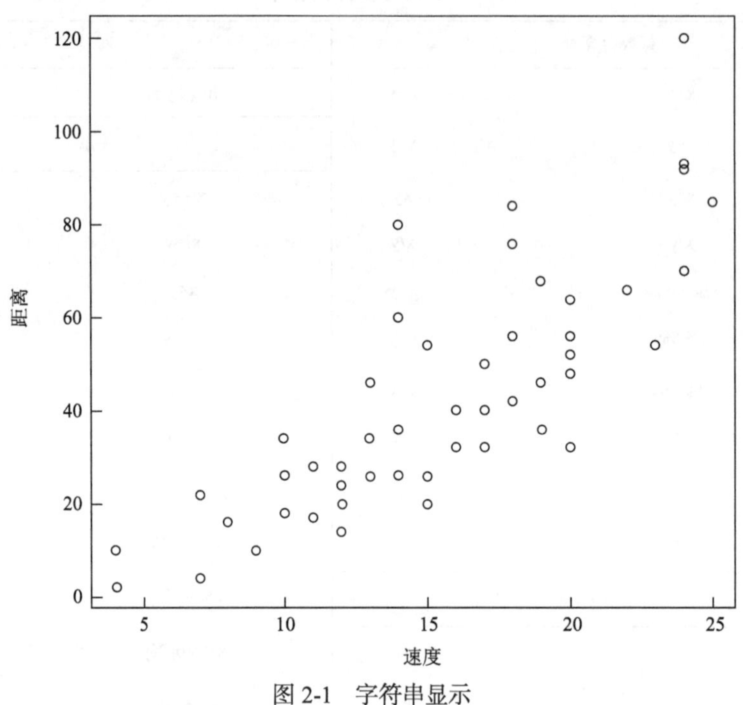

图 2-1　字符串显示

```
x <- c(TRUE,FALSE,TRUE,TRUE)
str(x)
```

结果如下：

```
> str(x)
 logi [1:4] TRUE FALSE TRUE TRUE
```

需要注意的是，“TRUE”和“FALSE”在 R 语言中可以简写为“T”和“F”。

逻辑型数据可以运用逻辑运算符进行条件判断，即可以使用逻辑运算符对逻辑型变量进行运算。常见的逻辑运算符如表 2-4 所示。

表 2-4　逻辑运算符及其含义

逻辑运算符	含义
&	逻辑“与”运算符，常用于向量运算。前后条件都为 TRUE 时，逻辑判断结果才为 TRUE
|	逻辑“或”运算符，常用于向量运算。前后条件中任一条件为 TRUE 时，逻辑判断结果即为 TRUE
!	逻辑“非”运算符，对条件的否定

例如：

```
x <- TRUE
y <- FALSE
z1 <- x & y
z1
```

结果如下：

```
> z1
[1] FALSE
```

```
z2 <- x | y
z2
```

结果如下：

```
> z2
[1] TRUE
```

```
z3 <- !x
z3
```

结果如下：

```
> z3
[1] FALSE
```

2.1.4　因子型

因子变量是 R 语言中较为特殊的数据类型，其与字符型变量有较大的相似之处。在部分情况下，R 语言在读入数据时都可以自动识别数值型和字符型数据。而因子型变量通常需要借助 factor()工具来实现因子型数据的识别。因子型变量包括有序因子型和无序因子型。有序因子型变量是可以区分好坏程度的因子变量，如 poor、improved、excellent 三种状态差异可以明显表示出患者的病情严重程度；而无序因子型变量则是简单的分类变量，如男和女。因子型数据在数据分析中非常重要，可以用于制作统计图表和计算统计量。

以下是一些常用的因子型数据类型操作。

可以使用 factor()函数创建或识别一个无序因子型变量。例如：

```
gender <- c('Male', 'Female', 'Male', 'Male', 'Female')
gender_factor <- factor(gender)
class(gender)
class(gender_factor)
```

结果如下：

```
> class(gender)
[1] "character"
> class(gender_factor)
[1] "factor"
```

创建因子型变量后就可以使用 levels()函数查看因子的水平。例如：

```
levels(gender_factor)
```

结果如下：

```
> levels(gender_factor)
[1] "Female" "Male"
```

结果显示为男和女两个水平的无序因子型变量。

当创建因子变量后，可以使用 levels()函数来重命名因子的水平。例如：

```
levels(gender_factor) <- c('M', 'F')
gender_factor
```

结果如下：

```
> gender_factor
[1] F M F F M
Levels: M F
```

也可以使用 table()函数统计因子的频数。例如：

```
table(gender_factor)
```

结果如下：

```
> table(gender_factor)
gender_factor
Female   Male
     2      3
```

还可以用 factor()工具创建有序因子型变量，例如：

```
x <- c('A', 'C', 'B', 'A', 'B', 'C')
ordered_x <- factor(x, ordered = T)
ordered_x
```

结果如下：

```
> ordered_x
[1] A C B A B C
Levels: A < B < C
```

可以看出，如果将 ordered 参数设置为 TRUE，factor 工具可以将字符型变量转化为有序因子型变量。这里需要注意的是，这样创建的有序因子型变量的等级顺序是计算机默认下的按照英文字母顺序给出的等级顺序。因此，R 语言默认 ordered_x 中 A 高于 B，B 高于 C。如果需要调整这一默认顺序，则需要引入 levels 参数进行手动调整，例如：

```
ordered_y <- factor(x, ordered = T,levels = c('C', 'B', 'A'))
ordered_y
```

结果如下：

```
> ordered_y
[1] A C B A B C
Levels: C < B < A
```

可以看出，通过 levels 参数可以将默认的有序因子水平进行调整。

一旦创建好了有序因子型变量后，通过转义函数（as.numeric）将其转换成高低有序的数值，可以便于后期的数据计算与分析。例如：

```
x <- c('A', 'C', 'B', 'A', 'B', 'C')
ordered_y <- factor(x, ordered = T,levels = c('B', 'C', 'A'))
ordered_y
as.numeric(ordered_y)
```

结果如下：

```
> as.numeric(ordered_y)
[1] 3 2 1 3 1 2
```

可以看出，借助转义函数（as.numeric），可以根据 factor 工具中的 levels 参数确定的水平等级，将有序因子型变量中的“A”、“B”和“C”分别赋值为 3、1 和 2，以方便与数值型变量进行计算。

2.1.5　日期/时间型

在 R 语言中，日期/时间型数据类型是一种常见的数据类型，用于存储日期和时间数据，包括年、月、日、时、分、秒等日期和时间单位，可以进行各种日期和时间的计算和处理。日期/时间型数据类型通常用于时间序列分析、金融分析、天气预报等领域。

以下是一些常用的日期/时间型数据类型操作。

创建日期/时间型数据：可以使用转义函数 as.Date()函数和 as.POSIXct()函数创建日期/时间型数据。例如：

```
date <- as.Date("2022-03-01")
str(date)
```

结果如下：

```
> str(date)
 Date[1:1], format: "2022-03-01"
```

如果日期中包含具体的时间，则利用 as.POSIXct()工具来进行识别，如：

```
datetime <- as.POSIXct("2022-03-01 12:00:00")
str(datetime)
```

结果如下：

```
> str(datetime)
 POSIXct[1:1], format: "2022-03-01 12:00:00"
```

可以看出，as.Date()工具可以识别年、月和日日期尺度的变化；而 as.POSIXct()工具可以识别年、月、日、时、分、秒时间尺度的变化。需要注意的是，R 语言日期/时间型数据默认的格式为“年-月-日”或者“年-月-日 时:分:秒”。

日期/时间型数据的识别工具使用是需要进行格式向导的，如 as.Date("2022-03-01")的完整写法其实应该是 as.Date("2022-03-01","%Y-%m-%d")，其中“%Y-%m-%d”就是日期/时间型数据的格式向导。可以通过不同格式的变换来识别多种多样的日期/时间型数据，如数据的格式为“2022/03/01”，对应的识别函数就应调整为 as.Date ("2022/03/01","%Y/%m/%d")。

R 语言有完整的日期/时间型数据格式识别代码，如表 2-5 所示。

表 2-5　日期/时间型数据格式识别系统

符号	含义	案例
%y	两位数的年份	2022 年显示为 22
%Y	四位数的年份	2022 年显示为 2022

续表

符号	含义	案例
%m	两位数表示的月份	01,02,03,…,12
%b	英文缩写的月份	Jan 表示一月
%B	完整英文表示的月份	一月显示为 January
%d	两位数表示的日期	01,02,03,…,31
%a	英文缩写的星期	星期一显示为 Mon
%A	非英文缩写的星期	星期一显示为 Monday
%w	星期的第几天	0～6，其中 0 表示星期天，6 表示星期六
%H	24 小时制的小时	00～23，其中 00 表示 24 时
%I	12 小时制的小时	01～12 小时
%p	显示上午下午	AM/PM，AM 表示上午，PM 表示下午
%M	60 进制的分钟	00～60
%S	60 进制的秒	00～60

举例如下。

查看系统当下的时间：

```
Sys.time()
```

结果如下：

```
> Sys.time()
[1] "2023-09-26 09:18:17 CST"
```

如果识别这一时间，应该采用这样的方式：

```
as.POSIXct(Sys.time())
```

如果将字符转换为日期/时间型变量，可以采用以下方式：

```
as.POSIXct(strptime("2023-09-26 09:23:37","%Y-%m-%d %I:%M:%S"))
```

结果如下：

```
[1] "2023-09-26 09:23:37 CST"
```

如果更换以下识别年份的字符“y”，则结果如下：

```
> as.POSIXct(strptime("2023-09-26 09:23:37","%y-%m-%d %I:%M:%S"))
[1] NA
```

也可以利用 format()工具来识别具体日期或时间的具体属性，如：

```
> format(Sys.time(),"%A")
[1] "星期二"
> format(Sys.time(),"%w")
[1] "2"
```

日期/时间型变量计算：可以使用 difftime()函数计算日期/时间差。例如：

```
datetime1 <- as.POSIXct("2021-03-01 12:00:00")
datetime1
```

```
> datetime1
[1] "2021-03-01 12:00:00 CST"
datetime2 <- as.POSIXct("2022-02-01 13:00:00")
datetime2
> datetime2
[1] "2022-02-01 13:00:00 CST"
diff <- difftime(datetime2, datetime1, units="days")
diff
> diff
Time difference of 337.0417 days
```

结果显示两个时间点相差了 337.0417 天。

2.2 数据结构

如果说数据类型是数据的自然属性，那么数据结构就是数据类型在 R 语言中的组织形式或存储形式。R 语言支持常见的数据结构，包括：向量、矩阵、数组、数据框（data frame）和列表 5 种（图 2-2）。其中向量是基础，是构成其他 4 种数据结构的基本形式，换句话说，矩阵、数组、数据框和列表都可以用向量来构成。

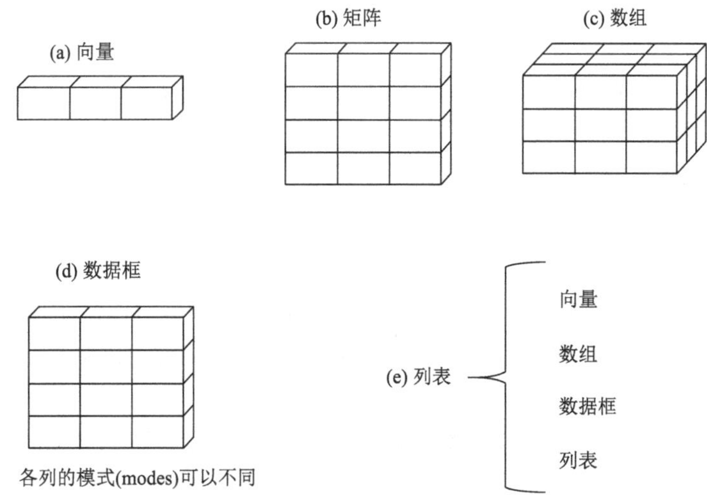

图 2-2　常见的 R 语言数据结构(Kabacoff, 2013)

2.2.1　向量

在 R 语言中，向量是一种基本的数据结构。向量是一个有序的元素集合，是一维且无向的，向量中所有元素都是相同的数据类型。

1. 构建向量

在R语言中，向量是最基本的数据结构之一，它可以存储一组相同类型的数据。向量可以通过以下几种方式构建。

（1）通常使用c()函数来构建向量：c()函数可以将多个元素组合成一个向量。例如，要创建一个包含1、2、3的整数向量，可以使用以下代码：

```
my_vector <- c(1, 2, 3)
my vector
> my_vector
[1] 1 2 3
```

（2）使用seq()函数来构建等差数列数值型向量：seq()函数可以生成一个等差数列。例如，要创建一个从1到10等差为2的整数向量，可以使用以下代码：

```
my_vector <- seq(1, 10, 2)
my vector
> my_vector
[1] 1 3 5 7 9
```

（3）使用rep()函数：rep()函数可以生成一个重复的向量。例如，要创建一个包含5个0的向量，可以使用以下代码：

```
my_vector <- rep(0, 5)
my_vector
> my_vector
[1] 0 0 0 0 0
```

（4）使用":"运算符：":"运算符可以生成一个连续整数序列。例如，要创建一个从1到5的整数向量，可以使用以下代码：

```
my_vector <- 1:5
my_vector
> my_vector
[1] 1 2 3 4 5
```

（5）使用其他函数：除了上述函数外，还有一些其他函数可以用于构建向量。例如，rnorm()函数可以生成一个服从正态分布的向量，sample()函数可以从给定的向量中随机抽取元素构成一个新的向量。

`rnorm(n, x, y)`：产生n个平均数为x，标准差为y的数。默认情况下，平均数为0，标准差为1。

```
> rnorm(10,)
 [1] -0.21869159 -0.05489184  0.17805025 -0.18140216  0.04617402 -0.65729438
 [7] -2.07813238 -0.83163160  0.79106606 -0.28042536
> rnorm(10, 0, 1)
 [1] -0.7503679 -0.8788350 -0.4747973  1.8590329  0.6521375 -0.7472759  0.1432425
 [8]  0.5440975  0.2528908 -1.0082110
> rnorm(10, 1, 1)
 [1] 0.08568987 1.84986635 0.41003675 1.37595007 1.02402949 0.91969694 2.16807148
 [8] 0.87719299 0.20659265 2.08291445
```

`sample(x, size, replace = FALSE, prob = NULL)`：主要用于在给定的值域范围内抽样形成随机向量。

参数的含义如下。

x：向量，表示抽样的总体，或者是一个正整数，表示样本总体为 1～n；

size：样本容量，即要抽取的样本个数，是一个非负整数；

replace：表示是否为有放回的抽样，是一个逻辑值，默认为 FALSE，即默认为无放回抽样，如果是 TRUE，则表示可以重复抽样；

prob：权重向量，即 x 中元素被抽取到的概率，是一个取值为 0～1 的向量，其长度应该与 x 的长度相同。

```
sample(1:20, 5)

sample(c("True", "False"), 10, replace=TRUE)
 > sample(1:20, 5)
 [1] 18  6 12 16  3
 > sample(c("True", "False"), 10, replace=TRUE)
  [1] "True"  "True"  "False" "False" "True"  "True"  "True"
  [8] "True"  "False" "True"
```

以上属于随机抽样的结果，每次重复运行的结果也不一样。

以上几种方法都可以构建向量，其中最重要的构建方法还是用 c()功能来实现。向量这一数据结构只支持单一的数据类型，即在一个向量中不可能存在两种数据类型，比如：

构建一个包含 1，2，3，4，5 五个数字的数值型向量，表示为

```
my_vector<-c(1:5)
```

用 str()功能来查看其基本属性：

```
> str(my_vector)
 int [1:5] 1 2 3 4 5
```

结果显示，这是一个包含 5 个整型数值的向量（int 表示为 integer 数据类型）。

将向量中的 5 换成“five”，再用 c()功能进行构建并检查其属性，结果如下：

```
> my_vector<-c(1:4,"five")
> str(my_vector)
 chr [1:5] "1" "2" "3" "4" "five"
```

可以看出，用数值和字符两种数据类型去构建一个向量，则 R 语言会自动将前面的数值 1～4 转换为字符，最终构建的是一个字符型向量。

2. 向量的访问

R 语言中可以使用下标（索引）来访问向量中的元素。向量的下标从 1 开始，可以使用方括号[]来访问向量中的元素。例如，假设有一个名为 my_vector 的向量，包含了 1～5 的整数，可以使用以下代码访问向量中的元素：

```
> my_vector <- c(1, 2, 3, 4, 5)
> my_vector[1]   # 访问第一个元素，输出 1
[1] 1
> my_vector[3]   # 访问第三个元素，输出 3
[1] 3
> my_vector[5]   # 访问第五个元素，输出 5
[1] 5
```

如果要访问 my_vector 中的前三个元素，可以使用以下代码：

```
> my_vector[1:3]   # 访问前三个元素，输出 1 2 3
[1] 1 2 3
```

如果要访问向量中的多个不连续的元素，可以使用 c()函数将它们组合成一个新的向

量。例如，要访问 my_vector 中的第 1、3 和 5 个元素，可以使用以下代码：

```
> my_vector[c(1, 3, 5)]  # 访问第 1、3 和 5 个元素，输出 1 3 5
[1] 1 3 5
```

2.2.2 矩阵

向量是一维且无方向的，而矩阵是典型的二维结构，主要的表现是矩阵有行和列。矩阵是由向量构成的。

1. 构建矩阵

将两个包含 3 个数字的向量按行进行合并，就可以组合成一个 2×3 维度的矩阵，例如：

```
a <- c(1:3)
b <- c(4:6)
my_dat <- rbind(a,b)
class(my_dat)
dim(my_dat)
```

结果如下：

```
> class(my_dat)
[1] "matrix" "array"
> dim(my_dat)
[1] 2 3
```

可以看出，my_dat 就是由 a 和 b 两个向量合并而成，维度为 2×3 的矩阵。因此，与向量的属性相似，矩阵也仅支持单一数据类型的存储。如果将两种不同数据类型的向量进行组合，结果一定是组合成为一个字符型矩阵。

另外，也可以使用 dim()功能实现由向量向矩阵的构建转换，如：

```
> x <- 1:6
> dim(x)<- c(2,3)
> str(x)
 int [1:2, 1:3] 1 2 3 4 5 6
```

在 R 语言中，最常见的矩阵构建方式是使用 matrix()函数创建矩阵，该函数需要指定矩阵的数据、行数和列数。例如，创建一个 2×3 的矩阵：

```
data <- c(1, 2, 3, 4, 5, 6)
my_matrix <- matrix(data, nrow = 2, ncol = 3)
print(my_matrix)
```

```
> print(my_matrix)
     [,1] [,2] [,3]
[1,]    1    3    5
[2,]    2    4    6
```

创建一个 3×2 的矩阵，并按列填充数据：

```
data <- c(1, 2, 3, 4, 5, 6)
my_matrix <- matrix(data, nrow = 3, ncol = 2, byrow = FALSE)
```

```
print(my matrix)
 > print(my_matrix)
      [,1] [,2]
 [1,]    1    4
 [2,]    2    5
 [3,]    3    6
```

创建一个 3×2 的矩阵，并按行填充数据：

```
data <- c(1, 2, 3, 4, 5, 6)
my_matrix <- matrix(data, nrow = 3, ncol = 2, byrow = TRUE)
print(my_matrix)
 > print(my_matrix)
      [,1] [,2]
 [1,]    1    2
 [2,]    3    4
 [3,]    5    6
```

在上述示例中，首先创建了一个包含所需元素的向量 data。然后，使用 matrix()函数创建了一个矩阵 my_matrix，并指定了行数（nrow）、列数（ncol）以及是否按行填充数据（byrow）。默认情况下，byrow 参数为 FALSE，这意味着矩阵将按列填充数据。如果将 byrow 设置为 TRUE，则矩阵将按行填充数据。

2. 矩阵的访问

在矩阵的访问中也使用方括号“[ ]”来访问矩阵中的元素。主要形式为[*x*,*y*]，其中，*x* 表示行数；*y* 表示列数。以下是一些访问矩阵元素的示例。

访问矩阵中的单个元素：

```
data <- c(1, 2, 3, 4, 5, 6)
my_matrix <- matrix(data, nrow = 3, ncol = 2, byrow = TRUE)
my_matrix[1, 2]#访问第 1 行，第 2 列的元素
 > my_matrix[1, 2] # 访问第1行，第2列的元素
 [1] 2
```

访问矩阵中的一整行或一整列：

```
> my_matrix[1, ] # 访问第1行的所有元素
[1] 1 2
> my_matrix[, 2] # 访问第2列的所有元素
[1] 2 4 6
```

访问矩阵中的多个元素：

```
my_matrix[c(2,3), c(1,2)]#访问第 2、3 行和第 1、2 列的元素
> my_matrix[c(2,3), c(1,2)]
     [,1] [,2]
[1,]    3    4
[2,]    5    6
```

3. apply()函数

在 R 语言中，apply()函数是常用的一种数据的操作函数，它可以对数组、矩阵、数据框等数据结构进行数据处理，并且可以提高数据处理效率。

apply()函数的使用形式为

```
apply(X, MARGIN, FUN, ...)
```

其中，*X*表示要操作的数据对象；MARGIN表示操作的维度，取值为1或2；当MARGIN为1时，表示在行方向上应用函数，对每个行向量进行数据处理；当MARGIN为2时，表示在列方向上应用函数，对每个列向量进行数据处理；FUN表示要应用于每个元素或子集的函数；…表示传递给FUN函数的其他参数。

例如，可以使用以下代码计算一个矩阵每列的平均值：

```
#创建一个3×4的矩阵
matrix1 <- matrix(c(1, 2, 3, 4, 5, 6, 7, 8, 9, 10, 11, 12), nrow=3, ncol=4)
#对每列应用mean函数
apply(matrix1, 2, mean)
```

执行该代码后会输出矩阵每列的平均值。

```
> apply(matrix1, 2, mean)
[1]  2  5  8 11
```

apply()函数是一种灵活且高效的数据操作函数，可以用于各种数据处理和分析任务，如数据预处理、特征提取、模型评估等。需要注意的是，在大数据集的情况下，apply()函数的效率可能较低，需要使用其他更高效的函数工具来处理数据。

```
my.matrx <- matrix(c(1:10, 11:20, 21:30), nrow = 10, ncol = 3)
apply(my.matrx, 1, sum)#每一行求和
apply(my.matrx, 2, sum)#每一列求和
apply(my.matrx, 2, length)#计算每一列的长度
```

结果如下：

```
> apply(my.matrx, 1, sum)
 [1] 33 36 39 42 45 48 51 54 57 60
> apply(my.matrx, 2, sum)
[1]  55 155 255
> apply(my.matrx, 2, length)
[1] 10 10 10
```

2.2.3 数组

数组是一种用于存储和操作多个维度同类型数据元素的数据结构。数组可以是2维的，也可以是3维的。

1. 构建数组

向量是组成数组的基本单元，可以使用dim()功能函数来将向量转换为数组，例如：

```
x <- c(1:24)
dim(x) <- c(2,3,4)
str(x)
```

结果如下：

```
> str(x)
 int [1:2, 1:3, 1:4] 1 2 3 4 5 6 7 8 9 10 ...
```

可以看出利用 dim 工具可以将向量 1～24 转化为一个维度为 4 层，每层为 2 行 3 列的 3 维数组。

在 R 语言中也可以使用 array()函数创建数组。首先创建了一个向量 data，包含 12 个元素。然后，定义了一个向量 dimensions，表示数组的维度（3 行和 4 列）。最后，使用 array()函数创建了一个数组 my_array，并将其维度设置为 dimensions。代码如下：

```
data <- c(1, 2, 3, 4, 5, 6, 7, 8, 9, 10, 11, 12)

dimensions <- c(3, 4)

my_array <- array(data, dimensions)

print(my array)
 > print(my_array)
      [,1] [,2] [,3] [,4]
 [1,]    1    4    7   10
 [2,]    2    5    8   11
 [3,]    3    6    9   12
```

也可以创建一个 2×2×2 的 3 维数组：

```
data <- c(1, 2, 3, 4, 5, 6, 7, 8)

dimensions <- c(2, 2, 2)

my_array <- array(data, dimensions)

print(my array)
 > print(my_array)
 , , 1

      [,1] [,2]
 [1,]    1    3
 [2,]    2    4

 , , 2

      [,1] [,2]
 [1,]    5    7
 [2,]    6    8
```

这一 3 维数组为 2 层，每层包括 2 行×2 列。

2. 数组的访问

数组的访问也是使用中括号“[ ]”来实现，访问方式为[x,y,z]。其中，x 为行；y 为列；z 为层。以下是一些访问数组元素的示例。

访问数组中的单个元素：

```
my_array <- array(1:24, c(2,3,4))
my_array[1, 2, 3]#访问第 3 层，第 1 行，第 2 列的元素
> my_array[1, 2, 3]
[1] 15
my_array[1, , ]#访问所有层中的第 1 行
```

```
> my_array[1, , ]
     [,1] [,2] [,3] [,4]
[1,]    1    7   13   19
[2,]    3    9   15   21
[3,]    5   11   17   23
my_array[, , 4]#访问第 4 层中的所有元素
> my_array[, , 4]
     [,1] [,2] [,3]
[1,]   19   21   23
[2,]   20   22   24
my_array[, 3,]#访问所有层中的第 3 列
> my_array[, 3,]
     [,1] [,2] [,3] [,4]
[1,]    5   11   17   23
[2,]    6   12   18   24
```

2.2.4 数据框

数据框是 R 语言中最常用的数据结构，由多个相等长度的向量组成，每一个数据向量表示数据框中的一个列。每一行为一组观测值，每一列为一个变量。其优势在于数据框可以同时包含多个变量类型，如数值、字符、日期/时间等，其与常用的 Excel 数据表格形式较为类似。

1. 构建数据框

数据框类似于矩阵，但不同之处在于数据框可以包含不同数据类型的变量。可以使用 data.frame()函数创建数据框。

下面是一个创建数据框的示例：

```
name <- c("Alice", "Bob", "Charlie", "David")
age <- c(21, 35, 57, 44)
gender <- c("F", "M", "M", "M")
height <- c(1.70, 1.83, 1.78, 1.79)
df<- data.frame(name, age, gender, height)
df
> df
     name age gender height
1   Alice  21      F   1.70
2     Bob  35      M   1.83
3 Charlie  57      M   1.78
4   David  44      M   1.79
```

这个例子中，创建了一个包含姓名、年龄、性别和身高的数据框，维度为 4×4，即 4 行×4 列。其中，姓名、性别都是字符型变量，年龄和身高是数值型变量。通过调用 data.frame()函数，将这些变量整合成一个数据框，并将结果保存在变量 df 中。

该形式的另一种表达为

```
df <- data.frame(
```

```
            Name =  c("Alice", "Bob", "Charlie", "David"),
            Age  =  c(21, 35, 57, 44),
            Gender  =  c("F", "M", "M", "M"),
            height   =  c(1.70, 1.83, 1.78, 1.79)
            )
> df
     Name Age Gender Height
1   Alice  21      F   1.70
2     Bob  35      M   1.83
3 Charlie  57      M   1.78
4   David  44      M   1.79
```

数据框可以进行各种各样的操作，如获取子集、合并、重构和排序等，以实现数据的分析和处理。

2. 数据框的访问

R 语言中访问数据框中的数据通常可以使用以下 3 种方法。

（1）通过$符号访问数据框中的列（变量）。

例如，上一个构建好的名为 df 的数据框，其中有一个名为 Age 的列，则可以使用以下方法访问该列的数据：

```
> df$Age
[1] 21 35 57 44
```

（2）通过中括号“[ ]”访问数据框中的行和列，如可以使用以下方法访问第一行、第二列的数据：

```
> df[1,2]
[1] 21
```

也可以使用以下方法访问整行或整列的数据，如访问第一行或第二列的数据：

```
> df[1,]
   Name Age Gender Height
1 Alice  21      F    1.7
> df[,2]
[1] 21 35 57 44
```

（3）可以使用变量名（列名）来访问，如访问“Age”这一列：

```
> df["Age"]
  Age
1  21
2  35
3  57
4  44
```

2.2.5　列表

列表是 R 语言中数据结构最为复杂的一种，该结构能包含向量、数组、矩阵、数据框甚至列表本身。因此，在很多的研究中都将数据选择以列表的结构形式进行存储。当然，常见的数据框（data.frame）与列表之间看似并不相同。但是，实际上数据框是列表的一种特殊形式。其区别在于列表是分层排放数据，而数据框是并列排放数据。数据框支持多种数据类型（字符、数字和时间等），列表也同样支持；数据框要求每个变量的观测数（行数）必须一致，而列表对每一层的数据却没有这样的要求。总体来看，数据框是列表的一种特殊形式，就如三角形中的等边三角形、矩形中的正方形一样。

1. 构建列表

在 R 语言中用 list()来构建列表数据结构，代码如下：

```
ldata  <-  list(date=seq.Date(as.Date("2000-1-1"),as.Date("2001-1-1"),
by="month"),
              age=sample(1:100,13,replace = F),
              gender=sample(c("M","W"),13,replace = T),
              data=runif(13)*100,
              data1=matrix(sample(1:100,16,replace = F),nrow = 4),
              type=sample(c(2,4,6),13,replace = T))
class(ldata)
str(ldata)
```

结果如下：

```
> class(ldata)
[1] "list"
> str(ldata)
List of 6
 $ date  : Date[1:13], format: "2000-01-01" "2000-02-01" "2000-03-01" ...
 $ age   : int [1:13] 11 28 58 94 33 83 5 32 81 97 ...
 $ gender: chr [1:13] "M" "M" "W" "M" ...
 $ data  : num [1:13] 41.6 82.9 56.4 50 74.5 ...
 $ data1 : int [1:4, 1:4] 66 2 39 30 14 86 87 27 47 54 ...
 $ type  : num [1:13] 4 6 4 6 4 4 6 6 2 6 ...
```

代码中 seq.Date 按月生成 2000 年 1 月到 2001 年 1 月共 13 个月的日期；sample 主要从给定的向量中随机抽取数据，replace=T 表示可以重复抽取，replace = F 则不能重复抽取。runif 生成服从正态分布的数据。用 class 功能查看数据结构，用 str 功能查看数据结构内的要素。

2. 列表的访问

列表的访问主要用双中括号“[[ ]]”来进行，代码如下：

```
> ldata[[1]]
 [1] "2000-01-01" "2000-02-01" "2000-03-01" "2000-04-01" "2000-05-01" "2000-06-01"
 [7] "2000-07-01" "2000-08-01" "2000-09-01" "2000-10-01" "2000-11-01" "2000-12-01"
[13] "2001-01-01"
> ldata[[2]][2:5]
[1] 22 71 62 37
> ldata[[5]][2,3]
[1] 19
> ldata$gender[2]
[1] "W"
> ldata[["data"]][1]
[1] 5.83709
```

第一行代码表示，访问列表中的第一个成分，是 13 个时间变量组成的向量；第二行代码显示访问第二个成分，并提取第二个成分中向量的第 2～5 个元素；第三行代码是访问列表中的第五个成分，因为第五个成分是矩阵，因此访问矩阵需要[行数,列数]的访问形式。此案例中是访问第 5 个成分矩阵中的第 2 行，第 3 列要素；列表访问也可以用"$"进行，第四行代码表示访问第 3 个成分向量中第 2 个要素；如果知道列表中各个成分的名称（date、age、gender、data、data1 都是名称），可以用[["名称"]]的形式进行访问。第 5 行代码是用这种形式访问第 4 个成分向量中的第一个元素。

3. 列表的数据分析

1）lapply 和 sapply

lapply 和 sapply 是对列表进行数据分析的主要工具，案例代码如下：

```
da <- data.frame(data=sample(1:100,40,replace=T),
             type=sample(c(2,4,6),40,replace = T))
split_da <- split(da$data,da$type)#转换为 list 结构
str(split_da)
split_da <- unstack(da)#另外一种转换为 list 结构的方式
str(split_da)
mean_da_l <- lapply(split_da, mean)#求每一层向量中的均值，结果为 list 结构
mean_da_s <- sapply(split_da, mean,simplify = T)#求每一层向量中的均值，结果为向量/数据框结构
str(mean_da_l)
str(mean_da_s)
```

结果如下：

```
> split_da <- split(da$data,da$type)
> split_da
$`2`
 [1] 21 16 11 95 31 19 27 73 75 36 20 20 95 47

$`4`
 [1] 18  4  3 25 45 38  3 66 93 74 65 10 30

$`6`
 [1] 39 61 79 65 17 17 46 39 76 92 36 78 72
> split_da <- unstack(da)
> split_da
$`2`
 [1] 21 16 11 95 31 19 27 73 75 36 20 20 95 47

$`4`
 [1] 18  4  3 25 45 38  3 66 93 74 65 10 30

$`6`
 [1] 39 61 79 65 17 17 46 39 76 92 36 78 72
```

```
> str(mean_da_l)
List of 3
 $ 2: num 41.9
 $ 4: num 36.5
 $ 6: num 55.2
> str(mean_da_s)
 Named num [1:3] 41.9 36.5 55.2
 - attr(*, "names")= chr [1:3] "2" "4" "6"
```

lapply 和 sapply 都是用于进行列表/数据框数据分析的工具，不同的是 lapply 返回的结果是列表，而 sapply 返回的结果是矩阵或者向量。在本案例中，构建列表除了用 list 直接构建列表外，也可以在数据框（data.frame）用 split 或者 unstack 函数生成列表。用这两个工具生成列表，需要注意的是必须有一个因子变量作为分类的依据，否则结果会很杂乱。

提高难度：假设一班有 60 名同学，高等数学期末考试成绩差别很大，需要检查不同成绩分段的学生成绩分布是否符合正态分布。如果符合正态分布则表明试卷难易度和教学过程不存在问题，如果不符合，则需要调整今后的试卷和教学过程。用计算机随机生成 60 个高数数学成绩作为案例来进行分析，代码如下：

```
data <- sample(45:100,60,replace = T)
tt <- shapiro.test(data)
tt$p.value#检验总体的正态性分布
split_d <-split(data,cut(data,br=c(0,59,70,80,90,100)))#分不同分数段检验总体的正态性分布
table(cut(da$data,br=c(0,59,70,80,90,100)))#统计每个分数段人数
test <- lapply(split_d,function(x) shapiro.test(x))#检验正态性
result <- sapply(test, function(x) x$p.value)#提取 p 值
result
```

过程如下：

首先用 sample 随机抽样的方法生成 60 名同学的高等数学成绩并命名为 data。接着，用夏皮罗-威尔克检验法检验数据的正态性与否，在 R 语言中功能代码为 shapiro.test()。在这一检验中，p 值大于 0.05 表明数据符合正态分布，反之则不符合。

首先，对总体数据分布进行正态性检验，结果如下：

```
> tt$p.value##检验总体的正态性分布
[1] 0.06681205
```

p 值大于 0.05，表明这一次高等数学考试和教学总的来看没有太大的问题，可以保持不变。

其次，来看不同分数段的成绩正态性，按照学校的要求将成绩划分为(0,59]、(59,70]、(70,80]、(80,90]和(90,100]5 类，分类结果如下：

```
> split_d
$`(0,59]`
 [1] 46 57 57 50 55 52 48 54 57 56 51 56 51 45 58 55 56 59 57 52 55 45

$`(59,70]`
 [1] 67 60 67 67 70 70 62 63 63 70
```

```
$`(70,80]`
 [1] 71 72 77 79 73 72 76 80 75 73 78 73 78 75 77

$`(80,90]`
 [1] 83 90 88 81 85 90 89 81 88 88

$`(90,100]`
[1]  98 100  92
```

用 cut 函数可以将数据按照要求进行分组并设置为因子，结合 split 函数就可以利用这一分类因子对成绩按照设置的分组进行分类。在对每个分数段进行正态性检验之前，需要检查每个分数段的人数，如果小于 3 个，则不适用于传统的数理统计分布检验，很可能会出现通不过检验的情况，可以忽略这一分组的检验输出结果，用 table 函数统计一下每个分数段的人数，结果如下：

```
> table(cut(da$data,br=c(0,59,70,80,90,100)))#统计每个分数段人数

  (0,59]  (59,70]  (70,80]  (80,90] (90,100]
      23        2        2        7        6
```

由于(90,100]分数段的人数较少（只有 3 人），其检验结果可以不纳入最终的考核结果。其余 3 个分组的结果较为可信，由于 split 之后的数据结构为列表，用 lapply 函数进行逐个分组的正态性检验，代码如下：

```
> test <- lapply(split_d,function(x) shapiro.test(x))#检验正态性
```

最后，由于 lapply 功能返回的结果仍然是列表格式，而且每个列表成分里都包含夏皮罗-威尔克检验法输出的很多参数。由于仅需要看其中的 p 值，因此再利用 sapply 功能从每个 lapply 返回的列表结果中提取 p 值，用$提取，代码如下：

```
> result <- sapply(test, function(x) x$p.value)#提取p值
> result
    (0,59]     (59,70]     (70,80]     (80,90]    (90,100]
0.02737794 0.16033062 0.42834439 0.06306346 0.46326287
```

可以看出，(0,59]分组的 p 值小于 0.05，表明这一分数段组的学生考试成绩不符合正态分布。因此，这一成绩段的学生在学习上可能存在问题，需要重点关注。

为什么说数据框（data.frame）是列表结构的一种特殊形式？用 R 语言自带的 mtcars 数据集作为例子来证明：

```
data(mtcars)

str(mtcars)

lst <- lapply(mtcars, mean)#返回列表

dvc <- sapply(mtcars, mean)#返回向量

str(lst)

str(dvc)
> str(mtcars)
'data.frame':   32 obs. of  11 variables:
 $ mpg : num  21 21 22.8 21.4 18.7 18.1 14.3 24.4 22.8 19.2 ...
 $ cyl : num  6 6 4 6 8 6 8 4 4 6 ...
 $ disp: num  160 160 108 258 360 ...
 $ hp  : num  110 110 93 110 175 105 245 62 95 123 ...
 $ drat: num  3.9 3.9 3.85 3.08 3.15 2.76 3.21 3.69 3.92 3.92 ...
```

```
> str(lst)
List of 11
 $ mpg : num 20.1
 $ cyl : num 6.19
 $ disp: num 231
 $ hp  : num 147
 $ drat: num 3.6
 $ wt  : num 3.22
 $ qsec: num 17.8
 $ vs  : num 0.438
 $ am  : num 0.406
 $ gear: num 3.69
 $ carb: num 2.81
> str(dvc)
 Named num [1:11] 20.09 6.19 230.72 146.69 3.6 ...
 - attr(*, "names")= chr [1:11] "mpg" "cyl" "disp" "hp" ...
```

可以看出，能够处理 list 数据结构的函数 lappy 和 sapply 是都能够用来处理数据框的。

继续提高：前面都在用 lapply 和 sapply 函数处理列表中的向量，那如果每个列表成分当中都是数据框，那该怎么处理呢？这里有气象局保存好的 1951 年 1 月 1 日至 1952 年 6 月 30 日全国 800 多个气象站点的气温数据（格式为 txt）。可以用 sapply 功能将大量的 txt 格式数据读入 R 语言，并保存为 list 数据格式。数据里有年、月、日和 24 小时降水量数据（20～20 时累计降水量），若想统计全国 1951 年 1 月到 1952 年 6 月共计 18 个月的月平均气温，数据请见对应文件夹的数据，代码如下：

首先，找到文件夹，用 sapply 批量读入 txt 数据（若用 read.table 功能单个读入，费时费力）：

```
library(data.table)
filePath <- "G:\\0818\\code\\2.2\\"#指定数据文件夹路径
Filenames <- list.files(path=filePath,
pattern="SURF_CLI_CHN_MUL_DAY-TEM-12001.*.TXT",full.names
= TRUE)#列出所有 txt 的文件路径
tem <- sapply(filenames, fread, quote = "",header = FALSE,
simplify =FALSE,fill=TRUE)#批量读取 TXT 数据
```

查看 tem 的数据结构：

```
> str(tem)
List of 18
 $ G:\0818\code\2.2\SURF_CLI_CHN_MUL_DAY-TEM-12001-195101.TXT:Classes 'data.table' and 'data.frame':
4216 obs. of  13 variables:
  ..$ V1 : int [1:4216] 50527 50527 50527 50527 50527 50527 50527 50527 50527 50527 ...
  ..$ V2 : int [1:4216] 4913 4913 4913 4913 4913 4913 4913 4913 4913 4913 ...
  ..$ V3 : int [1:4216] 11945 11945 11945 11945 11945 11945 11945 11945 11945 11945 ...
  ..$ V4 : int [1:4216] 6766 6766 6766 6766 6766 6766 6766 6766 6766 6766 ...
  ..$ V5 : int [1:4216] 1951 1951 1951 1951 1951 1951 1951 1951 1951 1951 ...
  ..$ V6 : int [1:4216] 1 1 1 1 1 1 1 1 1 1 ...
  ..$ V7 : int [1:4216] 1 2 3 4 5 6 7 8 9 10 ...
  ..$ V8 : int [1:4216] 32766 -409 -422 -426 -389 -395 -406 -391 -382 -400
```

可以看出列表中有 18 个成分（18 个月份，每个月份为一个独立的 txt），每个成分里是 4216 行×13 列的数据框，因此，只能用 lapply 或者 sapply 进行处理，代码如下：

```
all.spp.data <- tem
for (i in 1:length(all.spp.data)) {
```

```
    all.spp.data [[i]]$V8[all.spp.data [[i]]$V8==32766] <- NA
  }#用 NA 替换奇异值 32766
  b  <-  sapply(all.spp.data,  function(x)  {x<-   aggregate(x[,8],  by=
list(x$V5,x$V6),mean,na.rm=T)}
    ,simplify = T)
  b <- t(b)
  b <- as.data.frame(b)
  c <- data.frame(as.numeric(b$Group.1),as.numeric(b$Group.2),as. Numeric
(b$V8))
  library(xts)
  c$date  <-  as.Date(paste0(c$as.numeric.b.Group.1.,"-",c$as.numeric.b.
Group.2.,"-",1),"%Y-%m-%d")
  c <- as.xts(c$as.numeric.b.V8.,order.by=c$date)#构建 xts 时间序列
  #
  xlab <- expression(paste("温度 (",degree,"C)"))
  plot(as.zoo(c)/10,type="b",col="red",lwd=2,xlab="年份",ylab=xlab)#时间序
列出图
```

先利用 sapply 打开列表中的每个成分，再利用 aggregate 功能统计每个列表成分的气温月均值。由于 sapply 之后的 aggregate 都是列表的返回形式，因此需要进行转置、组合数据框以及重新提取等工作，将统计好的数据变成想要的数据框格式，最后再出图，结果如图 2-3 所示。

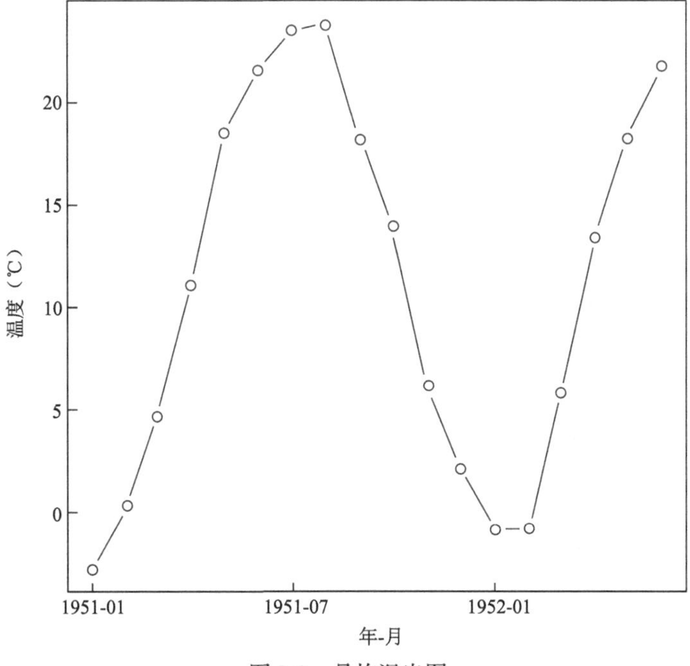

图 2-3　月均温出图

以上这一思路是直接基于 sapply 和 lapply 对于列表强大的分解能力完成的，但是理解起来较为困难，因此初学者可以采用 for 循环的思路（详见第 3.11 小节）。

2）tapply

tapply 是 R 语言中用于分类统计的主要工具，其基本功能与 aggregate 功能较为一致。tapply 工具的使用规则为 tapply(向量，分类因子，功能)，以 mtcars 数据集为例，代码如下：

```
data(mtcars)
tapply(mtcars$mpg,mtcars$gear,mean)
aggregate(mtcars$mpg,by=list(mtcars$gear),mean)
```

按照汽车挡位（mtcar$gear）分类统计每种挡位数汽车的单位体积汽油下的行车里程均值，结果如下：

```
> tapply(mtcars$mpg,mtcars$gear,mean)
       3        4        5 
16.10667 24.53333 21.38000 
```

3）by

by 的主要功能是对数据框进行分类并进行复杂的统计分析，如回归建模。其主要的使用规则是 by(数据框，分类因子，功能)，以 mtcars 数据集为例，代码如下：

```
r_by <- by(mtcars,mtcars$gear,function(x) lm(mpg~wt+hp,data=mtcars))
lapply(r_by, confint)
lapply(r_by, coef)
```

代码根据汽车的挡位数（mtcars$gear）将 mtcars 数据集分为 3 组（3, 4, 5），然后以三组数据中 mpg 为因变量，wt 和 hp 为自变量进行回归分析，3 个回归的置信区间结果用 lappy 进行提取，结果如下：

```
> lapply(r_by, confint)
$`3`
                  2.5 %      97.5 %
(Intercept) 33.95738245 40.49715778
wt          -5.17191604 -2.58374544
hp          -0.05024078 -0.01330512

$`4`
                  2.5 %      97.5 %
(Intercept) 33.95738245 40.49715778
wt          -5.17191604 -2.58374544
hp          -0.05024078 -0.01330512

$`5`
                  2.5 %      97.5 %
(Intercept) 33.95738245 40.49715778
wt          -5.17191604 -2.58374544
hp          -0.05024078 -0.01330512
```

lapply 回归的系数提取结果如下：

```
> lapply(r_by, coef)
$`3`
(Intercept)          wt          hp
37.22727012 -3.87783074 -0.03177295

$`4`
(Intercept)          wt          hp
37.22727012 -3.87783074 -0.03177295

$`5`
(Intercept)          wt          hp
37.22727012 -3.87783074 -0.03177295
```

4）mapply

mapply 主要是用于向量或者列表中各要素分析处理，即使不同向量和列表中的要素长度不一致，也可以正常计算。其调用的规则一般是 mapply(功能函数，向量或者列表)，其基本功能代码演示如下：

```
> mapply(function(x,y) c(x+y, x^y), c(1:3), c(1:3))
     [,1] [,2] [,3]
[1,]    2    4    6
[2,]    1    4   27
> mapply(function(x,y) c(x+y, x^y), c(1:3), c(1:2))
     [,1] [,2] [,3]
[1,]    2    4    4
[2,]    1    4    3
```

可以看出，第 1 行代码利用 mapply 函数对两个向量分别进行对应的求和与指数运算，返回的结果是矩阵。第 2 行代码代入计算的两个向量一个长度为 3，一个长度为 2，但是 mapply 依然可以按照功能函数的算法自动进行计算。缺少的 y，函数自动用第 2 个向量的第一个数值进行补充，补充后的第 2 个向量为 $c(1, 2, 1)$。

2.2.6　转义函数

在前面的案例中经常会遇到以“as.”形式存在的功能函数，这种形式的工具称为转义函数，顾名思义这一类型的工具可以实现不同数据类型与结构之间的自由转换。例如，as.character()和 as.numeric()工具可以实现字符和数据类型的转换，案例如下：

```
> x <- 3.14
> class(x)
[1] "numeric"
> x <- as.character(x)
> class(x)
[1] "character"
> x <- as.numeric(x)
> class(x)
[1] "numeric"
```

R 语言中的转义函数很多，通常需要先借助判断函数进行数据类型与结构的判断，然后利用对应的转义函数进行类型和数据结构的转换。常用的判断函数与转义函数如表 2-6 所示。

表 2-6 判断函数和对应的转义函数

判断	含义	转换	含义
is.numeric()	是数值型向量吗?	as.numeric()	转换为数值型向量
is.character()	是字符型向量吗?	as.character()	转换为字符型向量
is.vector()	是向量吗?	as.vector()	转换为向量
is.matrix()	是矩阵吗?	as.matrix()	转换为矩阵
is.data.frame()	是数据框吗?	as.data.frame()	转换为数据框
is.factor()	是因子变量吗?	as.factor()	转换为因子变量
is.logical()	是逻辑变量吗?	as.logical()	转换为逻辑变量

资料来源：Kabacoff，2013。

理解这一类函数的功能可以通过以下代码来体会：

```
data <- c(1:6)
data
is.numeric(data)
data <- as.character(data)
data
is.numeric(data)
is.character(data)
```

```
> data
[1] 1 2 3 4 5 6
> is.numeric(data)
[1] TRUE
> data <- as.character(data)
> data
[1] "1" "2" "3" "4" "5" "6"
> is.numeric(data)
[1] FALSE
> is.character(data)
[1] TRUE
```

可以看出，即便“表面”看起来是 1～6 的数字，但是运用转义函数转变成字符之后其也变成了不能进行计算的字符。和原数值型向量相比，转义后的向量里每个数字上都有个双引号，这在 R 里面表示是字符。

思 考 题

（1）在实际数据处理和分析中，你是如何选择合适的数据类型的？在处理不同类型的数据时，选择不同的数据类型是否对你的工作产生了影响？请举例说明。

（2）在你的实际工作中，逻辑型数据是如何应用于条件判断和决策逻辑的？

（3）数组与矩阵相比有何特殊之处？通过代码示例展示如何构建一个数组。

（4）什么是转义函数？举例说明一下转义函数的作用，并解释为什么它们在数据类型和结构之间的转换中起到重要作用。

（5）为什么在使用转义函数之前通常需要使用判断函数？举例说明一种数据类型或结构的判断和转换过程。

第3章 数据管理

3.1 优 先 级

在R语言中，运算符有不同的优先级。当表达式中包含多个运算符时，R会按照优先级从高到低的顺序进行计算。这可以避免运算符顺序不当而导致的结果错误。

R语言中的运算符优先级（从高到低）如表3-1所示。

表3-1 各种运算符的优先级排序（从高到低）

运算	运算符名称	运算符
数值运算	指数运算符	^（指数）
	一元运算符	+（正号），–（负号）
	乘法和除法符	*（乘法），/（除法），%%（模），%/%（整除）
	加法和减法符	+（加法），–（减法）
比较运算	关系运算符	<，<=，>，>=，==（等于）和!=（不等于）
逻辑运算	逻辑运算符	!（非），&（并）和|（或）
赋值运算	赋值运算符	<–，=，–>

在R语言中优先级最高的是()，可以使用括号来明确优先级。例如：

```
x <- (-3)^2+4/2
x
> x
[1] 11
y <- (8-4)*3
y
> y
[1] 12
z <- (2+5)*4
z
> z
[1] 28
```

再如，将比较运算符、逻辑运算符和数值运算放在一起进行，看看结果：

```
if(x<= (8-4)*3&(2+5)*4>=(8-4)*3){print(x)}
[1] 11

if((-3)^2+4/2!= (2+5)*4|(2+5)*4<=(8-4)*3){print(z)}
[1] 28
```

3.2 重编码/重命名

重命名是一种常见的数据管理操作，可以使用 row.names()、rownames()、col.names()、colnames()等函数进行列名和行名的查询和重命名。重命名操作能够帮助更好地理解数据和变量的含义，避免出现混淆或歧义。重命名是对数据进行数据清理和数据整理的常见操作，能够使得数据更加规范和易于理解。以 R 语言自带的“mtcars”数据集为例：

```
data(mtcars)

names(mtcars)

colnames(mtcars)

rownames(mtcars)
> names(mtcars)
 [1] "mpg"  "cyl"  "disp" "hp"   "drat" "wt"   "qsec" "vs"   "am"   "gear" "carb"
> colnames(mtcars)
 [1] "mpg"  "cyl"  "disp" "hp"   "drat" "wt"   "qsec" "vs"   "am"   "gear" "carb"
> rownames(mtcars)
 [1] "Mazda RX4"           "Mazda RX4 Wag"       "Datsun 710"
 [4] "Hornet 4 Drive"      "Hornet Sportabout"   "Valiant"
 [7] "Duster 360"          "Merc 240D"           "Merc 230"
[10] "Merc 280"            "Merc 280C"           "Merc 450SE"
[13] "Merc 450SL"          "Merc 450SLC"         "Cadillac Fleetwood"
[16] "Lincoln Continental" "Chrysler Imperial"   "Fiat 128"
[19] "Honda Civic"         "Toyota Corolla"      "Toyota Corona"
[22] "Dodge Challenger"    "AMC Javelin"         "Camaro Z28"
[25] "Pontiac Firebird"    "Fiat X1-9"           "Porsche 914-2"
[28] "Lotus Europa"        "Ford Pantera L"      "Ferrari Dino"
[31] "Maserati Bora"       "Volvo 142E"
```

重命名列名：可以使用 colnames()函数重命名数据框中的列名。例如

```
colnames(mtcars)[c(1,3)] <- c('col1','col2')

mtcars
> colnames(mtcars)[c(1,3)] <- c('col1','col2')
> mtcars
                  col1 cyl  col2  hp drat    wt  qsec vs am gear carb
Mazda RX4         21.0   6 160.0 110 3.90 2.620 16.46  0  1    4    4
Mazda RX4 Wag     21.0   6 160.0 110 3.90 2.875 17.02  0  1    4    4
Datsun 710        22.8   4 108.0  93 3.85 2.320 18.61  1  1    4    1
Hornet 4 Drive    21.4   6 258.0 110 3.08 3.215 19.44  1  0    3    1
Hornet Sportabout 18.7   8 360.0 175 3.15 3.440 17.02  0  0    3    2
Valiant           18.1   6 225.0 105 2.76 3.460 20.22  1  0    3    1
Duster 360        14.3   8 360.0 245 3.21 3.570 15.84  0  0    3    4
Merc 240D         24.4   4 146.7  62 3.69 3.190 20.00  1  0    4    2
```

在数据框中，如果对列名（变量名）进行修改除了前述提到的 colnames()功能，也可以使用 names()功能，两者效果一致。

重命名行名：可以使用 rownames()函数重命名数据框中的行名。例如

```
rownames(mtcars)[c(1,2)] <- c('row1','row2')
mtcars
```

```
> rownames(mtcars)[c(1,2)] <- c('row1','row2')
> mtcars
                  col1 cyl  col2  hp drat    wt  qsec vs am gear carb
row1              21.0   6 160.0 110 3.90 2.620 16.46  0  1    4    4
row2              21.0   6 160.0 110 3.90 2.875 17.02  0  1    4    4
Datsun 710        22.8   4 108.0  93 3.85 2.320 18.61  1  1    4    1
Hornet 4 Drive    21.4   6 258.0 110 3.08 3.215 19.44  1  0    3    1
Hornet Sportabout 18.7   8 360.0 175 3.15 3.440 17.02  0  0    3    2
Valiant           18.1   6 225.0 105 2.76 3.460 20.22  1  0    3    1
Duster 360        14.3   8 360.0 245 3.21 3.570 15.84  0  0    3    4
Merc 240D         24.4   4 146.7  62 3.69 3.190 20.00  1  0    4    2
```

也可以使用 names()函数重命名向量中的元素名。例如

```
my_vector <- c(a=1, b=2, c=3)
my_vector
names(my_vector) <- c("x", "y", "z")
my vector
```

```
> myvector <- c(a=1, b=2, c=3)
> myvector
a b c
1 2 3
> names(myvector) <- c("x", "y", "z")
> myvector
x y z
1 2 3
```

3.3 添加、删除、随机抽样

在 R 语言中，添加数据是一种常见的数据管理操作，它可以将新的数据添加到已有的数据集中，以便更好地进行数据分析和建模。以下是一些常用的数据添加操作。

3.3.1 添加

在常用的数据框结构中，通常使用$运算符或向量索引操作符[]添加列数据，举例如下。

1. 使用$运算符添加变量（列）

```
NO <- c(1:10)#编号
C <- c(0.49,0.65,0.85,0.83,0.8,0.6,0.88,0.99,1.02,0.76)#土壤含碳量
N  <-  c(0.0488,0.0711,0.0929,0.097,0.0894,0.0732,0.0861,0.1075,0.1151,
0.0878)#土壤含氮量
```

```
P <- c(0.136,0.135,0.182,0.166,0.182,NaN,0.176,0.191,0.188,0.176)#土壤含磷量
my_data <- data.frame(NO, C, N)
my_data
> my_data
  NO   C    N
1  1 0.5 0.05
2  2 0.6 0.07
3  3 0.8 0.09
4  4 0.8 0.10
5  5 0.8 0.09
6  6 0.6 0.07
7  7 0.9 0.09
```

增加一个变量（列），变量名为“*P*”，例如：

```
my_data$P <- P
my_data
> my_data
  NO   C    N   P
1  1 0.5 0.05 0.1
2  2 0.6 0.07 0.1
3  3 0.8 0.09 0.2
4  4 0.8 0.10 0.2
5  5 0.8 0.09 0.2
6  6 0.6 0.07 NaN
7  7 0.9 0.09 0.2
```

2. 使用[]添加变量

使用向量索引操作符[]添加变量数据，例如：

```
my_data["P"] <- P
```

3. 添加行数据

可以使用 rbind()函数将新的行数据添加到已有的数据集中。如添加一行数据：

```
new_row <- c(11, 0, 0, 0)
data <- rbind(my_data, new_row)
> data
   NO   C    N   P
1   1 0.5 0.05 0.1
2   2 0.6 0.07 0.1
3   3 0.8 0.09 0.2
4   4 0.8 0.10 0.2
5   5 0.8 0.09 0.2
6   6 0.6 0.07 NaN
7   7 0.9 0.09 0.2
8   8 1.0 0.11 0.2
9   9 1.0 0.12 0.2
10 10 0.8 0.09 0.2
11 11 0.0 0.00 0.0
```

append()函数也可以将一个向量添加到另一个向量的末尾或指定位置。例如：

```
data1 <- c(1,2,3,4,5)
data2 <- c(6,7,8,9,10)
newdata <- append(data1,data2)
newdata
```

```
> newdata
 [1]  1  2  3  4  5  6  7  8  9 10
```

```
newdata <- append(data1,data2,after=3)
newdata
```

```
> newdata
 [1]  1  2  3  6  7  8  9 10  4  5
```

另外，dplyr 中的 rows_append()函数，可以将一个数据框添加到另一个数据框的末尾，例如：

```
library(dplyr)
NO<- c(1:10)
C<- c(0.49,0.65,0.85,0.83,0.8,0.6,0.88,0.99,1.02,0.76)
N<- c(0.0488,0.0711,0.0929,0.097,0.0894,0.0732,0.0861,0.1075,0.1151,
0.0878)
P<- c(0.136,0.135,0.182,0.166,0.182,NaN,0.176,0.191,0.188,0.176)
data <- data.frame(NO, C, N,P)
data1 <- data[1:5,]
data1
data2 <- data[6:10,]
data2
newdata <- rows_append(data2,data1)
newdata
```

```
> data1 <- data[1:5,]
> data1
  NO    C      N     P
1  1 0.49 0.0488 0.136
2  2 0.65 0.0711 0.135
3  3 0.85 0.0929 0.182
4  4 0.83 0.0970 0.166
5  5 0.80 0.0894 0.182
> data2 <- data[6:10,]
> data2
   NO    C      N     P
6   6 0.60 0.0732   NaN
7   7 0.88 0.0861 0.176
8   8 0.99 0.1075 0.191
9   9 1.02 0.1151 0.188
10 10 0.76 0.0878 0.176
```

```
> newdata <- rows_append(data2,data1)
> newdata
   NO    C      N     P
1   6 0.60 0.0732   NaN
2   7 0.88 0.0861 0.176
3   8 0.99 0.1075 0.191
4   9 1.02 0.1151 0.188
5  10 0.76 0.0878 0.176
6   1 0.49 0.0488 0.136
7   2 0.65 0.0711 0.135
8   3 0.85 0.0929 0.182
9   4 0.83 0.0970 0.166
10  5 0.80 0.0894 0.182
```

3.3.2 删除

在进行数据删除操作时，需要注意删除的方式和顺序，以及删除数据的影响范围和后果。可以使用不同的函数删除数据。以下是一些常用的删除数据的函数。

1. subset()函数

可以根据指定的条件删除数据框中的某些行或列。例如：

从上一个构建好的 data 数据集中删除 *C* 和 *N* 两列，并只保留 *P* 列中大于 0 的行。

```
new_data <- subset(data, select = -c(C, N), subset = P> 0)
new_data
> new_data
   NO   P
1   1 0.1
2   2 0.1
3   3 0.2
4   4 0.2
5   5 0.2
7   7 0.2
8   8 0.2
9   9 0.2
10 10 0.2
```

如选择变量“*P*”大于 0 的所有变量，则可以写成

```
new_data <- subset(data, subset = P> 0)
new_data
> new_data
   NO    C      N     P
1   1 0.49 0.0488 0.136
2   2 0.65 0.0711 0.135
3   3 0.85 0.0929 0.182
4   4 0.83 0.0970 0.166
5   5 0.80 0.0894 0.182
7   7 0.88 0.0861 0.176
8   8 0.99 0.1075 0.191
9   9 1.02 0.1151 0.188
10 10 0.76 0.0878 0.176
```

2. na.omit()函数

也可以删除数据框中包含缺失值（NA）的行。例如：

```
new_data <- na.omit(data)
new data
 > new_data
    NO    C      N     P
 1   1 0.49 0.0488 0.136
 2   2 0.65 0.0711 0.135
 3   3 0.85 0.0929 0.182
 4   4 0.83 0.0970 0.166
 5   5 0.80 0.0894 0.182
 7   7 0.88 0.0861 0.176
 8   8 0.99 0.1075 0.191
 9   9 1.02 0.1151 0.188
 10 10 0.76 0.0878 0.176
```

3. complete.cases()函数

也可以找出数据框中不包含缺失值的行，并将其保留，效果与 na.omit()相同。例如：

```
new_data <- data[complete.cases(data),]
new_data
 > new_data
    NO    C      N     P
1    1 0.49 0.0488 0.136
2    2 0.65 0.0711 0.135
3    3 0.85 0.0929 0.182
4    4 0.83 0.0970 0.166
5    5 0.80 0.0894 0.182
7    7 0.88 0.0861 0.176
8    8 0.99 0.1075 0.191
9    9 1.02 0.1151 0.188
10 10 0.76 0.0878 0.176
```

结果中去掉了第 6 行中的所有变量。

4. “-”删除

如果需要删除某一变量（列）或者观测（行），也可以使用“-”完成。例如，删除“mtcars”数据集中的“am”变量，则代码如下：

```
data(mtcars)
mtcars <- mtcars[,-9]#变量位于第 9 列
```

如果删除“mtcars”数据集中的第 18 行，则代码如下：

```
data(mtcars)
mtcars <- mtcars[-18,]
```

5. rm()函数

可以删除工作空间（内存）中的某个变量或数据框。例如：

```
rm(data)
rm(newdata, data1, data2)
```

3.3.3 随机抽样

在R语言中,可以使用不同的函数进行随机抽样操作。以下是一些常用的随机抽样函数。

dplyr 包的 sample_n()函数，可以从一个向量或数据框中进行随机抽样。例如：

```
library(dplyr)
NO <- c(1:10)
C <- c(0.49,0.65,0.85,0.83,0.8,0.6,0.88,0.99,1.02,0.76)
N  <-  c(0.0488,0.0711,0.0929,0.097,0.0894,0.0732,0.0861,0.1075,0.1151,
0.0878)
P <- c(0.136,0.135,0.182,0.166,0.182,NaN,0.176,0.191,0.188,0.176)
my_data <- data.frame(NO, C, N)
```

可以利用 sample_n()函数从一个数据框中随机抽取指定数量的行。提取的行数据重复与否由 replace 的逻辑值决定。例如：

```
sample_n(my_data,5)#无重复的取
sample_n(my_data,5,replace = TRUE)#有重复的取
```

```
> sample_n(my_data,5)
  NO    C      N
1  8 0.99 0.1075
2  3 0.85 0.0929
3  7 0.88 0.0861
4  4 0.83 0.0970
5  9 1.02 0.1151
> sample_n(my_data,5,replace = TRUE)
  NO    C      N
1  4 0.83 0.0970
2 10 0.76 0.0878
3  1 0.49 0.0488
4  5 0.80 0.0894
5  1 0.49 0.0488
```

可以利用 sample_frac()函数从一个数据框中随机抽取一定比例的行。提取的行数据重复与否由 replace 的逻辑值决定。例如：

```
sample_frac(my_data,0.6)#无重复的取
sample_frac(my_data,0.6,replace = TRUE)#有重复的取
```

```
> sample_frac(my_data,0.6)
  NO    C      N
1  4 0.83 0.0970
2  1 0.49 0.0488
3  8 0.99 0.1075
4  2 0.65 0.0711
5 10 0.76 0.0878
6  9 1.02 0.1151
> sample_frac(my_data,0.6,replace = TRUE)
  NO    C      N
1  1 0.49 0.0488
2 10 0.76 0.0878
3  4 0.83 0.0970
4  3 0.85 0.0929
5  3 0.85 0.0929
6  8 0.99 0.1075
```

3.4　缺失值处理

缺失值是指数据中的某些值缺失或无法测量，通常用 NA 表示。在数据分析过程中，处理缺失值是一个重要的数据管理操作。在处理缺失值时，需要根据具体情况选择合适的方法，避免数据失真和偏差。同时，也需要注意处理后的数据是否满足分析和可视化的要求。

以下是一些常用的处理缺失值的方法。

3.4.1　缺失值判断

使用 is.na()函数判断某个元素是否为缺失值。例如，构建一个包含土壤碳氮磷数据的数据框，代码如下：

```
NO <- c(1:10)
C <- c(0.49, 0.65, 0.85, 0.83, 0.8, 0.6, 0.88, 0.99, 1.02, 0.76)#土壤含碳量
N <- c(0.0488, 0.0711, 0.0929, 0.097, 0.0894, 0.0732, 0.0861, 0.1075, 0.1151, 0.0878)#土壤含氮量
P <- c(0.136, 0.135, 0.182, 0.166, 0.182, 0.172, 0.176, 0.191, 0.188, 0.176)#土壤含磷量
mydata <- data.frame(NO, C, N, P)
my_data_na <- is.na(mydata)#判断 mydata 数据框中是否含有缺失值
my_data_na
```

```
> my_data_na <- is.na(mydata)
> my_data_na
         NO     C     N     P
 [1,] FALSE FALSE FALSE FALSE
 [2,] FALSE FALSE FALSE FALSE
 [3,] FALSE FALSE FALSE FALSE
 [4,] FALSE FALSE FALSE FALSE
 [5,] FALSE FALSE FALSE  TRUE
 [6,] FALSE FALSE FALSE FALSE
 [7,] FALSE FALSE FALSE FALSE
 [8,] FALSE FALSE FALSE FALSE
 [9,] FALSE FALSE FALSE FALSE
[10,] FALSE FALSE FALSE FALSE
```

可以发现数据集中 *P* 列存在空值（TRUE）。

3.4.2 删除缺失值

使用 na.omit()函数删除数据框中包含缺失值的行。例如：

```
my_data_clean <- na.omit(mydata)
my_data_clean
> my_data_clean
   NO    C      N     P
1   1 0.49 0.0488 0.136
2   2 0.65 0.0711 0.135
3   3 0.85 0.0929 0.182
4   4 0.83 0.0970 0.166
6   6 0.60 0.0732 0.172
7   7 0.88 0.0861 0.176
8   8 0.99 0.1075 0.191
9   9 1.02 0.1151 0.188
10 10 0.76 0.0878 0.176
```

na.omit()功能函数会将发现缺失值的那一行中的所有变量删除，导致删除后数据的维度发生变化（na.omit 删除了第 5 行的所有数据），从原来的 10 行×4 列变成了 9 行×4 列。所以这一功能还请慎用！

3.4.3 填充缺失值

当对变量进行数据分析时，如果发现存在缺失值，可以使用 na.rm()功能进行缺失处理。例如：

```
x <- c(1:5,NA,10)
mean(x)
> mean(x)
[1] NA
```

NA 在 R 语言中是不能计算的。由于向量中存在 NA，所有包含 NA 的计算结果都是 NA。

```
mean(x,na.rm=T)
> mean(x,na.rm=T)
[1] 4.166667
```

代码中使用 na.rm=T 功能键，则可以自动忽略 NA，从而计算其他数值的均值。

也可以使用 mean()函数、median()函数和 na.approx()函数等对缺失值进行填充。当缺失值较少时可以用缺失值所在列的均值或中值代替。

例如：

```
P <- c(0.136, 0.135, 0.182, 0.166, NA, 0.172, 0.176, 0.191, 0.188, 0.176)#土壤含磷量
mydata <- data.frame(NO, C, N, P)
mydata$P[is.na(mydata$P)] <- mean(mydata$P, na.rm=TRUE)
```

```
mydata
> mydata
   NO    C      N         P
1   1 0.49 0.0488 0.1360000
2   2 0.65 0.0711 0.1350000
3   3 0.85 0.0929 0.1820000
4   4 0.83 0.0970 0.1660000
5   5 0.80 0.0894 0.1691111
6   6 0.60 0.0732 0.1720000
7   7 0.88 0.0861 0.1760000
8   8 0.99 0.1075 0.1910000
9   9 1.02 0.1151 0.1880000
10 10 0.76 0.0878 0.1760000
```

另外，可以使用 interp1()函数和 approx()函数对缺失值进行插值。例如，已知 mydata 中的 C 和 N 的含量，且拟合曲线为 $N = 0.1089\times C + 0.0012$，其中 C 含量的范围是 0.49～1.02，利用不同的插值方法将获取更多的 C 和 N 的对应值，结果如图 3-1 所示。

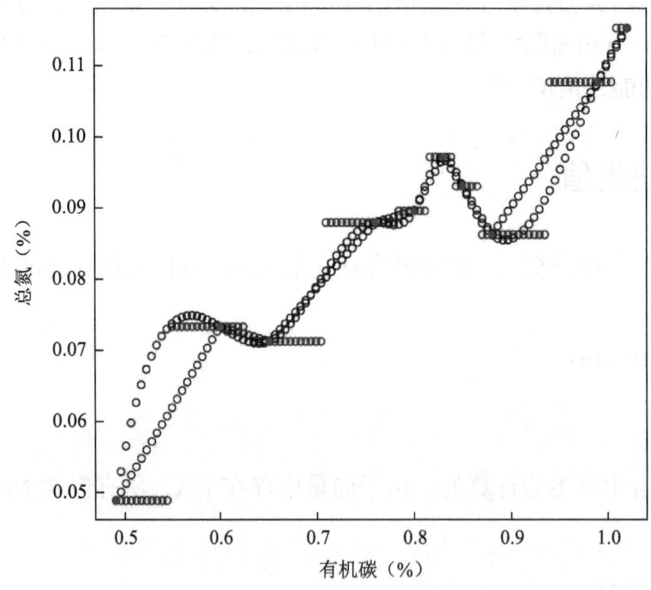

图 3-1　interp1()函数三种插值结果

```
C <- c(0.49, 0.65, 0.85, 0.83, 0.8, 0.6, 0.88, 0.99, 1.02, 0.76)#土壤含碳量
N <- c(0.0488, 0.0711, 0.0929, 0.097, 0.0894, 0.0732, 0.0861, 0.1075, 0.1151, 0.0878)#土壤含氮量
Ci <- seq(0.49, 1.02, len = 100)
library(pracma) #for interp1
Nl <- interp1(C, N, Ci, method = "linear")#线性回归插值（linear interpolation (default)）
```

```
Nn <- interp1(C, N, Ci, method = "nearest")#最近邻近值插值(nearest neighbor interpolation)
Ns <- interp1(C, N, Ci, method = "spline")#三次样条插值(cubic spline interpolation)
plot(Ci,Nl,xlab="有机碳(%)",ylab="总氮(%)")
lines(Ci,Nn,type = 'p',col='red')#红色为第一种插值
lines(Ci,Ns,type = 'p',col='blue')#蓝色为第二种插值
points(C, N, col = "green", pch = 16)#绿色为第三种插值
```

除 interp1()之外，approx()函数也可以进行插值处理，结果如图 3-2 所示。

```
CN1 <- approx(C,N,n=100,method = "linear")
CN2 <- approx(C,N,n=100,method = "constant")
plot(CN1$x,CN1$y,xlab="有机碳(%)",ylab="总氮(%)")
lines(CN2$x,CN2$y,type = 'p',col='red')
```

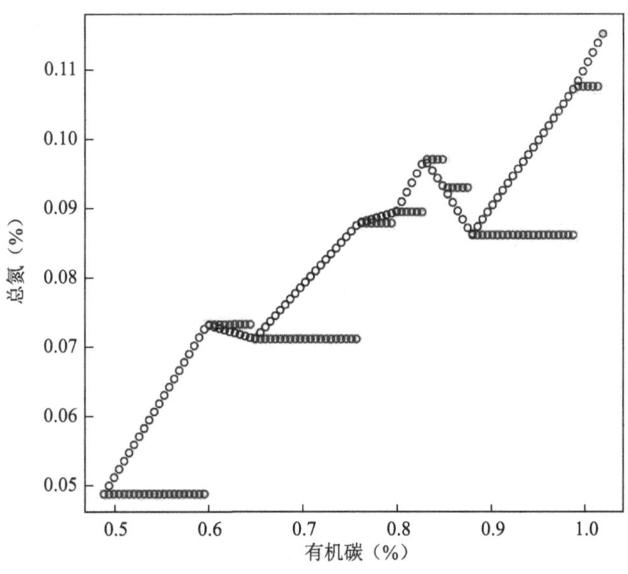

图 3-2 approx()函数插值方法结果

3.5 高级字符串处理

字符串处理是 R 语言建模分析需要涉及的重要内容。在地理数据分析中，特别是大数据的分析中经常会遇到文件名称的批量命名，字符的不同组合与拆分，提取或删除重要的字符类型，提取名字、后缀、特定字符或者日期等操作。复杂的字符串处理往往涉及正则表达式的运用，这里仅就常用的字符串处理进行案例展示。使用 R 语言自带字符串处理工具展示一些基本的功能，主要的功能列表如表 3-2 所示。

表 3-2　字符串处理基本工具

功能	描述
nchar()	识别字符串成分数量
sub()和 gsub()	查找替换，支持正则表达式
grep()和 grepl()	确定字符所在位置的索引或者给出 TRUE 或 FALSE 的反馈
substr()	提取字符
strsplit()	打散字符串
paste()/paste0()	组合字符串
toupper()/tolower()	转变大小写

3.5.1　nchar()

nchar()主要用于统计字符串成分，而常用的 length()工具主要用于统计字符串数量，案例代码如下：

```
> str <- c("ab","cdf","axcd")
> length(str)
[1] 3
> nchar(str)
[1] 2 3 4
> nchar(str[3])
[1] 4
```

可以看出，nchar()功能主要是用来查看字符串中的成分数量，而 length()仅是用来查看字符向量的长度。

3.5.2　sub()和 gsub()

sub()是用来搜索替换字符的主要工具之一，支持正则表达式，也支持固定式的字符检索。sub()的使用规则为 sub(查找模式或字符，替换字符，查找对象)。gsub()与 sub()使用模式一致，区别在于 gsub()主要用于全局查找匹配，而 sub()往往只适用于第一次匹配。固定的字符匹配搜索例如：

```
> sub("v","hh",c("avb","ktv","asd","vbs"))
[1] "ahhb" "kthh" "asd"  "hhbs"
```

这则代码是将字符向量中的“v”全部替换为“hh”。

当然 sub()和 gsub()更为强大的功能是支持正则表达式，在批量文件处理中，经常会遇到变量名或者文件名的处理，由于名称来源较为杂乱，字符的长短以及关键信息出现的位置也不一致。因此，往往需要抛弃传统的按照估计位置提取有效信息的方法，而选择基于逻辑判断的方法去提取，在这一过程中正则表达式的优势就凸显了出来，结合表 3-3，可以将常用的正则表达式功能与 R 语言的字符处理工具相结合，运用一些案例来阐述其主要功能。

表 3-3 正则表达式主要符号功能

符号	功能描述
^	行首匹配，限定于字符串第一个字符，放在括号()/[]内开始处表示非括号内的任一字符
$	行末匹配，限定于字符串最后一个字符
()	固定某一字符组合和顺序，如(ab)，表示只能匹配“ab”，不能匹配“ba”
[]	匹配字符组合模式
{}	匹配前一个字符一次或多次，a+表示匹配连续出现的一个或者多个 a 字符。如 gsub("a+","x",c("aabab","sdafdasd"))的返回结果是"xbxb"和"sdxfdxsd"
+	匹配 1 次或多次，如.a+表示匹配包括 a 前面的所有字符，gsub(".a+","x",c("aabab"))的返回结果是 xb
*	匹配前一个字符 0 次或多次，如 a*b 表示匹配 ab，也可以匹配 aaaaab 等
.	匹配字符中间任意一个字符或者符号，如 a.b 表示匹配 acb，adb 或 a·b 等
–	匹配连续中间字符，如[a-z]表示匹配 a 到 z 所有字符
?	表示非贪婪匹配
|	匹配左右的字符，如 ab|ba 表示两种字符组合都可以匹配
\d	匹配所有数字，等同于“[0-9]”
\D	匹配所有非数字
\s	匹配空白字符（包括空格、制表符、换行符等）
\S	匹配所有非空白字符
\w	匹配字，包括字母和数字
\W	匹配所有非字
\<	匹配以空白字符开始的文本
\>	匹配以空白字符结束的文本

1. 符号^

^在正则表达式中，表示只匹配字符的第一个成分，注意要放在字符的前面，举例如下：

```
> sub("^v","hh",c("avb","ktv","asd","vbs"))
[1] "avb"  "ktv"  "asd"  "hhbs"
> gsub("^v","hh",c("avb","ktv","asd","vbs"))
[1] "avb"  "ktv"  "asd"  "hhbs"
```

2. 符号$

$在正则表达式中，表示只匹配字符最后一个，注意要放在字符的后面，举例如下：

```
> sub("v$","hh",c("avb","ktv","asd","vbs"))
[1] "avb"  "kthh" "asd"  "vbs"
> gsub("v$","hh",c("avb","ktv","asd","vbs"))
[1] "avb"  "kthh" "asd"  "vbs"
```

以上代码为将字符成分中最后的“v”替换为“hh”。

3. 符号()、[]、{}

()在正则表达式中，表示用于进行字符组合的优先级，类似算术计算的括号优先级，举例如下：

```
> sub("(vb)","hh",c("avb-5","ktv","asd","vbs"))
[1] "ahh-5" "ktv"   "asd"   "hhs"
> gsub("(vb)","hh",c("avb-5","ktv","asd","vbs"))
[1] "ahh-5" "ktv"   "asd"   "hhs"
```

以上代码为将字符成分中“vb”替换为“hh”。

[]则是形成字符匹配模式的主要框架，而{}则是给定重复次数，举例如下：

```
> sub("^(0?[1-9]|1[0-2])","hh",c("05avb","10ktv","asd","vb9s"))
[1] "hhavb" "hhktv" "asd"   "vb9s"
> gsub("^(0?[1-9]|1[0-2])","hh",c("05avb","10ktv","asd","vb9s"))
[1] "hhavb" "hhktv" "asd"   "vb9s"
```

以上代码为将字符成分开头为“0与1-9的组合”或者是10、11、12三个数，替换为“hh”。

```
> sub("^[a-zA-Z]\\S{1,17}$","hh",c("avb-5","4ktv---","Asd","vbs"))
[1] "hh"       "4ktv---" "hh"       "hh"
> gsub("^[a-zA-Z]\\S{1,17}$","hh",c("avb-5","4ktv---","Asd","vbs"))
[1] "hh"       "4ktv---" "hh"       "hh"
```

以上代码为将以大写或者小写开头字符连接非空白字符的字符串替换为“hh”，{1，17}表示非空白字符至少重复一次，最多重复17次。

```
> sub("\\d{4}-\\d{1,2}-\\d{1,2}","时间",
+     c("ads2015-01-06","2021-1-13","asd2021-1-13sad","2013-10-07vbs"))
[1] "ads时间"     "时间"         "asd时间sad" "时间vbs"
> gsub("\\d{4}-\\d{1,2}-\\d{1,2}","时间",
+     c("ads2015-01-06","2021-1-13","asd2021-1-13sad","2013-10-07vbs"))
[1] "ads时间"     "时间"         "asd时间sad" "时间vbs"
```

以上代码为将以“xxxx-xx-xx”为模板的时间格式字符替换为“时间”。我们反向思考一下，如果不想将字符中的日期替换，而只是想把它保存下来，那如何编码？这需要引入R里面处理字符较为便利的包“stringr”，代码如下：

```
library(stringr)


str_extract_all(c("ads2015-01-06","2021-1-13","asd2021-1-13sad","2013-10-07vbs"), "\\d{4}-\\d{1,2}-\\d{1,2}")
> str_extract_all(
+     c("ads2015-01-06","2021-1-13","asd2021-1-13sad","2013-10-07vbs"),"\\d
{4}-\\d{1,2}-\\d{1,2}")
[[1]]
[1] "2015-01-06"

[[2]]
[1] "2021-1-13"

[[3]]
[1] "2021-1-13"

[[4]]
[1] "2013-10-07"
```

返回的结果是个列表，如果想将其变为向量，则可以使用unlist功能，效果如下：

```
> unlist(str_extract_all(c("ads2015-01-06","2021-1-13","asd2021-1-13sad","201
3-10-07vbs"),"\\d{4}-\\d{1,2}-\\d{1,2}"))
[1] "2015-01-06" "2021-1-13"  "2021-1-13"  "2013-10-07"
```

4. 符号*、.和|

```
> gsub("a.b","hh",c("avb","amjnb","abs","vbs"))
[1] "hh"    "amjnb" "abs"   "vbs"
> gsub("a.{0,}b","hh",c("avb","amjnb","abs","vbs"))
[1] "hh"  "hh"  "hhs" "vbs"
```

以上代码中，“a.b”表示a与b之间可以保留任意一个字符，超过一个字符或者多于一个字符都不能匹配。第二行则表示只要是ab形式的所有字符都匹配，不论其中间有多少字符。

```
> gsub("a*d","hh",c("adb","ktv","aaaadccc","vbs","asdsd"))
[1] "hhb"      "ktv"      "hhccc"    "vbs"      "ashhshh"
> gsub("a.*e","hh",c("abcde","edcba"))
[1] "hh"    "edcba"
> gsub("ab|ba","hh",c("abcd","dcba"))
[1] "hhcd" "dchh"
```

以上代码中，*表示前一个字符0至无限次重复，等同于{0,}匹配。第二行代码“a.*e”与“a. {0,}e”具有同样的功能。而字符“|”则表示“或者”的意思。

提升适用性：在R语言的转置过程中，囿于命名规则的限制，经常会在ID编号的前面或者最后加上字符“X”，如“X56346”和“53876X”等，若只想保留数字，由于“X”字符出现的位置较为灵活，传统的固定式字符匹配很难进行匹配，因此则需要引入正则表达式进行匹配，代码如下：

```
> unlist(str_extract_all(c("X56346","53876X"),"[0-9]+"))
[1] "56346" "53876"
```

以上代码主要采用直接提取数字的办法，也可以采用删除字母的办法，代码如下：

```
> gsub("[A-Z]","",c("X56346","53876X"))
[1] "56346" "53876"
```

进一步提升适用性：在处理MODIS数据的过程中，常常会被其较长的文件名所困惑，如“MOD13A2.A2020001.h21v04.006.2020018001009.hdf”和“MOD13Q1.A2016017. h27v05. 006.2016035114734.hdf ”，MOD13XX表示传感器通道；A2020001和A2016017表示成像年和天数；h21v04和h27v05表示数据的行列号等。如果只想提取成像年月，那该如何做呢？代码如下：

```
library(stringr)
str <- c("MOD13A2.A2020001.h21v04.006.2020018001009.hdf",
        "MOD13Q1.A2016017.h27v05.006.2016035114734.hdf")
unlist(str_extract_all(str, "A[0-9]{7}"))
```

结果如下：

```
> unlist(str_extract_all(str,"A[0-9]{7}"))
[1] "A2020001" "A2016017"
```

匹配逻辑规则是寻找名字中以“A”开头，后面连续出现的7个数字就是成像的年月。注意使用str_extract_all需提前安装stringr包。

3.5.3 grep()和 grepl()

grep()和 grepl()主要用于识别字符的索引，就如 which 函数在矩阵中的功能一样。区别在于 grep()可以返回字符出现的索引位置甚至真实值；而 grepl()只能基于逻辑判断，给出是否出现的 TRUE 或者 FALSE。当然，这两个功能的强大之处依然在于其可以支持正则表达式，简单的案例演示代码如下：

```
x <- c("adb","ktv","aaaadccc","vbs","asdsd")
grep("a*d",x)
> grep("a*d",x)
[1] 1 3 5
```

以上代码返回在字符向量中，存在 a*b 模式成分的索引。当然，当设置参数 value=T 的时候可以直接返回存在 a*b 模式的字符，代码如下：

```
> grep("a*d",x,value = T)
[1] "adb"      "aaaadccc" "asdsd"
```

当然以上这一功能，可以用传统的向量访问工具来完成，代码如下：

```
> ind <- grep("a*d",x)
> x[ind]
[1] "adb"      "aaaadccc" "asdsd"
```

grepl()也可以达到这样的功能效果，代码如下：

```
> grepl("a*d",x)
[1]  TRUE FALSE  TRUE FALSE  TRUE
> ind <- grepl("a*d",x)
> x[ind]
[1] "adb"      "aaaadccc" "asdsd"
```

3.5.4 substr()

substr()主要用来提取字符串，使用固定位置和长度的字符串提取，其调用的模式为 substr(被提取字符串，开始位置，结束位置)，案例代码如下：

```
> substr("MOD13Q1.A2016017.h27v05.006.2016035114734.hdf",10,16)
[1] "2016017"
```

如果载入 stringr 包，可以用负数来表示从字符串的后面往前选取，如下：

```
> library(stringr)
> str_sub("MOD13Q1.A2016017.h27v05.006.2016035114734.hdf",-3)
[1] "hdf"
```

3.5.5 strsplit()

strsplit()主要用于字符串的打散功能，与 stringr 包中的 str_split()功能是一致的，案例代码如下：

```
> strsplit("MOD13Q1.A2016017.h27v05.006.2016035114734.hdf",".",fixed = TRUE)
[[1]]
[1] "MOD13Q1"       "A2016017"      "h27v05"        "006"
[5] "2016035114734" "hdf"
```

其中，fixed=TRUE 表示固定模式匹配，而不是正则表达式匹配。这主要是由于“.”属于正则表达式的匹配符号（表 3-3），若用这一符号进行打散则没有意义。

3.5.6　paste()/paste0()

paste()/paste0()主要用于字符的组合，案例代码如下：

```
> paste("MOD13Q1",".","A2016017",sep = "")
[1] "MOD13Q1.A2016017"
> paste("MOD13Q1",".","A2016017",sep = ",")
[1] "MOD13Q1,.,A2016017"
> paste("MOD13Q1",".","A2016017",sep = " ")
[1] "MOD13Q1 . A2016017"
> paste0("a",1:12)
 [1] "a1"  "a2"  "a3"  "a4"  "a5"  "a6"  "a7"  "a8"  "a9"  "a10" "a11" "a12"
```

paste()与 paste0()的区别在于 paste0()相当于 paste(…….., sep=" ")。

3.5.7　toupper()/tolower()

toupper()/tolower()主要用于大小写转换，案例代码如下：

```
x <- letters[1:5]

x

toupper(x)
 > x
 [1] "a" "b" "c" "d" "e"
 > toupper(x)
 [1] "A" "B" "C" "D" "E"

y <- LETTERS[1:5]

y

tolower(y)
 > y
 [1] "A" "B" "C" "D" "E"
 > tolower(y)
 [1] "a" "b" "c" "d" "e"
```

3.6　排　　序

数据排序是一种常见的数据管理操作，在 R 语言中可以使用 sort()、order()、rank()、arrange()等函数对数据进行排序，以便更好地理解和分析数据。在进行数据排序时，需要根据具体的数据集和分析需求选择合适的排序方法。同时，数据排序也需要遵循科学的方法论和严格的数据质量标准，确保数据分析结果的准确性和可信度。

3.6.1　sort

可以使用 sort()函数对单个向量或矩阵进行升序或降序排序。例如：

```
options(digits=1)
```

```
a <- runif(6, min=10, max=100)
a
 > a
 [1] 48 30 98 89 92 81
sort(a)#将 a 从小到大排序并列出
 > sort(a)
 [1] 30 48 81 89 92 98
sort(a, decreasing = TRUE)#将 a 从大到小排序并列出
 > sort(a,decreasing = TRUE)
 [1] 98 92 89 81 48 30
```

3.6.2 order

order()函数是将向量中数值按照从小到大的位置顺序进行排序并给出排序后的向量元素位置顺序，例如：

```
> order(a) #返回从小到大的数的位置的下标
[1] 2 1 6 4 5 3
> a[order(a)]
[1] 30 48 81 89 92 98
> sort(a)
[1] 30 48 81 89 92 98
```

利用 order()功能可以按指定变量排序，如使用 order()函数对数据框按指定变量进行排序。例如，将 mtcars 的 mpg 值以散点的形式展示出来，图中散点并未按照大小排序，如图 3-3 所示。

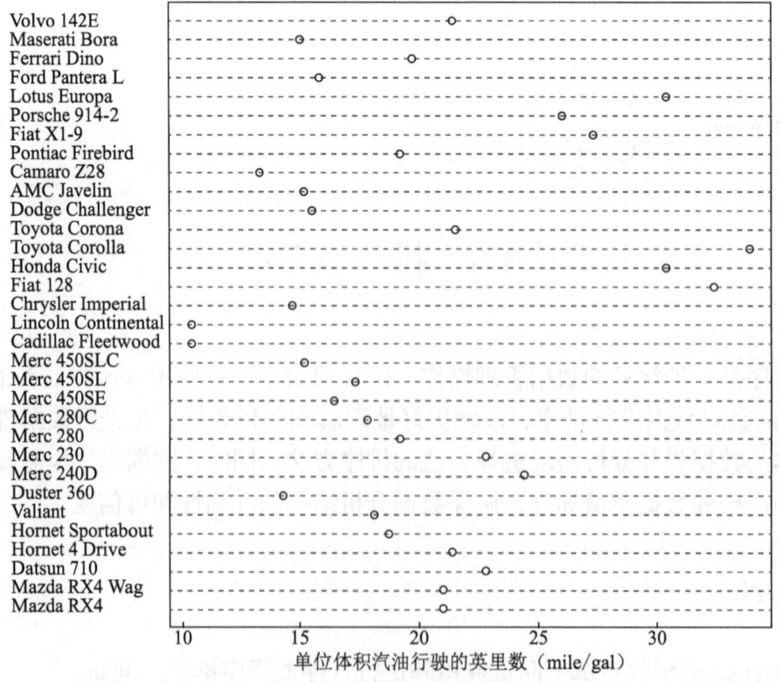

图 3-3 未排序的散点图

```
data("mtcars")
dotchart(mtcars$mpg, labels = row.names(mtcars), cex = 0.7,
                      xlab = "单位体积汽油行驶的英里数(mile/gal)")
```

上图的点未按顺序排列，看上去无规律可循，不能方便地找到想要的信息。下面按照各因子水平和大小排序进行画图（图 3-4），如下：

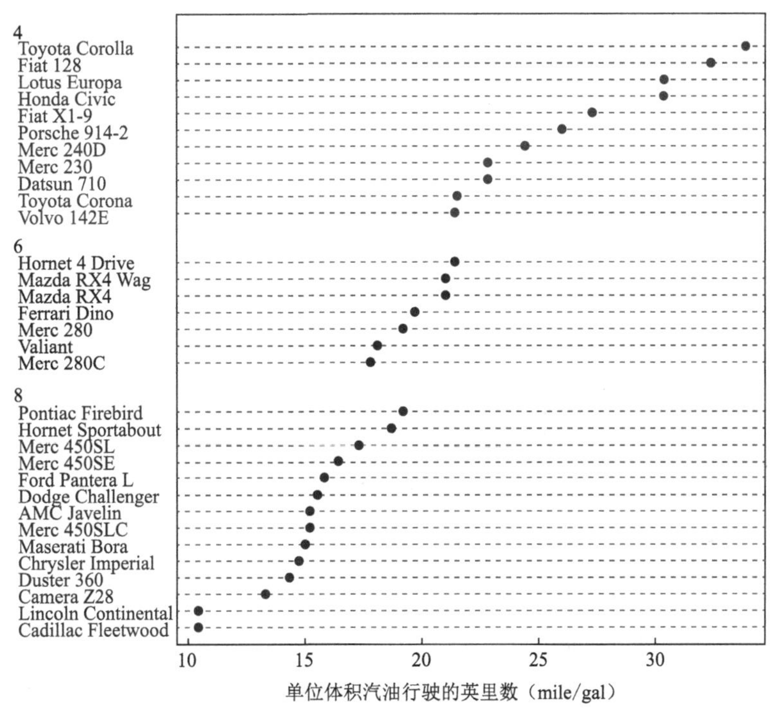

图 3-4　排序后的散点图

```
par(mar=c(4,2,4,2))
x <- mtcars[order(mtcars$mpg),]#升序
x$cyl <- factor(x$cyl)#将数值向量 cyl 转换为一个因子变量
x$cyl
#指定每一个点的颜色
#添加一个字符型向量(color)到数据框 x 中,根据 cyl 的值,它所含的值为"red",
"blue","darkgreen"
x$color[x$cyl==4] <- "red"
x$color[x$cyl==6] <- "blue"
x$color[x$cyl==8] <- "darkgreen"
dotchart(x$mpg, labels=row.names(x), cex = 0.7,
        groups = x$cyl, gcolor = "black",
        color = x$color,
        pch=19,
```

```
        xlab = "单位体积汽油行驶的英里数（mile/gal）"
                                          )
```

此时,图 3-4 中的数据按照大小顺序排列,而且分类排列,能快速地找到。另外 order()也可以用于组合排序，还以“mtcars”数据集为例，如下：

```
data("mtcars")
dat <- mtcars[,1:5]
dat[order(dat$cyl, -dat$mpg),]
> dat[order(dat$cyl, -dat$mpg),]
                    mpg cyl  disp  hp drat
Toyota Corolla     33.9   4  71.1  65 4.22
Fiat 128           32.4   4  78.7  66 4.08
Honda Civic        30.4   4  75.7  52 4.93
Lotus Europa       30.4   4  95.1 113 3.77
Fiat X1-9          27.3   4  79.0  66 4.08
Porsche 914-2      26.0   4 120.3  91 4.43
Merc 240D          24.4   4 146.7  62 3.69
Datsun 710         22.8   4 108.0  93 3.85
Merc 230           22.8   4 140.8  95 3.92
Toyota Corona      21.5   4 120.1  97 3.70
Volvo 142E         21.4   4 121.0 109 4.11
Hornet 4 Drive     21.4   6 258.0 110 3.08
Mazda RX4          21.0   6 160.0 110 3.90
Mazda RX4 Wag      21.0   6 160.0 110 3.90
Ferrari Dino       19.7   6 145.0 175 3.62
Merc 280           19.2   6 167.6 123 3.92
Valiant            18.1   6 225.0 105 2.76
```

可以看出，如果利用 order()函数进行降序排序（由大到小），则需要在需要排序的向量前加“–”即可。dat[order(dat$cyl, -dat$mpg),]的结果反映出，先按照气缸数（cyl）进行升序排序，在此基础上再对每个气缸数内的 mpg 进行降序排序，即对于多变量排序来讲，order 函数根据括号内的变量顺序进行排序。

3.6.3 rank

rank()功能函数返回的是向量中按照从小到大排序原则下每个元素的排名，例如：

```
options(digits=1)
a <- runif(6, min=10, max=100)
a
sort(a)
rank(a)#返回 a 中每个数的排名（从小到大）
> a
[1] 72 79 76 14 93 12
> sort(a)
[1] 12 14 72 76 79 93
> rank(a)#返回a中每个数的排名（从小到大）
[1] 3 5 4 2 6 1
```

rank(a)可解释为：72 的排名为 3，79 的排名为 5，76 的排名为 4，14 的排名为 2，

93 的排名为 6，12 的排名为 1。

3.6.4 arrange

也可以使用 dplyr 包中的 arrange()函数按多个变量进行排序。

单组排序（升序），例如：

```
library(dplyr)

arrange(mtcars, disp)
```

```
> arrange(mtcars, disp)
                    mpg cyl disp  hp drat wt qsec vs am gear carb
Toyota Corolla       34   4   71  65    4  2   20  1  1    4    1
Honda Civic          30   4   76  52    5  2   19  1  1    4    2
Fiat 128             32   4   79  66    4  2   19  1  1    4    1
Fiat X1-9            27   4   79  66    4  2   19  1  1    4    1
Lotus Europa         30   4   95 113    4  2   17  1  1    5    2
Datsun 710           23   4  108  93    4  2   19  1  1    4    1
Toyota Corona        22   4  120  97    4  2   20  1  0    3    1
Porsche 914-2        26   4  120  91    4  2   17  0  1    5    2
Volvo 142E           21   4  121 109    4  3   19  1  1    4    2
Merc 230             23   4  141  95    4  3   23  1  0    4    2
Ferrari Dino         20   6  145 175    4  3   16  0  1    5    6
Merc 240D            24   4  147  62    4  3   20  1  0    4    2
Mazda RX4            21   6  160 110    4  3   16  0  1    4    4
Mazda RX4 Wag        21   6  160 110    4  3   17  0  1    4    4
Merc 280             19   6  168 123    4  3   18  1  0    4    4
Merc 280C            18   6  168 123    4  3   19  1  0    4    4
Valiant              18   6  225 105    3  3   20  1  0    3    1
```

```
arrange(mtcars, desc(disp))
```

单组排序（降序），例如：

```
> arrange(mtcars, desc(disp))
                    mpg cyl disp  hp drat wt qsec vs am gear carb
Cadillac Fleetwood   10   8  472 205    3  5   18  0  0    3    4
Lincoln Continental  10   8  460 215    3  5   18  0  0    3    4
Chrysler Imperial    15   8  440 230    3  5   17  0  0    3    4
Pontiac Firebird     19   8  400 175    3  4   17  0  0    3    2
Hornet Sportabout    19   8  360 175    3  3   17  0  0    3    2
Duster 360           14   8  360 245    3  4   16  0  0    3    4
Ford Pantera L       16   8  351 264    4  3   14  0  1    5    4
Camaro Z28           13   8  350 245    4  4   15  0  0    3    4
Dodge Challenger     16   8  318 150    3  4   17  0  0    3    2
AMC Javelin          15   8  304 150    3  3   17  0  0    3    2
Maserati Bora        15   8  301 335    4  4   15  0  1    5    8
Merc 450SE           16   8  276 180    3  4   17  0  0    3    3
Merc 450SL           17   8  276 180    3  4   18  0  0    3    3
Merc 450SLC          15   8  276 180    3  4   18  0  0    3    3
Hornet 4 Drive       21   6  258 110    3  3   19  1  0    3    1
Valiant              18   6  225 105    3  3   20  1  0    3    1
```

```
arrange(mtcars, cyl, disp)
```

多组排序，例如：

```
> arrange(mtcars,cyl, disp)
                  mpg cyl disp  hp drat wt qsec vs am gear carb
Toyota Corolla     34   4   71  65    4  2   20  1  1    4    1
Honda Civic        30   4   76  52    5  2   19  1  1    4    2
Fiat 128           32   4   79  66    4  2   19  1  1    4    1
Fiat X1-9          27   4   79  66    4  2   19  1  1    4    1
Lotus Europa       30   4   95 113    4  2   17  1  1    5    2
Datsun 710         23   4  108  93    4  2   19  1  1    4    1
Toyota Corona      22   4  120  97    4  2   20  1  0    3    1
Porsche 914-2      26   4  120  91    4  2   17  0  1    5    2
Volvo 142E         21   4  121 109    4  3   19  1  1    4    2
Merc 230           23   4  141  95    4  3   23  1  0    4    2
Merc 240D          24   4  147  62    4  3   20  1  0    4    2
Ferrari Dino       20   6  145 175    4  3   16  0  1    5    6
Mazda RX4          21   6  160 110    4  3   16  0  1    4    4
Mazda RX4 Wag      21   6  160 110    4  3   17  0  1    4    4
Merc 280           19   6  168 123    4  3   18  1  0    4    4
Merc 280C          18   6  168 123    4  3   19  1  0    4    4
Valiant            18   6  225 105    3  3   20  1  0    3    1
Hornet 4 Drive     21   6  258 110    3  3   19  1  0    3    1
Merc 450SE         16   8  276 180    3  4   17  0  0    3    3
Merc 450SL         17   8  276 180    3  4   18  0  0    3    3
Merc 450SLC        15   8  276 180    3  4   18  0  0    3    3
```

数据排序能够更好地理解数据，发现数据中的规律和趋势，对数据分析结果的解释和应用也有很大帮助。同时，在进行数据排序时，需要注意不同排序方法的优缺点和适用范围，以避免对数据分析结果的影响。

3.7 子集的选取

这里列出常见的3种选取数据框子集的方法，如下。

（1）利用R语言的访问规则进行条件选取，如选择Age列中大于35，且性别为“M”的所有变量数据：

```
df <- data.frame(
  Name = c("Alice", "Bob", "Charlie", "David"),
  Age = c(21, 35, 57, 44),
  Gender = c("F", "M", "M", "M"),
  Height = c(1.70, 1.83, 1.78, 1.79)
)
df
> df[df$Age>35&df$Gender=="M",]
     Name Age Gender height
3 Charlie  57      M   1.78
4   David  44      M   1.79
```

（2）使用subset函数从数据框中选择子集，如可以使用以下方法选择Age列中大于35的所有行：

```
> subset(df, Age > 35)
     Name Age Gender height
3 Charlie  57      M   1.78
4   David  44      M   1.79
```

（3）使用 dplyr 包中的 filter 函数从数据框中选择子集，如可以使用以下方法选择 Age 列中大于 35 的所有行：

```
library(dplyr)

df %>% filter(age > 35)
> df %>% filter(Age > 35)
     Name Age Gender height
1 Charlie  57      M   1.78
2   David  44      M   1.79
```

其中，“%>%”为管道写法，功能是将左边的数据导入右边的功能函数。这种方法是需要使用 dplyr 包提供的函数，但通常会更简洁和易于理解。

3.8 常用操作与统计工具

地理数据包含很多类型和格式，在利用 R 语言对各类数据进行管理和操作时，常常需要一些简单的工具对数据做初步的整理分析，有助于对数据整体把握。下面介绍一些常见的数据操作管理工具，数据运算工具和其他功能的工具。

3.8.1 常用的数据操作管理工具

常用的数据操作管理工具见表 3-4。

表 3-4 常见数据操作管理工具

工具	含义
length	测度向量的长度，如果是二维数据，则显示列数（变量的个数）
dim	查看数据维度，如果是二维数据，则显示行数和列数
str、class、attributes	查看数据的属性
unique、duplicated	去除向量中重复元素/检查是否有重复元素
which	返回使逻辑表达式为 TRUE 时的下标位置
cut	把连续的项目分割成多个区间组
assign	给对象赋值
seq、rep	生成数字序列/重复某个向量中的元素
paste、paste0	用于连接字符串向量
sample	从给定的向量中有/无放回地随机抽样指定个数的元素

建立数据集，仍然以 *C*、*N* 和 *P* 数据集为例。

```
NO <- c(1:10)
C <- c(0.49, 0.65, 0.85, 0.83, 0.8, 0.6, 0.88, 0.99, 1.02, 0.76)#土壤含碳量
N <- c(0.0488, 0.0711, 0.0929, 0.097, 0.0894, 0.0732, 0.0861, 0.1075, 0.1151, 0.0878)#土壤含氮量
P <- c(0.136, 0.135, 0.182, 0.166, 0.182, 0.172, 0.176, 0.191, 0.188, 0.176)#土壤含磷量
mydata <- data.frame(NO, C, N, P)
```

1. length

该函数主要用于测度一个向量中的元素数量。如果是非向量对象，它可能不会返回期望的长度。对列表返回元素的数量，对数据框返回变量(列)的数量，对矩阵返回列数量。

```
length(mydata)
length(mydata[,1])
> length(mydata[])
[1] 4
> length(mydata[,1])
[1] 10
```

可以看出，mydata 是数据框格式，length(mydata)给出了列的数量，共 4 列。而 mydata[,1]代表的是数据框第一列数据，length(mydata[,1])给出了第一列元素的数量，共 10 个元素。

2. dim

dim()函数用于获取矩阵或数组的维度信息。对数据框而言，dim 得到的是行列数。

```
dim(mydata)
> dim(mydata)
[1] 10  4
```

可以看出，mydata 是共有 10 行 4 列的数据。

3. str、class、attributes

str()用来查看数据结构详细信息、对象内部包含的组成元素和属性。class()返回对象的类属性，描述对象属于哪一类。attributes()返回对象的所有属性列表，以名称-值对的形式显示各属性，例如：

```
> str(mydata)
'data.frame':   10 obs. of  4 variables:
 $ NO: int  1 2 3 4 5 6 7 8 9 10
 $ C : num  0.49 0.65 0.85 0.83 0.8 0.6 0.88 0.99 1.02 0.76
 $ N : num  0.0488 0.0711 0.0929 0.097 0.0894 ...
 $ P : num  0.136 0.135 0.182 0.166 0.182 0.172 0.176 0.191 0.188 0.176
> class(mydata)
[1] "data.frame"
```

```
> attributes(mydata)
$names
[1] "NO" "C"  "N"  "P"

$class
[1] "data.frame"

$row.names
 [1]  1  2  3  4  5  6  7  8  9 10
```

可以看出，这三个函数用于检查对象的结构性质，很好地支持数据理解和问题诊断，提供了基本但有效的对象检测功能。

4. unique、duplicated

unique()去除向量中重复的元素，返回唯一不同的值。duplicated()检查向量中是否有重复元素，返回逻辑向量指出哪些元素是重复的，例如：

```
x <- c(1, 2, 3, 2)
unique(x)#查看唯一值
> unique(x)
[1] 1 2 3
duplicated(x)#查看重复项
> duplicated(x)
[1] FALSE FALSE FALSE  TRUE
x[!duplicated(x)]#在原向量中删除重复的值
> x[!duplicated(x)]
[1] 1 2 3
```

可以看出，unique 返回的是去除重复后的结果，duplicated 返回的是数据重复的向量位置。这两个函数常用于数据清洗，删除重复行或解决重复数据问题。

5. which

which()函数用于获取使条件表达式为 TRUE 的元素的索引，返回结果为 TRUE 的下标位置，例如：

```
> which(mydata==10)
[1] 10
> which(mydata$C==0.8)
[1] 5
> which(mydata==0.8)
[1] 15
```

which(mydata= =10)表示 mydata 数据集中 10 所在的顺序位置；which(mydata$C= =0.8)表示在 C 列中 0.8 的位置；which(mydata= =0.8)的结果为 15 表示按列来数，0.8 出现在第 15 个位置。另外，可以利用 which 函数工具中的 arr.ind=T 开关，显示符合条件对象的在二维数据结构中的行列号，如：

```
NO <- c(1:10)
C <- c(0.49, 0.65, 0.85, 0.83, 0.8, 0.6, NA, 0.99, 1.02, 0.76)#土壤含碳量
N <- c(0.0488, NA, 0.0929, 0.097, 0.0894, 0.0732, 0.0861, 0.1075, 0.1151, 0.0878)#土壤含氮量
P <- c(0.136, 0.135, 0.182, NA, 0.182, 0.172, 0.176, 0.191, 0.188, 0.176)#土壤含磷量
```

```
mydata <- data.frame(NO, C, N, P)
which(is.na(mydata),arr.ind = T)
```

结果如下：

```
> which(is.na(mydata),arr.ind = T)
     row col
[1,]   7   2
[2,]   2   3
[3,]   4   4
```

结果中给出了三个“NA”的具体行列号。

6. cut

cut 函数用于对数值型向量进行分组。随机生成 50 个三位数为学生总成绩，并将其按照前 25%为优等生，标记为 A；25%～50%之间为优良生，标记为 B；50%～75%为中等生，标记为 C；75%～100%为后进生，标记为 D。用 cut 函数可以轻松完成，代码如下：

```
data <- data.frame(sum = sample(1:1000,50))
data$grade <- cut(data$sum, breaks = quantile(data$sum,
                  probs = c(0,0.25,0.5,0.75,1)),
                  labels = c("D","C","B","A"),include.lowest=T)
```

	sum	grade
10	754	A
11	739	A
12	894	A
13	824	A
14	903	A
16	760	A
18	828	A
26	856	A
33	799	A
35	914	A
43	936	A

可以看出，cut()函数根据 breaks 给出的向量将 x 切割成若干区间组，然后用 labels 给各组进行标注，可以很方便地对连续变量进行分组汇总分析。

7. assign

assign()函数用于在环境中动态赋值给对象指定名称和值，例如：

```
> assign('x',10)
> x
[1] 10
> assign('NO2',c(11:20))
> NO2
 [1] 11 12 13 14 15 16 17 18 19 20
```

可以看出，其功能与“x<-10”一致，但是 assign 允许变量名称作为字符串传入，更灵活。assign 常常在根据条件动态命名对象，循环生成多个对象，从函数外部传入对象名等需要动态定义对象的时候使用，提供了去中心化的对象声明方式。

构建与赋值，代码如下：

```
b <- NULL
for (i in 1:10) {
  assign(paste0("a",i),i)
 b <- c(b,i)
}
a8
b
> a8
[1] 8
> b
 [1]  1  2  3  4  5  6  7  8  9 10
```

以上结果显示，借助 for 循环，利用 assign()函数进行批量变量名的构建。同时，利用 c()函数进行数值型向量的构建。

8. seq、rep

seq()函数用于创建等差数值序列。rep()函数在 R 语言中用来重复某个向量、列表或表达式生成的元素，例如：

```
> seq(from = 1, to = 10,by=2)
[1] 1 3 5 7 9
> rep(1:5, times = 3)
 [1] 1 2 3 4 5 1 2 3 4 5 1 2 3 4 5
> rep(1:5, each = 3)
 [1] 1 1 1 2 2 2 3 3 3 4 4 4 5 5 5
```

seq 常用于模拟等间隔采样、渐变颜色等应用。rep()常用于生成重复序列、扩充样本量等场景，能生成各种重复模式的数据。

9. sample

sample()函数在 R 语言中用于从给定的向量或数据框中随机取样有/无放回的样本，例如：

```
> sample(1:10,size = 5)
[1]  5  4  2  1 10
> sample(1:10,size = 5,replace = T)
[1] 5 9 1 9 7
```

sample 可以随机给出定量的数据样本，且每次都不一样。sample()功能强大，经常用于模拟实验，交叉验证，Bootstrap 插值数值化抽样处理偏差等任务中，提供了丰富的非参数随机采样方法。可以看出，当 replace=TRUE 时，表示为有放回的样本，即可以生成重复数。

3.8.2 常用的数据运算工具

常用的数据运算工具见表 3-5。

表 3-5 常用数据运算工具

工具	含义
abs	绝对值
sqrt	平方根
ceiling	向上取整
floor	向下取整
trunc	截断小数部分
round	四舍五入取整
signif、runif	取有效数字显示/产生均匀分布的随机数
log	自然对数
exp	指数函数
mean	平均值
sd	标准差
sum	求和
median、mad	中位数，中位数绝对偏差
var	方差
quantile	分位数
range、min、max	范围，最小值，最大值
scale	标准化数值

1. abs

abs()函数用于计算数值向量元素的绝对值，例如：

```
> abs(-3)
[1] 3
> abs(-c(seq(3,7,2)))
[1] 3 5 7
```

返回数值向量，包含每个元素的绝对值。

2. sqrt

sqrt()函数用于计算数值向量每个元素的平方根，例如：

```
> sqrt(4)
[1] 2
> sqrt(c(4,6,8))
[1] 2.00 2.45 2.83
```

返回数值向量，包含每个元素的平方根值，实现了方便快捷地开平方运算。

3. ceiling

ceiling()函数用于对一个数值向量进行向上取整操作，例如：

```
> ceiling(1.1) # 向上取整
[1] 2
```

提供了一种简单直接的整数化处理方法。在数据预处理、统计计算等领域自定义小数舍入规则时很有用。

4. floor

floor()函数用于对一个数值向量执行向下取整操作，例如：

```
> floor(1.9) # 向下取整
[1] 1
```

与 ceiling()结合使用可以完成向上/下取整的需求。

5. trunc

trunc()函数用于对一个数值向量执行截断操作，执行截断掉小数部分后获得整数向量结果，例如：

```
> trunc(1.5) # 截断小数部分
[1] 1
```

trunc()提供了一种更直接粗糙的数字截断方式，直接截断小数部分。

6. round

round(*x*, digits=0)函数用于对数值向量进行四舍五入取整操作。根据 digits 参数执行四舍五入后的数值处理，digits 默认 0 位不保留小数，例如：

```
> round(3.1415)
[1] 3
> round(3.1415,2)
[1] 3.14
```

round()函数是较为灵活的四舍五入方法，使结果更加平滑精确。

7. signif、runif

signif(*x*, digits)函数用于调整数值的有效数字显示。digits 是需要保留的有效数字个数，能够返回调整有效数字精度后的数值向量。`runif(n, min = 0, max = 1)`函数用来生成均匀分布随机数。runif()函数会生成长度为 *n* 的随机数向量，每个随机数都匀性地落在区间[min, max]内。min 默认为 0，max 默认为 1，举例如下：

```
> signif(1.2345, 3) # 取3位有效数字
[1] 1.23
> runif(5) # 产生5个均匀随机数
[1] 0.7418310 0.2937150 0.5815153 0.5818141 0.5601730
```

signif 可以很方便地格式化数字精度。runif 是生成均匀分布随机数的基本函数。

8. log

log()函数用于计算数值向量的自然对数，例如：

```
> log(5)
[1] 1.61
> log(c(1,10,100))
[1] 0.00 2.30 4.61
```

可以看出，该函数返回的是每个元素的对数值。

9. exp

exp()函数用于计算数值向量的指数函数值，例如：

```
> exp(5)
[1] 148
```

```
> exp(c(1,10,100))
[1] 2.72e+00 2.20e+04 2.69e+43
```

可以看出，该函数返回的是每个元素的指数值。exp()与 log()互为逆函数，在统计分析与建模中广泛使用。

10. mean

mean()函数用于计算数值向量的平均值，实现了一个向量上所有元素的加和除以元素数的运算，例如：

```
> mean(c(1,2,3)) # 计算平均值
[1] 2
```

mean()是 R 语言描述统计分析的基础函数，广泛应用于数据预处理与建模任务中。

11. sd

sd()函数用来计算一个数值向量的标准差，例如：

```
> sd(c(1,3,5,7,9))
[1] 3.16
```

标准差描述数据点离平均值的程度，反映数据的分散程度，是描述性统计分析的重要组成部分。

12. sum

sum()函数用来计算数值向量各元素的和，例如：

```
> sum(1:5) # 求和
[1] 15
```

sum()函数实现了向量各元素简单加法的功能,是描述统计和数据处理中的基础运算。

13. median、mad

median()函数用来计算数值向量的中位数。中位数可以描述非对称分布的数据中心趋势，不受异常值影响。mad()函数用于计算数值向量的平均绝对误差。`mad(x, constant = 1.4826)`，其中，constant 代表常数因子，默认为 1.4826，使得当 x 服从正态分布时，mad 与标准差呈比例关系。mad 代表描述数据离中值分布程度的一种度量，举例如下：

```
> median(c(1,3,2,4)) # 中位数
[1] 2.5
> mad(c(1,3,2,4)) # 平均绝对子差
[1] 1.4826
```

median()函数是补充平均值的另一描述指标。mad()函数提供了一种替代标准差的描述统计量，相比标准差更灵敏于异常值。

14. var

var()函数用于计算数值向量的方差。计算方式为平均值离差平方和除以元素个数，例如：

```
> var(c(1,2,3,4)) # 方差
[1] 1.666667
```

方差与标准差都是描述分布分散的统计量，在基础分析中被广泛使用。

15. quantile

quantile()函数用于计算数值向量的分位数。语法为 `quantile(x, probs = c(0, 0.25, 0.5, 0.75, 1), na.rm = FALSE)`，probs 是概率向量，默认值为 c(0,0.25,0.5,0.75,1)，即 0%、25%、50%、75%、100%分位数，也可以自行设定分位数。函数的返回值是 probs 指定分位数点对应的统计量值，例如：

```
> quantile(c(1,3,2,4))
  0%  25%  50%  75% 100% 
1.00 1.75 2.50 3.25 4.00 
> quantile(1:100,probs=c(0,0.10,0.5,0.75,0.9,1))
    0%     10%     50%     75%     90%    100% 
  1.00  10.90  50.50  75.25  90.10 100.00 
```

quantile()函数用来描述分布的分位点位置，与 median()函数、mean()函数互补。

16. range、min、max

range()函数用来获取数值向量的最大值和最小值，提供了简单获取向量极值的方法。min()函数和 max()函数分别是获取向量中的最小值和最大值，例如：

```
> range(1:5) # 范围
[1] 1 5
> min(1:5) # 最小值
[1] 1
> max(1:5) # 最大值
[1] 5
```

17. scale

scale()函数用于对数值向量进行标准化操作。语法为 `scale(x, center = TRUE, scale = TRUE)`，其中，center 代表是否中心化，默认 TRUE。scale 代表是否规范化，默认 TRUE。标准化包含两步，如 center=TRUE，则减去平均值进行中心化；如 scale=TRUE，则除以标准差进行规范化，例如：

```
> scale(1:5) # 标准化
           [,1]
[1,] -1.2649111
[2,] -0.6324555
[3,]  0.0000000
[4,]  0.6324555
[5,]  1.2649111
attr(,"scaled:center")
[1] 3
attr(,"scaled:scale")
[1] 1.581139
```

scale 函数主要用于数据预处理阶段消除量纲影响，使各特征接近正态分布，方便后续建模。常见应用包括特征提取、回归分析、聚类等。它实现了向量特征标准化的基本任务。

3.8.3　其他管理工具

其他管理工具见表 3-6。

表 3-6　其他管理工具

工具	含义
gc	触发垃圾回收机制清除无用对象
rm、ls	删除对象/列出环境中的对象
Sys.getlocale	获取系统区域设置
data	加载数据集对象
head、tail	显示数据集首行记录/尾行记录
print	打印/显示对象

1. gc

gc()函数用于垃圾回收（garbage collection）。R 语言使用引用计数机制来跟踪对象的内存分配情况，当一个对象不再在任何地方被引用时，该对象将被释放以回收内存，例如：

```
> gc()
          used  (Mb) gc trigger  (Mb) max used  (Mb)
Ncells 3519394 188.0    5999250 320.4  5999250 320.4
Vcells 5475609  41.8   12255594  93.6 10146326  77.5
```

gc()调用后，R 会立即释放所有未引用的对象并回收内存。一般来说，R 会自动触发 gc()以回收资源。但在一些情况下，比如长时间运行的脚本，对象量很大占用内存，循环中频繁产生临时对象等情况下，手动调用 gc()可以让 R 更主动回收，防止内存泄露。它主要用于高级内存优化以提升 R 应用性能。

2. rm、ls

rm()函数在 R 语言中用于删除对象。引用方式为 `rm(list= ls(), envir= .GlobalEnv)`，其中，list 代表要删除的对象名列表，envir 代表对象所在的环境，例如：

```
rm(list=ls())#删除所有内存中的变量
```

rm()主要用于清理临时对象释放内存，重载环境开始新脚本，删除不需要的实验结果，也可以用于在调试（Debug）过程中清除残留对象。它实现了在 R 内存中的对象删除功能。但是也需要小心使用，误删重要对象会导致数据丢失。一般建议明确 list 参数。

ls()通常与 rm()、assign()等一起使用来管理对象。实现了查看环境下对象的能力，在开发和调试脚本时很有用。

3. Sys.getlocale

Sys.getlocale()函数在 R 语言中用于获取/设置系统的本地化(locale)信息。

```
> Sys.getlocale()
[1] "LC_COLLATE=Chinese (Simplified)_China.utf8;LC_CTYPE=Chinese (Simplif
ied)_China.utf8;LC_MONETARY=Chinese (Simplified)_China.utf8;LC_NUMERIC=C;
```

```
LC_TIME=Chinese (Simplified)_China.utf8"
```

这个函数主要用于解释排序和格式化结果、国际化程序开发测试、解决输出展示问题和系统环境配合工作，它实现了获取系统区域设置的基本功能。这对国际化软件开发很重要。

4. data

R 自带了许多用于示例和测试的标准数据集，可以通过 data 函数直接加载使用，无须自己构建。data 函数在 R 语言中用于加载内置的数据集。这些数据集覆盖不同领域，特征类型各异，常作为示例案例或开始学习数据分析的样本资源，例如：

```
> data(iris)
> iris
  Sepal.Length Sepal.Width Petal.Length Petal.Width    Species
1          5.1         3.5          1.4         0.2     setosa
2          4.9         3.0          1.4         0.2     setosa
3          4.7         3.2          1.3         0.2     setosa
4          4.6         3.1          1.5         0.2     setosa
5          5.0         3.6          1.4         0.2     setosa
6          5.4         3.9          1.7         0.4     setosa
7          4.6         3.4          1.4         0.3     setosa
8          5.0         3.4          1.5         0.2     setosa
```

它实现了从 R 环境直接获取样本数据的功能，对初学者尤其重要。运用 data()函数可以查看 R 语言自带的所有数据集。

5. head、tail

head()函数用于查看数据结构（如数据框）的前几行。调用方式为 `head(x, n = 6)`，其中，*x* 代表数据结构如数据框；*n* 代表要查看的行数，默认 6 行。tail()函数用于查看数据结构（如数据框）的后几行。调用方式为 `tail(x, n = 6)`，其中，*x* 代表数据结构如数据框；*n* 代表要查看的行数，默认 6 行，例如：

```
> head(iris)
  Sepal.Length Sepal.Width Petal.Length Petal.Width Species
1          5.1         3.5          1.4         0.2  setosa
2          4.9         3.0          1.4         0.2  setosa
3          4.7         3.2          1.3         0.2  setosa
4          4.6         3.1          1.5         0.2  setosa
5          5.0         3.6          1.4         0.2  setosa
6          5.4         3.9          1.7         0.4  setosa
> tail(iris)
    Sepal.Length Sepal.Width Petal.Length Petal.Width   Species
145          6.7         3.3          5.7         2.5 virginica
146          6.7         3.0          5.2         2.3 virginica
147          6.3         2.5          5.0         1.9 virginica
148          6.5         3.0          5.2         2.0 virginica
149          6.2         3.4          5.4         2.3 virginica
150          5.9         3.0          5.1         1.8 virginica
```

head()和 tail()主要用于快速查看数据形式和规模，实现了不必加载全部数据就能浏览数据基本特征，对大数据处理尤其重要。

6. print

print()函数在 R 语言中用于打印对象。它可以打印基本数据类型和数据结构的内容，例如：

```
> print("hello world!")
[1] "hello world!"
> print(c(1:10))
 [1]  1  2  3  4  5  6  7  8  9 10
```

print()能方便地检查和验证对象内部信息。此外它还可以控制数值精度（digits）输出行数（*n*）等信息。

3.9 转置与重构

数据转置和重构是一种常见的数据管理操作，它们可以改变数据表格的结构和布局，以适应不同的数据分析需求。

3.9.1 数据转置

数据转置是指将数据表格的行和列进行互换，方便数据的观察和分析。例如，对于一个数据集，可以使用t()函数将数据表格进行转置。例如：

```
NO <- c(1:10)
C <- c(0.49,0.65,0.85,0.83,0.8,0.6,0.88,0.99,1.02,0.76)
N  <-  c(0.0488,0.0711,0.0929,0.097,0.0894,0.0732,0.0861,0.1075,0.1151,
0.0878)
P <- c(0.136,0.135,0.182,0.166,0.182,NaN,0.176,0.191,0.188,0.176)
my_data <- data.frame(NO, C, N)
my_data
```

```
> my_data
   NO   C    N
1   1 0.5 0.05
2   2 0.6 0.07
3   3 0.8 0.09
4   4 0.8 0.10
5   5 0.8 0.09
6   6 0.6 0.07
7   7 0.9 0.09
8   8 1.0 0.11
9   9 1.0 0.12
10 10 0.8 0.09
```

```
my_datat <- t(my_data)
my_datat
```

```
> my_datat
   [,1] [,2] [,3] [,4] [,5] [,6] [,7] [,8] [,9] [,10]
NO 1.00 2.00 3.00  4.0 5.00 6.00 7.00  8.0  9.0 10.00
C  0.49 0.65 0.85  0.8 0.80 0.60 0.88  1.0  1.0  0.76
N  0.05 0.07 0.09  0.1 0.09 0.07 0.09  0.1  0.1  0.09
```

3.9.2 宽表变长表

1. gather()工具

很多软件功能包支持长表的数据分析与绘图，如 ggplot2 包。因此，长表与宽表之间的转化是 R 语言中较为常用的工具。数据重构即是将数据从一种形式转换为另一种形式，方便后续的分析和可视化。对于一个宽表格式的数据集，如果希望将其转换为长表格式，就可以使用重构操作来实现。这样做可以方便地对数据进行聚合分析，也方便地进行可视化展示。

tidyr 包的 gather()函数可以用于将数据框从宽表格式转换为长表格式。宽表格式数据通常是包含多个列的数据框（如“mtcars”数据集），每一列代表一个变量，而长格式数据则将这些变量整合到一个列中。

例如，假设有以下的宽格式数据框 data。调用方式为 `long_data <- gather(data, key = "variable", value = "value", -id)`，其中，key 参数指定新的变量列的名称，value 参数指定新的数据存储列的名称，-id 代表不需要转换的列，以前述的 my_data 数据框为例：

```
library(tidyr)
long_data <- gather(my_data, key = "Variable", value = "value", -NO)
long_data
```

执行上述代码后，将获得以下长表格式数据框：

```
> long_data
   NO Variable  value
1   1        C 0.4900
2   2        C 0.6500
3   3        C 0.8500
4   4        C 0.8300
5   5        C 0.8000
6   6        C 0.6000
7   7        C 0.8800
8   8        C 0.9900
9   9        C 1.0200
10 10        C 0.7600
11  1        N 0.0488
12  2        N 0.0711
13  3        N 0.0929
14  4        N 0.0970
15  5        N 0.0894
16  6        N 0.0732
```

2. stack()工具

stack()函数也可以用于将数据框从宽表格式转换为长表格式。还以前述的 my_data 数据集为例：

```
long_df <- stack(my_data, select = c(C,N))
```

select 参数指定要转换的列。执行上述代码后，将获得以下长表格式数据框：

```
> long_df
   values ind
1  0.4900   C
2  0.6500   C
3  0.8500   C
4  0.8300   C
5  0.8000   C
6  0.6000   C
7  0.8800   C
8  0.9900   C
9  1.0200   C
10 0.7600   C
11 0.0488   N
12 0.0711   N
```

stack 属于 utils 包，功能和 gather 基本一样。

3.9.3 长表变宽表

与 gather()工具相反，spread()函数可以用于将数据框从长表格式转换为宽表格式。宽表格式数据通常是包含多个列的数据框，每一列代表一个变量，而长表格式数据则将这些变量整合到一列中。

例如，假设有以下的长表格式数据框 df 需要转变为宽表格式，调用方式为 `wide_df <- spread(df, key = variable, value = value)`，其中，key 参数指定新的变量列的名称，value 参数指定新的数据存储列的名称。以前述的长表格式数据 long_data 为例，将其转变为宽表格式：

```
wide_data <- spread(long_data, key = 'Variable', value = "value")
wide_data
> wide_data
   NO    C      N
1   1 0.49 0.0488
2   2 0.65 0.0711
3   3 0.85 0.0929
4   4 0.83 0.0970
5   5 0.80 0.0894
6   6 0.60 0.0732
7   7 0.88 0.0861
8   8 0.99 0.1075
9   9 1.02 0.1151
10 10 0.76 0.0878
```

spread()函数属于 tidyr 包的功能函数，因此使用前需要安装 tidyr 包。

3.9.4 reshape 包

reshape 是 R 语言中一个用于数据重塑的包，它也提供了一些函数用于将数据从一种形式转换为另一种形式。主要有两个函数：melt()和 cast()。melt()函数可以将数据从宽表格式转换为长表格式。而 cast()函数则可以将数据从长表格式转换为宽表格式，例如：

```
library(reshape)
long_df <- melt(my_data, id.vars = "NO", variable.name = "variable",
value.name = "value")
> long_df
   NO variable  value
1   1        C 0.4900
2   2        C 0.6500
3   3        C 0.8500
4   4        C 0.8300
5   5        C 0.8000
6   6        C 0.6000
7   7        C 0.8800
8   8        C 0.9900
9   9        C 1.0200
10 10        C 0.7600
11  1        N 0.0488
12  2        N 0.0711
13  3        N 0.0929
14  4        N 0.0970
```

案例中 my_data 为前述构建的数据集，在 melt()函数中，如果指定了 id.vars 参数为“NO”，表示“NO”列不需要被转换。同时，指定了 variable.name 参数为“variable”，表示原来的列名会被存储在一个名为“variable”的新列中，而指定了 value.name 参数为“value”，表示原来的数据会被存储在一个名为“value”的新列中。

如果使用 cast()函数将长表格式数据框转换回宽表格式，如：

```
wide df <- cast(long_df, NO ~ variable, value = "value")
> wide_df
   NO    C      N
1   1 0.49 0.0488
2   2 0.65 0.0711
3   3 0.85 0.0929
4   4 0.83 0.0970
5   5 0.80 0.0894
6   6 0.60 0.0732
7   7 0.88 0.0861
8   8 0.99 0.1075
9   9 1.02 0.1151
10 10 0.76 0.0878
```

案例中 long_df 为前述 melt 函数转换获得的长表。cast()函数将长表格式数据框转换回宽表格式。在 cast()函数中，指定了 NO～ variable，表示希望按照“NO”列和“variable”列进行转换。同时，指定了 value 参数为“value”，表示希望使用“value”列的值来填充新的宽表格式数据框。

在进行数据转置和重构时，需要根据具体的数据集和分析需求选择合适的操作方法。同时，数据转置和重构也需要遵循科学的方法论和严格的数据质量标准，确保数据分析结果的准确性和可信度。

3.10 合　　并

数据合并是一种常见的数据管理操作，它可以将多个数据集按照某些形式进行合并，从而进行更加全面和细致的数据分析。数据合并通常用于将来自不同数据源的数据合并在一起，以便进行分析和处理。合并数据可以更好地理解数据之间的关系，进行更准确的分析和预测，还可以减少数据处理的时间和工作量，避免重复计算和数据不一致的问题。

当需要分析的数据分散在不同的数据框中时，可以将它们合并成一个数据框。例如，有两个数据框，一个包含位置信息，另一个包含统计数据信息，通过将这两种数据框按照共同的列进行合并，从而获得更全面的数据集。以下是一些常用的数据合并操作。

3.10.1 按列合并

cbind()函数可以用于将两个或多个数据框、矩阵或向量按列合并在一起。cbind()函数将每个数据框的列按顺序连接在一起，形成一个新的数据框或者矩阵。例如，假设有以下两个数据框：

```
df1 <- data.frame(id = 1:3, var1 = c("A", "B", "C"))
df1
> df1
  id var1
1  1    A
2  2    B
3  3    C
df2 <- data.frame(id = 4:6, var2 = c(3, 4, 5))
df2
> df2
  id var2
1  4    3
2  5    4
3  6    5
merged_df <- cbind(df1, df2)
merged_df
> merged_df
  id var1 id var2
1  1    A  4    3
2  2    B  5    4
3  3    C  6    5
```

需要注意的是这种方法适用于两个数据框具有相同的行数和相同的行标签。如果两个数据框的行数不同，则会出现错误。

3.10.2 按行合并

rbind()函数可以用于将两个或多个对象按行合并在一起。rbind()函数将每个对象的列按顺序连接在一起，形成一个新的对象。

例如，假设有以下两个数据框：

```
data1 <- data.frame(id = 1:3, var = c("A", "B", "C"))
data1
data2 <- data.frame(id = 1:4, var = c(3, 4, 5,7))
data2
merged_data <- rbind(data1, data2)
merged_data
```

```
> merged_data
  id var
1  1   A
2  2   B
3  3   C
4  1   3
5  2   4
6  3   5
7  4   7
```

需要注意的是这种方法适用于两个对象具有相同的列［包括相同的变量数和相同的变量名（列名）］。另外，如果以上条件都达到了，按行合并后如果对应的变量数据类型不一致，则合并后统一转化为字符型，如以上案例中的“var”变量。

3.10.3 按关键字合并

merge()函数可以用于将两个数据框按照指定的列（关键字）合并在一起。merge()函数将两个数据框中按照指定的列进行匹配，并将匹配的行合并在一起，形成一个新的对象。

例如，假设有以下三个数据框：

```
data1 <- data.frame(id = 1:4, var1 = c("A", "B", "C", "D"))
data2 <- data.frame(id = 2:5, var2 = c(11, 22, 33, 44))
data3 <- data.frame(id = 3:6, var3 = c(100, 200, 300, 400))
```

1. 内连接

可以使用merge()函数进行内连接，即将两个数据集中符合条件的行进行合并。例如：

```
merged_data <- merge(data1, data2, by="id")
merged_data
```

```
> merged_data
  id var1 var2
1  2    B   11
2  3    C   22
3  4    D   33
```

通过“by”参数确定合并依据的列。需要注意的是这种方法适用于两个数据框具有一个相同的列名，两个数据框在该列名下具有完全或者部分相同的观测值（列值）。如果两个数据框的列名或列值不同，则需要使用 by.x 和 by.y 参数分别指定要用于合并的列名。

2. 左连接

使用 merge()函数进行左连接，即将第一个数据集中关键字所在的列为依据，合并第二个数据集中符合条件的行，如果没有对应的行，则用“NA”填充。例如：

```
merged_data <- merge(data1, data2, by="id", all.x = TRUE)
merged_data
> merged_data
  id var1 var2
1  1    A   NA
2  2    B   11
3  3    C   22
4  4    D   33
```

3. 右连接

使用 merge()函数可以进行右连接，即将第二个数据集中关键字所在的列为依据，合并第一个数据集中符合条件的行，如果没有对应的行，则用“NA”填充。例如：

```
merged_data <- merge(data1, data2, by="id", all.y = TRUE)
merged_data
> merged_data
  id var1 var2
1  2    B   11
2  3    C   22
3  4    D   33
4  5 <NA>   44
```

4. 外连接

可以使用 merge()函数进行外连接，即将两个数据集中所有行进行合并。例如：

```
merged_data <- merge(data1, data2, by="id", all = TRUE)
merged_data
> merged_data
  id var1 var2
1  1    A   NA
2  2    B   11
3  3    C   22
4  4    D   33
5  5 <NA>   44
```

5. 合并多个数据集

merge()工具也可以实现超过两个的数据集对象进行合并，例如：

```
merged_data <- merge(data1, merge(data2,data3,by='id'), by="id")
merged data
> merged_data
  id var1 var2 var3
1  3    C   22  100
2  4    D   33  200
```

在实践中需要根据自己的实际需要选择对应的数据合并工具进行数据合并。同时，数据合并也需要遵循科学的方法论和严格的数据质量标准，确保数据分析结果的准确性和可信度。

3.11 循　　环

在R语言中，循环是进行批处理非常优秀的工具，它可以对大数据集进行快速处理和自动化操作。在R语言中for()和while()工具是实现循环的主要工具，以下是一些常用的循环操作。

3.11.1 for 循环

可以使用for循环遍历数据集中的每个元素，并对其进行操作。for循环的调用方式为`for (variable in vector){}`，其中，variable代表循环的索引，vector代表循环控制量，如果是从1循环至10，则可以写为“1:10”，“{ }”大括号内的代码为每一次循环的动作。for循环既可以用数字来控制循环次数，也可以根据向量的元素来直接循环，例如：

```
> for (i in 1:5) {
+   print(i)
+ }
[1] 1
[1] 2
[1] 3
[1] 4
[1] 5
> for (i in letters[1:5]) {
+   print(i)
+ }
[1] "a"
[1] "b"
[1] "c"
[1] "d"
[1] "e"
```

另外，for循环是进行批处理的优秀工具，以批量读取的气象局的txt数据为例，本案例利用循环将18个txt数据依次读取并按行合并成一个数据框，代码如下：

```
files_name <- list.files("F:\\shu\\520\\DATA\\3.11\\",pattern=".TXT$")#
```

请根据个人数据存储位置调整文件路径

```
full_path <- paste0("F:\\shu\\520\\DATA\\3.11\\",files_name)#请根据个人数据存储位置调整文件路径
x<- NULL
for (i in full_path) {
  a <- read.table(i,header = F,sep = '')
  x <- rbind(x,a)
}
x <- as.data.frame(x[,1:8])#转为数据框
names(x) <- c("区站号","纬度","经度","海拔","年","月","日","20-8 时降水量")#重新设定变量名
head(x)#查看
```

```
> head(x)
  区站号 纬度  经度  海拔  年   月 日  20-8时降水量
1  50527 4913 11945 6766 1951  1  1         32766
2  50527 4913 11945 6766 1951  1  2          -409
3  50527 4913 11945 6766 1951  1  3          -422
4  50527 4913 11945 6766 1951  1  4          -426
5  50527 4913 11945 6766 1951  1  5          -389
6  50527 4913 11945 6766 1951  1  6          -395
```

3.11.2　while 循环

for 循环的优势在于控制循环的次数，而 while 循环则是条件循环，即当条件不满足时则停止循环。其调用形式为 `while (condition){ }`，其中，condition 代表设定的循环执行的条件，而“{ }”大括号内的代码代表每一次循环的动作。可以使用 while 循环反复执行某个操作，直到满足某个条件为止。例如：

```
i <- 1
while (i <= 5) {
  print(paste0("循环第",i,"次"))
  i <- i + 1
}
```

循环结果如下：

```
[1] "循环第1次"
[1] "循环第2次"
[1] "循环第3次"
[1] "循环第4次"
[1] "循环第5次"
```

3.11.3　嵌套循环

嵌套循环是一种循环嵌套的结构，其中一个循环体包含另一个循环体。使用嵌套循

环可以对数据进行更加细致的处理和操作。在实践中，可以借助嵌套循环实现对二维数据的遍历访问(对行和列进行嵌套循环)。例如，随机生成一个 10×5 的矩阵，并用 sample 生成随机数，借助嵌套循环确定矩阵中大于 500 的数值位置，即行列号，代码如下：

```
set.seed(400)#设定随机数的生成器
x <- matrix(sample(1:1000,50),nrow = 10)#构建矩阵
data <- NULL
for (i in 1:dim(x)[1])
  for (j in 1:dim(x)[2]) {
   if(x[i,j]>500){code <- c(i,j)
            data <- rbind(data,code)}
  }#嵌套循环
data
```

```
> data
     [,1] [,2]
code    1    4
code    1    5
code    2    2
code    2    3
code    2    4
code    2    5
code    3    1
code    3    2
code    3    3
code    4    2
```

由于利用 sample 函数随机生成的数据，因此不同的电脑运行此案例会得到不同的结果，不必疑惑。嵌套循环可能会导致代码执行效率低下，因此在使用时要谨慎考虑。同时，在进行数据循环操作时，需要注意循环的效率和代码的简洁性，避免使用不必要的循环和操作，以提高程序的性能和可维护性。同时，数据循环也需要遵循科学的方法论和严格的数据质量标准，确保数据分析结果的准确性和可信度。

3.12　分 类 统 计

分类统计是数据处理和出图过程中常见的数据整理方式。在 R 语言中，数据的分类统计主要由 aggregate()、tapply()和 by()工具来完成。以 R 语言自带数据集“mtcars”为例进行分类统计案例演示，代码如下。

3.12.1　单列分类统计

1. aggregate()函数

统计汽车不同气缸数下的每加仑里程（mpg）、气缸排量（disp）、马力（hp）和汽车

重量（wt）的均值，代码如下：

```
data(mtcars)
aggdata <- aggregate(mtcars[,c(1,3,4,6)], by=list(mtcars$cyl), FUN=mean,
na.rm=TRUE)
aggdata
```

```
> aggdata
  Group.1      mpg     disp        hp       wt
1       4 26.66364 105.1364  82.63636 2.285727
2       6 19.74286 183.3143 122.28571 3.117143
3       8 15.10000 353.1000 209.21429 3.999214
```

结果表明，随着气缸数量的增加（Group.1），汽车每加仑汽油能跑的英里数在下降，而马力、车重和排量都呈增加趋势。

2. tapply()函数

tapply 是 R 语言中用于分类统计的主要工具，其基本功能与 aggregate 功能较为一致。tapply 工具的使用规则为 tapply(向量、分类因子、功能)，以 mtcars 数据集为例，代码如下：

```
data(mtcars)
tapply(mtcars$mpg,mtcars$gear,mean)
```

按照汽车挡位（mtcar$gear）分类统计每种挡位数汽车的单位体积汽油下的行车里程均值，结果如下：

```
> tapply(mtcars$mpg,mtcars$gear,mean)
       3        4        5 
16.10667 24.53333 21.38000 
```

3. by()函数

by 的主要功能是对数据框进行分类并进行复杂的统计分析，比如回归建模。其主要的使用规则是 by(数据框，分类因子，功能)，以 mtcars 数据集为例，代码如下：

```
r_by <- by(mtcars,mtcars$gear,function(x) lm(mpg~wt+hp,data=mtcars))
lapply(r_by, confint)
lapply(r_by, coef)
```

代码根据汽车的挡位数（mtcars$gear）将 mtcars 数据集分为 3 组（3, 4, 5），然后以三组数据中 mpg 为因变量，wt 和 hp 为自变量进行回归分析，3 个回归的置信区间结果用 lappy 进行提取，结果如下：

```
> lapply(r_by, confint)
$`3`
                  2.5 %      97.5 %
(Intercept) 33.95738245 40.49715778
wt          -5.17191604 -2.58374544
hp          -0.05024078 -0.01330512

$`4`
                  2.5 %      97.5 %
(Intercept) 33.95738245 40.49715778
wt          -5.17191604 -2.58374544
hp          -0.05024078 -0.01330512
```

```
$`5`
                  2.5 %      97.5 %
(Intercept) 33.95738245 40.49715778
wt          -5.17191604 -2.58374544
hp          -0.05024078 -0.01330512
```

lapply 回归的系数提取结果如下：

```
> lapply(r_by, coef)
$`3`
(Intercept)          wt          hp
37.22727012 -3.87783074 -0.03177295

$`4`
(Intercept)          wt          hp
37.22727012 -3.87783074 -0.03177295

$`5`
(Intercept)          wt          hp
37.22727012 -3.87783074 -0.03177295
```

由于 by()函数返回的结果数据结构为列表［list，可以使用 str（r_by）功能查看］，因此需要采用 lapply()或者 sapply()函数来提取回归参数。

3.12.2 多列分类统计

1. aggregate()函数

统计汽车不同气缸数和手/自动挡差别分组下每加仑里程（mpg）、气缸排量（disp）、马力（hp）和汽车重量（wt）的均值，代码如下：

```
aggdata <-aggregate(mtcars[,c(1,3,4,6)], by=list(mtcars$cyl,mtcars$am),
FUN=mean, na.rm=TRUE)
aggdata
> aggdata
  Group.1 Group.2      mpg     disp        hp       wt
1       4       0 22.90000 135.8667  84.66667 2.935000
2       6       0 19.12500 204.5500 115.25000 3.388750
3       8       0 15.05000 357.6167 194.16667 4.104083
4       4       1 28.07500  93.6125  81.87500 2.042250
5       6       1 20.56667 155.0000 131.66667 2.755000
6       8       1 15.40000 326.0000 299.50000 3.370000
```

结果表明，当汽车气缸数为 4（4，Group.1），又是自动挡时（0，Group.2）每加仑里程（mpg）平均为 22.9，而相同气缸数下的手动挡车（4，Group.1；1，Group.2）为 28.075，可见手动挡要比自动挡车更省油。

2. tapply()函数

在 tapply()函数中，可以用 list 参数进行多列统计，代码如下：

```
data(mtcars)
aggdata <-tapply(mtcars[,c(1)], list(mtcars$cyl,mtcars$am), mean)
aggdata
```

```
> aggdata
       0        1
4 22.900 28.07500
6 19.125 20.56667
8 15.050 15.40000
```

需要注意的是，虽然 tapply()函数工具也能进行多列分类统计，但是不同于 aggregate()工具，其只能进行单个变量的统计。

3.12.3 自编函数分类统计

aggregate 函数的 FUN 功能函数也可以用自编函数，尝试一个自编函数来统计数据框中相同字符出现的频率。需要借助自编函数来编写统计工具，涉及 sapply、table、unique 和 unlist 三个函数工具。代码如下：

```
set.seed(100)#设定随机数的生成器
data_table <- data.frame(col1 = sample(letters[1:3],8,replace=TRUE),
                         col2 = sample(letters[1:3],8,replace=TRUE),
                         col3 = sample(letters[1:8],8,replace=TRUE),
                         col4 = sample(letters[1:8],8,replace=TRUE))
data_table#全是字母的数据框（8×4）
> data_table
  col1 col2 col3 col4
1    a    b    b    d
2    a    a    c    b
3    b    b    c    g
4    a    c    f    h
5    b    a    e    e
6    b    b    f    c
7    c    c    e    d
8    b    c    f    h
lvls <- unique(unlist(data_table))#统计整个数据框中的不同字符
tj <- function(x) table(factor(x,levels=lvls,ordered=TRUE))#自编函数，运用table函数统计每个特定字符出现的次数
freq <- sapply(data_table,tj)#sapply可以用于数据框。
freq#输出统计频率
> freq
  col1 col2 col3 col4
a    3    2    0    0
b    4    3    1    1
c    1    3    2    1
f    0    0    3    0
e    0    0    2    1
d    0    0    0    2
g    0    0    0    1
h    0    0    0    2
```

统计结果可以看出，第一列中“a”“b”“c”分别出现 3 次、4 次和 1 次。

3.13 输入与输出

R语言中数据的输入与输出是R语言进行数据分析的重要环节，任何模型的建立都需要在了解输入数据的结构及其类型的基础上进行。任何模型对数据的分析结果都需要借助一定的数据结构和类型进行返回输出。R语言支持大部分熟知的数据格式，借助于其强大的功能包组合，R可以对大部分的数据格式进行读取和建模，并在此基础上返回所需求的数据格式结果。目前，R语言支持所有常见的地理数据格式，如txt、csv、excel、spss、tif、img、HDF、netCDF、nc和SAS等。因此，熟悉R语言的数据输入与输出是进行地理数据分析的关键。R语言强大的地理数据格式支持能力，可以使使用者将多源数据快速整合到一个平台上，通过统一建模能够使不同数据源的地理数据在一致的数据处理模式下进行处理和分析，进而提升地理数据的分析效率和科学性。

3.13.1 txt的输入与输出

txt是大部分气象源数据的保存方式，这种格式可以节约大量的硬盘空间，R语言支持txt的数据格式读取，主要用read.table()和fread()两个读取工具完成，以本章节附件数据（温度）为例进行案例展示，代码如下：

```
library(xlsx)
library(data.table)
data <- read.table("E:\\0818\\code\\3.13\\SURF_CLI_CHN_MUL_DAY-TEM-12001-195101.TXT",sep="")#利用read、table读入txt数据
names(data) <- c("区站号","纬度","经度","海拔","年","月","日","平均气温",
            "日最高气温","日最低气温","20-8时降水量质量控制码","8-20时累计降水量质量控制码","20-20时降水量质量控制码")
data1 <- fread("E:\\0818\\code\\3.13\\SURF_CLI_CHN_MUL_DAY-TEM-12001-195101.TXT",quote = "",header = FALSE, fill=TRUE)
write.csv(data,'E:\\0818\\code\\3.13\\data.csv')
write.table(data,'E:\\0818\\code\\3.13\\data.txt')
write.xlsx(data,'E:\\0818\\code\\3.13\\data.xlsx')
```

案例中的文件路径需要编写者根据自己的本地文件夹路径进行设置。

首先，用read.table功能根据详细的文件路径读取，其中sep=""是控制txt字符之间的间隔，如果设置有问题，则读取出来的可能是乱码，无法使用。

其次，用names给读取的数据设置列名。

再次，data是用read.table功能读取的，data1数据是用fread功能读取的。注意：有的时候R语言版本不支持中文路径，如有这样的报错请换成全英文路径。

最后，演示输出数据格式分别是 csv、txt 和 xlsx 三种。xlsx 格式需要 xlsx 包支持，这个包安装涉及 java 环境设置，比较烦琐还容易出错。建议保存为 csv 格式，节省空间还能提升速度。

需要注意的是 read.table 函数对于有缺失部分数据值的 txt 数据，其自动填充功能（fill）会用后一列对应行的数据对缺失列数据进行补充，这样会破坏原有的数据。而 data.table 包中的 fread 函数会利用“NA”进行缺失值自动补充，具有较好的 txt 数据读取效果。

难度加深：如果遇到几十个甚至几百个 txt 文件需要读取并一起处理该怎么办？书中自带数据中有 18 个 txt 数据文件，如果单个依次读取的话，代码需要重复 18 遍，较为烦琐。这就需要 R 的批处理功能，借助 R 语言中的 lapply 和 sapply 功能可以达到批量读取的目的，代码如下：

```
rm(list = ls())#清除变量
gc()#清空内存
library(data.table)
filePath <- "E:\\0818\\code\\3.13\\"
filenames <- list.files(path=filePath, pattern="SURF_CLI_CHN_MUL_DAY-TEM-12001.*.TXT",full.names = TRUE)#列出所有 txt 的文件路径
tem <- sapply(filenames, fread, quote = "",header = FALSE, simplify =FALSE,fill=TRUE)#批量读入 txt 数据
tem1 <- sapply(filenames, read.table, header = FALSE, simplify =FALSE)
class(tem)
class(tem1)
dim(tem[[1]])
> class(tem)
[1] "list"
> class(tem1)
[1] "list"
> dim(tem[[1]])
[1] 4216   13
```

这里需要借助 list.files 功能将文件夹（E:\0818\code\3.13\）中的所有 txt 路径提取出来，接着用 sapply 与 fread 或 read.table 功能结合，达到批量读取 txt 的目的。批量读入 txt 数据，利用 data.table 包中的 fread 函数进行 txt 数据读入，其中，quote = ""、header = FALSE、simplify =FALSE、fill=TRUE 几个参数的设置要根据 txt 数据的格式进行设置。例如，txt 数据中没有列名，在读入时需要将列名控制参数 header 设置为 FALSE，这样计算机就会按照规则在读入数据时给其指定列名等。

3.13.2 csv 和 xls、xlsx 输入与输出

这三种数据格式是常用的数据统计存储格式，在 R 里面对这三种数据格式的支持包也比较多。其中 csv 的输入与输出在 R 的基础包里（R 软件自带包）就可以完成。而 xls

与 xlsx 需要外部的包进行支持，目前用途最广泛的 xls 与 xlsx 输入与输出包是 “readxl” 和 “xlsx” 两个包，其中，readxl 只能读取 xls 与 xlsx 数据，不支持这两个格式数据的输出。而 xlsx 包则支持两种数据格式的输入与输出。但是，xlsx 包的安装比较复杂，需要调试 java 的版本及安装路径。建议平时使用 csv 数据进行输入和输出。一方面，csv 相对于 xlsx 就相当于 txt 相对于 word 一样，具有节约空间、存储速度快等优点；另一方面，csv 不需要外部的包支持，不影响数据的分析与处理，而且这三种数据之间可以相互转换，不存在太多的格式障碍。以附件文件夹里的数据作为案例，代码如下：

```
data <- read.csv("E:\\0818\\code\\3.13\\5种鸡的生长数据.csv")#读入csv数据
head(data)
write.csv(data," E:\\0818\\code\\3.13\\5种鸡的生长数据.csv")#写出为csv格式数据
library(readxl)
data1 <- read_xls("E:\\0818\\code\\3.13\\5种鸡的生长数据.xls",sheet=1)#读入xls数据
library(xlsx)
data2 <- read.xlsx("E:\\0818\\code\\3.13\\data.xlsx",sheetIndex=1)#读入xlsx数据
write.xlsx(data," E:\\0818\\code\\3.13\\data2.xlsx")#写出为xlsx格式数据
write.xlsx(data1," E:\\0818\\code\\3.13\\data1.xlsx")
```

R 语言在读取 txt 和 csv 两种数据格式的过程中经常会出现字符报错导致无法读取的问题，如果遇到这样的问题：首先，请先检查文件路径是否有中文字符，如有请用英文替换；其次，检查文件内容中是否为 utf-8 格式。如若不是，请用 utf-8 格式保存或替换为英文。另外，还要特别注意数据读入后的数据格式和数据结构，如果有问题还需要调整读入功能的参数设置。

3.13.3 传统栅格数据的输入与输出

传统的栅格数据都可以用 raster 包里面的 raster()、brick()和 stack()等工具读入，批量读入也与 txt 的读入方法一致，只要替换读入工具就可以。区别在于 brick()和 stack()可以读入多波段组合栅格数据（多层组合栅格数据）。这两类的主要区别就是 brick 只能连接到一个单独的（多图层）文件。相对应地，stack 可以从分散的文件或者从一些单独文件的图层（波段）组成。实际上，stack 是具有相同空间范围和分辨率的图层的集合。本质上，stack 是图层的 list。

brick 对象事实上是一个多图层的对象，并且处理一个 brick 对象可以比 stack 更有效率（两者都有同样的数据的话）。然而，brick 只涉及一个单独的文件。一个典型的例子是一个多波段的卫星 image 或者全球气候模型的输出文件（每个栅格像元为日期区间中每一天的温度值的时间序列）。而 raster 只能读入单层栅格数据，如果用这个功能去读取多层栅格数据，它们只会读取第一层栅格数据。以对应附件文件夹中的'stack.img'为例进

行功能展示，代码如下：

```
library(raster)
a <- raster("E:\\0818\\code\\3.13\\stack.img")
b <- brick("E:\\0818\\code\\3.13\\stack.img")
c <- stack("E:\\0818\\code\\3.13\\stack.img")
a
b
c
writeRaster(a,"E:\\0818\\code\\save.tif",format="GTiff",overwrite=T)
writeRaster(b,"E:\\0818\\code\\save1.envi",format="ENVI",overwrite=T)
writeRaster(c,"E:\\0818\\code\\save2.grd",format="raster",overwrite=T)
```

结果如下：

```
> a
class      : RasterLayer
band       : 1  (of  6  bands)
dimensions : 530, 635, 336550  (nrow, ncol, ncell)
resolution : 8000, 8000  (x, y)
extent     : -2697563, 2382437, 1727691, 5967691  (xmin, xmax, ymin, ymax)
crs        : +proj=aea +lat_0=0 +lon_0=105 +lat_1=25 +lat_2=47 +x_0=0 +y_0=0 +a=6378160
 +rf=298.246943022141 +units=m +no_defs
source     : stack.img
names      : layer
values     : 0, 2088.738  (min, max)

> b
class      : RasterBrick
dimensions : 530, 635, 336550, 6  (nrow, ncol, ncell, nlayers)
resolution : 8000, 8000  (x, y)
extent     : -2697563, 2382437, 1727691, 5967691  (xmin, xmax, ymin, ymax)
crs        : +proj=aea +lat_0=0 +lon_0=105 +lat_1=25 +lat_2=47 +x_0=0 +y_0=0 +a=6378160
 +rf=298.246943022141 +units=m +no_defs
source     : stack.img
names      :  Layer_1,  Layer_2,  Layer_3,  Layer_4,  Layer_5,  Layer_6
min values :        0,        0,        0,        0,        0,        0
max values : 2088.738, 2163.355, 2160.271, 2086.534, 2169.206, 2325.763

> c
class      : RasterStack
dimensions : 530, 635, 336550, 6  (nrow, ncol, ncell, nlayers)
resolution : 8000, 8000  (x, y)
extent     : -2697563, 2382437, 1727691, 5967691  (xmin, xmax, ymin, ymax)
crs        : +proj=aea +lat_0=0 +lon_0=105 +lat_1=25 +lat_2=47 +x_0=0 +y_0=0 +a=6378160
 +rf=298.246943022141 +units=m +no_defs
names      :  Layer_1,  Layer_2,  Layer_3,  Layer_4,  Layer_5,  Layer_6
min values :        0,        0,        0,        0,        0,        0
max values : 2088.738, 2163.355, 2160.271, 2086.534, 2169.206, 2325.763
```

可以看出，a、b 和 c 分别被写出为 tif、envi 和 grd 格式。需要强调：①利用 R 语言进行栅格数据处理和分析最好使用具有投影系统的栅格数据，不要使用只有地理坐标的栅格数据。因为在数据处理过程中由于一些功能的使用对数据的像元大小、四至范围（extent）等都会产生影响，未使用投影系统的栅格数据在处理过程中会发生变化，特别是像元大小。一旦发生变化，R 系统就会报错。②能够被叠放在一起的栅格图层一定是像元大小、四至范围和投影系统都一致的栅格图层。③传统栅格数据的读入路径可以有中文字符，但是数据写出路径一定不能有中文字符。④写出代码中要按照 writeRaster(写出对象，保存路径，写出格式（format），是否覆盖)的格式来安排：在写出路径中要给出数据的保存名称和后缀。名称后缀和写出格式在形式上是有区别的（表 3-7），overwrite=T 时，表示可以对前面保存的同名数据进行覆盖，建议添加。

表 3-7 传统栅格数据写出后缀名与写出格式以及支持能力的区别

写出格式	完整名称	对应后缀名	是否支持多层叠加
raster	'Native' raster package format	.grd	Yes
ascii	ESRI Ascii	.asc	No
SAGA	SAGA GIS	.sdat	No
IDRISI	IDRISI	.rst	No
CDF	netCDF (requires ncdf4)	.nc	Yes
GTiff	GeoTiff	.tif	Yes
ENVI	ENVI .hdr Labelled	.envi	Yes
EHdr	ESRI .hdr Labelled	.bil	Yes
HFA	Erdas Imagine Images (.img)	.img	Yes

3.13.4 NetCDF（nc）的输入与输出

NetCDF（network common data form）网络通用数据格式是由美国大学大气研究协会（University Corporation for Atmospheric Research，UCAR）的 Unidata 项目科学家针对科学数据的特点开发的，是一种面向数组型并适于网络共享的数据的描述和编码标准。目前，NetCDF 广泛应用于大气科学、水文、海洋学、环境模拟、地球物理等诸多领域。ArcGIS 软件是可以读取 NetCDF 格式数据的，但是它每次只能读取一个时间点的数据，不能将所有时间序列的数据全部读取。而 R 是可以批量读取的。在 R 语言中，用 raster 和 ncdf4 两个包都可以读取 nc 数据，用 raster 包中的 brick 和 nc_open 两个工具都可以打开。但是需要注意的是，brick 打开的 nc 数据最好是栅格的空间数据，并且要给定参数 varname，这样可以直接提取数据并进行数据分析和处理。而 nc_open 可以打开任何数据类型的 nc，包括数据表格和空间栅格等。但是，nc_open 读取后的 nc 数据提取比较复杂，需要根据 nc 数据的具体情况进行数据提取。以美国国家航空航天局（NASA）网站上下载的全球土壤水分数据为例，时间为 1948 年 1 月至 2017 年 10 月，空间分辨率为 0.5 个经纬度（1/2 degree resolution grid），数据为月均值，格式为 nc。读取的代码如下：

```
library(raster)
library(ncdf4)
SWI<- raster::brick("F:\\书\\code\\3.13\\soilw.mon.mean.v2.nc",varname=
"soilw") #用 raster 包读取土壤水含量
SWI1 <- ncdf4::nc_open("F:\\书\\code\\3.13\\soilw.mon.mean.v2.nc") #用
ncdf4 包读取土壤水含量
spplot(SWI[[1]],col.regions = terrain.colors(20) )#绘制 1948 年 1 月的全球土
```

壤水分含量图,见图 3-5

```
print(SWI1)#查看 nc 数据的基本信息
summary(SWI1)#查看数据的基本结构和数据类型
```

如果用 nc_open 工具打开 nc 数据，则需要复杂的数据提取过程。全球土壤水分数据是空间栅格数据，因此，首先需要用 ncvar_get 工具提取数据的经度、纬度和土壤水分三个数据。再将提取到的三个数据放入矩阵（matrix）中，并通过重新栅格化进而才能可视化，代码如下：

```
proj_info <- "+proj=longlat +datum=WGS84 +ellps=WGS84 +towgs84=0,0,0"
x <- ncvar_get(SWI1, SWI1$dim$lon, verbose=TRUE)#提取经度数据
y <- ncvar_get(SWI1, SWI1$dim$lat, verbose=TRUE)#提取纬度数据
z <- ncvar_get(SWI1, SWI1$var$soilw,c(1,1,760), verbose=TRUE)#提取土壤水分数据,verbose=TRUE 可以获取数据的附带信息和基本属性等,提取的是第 760 层的土壤水分数据,应该是 2010 年 4 月份的全球土壤水分数据
data = data.frame(a = x,b=y,c=z[,,3])
data <- matrix(z[,,3],nrow = 360,byrow = T)#为什么是 360,因为这一数据的维度是[720,360,838],这里列数要与原数据一致,否则会出错
rownames(data) <- y
data <- data[order(-as.numeric(rownames(data))),]
colnames(data) <- x
r <- raster(data)#栅格化数据
extent(r) <- c(-180, 180,-90, 90)#设定全球的经纬度范围
crs(r) <- proj_info#设定椭球体
spplot(r,col.regions = terrain.colors(20) )#出图,见图 3-6
writeRaster(r,"D:\\shiyan\\aerosol_result\\pdsi1.tif",
        format="GTiff",overwrite=T)#保存为 tif 栅格文件,注意：只能用英文路径,中文字符受限
```

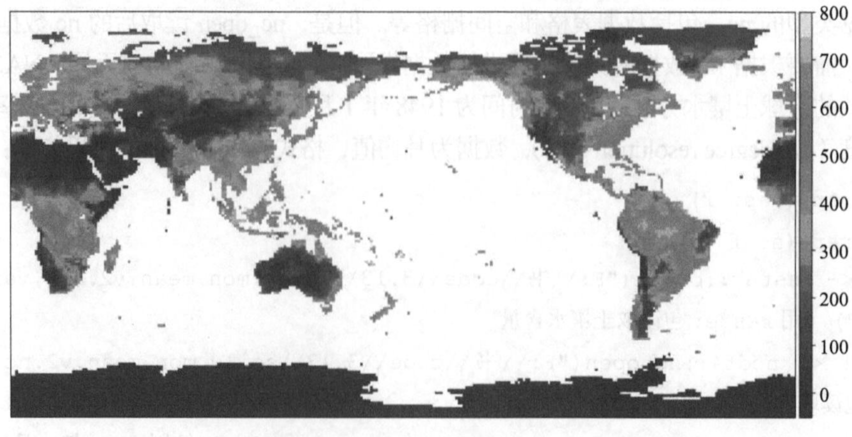

图 3-5　全球土壤水分含量图（1948 年 1 月）（单位：mm）

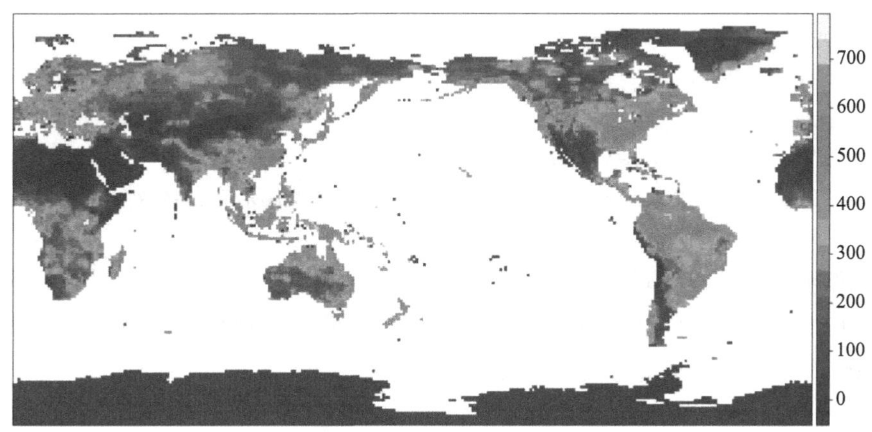

图 3-6 全球土壤水分含量图（2010 年 4 月）（单位：mm）

传统的数据格式其实可以分成两种：一种是传统的数据表格，代表性格式就是 excel 支持的一系列数据格式；另一种是地理空间数据，其比一般的数据表格多了经纬度、投影系统和时间变量。这两类数据一般很难统一，第一种是一维的，通过多数据表格可以实现二维过程（时间序列）。但是地理数据本身就是二维的，加上时间序列（多层索引），其实是个三维数据，其展现的不仅是空间分布，还有动态过程。因此，传统的卫星数据都是通过图层叠加来实现三维数据的存储和绘图。逻辑上较为直观，但会消耗太多的硬盘空间。这在地理三维数据的保存中特别明显。nc 数据格式下的三维地理数据，以读取的"soilw.mon.mean.v2.nc"数据为例，其大小仅有 200MB 的大小，而如果将这一数据全部读取并存储为 tif 格式，其大小将超过 2GB 的级别。

其实所有的数据格式类型，其本质上是数据的不同编码与组织形式而已。nc 数据将数据编码与组织形式进行分开存储，从而实现多维数据空间大幅压缩的效果。因此，在制作和读取 nc 数据时较为烦琐；首先，需要利用 ncdim_def 工具设定数据的维度（长度等）和数据类型；其次，需要利用 ncvar_def 工具在确定维度和类型下设定变量名称；最后，需要利用 nc_create 工具制作 nc 格式数据。形成 nc 数据后的数据变更和写入需要借助 ncvar_put 工具来执行。具体的过程请参考 ncvar_def 的帮助文件来查看，查阅形式："?ncvar_def"。

3.13.5 HDF 的输入与输出

HDF 是 MODIS 数据影像的主要保存形式。虽然 ArcGIS 等工具可以打开 HDF 格式，但是只能单景影像处理，效率很低。借助 R 语言的批处理功能可以实现对多景 HDF 栅格数据进行批量的读取、拼接、转投影、转格式等一系列数据处理过程。下载 4 幅 MODIS 中的 MOD13A2 数据作为案例数据来演示其读取、拼接、转投影和写出等功能，代码如下：

```
library(stringr)
library(rhdf5)
```

```
library(rgdal)
library(gdalUtils)
library(raster)
setwd("F:\\1025\\DATA\\3.13\\hdf\\")#设定目标文件夹
hdf = list.files(pattern = ".hdf")#将.hdf 格式的所有文件名列出来
hdf
#利用循环将需要一起格式转换和合并的 hdf 文件进行批处理
for (i in 1:length(hdf)) {#hdf 是文件名称向量,通过循环将所有 hdf 文件读进来
  hdf_filesname=hdf[i]
  hdf_tif_name=paste0(unlist(str_split(hdf_filesname,".hdf"))[1],
".tif")#准备一个转 tif 格式的名称
  hdf_time = str_extract(hdf_filesname,"()[0-9]{7}")#提取文件名里面的日期,
正则表达式
  sds = get_subdatasets(hdf_filesname)#提取前面读取的 hdf 文件
  gdal_translate(sds[1], dst_dataset = hdf_tif_name)#代码会在原来文件夹生成
一个转换后的 tif,sds[1]是提取 hdf 文件的第一层,这里是归一化植被指数(NDVI)
  hdf_raster=raster(hdf_tif_name)

 writeRaster(hdf_raster,paste0("F:\\shiyan\\",hdf_time,hdf_tif_name),
format="GTiff",overwrite=T)#将转换格式后的 tif 文件保存到一个新文件夹中
}
setwd("F:\\shiyan\\")#目标文件夹为前述保存的 tiff 文件夹
tif=list.files(pattern = "MOD.*..tif$")
tif
for (i in 1:length(tif)) {
  assign(paste0("ndvi_",i),raster(tif[i]))
}
gc()#清理 R 语言运行产生的缓存
memory.limit(2000000)#扩大内存数据处理空间
hdf_raster <- merge(ndvi_1, ndvi_2, ndvi_3, ndvi_4)#合并图层
newproj <- "+proj=longlat +ellps=WGS84 +datum=WGS84 +no_defs "#给定一个椭
球体,将合并后的 tif 图像附上地理坐标
hdf_raster <- projectRaster(hdf_raster, crs=newproj)#先转地理坐标,然后转投
影坐标,否则会失败
hdf_raster <- projectRaster(hdf_raster, crs="+proj=aea +lat_0=0
+lon_0=105 +lat_1=25 +lat_2=47 +x_0=0 +y_0=0 +a=6378160 +rf=298.246943022141
+units=m +no_defs",res=8000)#转投影坐标
hdf_raster[is.null(hdf_raster)] <- NA#补充空值
```

```
hdf_raster[is.nan(hdf_raster)] <- NA#补充空值
writeRaster(hdf_raster/10000,paste0("F:\\shiyan\\",hdf_time,".tif"),fo
rmat="GTiff",overwrite=T)
library(viridis)#出图的色彩系统
spplot(hdf_raster/10000,col.regions = viridis(20) )#见图 3-7
```

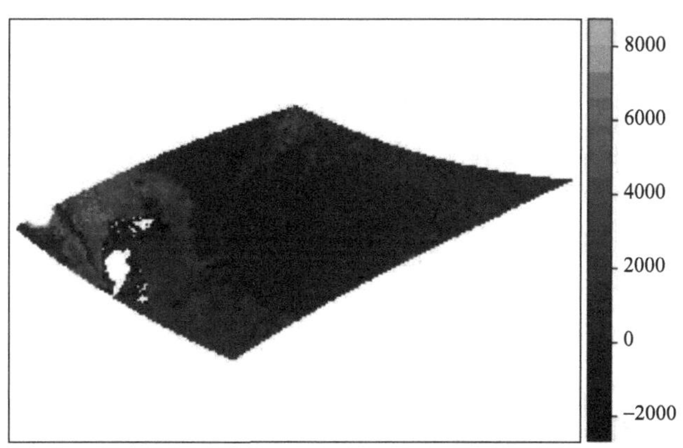

图 3-7 合并后的 tif 格式图（NDVI）

以上的代码可以将 MODIS 的 hdf 数据读取、格式转换、合并、转投影和输出等一系列处理。如果是手动单景下载的 MODIS hdf 数据，可以采用这一代码进行处理。但需要注意以下几点。

（1）这一系列功能的实现需要借助 stringr、rhdf5、gdalUtils、raster、rgdal 等包组合，其中 rhdf5 的安装方式与传统的 install.packages()不一致。需要借助如下代码：

```
if (!requireNamespace("BiocManager", quietly = TRUE)) install.packages
("BiocManager")
BiocManager::install("rhdf5")
```

而 gdalUtils 包则需要借助 devtools 包进行安装，代码如下：

```
devtools::install_github ("gearslaboratory/gdalUtils")
```

（2）需要处理的 hdf 数据需要按照一定的时间尺度进行数据存储，如每个月或者半个月的数据放在一个文件夹里。

（3）代码的基本逻辑：转格式→重命名→合并→附椭球体→转投影→替换空值→输出合并文件的步骤。

（4）提取数据文件名的时候需要到正则表达式，这些详细学习正则表达式的使用与规则。

3.14 条件判断

在 R 语言中条件判断是选取子集，有条件赋值等操作常用的工具，在 R 中常用 if()

工具来实现，if函数的几种表达形式如下。

3.14.1 单一条件，单向响应

单一条件，单向响应的if语句主要调用形式为

```
if (condition){


}
```

其中，condition为执行的前提条件，例如：

```
> a <- runif(1)
> b <- runif(1)
> if(a>b){
+   print(paste0("a",">","b"))
+ }
[1] "a>b"
```

3.14.2 单一条件，多向响应

单一条件，多向响应的if语句主要调用形式为

```
if (condition){


}else{


}
```

其中，condition为执行的前提条件，例如：

```
> a <- runif(1)
> b <- runif(1)
> if(a>b){
+   print(paste0("a",">","b"))
+ }else{
+   print(paste0("a","<","b"))
+ }
[1] "a<b"
```

3.14.3 双向条件，单向响应

双向条件，单向响应的if语句主要调用形式为

```
if (condition1){


}else if (condition 2){


}
```

其中，condition1 和 condition2 为单次执行的前提条件，例如：

```
> a <- runif(1)
> b <- runif(1)
> if(a>b){
+   print(paste0("a",">","b"))
+ }else if (a<b){
+   print(paste0("a","<","b"))
+ }
[1] "a>b"
```

需要注意的是，condition 是一个逻辑表达式，如果结果为 TRUE，就会执行 if 代码块中的内容，否则就会执行 else 代码块中的内容，也可以使用多个 else if 语句来测试多个条件。

3.15 自编函数

R 语言中可以使用 function 功能来定义自己的函数，也叫自编函数。函数的定义通常包括函数名、输入参数和输出结果等内容。

```
C <- c(0.49,0.65,0.85,0.83,0.8,0.6,0.88,0.99,1.02,0.76)
#先建立函数
 my_function <- function(x){
   nl <- mean(x,na.rm=T)
   minnl <- min(x,na.rm=T)
   maxnl <- max(x,na.rm=T)
   adnl <- sd(x,na.rm=T)
   return(as.data.frame(c(nl,minnl,maxnl,adnl)))
 }
 result <- my_function(C)
 rownames(result) <- c('mean','min','max','sd')
 colnames(result) <- c('value')
 print(result)
```

```
> print(result)
         value
mean 0.7870000
min  0.4900000
max  1.0200000
sd   0.1676007
```

在上面的例子中，定义了一个名为 my_function 的函数，它有一个输入参数 x，并且

返回 x 的简单统计结果。在调用函数时，将待处理的向量 C 导入自编功能 my_function，并将函数的返回值存储在 result 变量中，对 result 的行列名进行命名。最后，使用 print 函数输出 result 的值。

3.16　简单绘图

在 R 语言中可以使用其自带的 plot()、hist()和 boxplot()等工具进行简单绘图，这些绘图工具的绘图效果要比更为高级的专业绘图功能包逊色不少，如 ggplot2 等，尤其在色彩配置、构图灵活性等方面。如果想详细了解 R 语言简单绘图工具的一些概况，请使用 demo(graphics)查看。这里仅举一些简单的例子来展示一下其绘图功能，代码如下：

```
a <- 1:30
b <- sample(1:100,30)
c <- sample(50:150,30)
dat <- data.frame(a,b,c)#构建数据框
pdf("G:\\shiyan\\plot2.pdf") #展开 pdf 画板，用于绘制 pdf 文件
par(mfrow=c(2,2)) #绘制一个 2×2 的图式结构
hist(dat$b,xlab="区间",ylab="频率",main="") #频率分布图
boxplot(dat$c,xlab="样品",ylab="值") #箱线图
plot(dat$a,dat$b,col="darkblue",type='b',
    xlab="样品",ylab="值") #点线图
plot(dat$a,dat$b,col="red",type='l',
    lwd = 2,ylim=c(0,151),xlab="样品",ylab="值")
lines(dat$a,dat$c,col="black",type='l',lwd = 2) #多线图
dev.off() #关掉画板
```

绘图结果如图 3-8 所示。

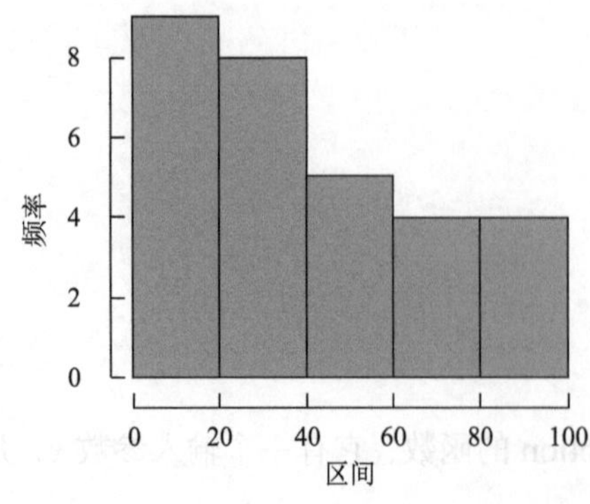

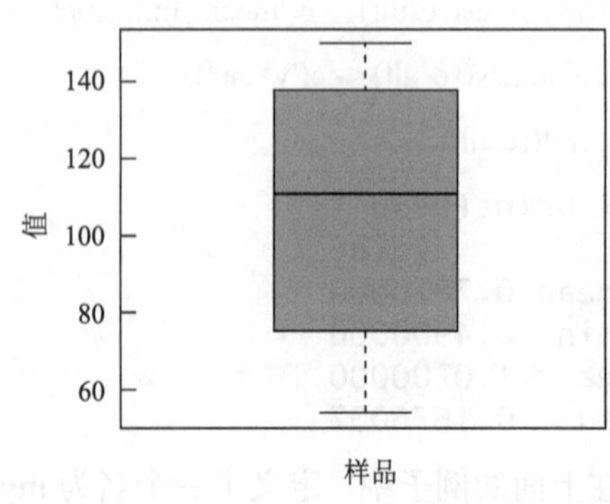

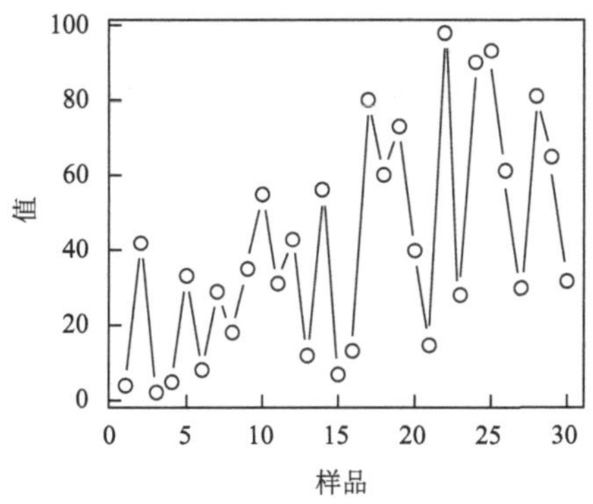

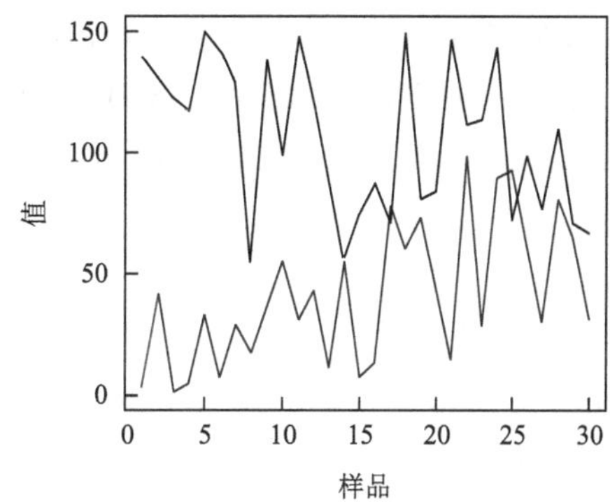

图 3-8　R 语言的基本绘图

3.17　颜 色 配 置

3.17.1　颜色库调用与显示

R 语言的绘图中需要使用大量的色彩，而 R 语言具有非常丰富的色彩调用方式和配置的方案可供选择。在 R 语言中总计有 5 种色彩调用方式，分别是 col=colors()[1]、col="white"、col="#FFFFFF"、col=rgb(1,1,1)和 col=hsv(0,0,1)都是表示白色的等价方式。其中，"#FFFFFF"、rgb()和 hsv()分别表示用十六进制颜色值、红-绿-蓝和色相-饱和度-亮度值来显示颜色。在 R 语言中可以用 colors()函数来查看 R 语言自带的 657 种颜色，如显示前 6 种颜色：

```
> head(colors())
[1] "white"          "aliceblue"      "antiquewhite"   "antiquewhite1"
[5] "antiquewhite2"  "antiquewhite3"
```

如果想显示 colors()颜色库中的颜色，以颜色库中第 2～3 个的“aliceblue”和“antiquewhite”显示为例：

```
library(scales)

show_col(colors()[2:3])
```

绘图结果如图 3-9 所示。

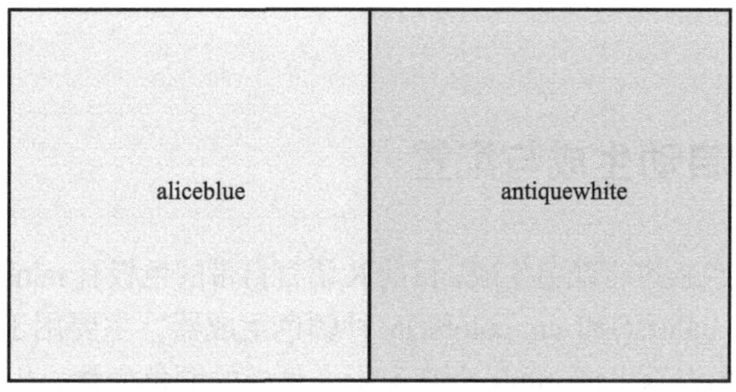

图 3-9　show_col 函数的显色功能

5 种色彩调用方式之间是可以互相转换的，如红色的调用可以直接用 col= “red” 方式进行，如果要使用十六进制、RGB 和 HSV 三种方式来显示红色，则必须借助于如下工具来实现不同调用方式之间的代码转换：

```
library(grDevices)
col2rgb("red")
> col2rgb("red")
      [,1]
red    255
green    0
blue     0
```

可以看出，红色的 RGB 显示方式为 rgb(255,0,0,maxColorValue = 255)。

```
library(scales)
col2hcl("red")
> col2hcl("red")
[1] "#FF0000"
```

可以看出，红色的十六进制显示方式为 col= “#FF0000”。

如果想显示十六进制编码颜色，则可以使用如下代码（以“#FF0000”为例）：

```
library(plotrix)
plotrix::color.id("#FF0000")
> plotrix::color.id("#FF0000")
[1] "red"  "red1"
```

这一功能会返回十六进制颜色编码最相近的颜色名称，便于初学者快速识别颜色。

如果想将 R 语言颜色库中所有的颜色及其名称导出以便快速配色，可以使用以下代码：

```
pdf('h:\\R语言颜色表.pdf',9,16)
cl=colors()
par(mar=c(0,0,0,0),bty="n")
plot(c(0,98),c(0,73),type = "n",xlab = "", ylab = "")
title(line = -2,main = 'R语言颜色表')
for(i in 0:8){
  rect(i*11,73:1,i*11+10,72:0,col=cl[1:73+i*73])
  text(i*11+5,73:1-0.5,labels = cl[1:73+i*73],cex = 0.6)
}
dev.off()
```

3.17.2 颜色的自动生成与配置

R 语言也会提供色板进行颜色生成，目前 R 语言自带的色板有 rainbow()、heat.colors()、terrain.colors()、topo.colors()和 cm.colors()5 种颜色生成器，主要用于生成离散型颜色变量，如 rainbow(1000)表示生成 1000 个基于彩虹色板的颜色变量。以上 5 种色板属于 R

语言自带的色板，在R语言中还可以利用colorRampPalette()工具生成任意一个色板或者过渡色色带。例如，colorRampPalette(c("blue","yellow","red"))(1000)表示利用蓝、黄和红三种颜色拉伸形成 1000 个离散颜色变量。可以利用饼图对以上两种色板生成色进行显示，代码如下：

```
col1 <- rainbow(1000)
col2 <- colorRampPalette(c("blue","yellow","red"))(1000)
pdf("d:\\plot3.pdf")
par(mfrow=c(1,2),mai=c(0,0,0.2,0),oma=c(0,0,3,0),no.readonly=TRUE)
pie(rep(1,1000),col = col1,border = NA,labels = "",radius = 1,main =
"rainbow")#图 3-10（左）
pie(rep(1,1000),col = col2,border = NA,labels = "",radius = 1,main =
"colorRampPalette")#图 3-10（右）
dev.off()
```

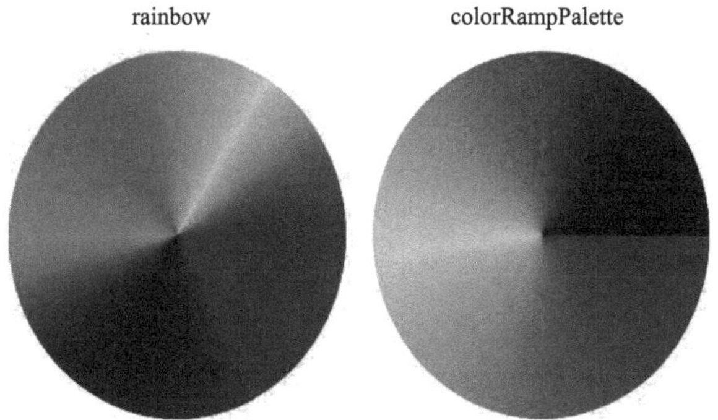

图 3-10 两种工具生成的过渡色

生成的色彩变量可以借助工具不但可以为离散型变量进行赋色，也可以用于连续变量的颜色赋值，以 ggplot2 包的赋色为例：

```
library(ggplot2)
library(tidyr)
library(Cairo)
library(showtext)
library(sysfonts)
showtext_auto(enable=T)
font_add("hwzs","C:\\Windows\\Fonts\\STZHONGS.ttf")
font_add("RMN","C:\\Windows\\Fonts\\times.ttf")
theme_zg <- function(...,bg='white'){
  require(grid)
  theme_classic(...) +
    theme(rect=element_rect(fill=bg),
```

```
        plot.margin=unit(rep(0.5,4), 'lines'),
        panel.background=element_rect(fill='transparent',color='black'),
        panel.border=element_rect(fill='transparent',color=
'transparent'),
        panel.grid=element_blank(),
        axis.title = element_text(color='black', vjust=0.1),
        axis.ticks.length = unit(0.4,"lines"),
        axis.ticks = element_line(color='black'),
        legend.key=element_rect(fill='transparent', color= 'transparent'),
        plot.title=element_text(family="RMN",size=15,face="bold",colour=
"black",hjust = 0.5,vjust=0.5),
        axis.title.x=element_text(family="RMN",size=15,colour="black"),
        axis.title.y=element_text(family="RMN",size=15,angle=90,colour=
"black"),
        axis.text.x=element_text(family="RMN",size=15,colour="black"),
        axis.text.y=element_text(family="RMN",size=15,colour="black"))

}
#scale_color_gradientn
data <- diamonds[1:1000,]
ggplot(data,aes(x,y))+
  geom_point(aes(colour=y),size=2)+
  scale_color_gradientn( "颜色",colours =rainbow(7))+
  theme_zg()#个性化的配色方案
```

绘图结果如图 3-11 所示。

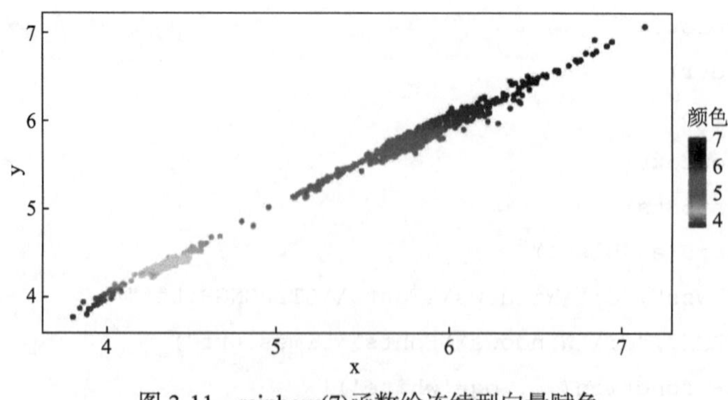

图 3-11　rainbow(7)函数给连续型向量赋色

对于连续型向量通常可以使用 scale_color_gradient()或 scale_color_gradient2()工具进行赋色，如：

```
library(ggplot2)
data <- diamonds[1:1000,]
p1 <- ggplot(data,aes(x,y))+
  geom_point(aes(colour=y),size=2)+
  scale_color_gradient( "颜色",low = "green",high = "red")+
  theme_zg()#个性化的配色方案
p1
p2 <- ggplot(data,aes(x,y))+
  geom_point(aes(colour=y),size=2)+
  scale_color_gradient2(" 颜 色 ",midpoint=mean(data$y),low="blue",mid=
"green",high = "red")+
  theme_zg()#个性化的配色方案
p2
```

绘图结果如图 3-12 所示。

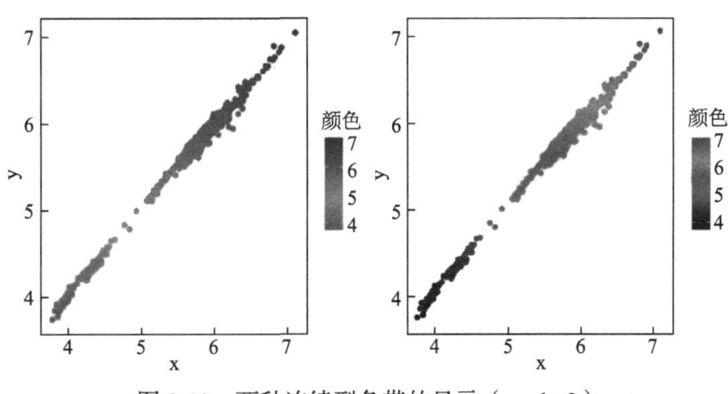

图 3-12　两种连续型色带的显示（ggplot2）

当然，以上的颜色调色板生成的颜色也可以给分类变量（离散）进行配色，例如：

```
library(ggplot2)
library(tidyr)
data(mtcars)
long_data <- gather(mtcars, key = "Variable", value = "value",
c(mpg,disp,qsec))
long_data$code <- rep(1:32,3)
ggplot(long_data,aes(code,value))+
  geom_line(aes(colour=Variable),size=2)+
  scale_color_manual(values =rainbow(3))+
  theme_zg() #个性化的配色方案
```

绘图结果如图 3-13 所示。

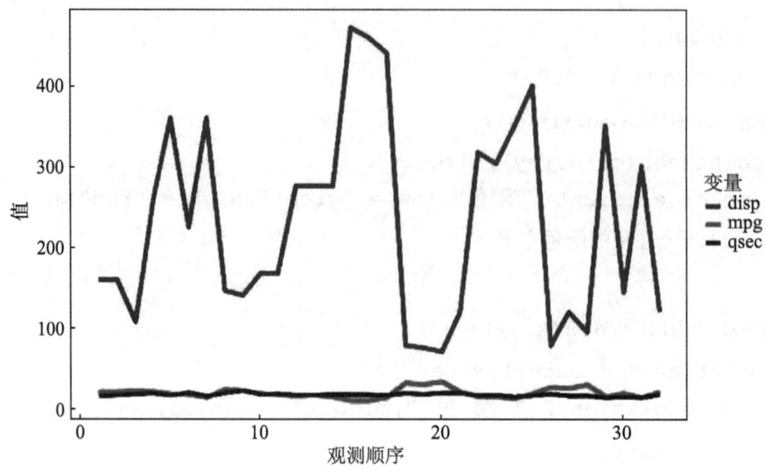

图 3-13 rainbow(3)函数给离散向量赋色

除此以外，R 语言还可以使用 RColorBrewer 包对离散向量进行赋色，以提高配色的美感，如：

```
library(ggplot2)
library(RColorBrewer)
data(mtcars)
mtcars$cyl <- as.factor(mtcars$cyl)
ggplot(mtcars,aes(cyl))+
  geom_bar(aes(fill = cyl))+
  scale_fill_brewer(palette = "Set1")+
  theme_zg()#个性化的配色方案
```

绘图结果如图 3-14 所示。

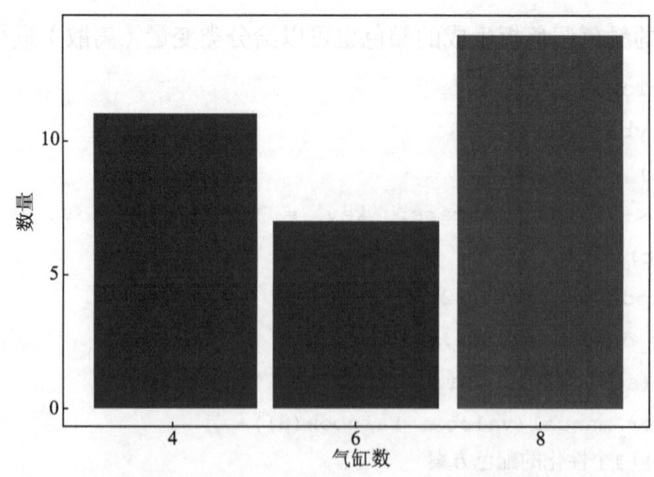

图 3-14 利用 RColorBrewer 包中“Set1”色带给离散型向量赋色

若想查看 RColorBrewer 包中的不同色带，可以使用 RColorBrewer::display.brewer.all()

函数进行查看。同时，也可以利用 RColorBrewer 包中的色带，结合 ggplot2 中的 scale_color_distiller()函数给连续型向量进行赋色，例如：

```
library(ggplot2)
data <- diamonds[1:1000,]
ggplot(data,aes(x,y))+
  geom_point(aes(colour=y),size=2)+
     scale_color_distiller(palette = "Set1")+
  theme_zg()
```

绘图结果如图 3-15 所示。

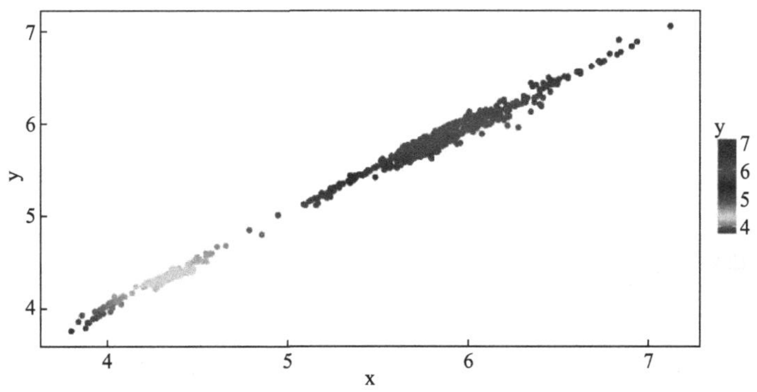

图 3-15　scale_color_distiller()函数将离散型色带赋值给连续型向量

3.18　特 殊 规 则

R 语言的特殊规则其实是常用工具在非常规使用后产生的独特效果和运算结果，其主要反映的是 R 语言的内在语言规则。

3.18.1　缺失值的运算规则

在 R 语言中，NA、NAN 是不参与运算的，包括数据运算、逻辑运算和比较运算，任何这样的运算在 NA、NAN 参与后将分别返回为 NA 和 NAN。

```
> data <- data.frame(a=c(1:5,NA,7,10),b=c(12:15,NaN,16,54,20))
> data
   a   b
1  1  12
2  2  13
3  3  14
4  4  15
5  5 NaN
6 NA  16
7  7  54
8 10  20
```

```
> data$a+data$b
[1]  13  15  17  19 NaN  NA  61  30
```

3.18.2　自动补充功能

当构建矩阵、数组时，出现给出的向量长度不足以填补设定的矩阵和数组维度内所有要素时，R 语言会自动进行补充。补充的规则是用给出的向量按照先后顺序进行循环递补。

```
> data <- matrix(c(1:18),nrow=4,ncol=5)
Warning message:
In matrix(c(1:18), nrow = 4, ncol = 5) :
  data length [18] is not a sub-multiple or multiple of the number of rows [4]
> data
     [,1] [,2] [,3] [,4] [,5]
[1,]    1    5    9   13   17
[2,]    2    6   10   14   18
[3,]    3    7   11   15    1
[4,]    4    8   12   16    2
```

3.18.3　二维数据的遍历访问

数据框的基本操作是基于不同的变量（列）进行，当很多列都需要进行同样的操作时，会占用大量的时间。这时，通常会选择遍历访问的思路解决以上的问题。假如想将一个数据集中所有小于 100 的数字全部替换为“NA”。

假设数据集生成函数如下：

```
data <- data.frame(a=c(sample(50:200,6),7,10),b=c(sample(50:200,5),16,
54,20),
                    c=sample(50:200,8))
data
> data
    a   b   c
1 120  75 123
2 116 133 108
3  80 162 169
4 135  93  63
5 153  53 109
6 109  16  97
7   7  54 129
8  10  20  72
```

1. 传统的按列进行操作

```
data$a[data$a<100] <- NA
data$b[data$b<100] <- NA
data$c[data$c<100] <- NA
data
```

```
> data
    a   b   c
1 120  NA 123
2 116 133 108
3  NA 162 169
4 135  NA  NA
5 153  NA 109
6 109  NA  NA
7  NA  NA 129
8  NA  NA  NA
```

2. 循环

```
data <- data.frame(a=c(sample(50:200,6),7,10),b=c(sample(50:200,5),16,
54,20),
                c=sample(50:200,8))
data
> data
    a   b   c
1 200 110 164
2 188 145 161
3  88  80 167
4 124  73 188
5  81 138 163
6 109  16 138
7   7  54 177
8  10  20 160
for (i in 1:dim(data)[2]) {
 data[,i][data[,i]<100] <- NA
}#按列来循环替换
> data
    a   b   c
1 200 110 164
2 188 145 161
3  NA  NA 167
4 124  NA 188
5  NA 138 163
6 109  NA 138
7  NA  NA 177
8  NA  NA 160
```

3. 特殊遍历访问

如果不用循环是否也可以达到这样的便利效果呢？在R语言中是可以的。数据生成如下，可以采用同样的“NA”赋值规则。

```
data <- data.frame(a=c(sample(50:200,6),7,10),b=c(sample(50:200,5),16,
54,20),
                c=sample(50:200,8))
data
```

```
> data
    a   b   c
1  81 113 186
2 151 191 170
3  53 157 117
4 195 102 161
5 144 125 101
6 127  16  70
7   7  54 197
8  10  20 177
```

采用“数据名[逻辑运算/比较运算] <-赋值”的模式，可以达到遍历访问的效果，代码如下：

```
data[data<100]<- NA

data
> data[is.na(data)] <- NA
> data
    a   b   c
1 169  NA 184
2  NA 179 196
3 188 113  NA
4 197 114 131
5  NA  NA 147
6 105  NA 194
7  NA  NA  NA
8  NA  NA 109
```

同理，将“NA”赋值为 0，也可以这么做：

```
data[is.na(data)] <- 0

data
> data[is.na(data)] <- 0
> data
    a   b   c
1 169   0 184
2   0 179 196
3 188 113   0
4 197 114 131
5   0   0 147
6 105   0 194
7   0   0   0
8   0   0 109
```

3.18.4 “#”

在 R 语言中“#”是解释性语言标识符，代码前或者文字前放置“#”可以将这一行代码或者文字变成解释性文字，即不参与代码运算。当在代码或文字前放置“#”后，这一行代码和文字会变成绿色，即表示为解释性语句。

```
###井号后面的字符是解释说明性文字，不参与运算
```

3.18.5 NA、NaN、NULL、Inf和-Inf

NA、NaN、NULL、Inf和-Inf在R语言中分别表示缺失值（not a available）、非数值（not a number）、空值、无穷大和无穷小。这5个特殊字符都不参与R语言的运算，如：

```
a <- c(1:4,NA,8)
b <- c(1:4,NaN,8)
c <- c(1:4,NULL,8)
d <- c(1:4,Inf,8)
e <- c(1:4,-Inf,8)
mean(a)
mean(b)
mean(d)
mean(c)
mean(e)
> mean(a)
[1] NA
> mean(b)
[1] NaN
> mean(d)
[1] Inf
> mean(c)
[1] 3.6
> mean(e)
[1] -Inf
```

可以看出，只要向量中包含NA、NaN、Inf和-Inf 4个特殊字符其结果只能是对应的4个字符。而NULL的存在虽然不影响mean(c)的均值计算，但可以看到NULL也没有参与到均值计算当中。显然，前4个特殊字符的存在影响了R语言的数据计算。如果想剔除4个特殊字符的影响，则需要引入特殊的参数。

对于包含NA和NaN两个特殊字符的向量，则可以采用添加“na.rm=T”的方式：

```
> mean(a,na.rm = T)
[1] 3.6
> mean(b,na.rm = T)
[1] 3.6
```

对于包含Inf和-Inf两个特殊字符的向量，则可以采用先利用判断函数将特殊字符转化为“NA”，再利用添加“na.rm=T”的方式进行数据运算：

```
> d[is.infinite(d)] <- NA
> e[is.infinite(e)] <- NA
> mean(d,na.rm = T)
[1] 3.6
> mean(e,na.rm = T)
[1] 3.6
```

思 考 题

（1）在处理具有多个运算符的复杂表达式时，如何确定R语言的计算顺序？哪些是最常用的R语言运算符，并且它们各自的优先级如何？

（2）请思考：缺失值的处理在什么情况下需要进行，并且其在数理分析上的意义是什么。

（3）在处理大型数据集时，使用for循环、while循环或嵌套循环可能会导致计算效率低下。请思考：如何优化你的循环结构以提高计算效率？你可以考虑使用R中的哪些函数或包来帮助你更有效地处理数据？

（4）请思考：当使用aggregate函数进行多列分类统计时，为什么结果的数据结构与输入的数据结构可能会有所不同？如何确保在使用aggregate函数后得到期望的数据结构？

（5）对于不同的条件建模，如何根据问题的需求选择合适的规则（“单一条件，单向响应”“单一条件，多向响应”“双向条件，单向响应”）？对比上述三种规则在分条件建模时的优缺点，以及它们在不同场景下的适用性。

（6）能否使用某种算法或技术来优化颜色分配，以使得在图形中相邻的颜色不会过于相似？

第 4 章　统计与分析

4.1　描 述 统 计

描述统计是指通过对数据进行总结、分析和概括，来描述数据的分布、集中趋势、离散程度和相关性等基本特征的统计方法。常用的描述统计方法包括测量变量的中心趋势、离散程度和分布形态，以及分类变量的频数、百分比和比率等。

以下是一些常用的描述统计方法。

描述统计最常用的功能为 summary()函数，该功能可以对向量数据的主要分布特征进行测度，主要返回最小值、最大值、分位点数、均值和中值，例如：

```
set.seed(100)
d <- runif(30)*10
summary(d)
> summary(d)
   Min. 1st Qu.  Median    Mean 3rd Qu.    Max. 
 0.5638  3.2021  5.0979  4.9533  6.8497  8.8217 
```

均值（mean）：是一组数据所有数值之和除以数据的数量，反映数据的集中水平。中位数（median）：是一组数据中间位置的数值，把数据按大小排列，位置处于中间的数值就是中位数，反映数据的中心位置。另外，标准差（standard deviation）反映的是一组数据离均值的距离的平均数，反映数据的离散程度。方差（variance）显示的是一组数据偏离其均值的程度，是标准差的平方。

以上统计数据可以由自编函数统一计算出结果，例如：

```
my_function <- function(x){
  nl <- mean(x,na.rm=T)
  minnl <- min(x,na.rm=T)
  maxnl <- max(x,na.rm=T)
  medianl <- median(x,na.rm=T)
  sdnl <- sd(x,na.rm=T)
  varl <- var(x,na.rm=T)
  return(as.data.frame(c(nl,minnl,maxnl,sdnl,varl)))
}
x <- sample(1:20,10, replace = TRUE)
```

```
result <- my_function(x)
```

还有一些统计结果需要利用特定的函数计算，举例如下。

频数（frequency）：是一组数据中某个数值出现的次数，反映分类变量的分布情况。在 R 语言中用 table()函数实现。

```
x <- c(1, 2, 3, 3, 4, 5, 5, 5)
table(x)
> table(x)
x
1 2 3 4 5
1 1 2 1 3
```

众数（mode）：是一组数据中出现频率最高的数值，反映数据的分布形态。在 R 语言中用 which.max()与 table()函数实现。

```
x <- c(7, 2, 9, 5, 5, 5, 3, 3, 3, 3, 4)
which.max(table(x))
> which.max(table(x))
3
2
```

结果显示，向量 x 中出现频率最多的是 3，其位置为 x 向量从小到大排序中的第 2 个。

百分比（percentage）：是一组数据中某个数值出现的频数与总数的比例，反映分类变量的分布情况。在 R 语言中可以用 prop.table()与 table()函数实现。

```
x <- c(1, 2, 2, 3, 3, 3, 5, 5, 5, 5)
prop.table(table(x)) * 100
> prop.table(table(x)) * 100
x
 1  2  3  5
10 20 30 40
```

结果显示，5 出现的频率最高，占到向量元素总数的 40%。

百分位数（percentile）：是将一个向量中的所有数值进行从小到大排序，序次与数据量的比值为指定百分数的数据值即为百分位数，如第 25 百分位数意味着一组数据中有 25%的数值比它小。可以使用 quantile()函数来计算百分位数，`quantile(x, probs, na.rm = FALSE)`。其中，x 代表需要计算百分位数的向量或数据框；probs 代表需要计算的百分位数的值，可以是一个数值向量或标量；na.rm 代表是否移除缺失值，缺省值为 FALSE。

```
x <- c(1, 2, 3, 4, 5, 6, 7, 8, 9, 10)
quantile(x, probs = c(0.25, 0.5, 0.75))
quantile(x, probs = 0.9)
> quantile(x, probs = c(0.25, 0.5, 0.75))
 25%  50%  75% 
3.25 5.50 7.75 
> quantile(x, probs = 0.9)
90%
9.1
```

描述统计是数据分析的重要组成部分，可以帮助人们更好地理解和解释数据的特征和规律，以及为后续的数据建模和预测提供参考依据。

4.2　相关分析

相关分析是阐明地理学现象与响应因素之间紧密程度的重要方法，在地理研究的实践中应用非常广泛。在统计学中，相关性是指两个变量之间的关系程度，可以用相关系数来度量。相关系数可以表征两个变量之间的关系紧密程度，取值范围为[−1, 1]。其中，取值为 1 表示两个变量完全正相关，取值为−1 表示两个变量完全负相关，取值为 0 表示两个变量之间没有线性相关性。

4.2.1　Pearson 相关系数

Pearson 相关系数的优点是它可以很好地反映出两个变量之间的线性关系，而且对数据分布的要求不高。但是，它有一个重要的限制，即只适用于线性关系的数据。如果两个变量之间存在非线性关系，使用 Pearson 相关系数就可能会导致误判。需要注意的是，即使两个变量之间存在线性关系，也不代表它们之间有因果关系，即相关系数只能反映出两个变量之间关系的紧密程度，而不能确定它们之间的因果关系。

Pearson 相关系数的计算过程中，会先对两个变量的原始数据进行标准化，然后计算它们的协方差（covariance）。协方差是一个用来衡量两个变量共同变化的统计量。如果两个变量的协方差为正，则表示它们之间是正相关的；如果协方差为负，则表示它们之间是负相关的；如果协方差为 0，则表示它们之间不存在线性关系。Pearson 相关系数（Pearson's correlation coefficient）是一种用于衡量两个变量之间线性关系的统计量。它的取值范围在−1～1，其中−1 表示完全的负相关，0 表示不相关，1 表示完全的正相关（Sedgwick, 2012），在 R 语言中用 cor.test()函数来实现，函数中设置 method = "pearson" 即可以计算两个变量之间的 Pearson 相关系数。例如：

```
x <- c(2,5,3,7,1)
y <- c(6,9,4,8,2)
result <- cor.test(x,y,method = "pearson")
result
```

```
> result

        Pearson's product-moment correlation

data:  x and y
t = 2.4747, df = 3, p-value = 0.08969
alternative hypothesis: true correlation is not equal to 0
95 percent confidence interval:
 -0.2272691  0.9876494
sample estimates:
      cor
0.8192709
```

结果显示，x 和 y 两个向量相关系数为 0.82，p=0.08（<0.1），表示其在 10%的水平上显著，意味着其在 90%的事件概率上会发生。

如果想提取这两个系数，则可以使用如下代码：

```
result$p.value
as.numeric(result$estimate)
```

```
> result$p.value
[1] 0.08968866
> as.numeric(result$estimate)
[1] 0.8192709
```

在实际应用中，相关系数常用于探究两个变量之间的关系，如变量间的线性关系、变量间的相关性等。相关系数可以用于解决很多实际问题，如在股票市场中，投资者可以使用相关系数来衡量不同股票之间的相关性，从而帮助他们做出投资决策。

另外，偏相关系数则是在控制一个或多个变量影响下，衡量另外两个变量之间的线性关系。偏相关系数消除了变量间的共同影响，更能准确地反映变量间的实际关系。在多元线性回归分析中，偏相关系数也是一个重要的指标。在 R 语言中，可以使用 cor() 或 cor.test()函数来计算相关系数，使用 ppcor 包中的 pcor()函数来计算偏相关系数。这两个函数都可以接受一个数据框作为参数，计算其中所有变量两两之间的相关系数或偏相关系数。以 R 语言自带的"mtcars"数据集为例，代码如下：

```
data(mtcars)
library(ppcor)
pcor.test(mtcars$mpg,mtcars$wt,mtcars$cyl)$estimate
pcor.test(mtcars$mpg,mtcars$wt,mtcars$cyl)$p.value
cor.test(mtcars$mpg,mtcars$wt)$estimate
cor.test(mtcars$mpg,mtcars$wt)$p.value
```

```
> pcor.test(mtcars$mpg,mtcars$wt,mtcars$cyl)$estimate
[1] -0.6164289
> pcor.test(mtcars$mpg,mtcars$wt,mtcars$cyl)$p.value
[1] 0.00022202
> cor.test(mtcars$mpg,mtcars$wt)$estimate
       cor
-0.8676594
> cor.test(mtcars$mpg,mtcars$wt)$p.value
[1] 1.293959e-10
```

pcor.test（mtcars$mpg，mtcars$wt，mtcars$cyl）表示排除汽车气缸变量（mtcars$cyl）的影响，计算汽车单位体积汽油能跑的里程数（mtcars$mpg）与汽车的重量（mtcars$wt）的关系。$estimate 表示提取结果中的相关系数，$p.value 表示提取显著性系数。结果可以看出，剔除汽车气缸 mtcars$cyl 的影响，汽车单位体积汽油能跑的里程数(mtcars$mpg）与汽车的重量（mtcars$wt）呈显著的负相关（–0.62，p=0.0002）。而如果笼统地计算汽车单位体积汽油能跑的里程数（mtcars$mpg）与汽车的重量（mtcars$wt）的相关系数为 –0.87（cor.test（mtcars$mpg,mtcars$wt）$estimate），可以看出汽车的气缸数量对汽车的车重与单位汽油行驶的里程数都有较大的影响。

4.2.2 Spearman 等级相关系数

Spearman 等级相关系数（Spearman's rank correlation coefficient）是一种非参数统计量，用于衡量两个变量之间的单调关系（即随着一个变量的增加，另一个变量是增加还是减少）。相比于 Pearson 相关系数，Spearman 等级相关系数更加适用于非线性关系的数据。

Spearman 等级相关系数的计算过程中，会将每个变量的原始数据先转换为相应的秩次（即按从小到大排序后的位置），然后计算秩次之间的 Pearson 相关系数。Spearman 等级相关系数的取值范围为–1 到 1，其中–1 表示完全的负相关，0 表示不相关，1 表示完全的正相关。Spearman 等级相关系数的优点是它不受异常值的影响，同时也不要求数据服从特定的分布。但是，Spearman 等级相关系数并不能反映出两个变量之间的具体函数关系，仅仅是反映出它们的单调关系。

在 R 语言中，可以使用 cor.test()函数来计算 Spearman 等级相关系数，例如：

```
cor.test(mtcars$mpg,mtcars$wt,method="spearman")$estimate

cor.test(mtcars$mpg,mtcars$wt,method="spearman")$p.value
> cor.test(mtcars$mpg,mtcars$wt,method = "spearman")$estimate
      rho
-0.886422
> cor.test(mtcars$mpg,mtcars$wt,method = "spearman")$p.value
[1] 1.487595e-11
```

在这个例子中，使用 cor.test()函数来计算变量 mtcars$mpg 和 mtcars$wt 的 Spearman 等级相关系数。

4.2.3 Kendall 秩相关系数

Kendall 相关性系数，又称肯德尔秩相关系数，它也是一种秩相关系数，不过它所计算的对象是分类变量。分类变量可以理解成有类别的变量，可以分为无序分类变量（如性别、血型）、有序分类变量（如肥胖等级）。通常需要求相关性系数的都是有序分类变量，如运用不同的评级方法对同一区域的耕地质量条件进行评价（优、良、中和差），需要确定评价方法之间的标准是否一致，可以用肯德尔秩相关进行。由于数据情况不同，肯德尔相关性系数的计算公式也不一样，一般有 3 种计算公式，在这里就不详细地列出计算公式，具体可以查阅相关的统计文献。

在 R 语言中，可以使用 cor.test()函数来计算 Kendall 秩相关系数，例如：

```
cor.test(mtcars$cyl,mtcars$gear,method="Kendall")
> cor.test(mtcars$cyl,mtcars$gear,method ="Kendall")

        Kendall's rank correlation tau

data:  mtcars$cyl and mtcars$gear
z = -3.1551, p-value = 0.001604
alternative hypothesis: true tau is not equal to 0
sample estimates:
       tau
-0.5125435
```

可以看出，Kendall 秩相关系数为–0.513，p 值为 0.0016，表明汽车的气缸数与挡位之间存在显著的负相关。

在实践中，Kendall 相关主要用于具有有序等级关系的相关分析。例如，植物群落的物种丰度前 25%为 A，25%～50%为 B，50%～75%为 C，而排名前 75%后的丰度为 D。假如现有 100 组观测试验样地的植物丰度和土壤质量等级（由高到低分别用 A/B/C/D 来表示）的数据如下：

```
set.seed(100)
p_abundance <- sample(LETTERS[1:4],100,replace = T)
s_quality<- sample(LETTERS[1:4],100,replace = T)
score <- data.frame(p_abundance,s_quality)
```

如想获取植物丰度与对应的土壤质量之间的相关关系，则需要将两个变量转为有序因子变量，进而利用 as.numeric()工具将两个变量再转为数值型向量，最后利用 cor.test()工具进行 Kendall 相关系数计算：

```
#转为有序因子变量
score$p_abundance <- factor(score$p_abundance,ordered = T)
score$s_quality <- factor(score$s_quality,ordered = T)
#转为数值型向量
score$p_abundance <- as.numeric(score$p_abundance)
score$s_quality <- as.numeric(score$s_quality)
#计算 Kendall 相关
cor.test(score$p_abundance,score$s_quality,method="kendall")
```

```
> cor.test(score$p_abundance,score$s_quality,method="kendall")

	Kendall's rank correlation tau

data:  score$p_abundance and score$s_quality
z = 1.9353, p-value = 0.05295
alternative hypothesis: true tau is not equal to 0
sample estimates:
      tau
0.1627002
```

结果可以看出，植被丰度和土壤质量之间存在显著的正相关（相关系数 0.16，p<0.1），即土壤质量越高，植被的丰度也会相应增高。

4.3　*t* 检验

t 检验（*t*-test），又称 Student’s *t* 检验，是一种用于比较两个样本均值是否有显著差异的假设检验方法。*t* 检验基于 *t* 分布，根据样本数据计算出 *t* 值，再根据 *t* 分布表确定其 *p* 值，从而判断样本均值与总体均值是否有显著差异。它可以用于处理连续型数据，如比较两组实验数据或者两组调查数据是否存在显著差异。

t 检验的原理基于以下假设。

零假设（H0）：样本均值与总体均值无显著差异；

备择假设（H1）：样本均值与总体均值有显著差异。

t 检验分为单样本 t 检验、独立样本 t 检验和配对样本 t 检验三种情况，但其基本原理都是一样的。单样本 t 检验用于检验一个样本的均值是否与某个已知的总体均值有显著差异；独立样本 t 检验用于比较两个独立样本的均值是否有显著差异；配对样本 t 检验用于比较两个相关样本的均值是否有显著差异。

t 检验的关键是计算 t 值，其计算公式为

$$t = (\text{样本均值}-\text{总体均值}) / (\text{标准误差})$$

式中，样本均值为样本数据的平均值，总体均值为总体数据的平均值，标准误差为样本标准差除以样本大小的平方根。计算出 t 值后，可以在 t 分布表中查找对应的 p 值，根据显著性水平（通常取 0.05）与 p 值的大小关系，判断样本均值与总体均值是否有显著差异。

需要注意的是，t 检验基于一定的假设，对于数据的正态分布和方差齐性有一定的要求，若数据不符合假设条件，则 t 检验的结果可能不可靠。在进行 t 检验前，需要对数据进行检查和预处理，确保其符合假设条件。

4.3.1　单样本 t 检验

单样本 t 检验是一种常见的假设检验方法，用于检验单一样本的平均数是否显著不同于某个已知的数值。例如，假设想要检验一组考试成绩的平均分是否显著高于及格线。在 R 语言中，可以使用 t.test()函数进行单样本 t 检验。该函数需要输入待检验的数据向量以及所假设的总体平均数。例如，某鱼塘水的含氧量多年平均值为 4.5mg/L，现在该鱼塘设 10 点采集水样，测定水中含氧量（单位：mg/L）分别为 4.33、4.62、3.89、4.14、4.78、4.64、4.52、4.55、4.48、4.26，可使用 t 检验研究该次抽样的水中含氧量与多年平均值是否有显著差异。

可以使用以下代码进行单样本 t 检验：

```
Sites<-c(4.33,4.62,3.89,4.14,4.78,4.64,4.52,4.55,4.48,4.26)
t.test(Sites,mu=4.5,alternative = "two.sided")
```

其中，mu 参数代表所假设的总体平均数；alternative 代表备择假设。允许值为 “two.sided”（默认）。执行以上代码，可以得到如下输出结果：

```
> t.test(Sites,mu=4.5,alternative = "two.sided")

        One Sample t-test

data:  Sites
t = -0.93574, df = 9, p-value = 0.3738
alternative hypothesis: true mean is not equal to 4.5
95 percent confidence interval:
 4.230016 4.611984
sample estimates:
mean of x
    4.421
```

输出结果中包含了 t 检验的相关信息，包括 t 值、自由度、p 值、置信区间和样本均

值。在本例中，p 值大于 0.05，意味着可以接受总体平均数为 4.5 的假设，认为所抽样水体的含氧量与多年平均值没有明显差异。

4.3.2 独立样本 *t* 检验

独立样本 t 检验用于比较两组独立样本的均值是否有显著差异。通常，会假设两组样本的方差相等，然后进行 t 检验。以下是进行独立样本 t 检验的一般步骤。

确定零假设和备择假设。通常，零假设设置为两组样本的均值相等，即 H0: $\mu 1 = \mu 2$，备择假设是两组样本的均值不相等，即 Ha：$\mu 1 \neq \mu 2$。

确定显著性水平。通常情况下，显著性水平（α）取 0.05。

检查数据。检查两组样本的数据是否符合正态分布和方差齐性的假设。

计算 t 值。使用以下公式计算 t 值：

$$t = (\bar{x}_1 - \bar{x}_2) / [s \wedge 2p / (n_1 + n_2) \times (1/n_1 + 1/n_2)] \wedge 0.5 \tag{4-1}$$

式中，$\bar{x}_1$ 和 $\bar{x}_2$ 分别为两组样本的均值；$s^{2}p$ 为两组样本的方差汇总值；n_1 和 n_2 分别为两组样本的样本容量。

计算自由度。使用以下公式计算自由度：

$$\mathrm{df} = n_1 + n_2 - 2 \tag{4-2}$$

确定 p 值。根据计算出的 t 值和自由度，可以查找 t 分布表并确定 p 值。

做出结论。比较 p 值和显著性水平 α，如果 p 值小于 α，则拒绝零假设，认为两组样本的均值存在显著差异；反之，则接受零假设，认为两组样本的均值不存在显著差异。

需要注意的是，在实际应用中，可能会出现数据不满足正态分布和方差齐性假设的情况。两独立样本 t 检验用于比较两组独立样本间是否存在差异，但需要注意的是数据需满足正态分布。

方差齐性：可以使用 Student-*t* 检验方法比较两组差异。

方差不齐：使用校正的 Student-*t* 检验方法，即 Welch *t* 检验比较两组差异。

进行 t 检验可以使用函数 t.test()，该函数可以指定要进行的 t 检验类型（独立样本还是配对样本）以及显著性水平等参数。下面是一个利用 t.test()函数进行独立样本 t 检验来比较两种处理方法的玉米株高差异的示例：

```
south<-c(152,176,159,160,166,155,178,160,166,150)
north<-c(165,158,166,168,160,180,169,180,170,175)
data<-c(south,north)
a <-factor(c(rep(1,10),rep(2,10)))
my_data <- data.frame(
  group = rep(c("south", "north"), each = 10),
  height = c(south,  north)
)
```

```
print(my_data)
#Shapiro-Wilk 正态性检验
shapiro.test(my_data$height[my_data$group=="south"])
shapiro.test(my_data$height[my_data$group=="north"])
```

```
> shapiro.test(my_data$height[my_data$group=="south"])

        Shapiro-Wilk normality test

data:  my_data$height[my_data$group == "south"]
W = 0.93066, p-value = 0.4544

> shapiro.test(my_data$height[my_data$group=="north"])

        Shapiro-Wilk normality test

data:  my_data$height[my_data$group == "north"]
W = 0.94408, p-value = 0.5992
```

结果显示，两个分类的玉米株高数据都符合正态分布的特征，可以用于进一步的分析。

方差齐性检验代码如下：

```
res.ftest <- var.test(height ~ group, data = my_data)
res.ftest
```

```
> res.ftest

        F test to compare two variances

data:  height by group
F = 0.63873, num df = 9, denom df = 9, p-value = 0.5148
alternative hypothesis: true ratio of variances is not equal to 1
95 percent confidence interval:
 0.1586527 2.5715429
sample estimates:
ratio of variances
         0.6387349
```

结果可以看出，p = 0.5148>0.05，因此认为两组数据的方差之间没有显著差异（方差齐性）。

最后，进行独立样本 t 检验：

```
res <- t.test(height ~ group, data = my_data, var.equal = TRUE)
res
```

```
> res

        Two Sample t-test

data:  weight by group
t = 1.8152, df = 18, p-value = 0.0862
alternative hypothesis: true difference in means between group north
 and group south is not equal to 0
95 percent confidence interval:
 -1.086268 14.886268
sample estimates:
mean in group north mean in group south
              169.1               162.2
```

结果显示 p 为 0.0862，小于 0.1，表示两个独立样本数据（玉米株高）在 10%的水平上存在显著的差异，即表明坡向对玉米生长有显著的影响。需要提醒的是，当方差不齐时则使用 Welch 检验，参数调用方式为 var.equal = FALSE。这个例子中，比较了两组各 10 个样本数据，并使用 t.test()函数进行了独立样本 t 检验。其中，alternative 参数指定双侧检验，var.equal 参数指定假定两组样本方差相等，conf.level 参数指定置信区间为 95%。

4.3.3 配对样本 *t* 检验

配对样本 t 检验是一种用于比较两个相关样本均值是否有显著差异的假设检验方法。在进行配对样本 t 检验时，需要对同一个个体或对象在两个不同时间或条件下的观测值进行配对，然后进行差值计算。该检验方法主要有三种应用情形：同质受试对象分别接受两种不同的处理、同一受试对象分别接受两种不同的处理、同一受试对象自身前后的对比。例如，比较同一批学生在某一门课程前后的成绩变化是否显著；比较一个人在吃晚饭前和吃晚饭后体重的变化；比较同一玉米品种种植在南坡和北坡的成熟植株高度。这里以一个人饭前和饭后的体重变化数据作为案例，案例如下：

```
before <- c(85.47522,62.68706,62.80759,72.30621,66.79497,95.97060,
            85.68743,86.09981,57.71038,94.39974)
after <- c(86.39452,63.44801,63.31059,73.17814,67.53470,96.82677,
           86.60553,86.75409,58.68056,95.14454)#创建数据框
my_data <- data.frame(
  group = rep(c("before", "after"), each = 10),
  weight = c(before, after)
)
```

由于案例数据中的样本量较小（$n<30$），因此需要检验配对的差值是否服从正态分布，代码如下：

```
d <- with(my_data, weight[group == "after"] - weight[group == "before"])
shapiro.test(d)
> shapiro.test(d)

        Shapiro-Wilk normality test

data:  d
W = 0.93283, p-value = 0.4763
```

结果显示：$p>0.05$，表明差值（d）服从正态分布，可以使用配对 t 检验。进行配对样本 t 检验，可以使用函数 t.test()。代码如下：

```
res <- t.test(my_data$weight[my_data$group=="after"],
              my_data$weight[my_data$group=="before"], paired = TRUE)
res
```

其中，参数 after 和 before 分别代表两个配对样本数据向量，paired = TRUE 表示进行配对样本 t 检验。函数执行后，会返回包括检验统计量、p 值和置信区间等相关结果的输出。

```
> res

        Paired t-test

data:  my_data$weight[my_data$group == "after"] and my_data$weight[my_data$group ==
"before"]
t = 17.617, df = 9, p-value = 2.771e-08
alternative hypothesis: true mean difference is not equal to 0
95 percent confidence interval:
 0.6919104 0.8957776
sample estimates:
mean difference
       0.793844
```

结果显示，$p=2.771\times10^{-8}<0.05$，拒绝原假设，并得出结论：在 0.05 的显著性水平下，饭前饭后体重出现了显著的变化。

4.4　回　　归

回归分析是一种广泛应用于统计学和机器学习领域的数据分析方法，它用于研究一个或多个自变量与因变量之间的关系。回归分析通常包括线性回归和非线性回归两种方法，其中线性回归是最常用的一种方法。线性回归是一种用于建立自变量与因变量之间线性关系的统计学方法。在线性回归中，假设自变量与因变量之间的关系可以用一条简单的线性关系来近似表示。

回归分析主要有两个用途：①用于模拟，借助回归方法分析因变量和自变量之间的关系；②用于预测，借助回归模型确定的自变量与因变量之间的关系进行未来因变量的变化预测。在 R 语言中，进行回归分析的常用函数包括 lm()函数、glm()函数和 nls()函数。其中，lm()函数用于进行线性回归分析，glm()函数用于进行广义线性回归分析，而 nls()函数用于进行非线性回归分析。

4.4.1　一元线性回归

一元线性回归是一种用于分析两个连续型变量之间关系的统计方法，其中一个类型变量是因变量（也称为响应变量或目标变量，Y），另一个类型变量是自变量（也称为解释变量或预测变量，X）。在一元线性回归中试图找到一条直线，以最好地拟合这些数据，即通过自变量的值来预测因变量的值。

回归分析通常包括以下几个步骤。

收集数据：收集包括自变量和因变量的数据。

绘制散点图：将数据用散点图展示，以便观察它们之间的关系。

计算相关系数：计算自变量和因变量之间的相关系数，以衡量它们之间的线性关系。

拟合回归线：使用回归模型拟合一条直线来描述数据之间的关系。

进行预测：使用回归模型来进行预测，通过输入自变量的值来预测因变量的值。

在一元线性回归中，回归模型可以表示为

$$Y = \beta_0 + \beta_1 X + \varepsilon \tag{4-3}$$

式中，Y 为因变量的值；X 为自变量的值；β_0 和 β_1 为回归系数，它们确定了回归线的截距和斜率；ε 为误差项，表示模型不能完全解释 Y 的变化的部分。

在 R 语言中，可以使用 lm()函数进行线性回归分析。以下是一个使用 lm()函数进行简单线性回归分析的例子：

已知温度能够影响盐分的饱和浓度，某种盐分随温度变化的饱和浓度数据如下所示：

```
temperature <- c(23, 25, 27, 29, 31, 33, 35, 37, 39)
saturation <- c(450, 480, 490, 500, 520, 530, 550, 560, 580)
fit <- lm(saturation ~ temperature )#线性拟合
```

其中，saturation ~ temperature 表示 saturation（饱和浓度）是由 temperature（温度）线性变化控制的；lm(y~x)函数用于建立线性回归模型，其中 y 为因变量，x 为自变量。可以使用 summary()函数查看模型的统计信息，如下所示：

```
summary(fit)
> summary(fit)

Call:
lm(formula = y ~ x)

Residuals:
   Min     1Q Median     3Q    Max 
-7.111 -2.944  1.556  2.222  7.722 

Coefficients:
            Estimate Std. Error t value Pr(>|t|)    
(Intercept) 282.6944     9.5116   29.72 1.26e-08 ***
x             7.5833     0.3027   25.06 4.12e-08 ***
---
Signif. codes:  0 ‘***’ 0.001 ‘**’ 0.01 ‘*’ 0.05 ‘.’ 0.1 ‘ ’ 1

Residual standard error: 4.689 on 7 degrees of freedom
Multiple R-squared:  0.989,	Adjusted R-squared:  0.9874 
F-statistic: 627.8 on 1 and 7 DF,  p-value: 4.115e-08
```

因此，可以获得回归公式为 saturation=282.69+7.58 × temperature。

可以使用 plot()函数将模型拟合结果可视化（图 4-1）：

```
xlab=expression(paste("温度 (",degree,"C)"))
plot(temperature , saturation, xlab = xlab, ylab = "饱和浓度")
abline(fit, col = "red")
```

其中，xlab 和 ylab 用于设置 x 轴和 y 轴的标签，abline()函数用于添加拟合的回归线。

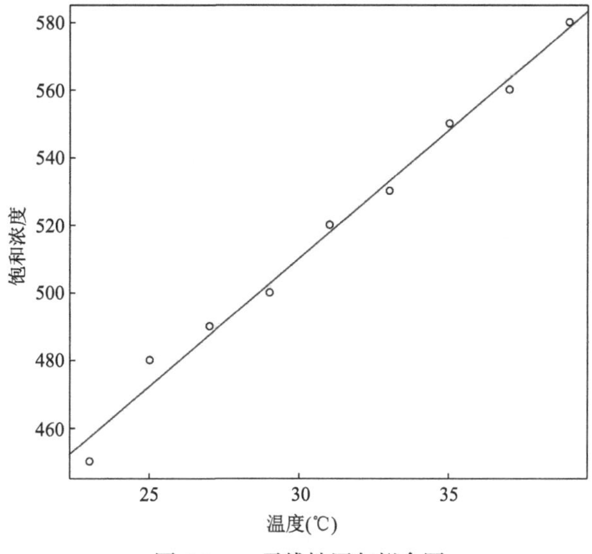

图 4-1 一元线性回归拟合图

最后，可以使用 predict()函数对因变量（Y）的未来变化进行预测，具体步骤如下所示。

首先构建一个从低到高的温度数据集：

```
set.seed(400)
t <- sort(sample(250:350,20)/10)
t
> t
 [1] 25.8 26.5 26.8 27.3 27.5 27.6 28.5 28.8 28.9 29.6 29.7 29.9 30.2 30.4
[15] 31.6 32.1 32.2 32.6 34.0 34.4
```

借助 predict()工具和模拟好的 fit 模型进行预测：

```
new_y <- predict(fit, newdata=data.frame(temperature = t), interval=
"confidence")
head(new_y)
```

输出结果为

```
> new_y
       fit      lwr      upr
1 472.2778 466.6124 477.9432
2 490.4778 485.9727 494.9829
3 491.9944 487.5696 496.4193
4 493.5111 489.1634 497.8589
5 494.2694 489.9590 498.5799
6 495.7861 491.5475 500.0247
```

预测的结果中，随着温度从 25.8℃增加到 34.4℃，饱和度（fit）也从 472 增加到 542。同时，调用置信区间预测参数（interval="confidence"）可以获得预测的最大值（upr）和最小值（lwr）。最后，借助 ggplot2 包将以上预测的值进行图形展示（图 4-2），具体代码如下：

```
library(ggplot2)
data <- as.data.frame(new_y)
data$id <- sort(sample(250:350,20)/10)
xlab=expression(paste("温度 (",degree,"C)"))
ggplot(data,aes(id,fit))+
  geom_ribbon(aes(ymin = lwr,ymax = upr), fill = "grey")+
  geom_line(color = "firebrick", size = 1)+
  labs(x=xlab,y="饱和浓度")+
  theme_classic()+
  theme(axis.title.x=element_text( size=20, colour="black"),
       axis.title.y=element_text(size=20, angle=90, colour="black"),
       axis.text.x=element_text(size=20, colour="black"),
       axis.text.y=element_text(size=20, colour="black"))
```

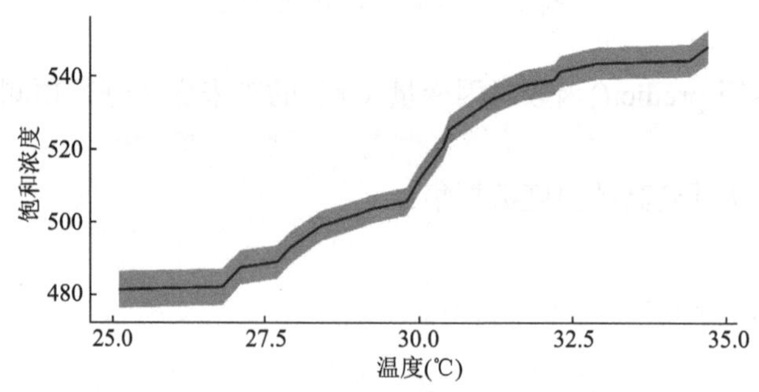

图 4-2　一元一次回归模型预测图示

4.4.2　多元线性回归

多元线性回归是一种基于多个自变量和一个因变量之间线性关系的回归分析方法。其基本思想是在一组自变量的基础上，建立多个自变量与因变量之间的回归方程，来分析自变量对因变量的影响程度及相互之间的关系。多元线性回归的目标是根据给定的自变量和因变量数据，求解出各个自变量对因变量的回归系数，以建立一个能够对因变量进行预测的模型。在建立模型时，需要考虑多个自变量之间的相互影响以及与因变量之间的关系，因此需要对多元线性回归模型进行合适的变量选择和模型评估。

在 R 语言中，可以使用 lm()函数实现多元线性回归。具体步骤如下。

准备数据：将自变量和因变量保存在数据框中。

构建模型：使用 lm()函数构建多元线性回归模型。其中，左侧是因变量，右侧使用"+"符号将自变量添加到模型中。

模型诊断：使用 summary()函数对模型进行诊断，检查模型的显著性、自变量的系数、残差的分布等。

模型预测：使用 predict()函数进行模型预测，输入待预测的自变量数据，并输出相应的因变量预测值。

多元回归模型的数学形式可以表示为

$$Y = \beta_0 + \beta_1 X_1 + \beta_2 X_2 + \cdots + \beta_p X_p + \varepsilon \tag{4-4}$$

式中，Y 为因变量；X_i（i=1, 2, $\cdots$, p）为第 i 个自变量；β_i（i=1, 2, $\cdots$, p）为对应的回归系数，β_0 为截距；ε 为随机误差。

此处引入数据集 longley。longley 共有 7 个经济变量，包括国民生产总值隐性价格平减指数（GNP.deflator）、国民生产总值（GNP）、失业人数（Unemployed）、武装部队人数（Armed.Forces）、年龄大于 14 岁的人（Population）、年份（Year）和就业人数（Employed）。

```
data("longley")
> longley
     GNP.deflator     GNP Unemployed Armed.Forces Population Year Employed
1947         83.0 234.289      235.6        159.0    107.608 1947   60.323
1948         88.5 259.426      232.5        145.6    108.632 1948   61.122
1949         88.2 258.054      368.2        161.6    109.773 1949   60.171
1950         89.5 284.599      335.1        165.0    110.929 1950   61.187
1951         96.2 328.975      209.9        309.9    112.075 1951   63.221
1952         98.1 346.999      193.2        359.4    113.270 1952   63.639
1953         99.0 365.385      187.0        354.7    115.094 1953   64.989
1954        100.0 363.112      357.8        335.0    116.219 1954   63.761
1955        101.2 397.469      290.4        304.8    117.388 1955   66.019
1956        104.6 419.180      282.2        285.7    118.734 1956   67.857
1957        108.4 442.769      293.6        279.8    120.445 1957   68.169
1958        110.8 444.546      468.1        263.7    121.950 1958   66.513
1959        112.6 482.704      381.3        255.2    123.366 1959   68.655
1960        114.2 502.601      393.1        251.4    125.368 1960   69.564
1961        115.7 518.173      480.6        257.2    127.852 1961   69.331
1962        116.9 554.894      400.7        282.7    130.081 1962   70.551
```

在 R 语言中，可以使用 lm()函数来进行多元线性回归分析，示例代码如下：

```
data("longley")
fm1 <- lm(GNP ~ `Population`+`Employed`,data = longley)#构建`Population`
与`Employed`为自变量，GNP 为因变量的多元回归模型

summary(fm1)
> summary(fm1)

Call:
lm(formula = GNP ~ Population + Employed, data = longley)

Residuals:
     Min       1Q   Median       3Q      Max
-11.6892  -4.5857  -0.6947   3.8580  14.2413

Coefficients:
              Estimate Std. Error t value Pr(>|t|)
(Intercept) -1372.0954    36.1406 -37.965 1.05e-14 ***
Population      8.5561     0.9837   8.698 8.85e-07 ***
Employed       11.5606     1.9484   5.933 4.96e-05 ***
---
```

```
Signif. codes:  0 '***' 0.001 '**' 0.01 '*' 0.05 '.' 0.1 ' ' 1

Residual standard error: 7.385 on 13 degrees of freedom
Multiple R-squared:  0.9952,    Adjusted R-squared:  0.9945
F-statistic:  1352 on 2 and 13 DF,  p-value: 8.297e-16
```

回归结果包括截距项、斜率、残差标准误差、t 值、p 值以及 R^2 值等信息，这些信息可以对回归模型进行评估和选择。可以看出，获得的回归公式为

$$\text{GNP} = -1372.1 + 8.56 \times \text{Population} + 11.56 \times \text{Employed} \tag{4-5}$$

最后，可以使用 predict()函数对新的因变量进行预测，如下所示：

```
test.df <- data.frame(
  `Population` = c(150, 160, 170, 180),
  `Employed` = c(72,75,80,85),
  check.names = F
)
new_y <- predict(fm1, test.df)  #注意变量名需与模型中一致
new_y
> new_y
        1         2         3         4
 743.6815  863.9242 1007.2881 1150.6520
```

回归结果包括截距项、斜率、残差标准误差、t 值、p 值以及 R^2 值等信息，这些信息可以对回归模型进行评估和选择。需要注意的是，在进行回归分析时，需要对数据进行一定的预处理，包括数据清洗、缺失值填充、异常值处理等。此外，还需要对数据进行可视化分析，以便更好地理解数据之间的关系。

多元回归中，交互项是用于描述两个或多个自变量之间相互作用的变量，可以通过在回归方程中加入交互项来探索自变量之间的相互作用效应。在 R 语言中，可以通过以下方式加入交互项：

使用符号“:”表示交互项。例如，假设要探究两个自变量 x_1 和 x_2 之间的交互作用对某个因变量 y 的影响，可以使用以下公式：

```
fm1 <- lm(GNP ~ `Population`+`Employed`+ `Population`:`Employed`,data =
longley)
summary(fm1)
> summary(fm1)

Call:
lm(formula = GNP ~ Population + Employed + Population:Employed,
    data = longley)

Residuals:
   Min     1Q Median     3Q    Max
-8.854 -3.495 -1.244  1.671 12.095

Coefficients:
                      Estimate Std. Error t value Pr(>|t|)
(Intercept)         -3.096e+03  7.219e+02  -4.289  0.00105 **
Population           2.462e+01  6.775e+00   3.634  0.00342 **
Employed             3.573e+01  1.025e+01   3.486  0.00450 **
Population:Employed -2.264e-01  9.473e-02  -2.390  0.03412 *
---
```

```
Signif. codes:  0 '***' 0.001 '**' 0.01 '*' 0.05 '.' 0.1 ' ' 1

Residual standard error: 6.327 on 12 degrees of freedom
Multiple R-squared:  0.9968,	Adjusted R-squared:  0.9959
F-statistic:  1230 on 3 and 12 DF,  p-value: 3.396e-15
```

可以看出，Population 和 Employed 交互作用对 GNP 的贡献是负的（回归系数为 −0.23）。需要注意的是，在加入交互项时，需要考虑到变量的可解释性和共线性等问题，以避免误解和模型不稳定性。另外，线性回归模型在实际应用中有很多局限性，如无法处理非线性关系、不能处理多重共线性等问题。因此，在实际应用中，通常需要根据具体情况选择合适的回归方法。

4.4.3　高次回归

高次回归是指在回归模型中引入高次幂项的自变量，以更好地拟合数据。在 R 语言中，建立回归模型的方式与简单线性回归和多元回归相似，仍然使用 lm()函数。不同之处在于，在指定自变量时需要考虑高次幂项。

例如，建立一个包含 x^2 和 x^3 两个高次幂项的高次回归模型，仍然以 “longley” 数据集为例，构建 “Population” 的二次和三次幂项，可以使用以下代码：

```
model <- lm(GNP  ~ Population + I(Population^2) + I(Population^3), data
= longley)
summary(model)
> summary(model)

Call:
lm(formula = GNP ~ Population + I(Population^2) + I(Population^3),
    data = longley)

Residuals:
    Min      1Q  Median      3Q     Max 
-16.954  -8.792   2.675   5.488  14.097 

Coefficients:
                  Estimate Std. Error t value Pr(>|t|)
(Intercept)     -1.462e+04  1.802e+04  -0.811    0.433
Population       3.292e+02  4.569e+02   0.721    0.485
I(Population^2) -2.460e+00  3.855e+00  -0.638    0.535
I(Population^3)  6.347e-03  1.082e-02   0.586    0.568

Residual standard error: 10.9 on 12 degrees of freedom
Multiple R-squared:  0.9904,	Adjusted R-squared:  0.988 
F-statistic: 412.1 on 3 and 12 DF,  p-value: 2.305e-12
```

其中，函数 I()用于指定 x 的高次幂项。可以根据需要添加更多的高次幂项。根据回归模型的参数估计结果，可以计算出每个自变量的回归系数，并进行显著性检验。利用 summary()函数即可查看回归模型摘要信息。

因此，该高次拟合方程为

$$\text{GNP} = -14620 + 32.9 \times \text{Population} - 2.46 \times \text{Population}^2 + 0.0063 \times \text{Population}^3 \qquad (4\text{-}6)$$

对该拟合方程进行绘图，有以下两种方法：

可以先利用现有 Population 的最大最小值进行扩充，并根据模型计算与 Population 对应的 GNP 值，组成数据框。

```
new_Population <- seq(min(longley$Population), max(longley$Population), 1)
pred_GNP <- data.frame(predict(model,
                    newdata = data.frame(Population = new_Population),
interval = "confidence"),
                    new_Population = new_Population)
head(pred_GNP)
```

```
> head(pred_GNP)
       fit      lwr      upr new_Population
1 231.9909 214.4934 249.4884        107.608
2 251.8513 239.1967 264.5059        108.608
3 270.9276 260.8679 280.9874        109.608
4 289.2580 279.8986 298.6174        110.608
5 306.8805 297.2686 316.4924        111.608
6 323.8331 313.8347 333.8314        112.608
```

可以看出，pred_GNP 包含了 GNP 预测值（fit）、最低和最高值（lwr 和 upr）。再根据新生成的数据对进行作图（图 4-3）：

```
library(ggplot2)
ggplot() +
  geom_point(data = longley, mapping = aes(x = Population, y = GNP)) +
  theme_bw() +
  geom_line(data = pred_GNP, mapping = aes(x = new_Population, y = fit),
          color = "red", size = 1, alpha = 0.5) +
  geom_ribbon(data = pred_GNP, mapping = aes(x = new_Population,
                                         ymin = lwr, ymax = upr),
          fill = "grey", alpha = 0.5)+
  labs(x = "劳动力人口", y = "国民生产总值")
```

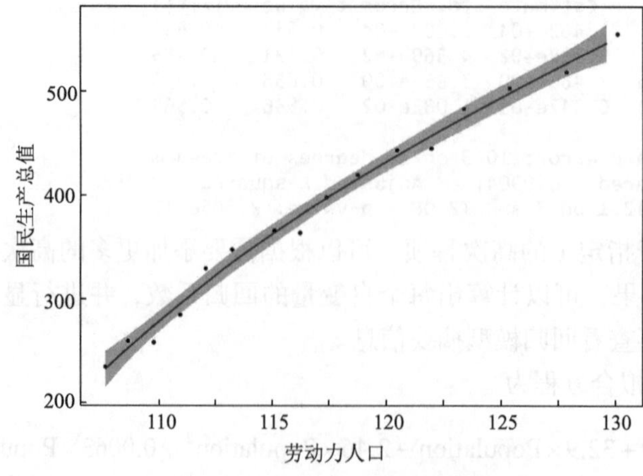

图 4-3 高次方程函数拟合曲线

也可以利用 ggplot2 包自带的 geom_smooth()工具中的函数搭建工具直接绘图。利用 geom_smooth 指定 method = "gam"，即利用 gam（广义可加模型）构建高次回归项。同时指定 formula 的具体形式，如图 4-4 所示。

```
ggplot() +
  geom_point(data = longley, mapping = aes(x = Population, y = GNP)) +
  theme_bw() +
  geom_smooth(data = longley, mapping = aes(x = Population, y = GNP),
              method = "gam", formula = y ~ x + I(x ^ 2) + I(x ^ 3))+
  labs(x = "劳动力人口", y = "国民生产总值")+
  theme(axis.title.x=element_text( size=20, colour="black"),
        axis.title.y=element_text(size=20, angle=90, colour="black"),
        axis.text.x=element_text(size=15, colour="black"),
        axis.text.y=element_text(size=15, colour="black")
  )
```

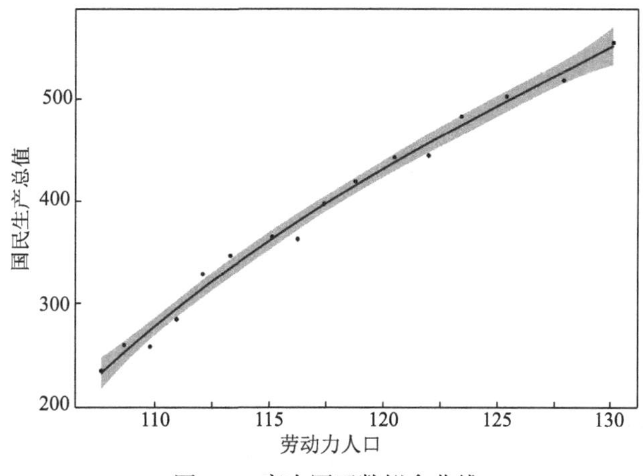

图 4-4　高次幂函数拟合曲线

4.4.4　幂回归

幂回归（power regression）是一种拟合幂函数形式的广义线性回归模型，用于描述自变量和因变量之间的线性关系。在 R 语言中，可以使用 nls()函数建立幂回归模型，例如：

```
data("mtcars")
model1 <- nls(mpg~ a*disp^b,data = mtcars,start = list(a=1,b=1))
model2 <- lm(mpg~ disp,data = mtcars)
summary(model1)#幂回归结果
```

```
> summary(model1)

Formula: mpg ~ a * disp^b

Parameters:
   Estimate Std. Error t value Pr(>|t|)
a 228.99962   41.33358    5.54 5.07e-06 ***
b  -0.46762    0.03606  -12.97 7.86e-14 ***
---
Signif. codes:  0 '***' 0.001 '**' 0.01 '*' 0.05 '.' 0.1 ' ' 1

Residual standard error: 2.365 on 30 degrees of freedom

Number of iterations to convergence: 10
Achieved convergence tolerance: 3.674e-06
```

根据回归的结果可以获得幂回归的公式为

$$\text{mpg} = 229 \times \text{disp}^\wedge(-0.468) \tag{4-7}$$

```
summary(model2)#一元一次回归结果
> summary(model2)

Call:
lm(formula = mpg ~ disp, data = mtcars)

Residuals:
    Min      1Q  Median      3Q     Max
-4.8922 -2.2022 -0.9631  1.6272  7.2305

Coefficients:
             Estimate Std. Error t value Pr(>|t|)
(Intercept) 29.599855   1.229720  24.070  < 2e-16 ***
disp        -0.041215   0.004712  -8.747 9.38e-10 ***
---
Signif. codes:  0 '***' 0.001 '**' 0.01 '*' 0.05 '.' 0.1 ' ' 1

Residual standard error: 3.251 on 30 degrees of freedom
Multiple R-squared:  0.7183,	Adjusted R-squared:  0.709
F-statistic: 76.51 on 1 and 30 DF,  p-value: 9.38e-10
```

将同一数据集用两个模型进行模拟并绘制其拟合图，如图 4-5 所示：

```
library(ggplot2)
ggplot(mtcars, aes(x = disp, y = mpg)) +
  geom_point(shape=6,col="grey2",size=4) +
  geom_smooth(method = "lm", formula = y ~ x, se = F, color = 
"darkgreen",size=2) +
  geom_smooth(method = "nls", formula = y ~ a * x^b, se = F, color = "darkred", 
method.args = list(start = c(a = 1, b = 1)),size=2)+
  labs(x="汽车排量",y="单位体积汽油行驶的英里数（mile/gallon）")+
  theme_bw()+
  theme(axis.title.x=element_text( size=20, colour="black"),
       axis.title.y=element_text(size=20, angle=90, colour="black"),
```

```
axis.text.x=element_text(size=15,colour="black"),
axis.text.y=element_text(size=15, colour="black"))
```

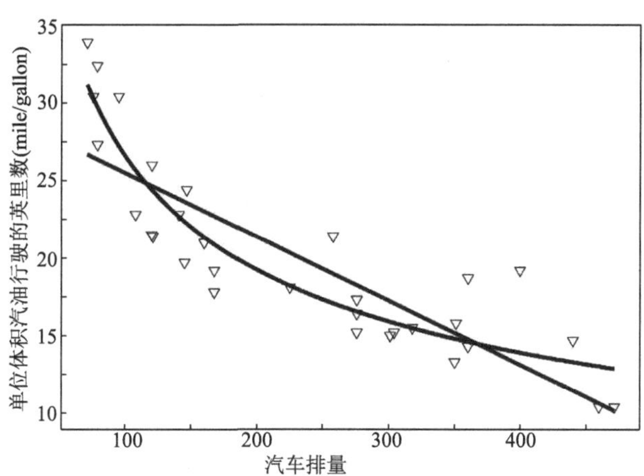

图 4-5　幂回归（红色）与一元一次回归（绿色）结果

4.4.5　指数回归

指数回归是一种广义线性模型，可以用来建立特定形式的因变量与自变量之间的关系。在指数回归中，因变量服从指数分布，自变量可以是连续的或者分类的。在 R 语言中，可以使用 nls() 函数建立指数回归模型，例如：

```
model1 <- nls(mpg ~ a * exp(b * disp), data=mtcars,start = list(a = 1, b
= 0))
summary(model1)
> summary(model1)

Formula: mpg ~ a * exp(b * disp)

Parameters:
   Estimate Std. Error t value Pr(>|t|)
a 33.077162   1.656850  19.964  < 2e-16 ***
b -0.002339   0.000252  -9.279 2.54e-10 ***
---
Signif. codes:
0 '***' 0.001 '**' 0.01 '*' 0.05 '.' 0.1 ' ' 1

Residual standard error: 2.952 on 30 degrees of freedom

Number of iterations to convergence: 8
Achieved convergence tolerance: 7.134e-06
```

根据回归的结果可以获得指数回归的公式为

$$mpg = 33.08 \times exp\hat{}\,(-0.002 \times disp) \tag{4-8}$$

将该结果与一元一次回归结果进行对比（图 4-6），代码如下：

```
library(ggplot2)
ggplot(mtcars, aes(x = disp, y = mpg)) +
  geom_point(shape=6,col="grey2",size=4) +
  geom_smooth(method = "lm", formula = y ~ x, se = F, color = 
"darkgreen",size=2) +
  geom_smooth(method = "nls", formula = y ~ a * exp(b*x),
            se = F, color = "darkred", method.args = list(start = c(a = 
1, b = 0)),size=2)+
  theme_bw()+
  theme(axis.title.x=element_text( size=30, colour="black"),
      axis.title.y=element_text(size=30, angle=90, colour="black"),
      axis.text.x=element_text(size=30,colour="black"),
      axis.text.y=element_text(size=30, colour="black"))
```

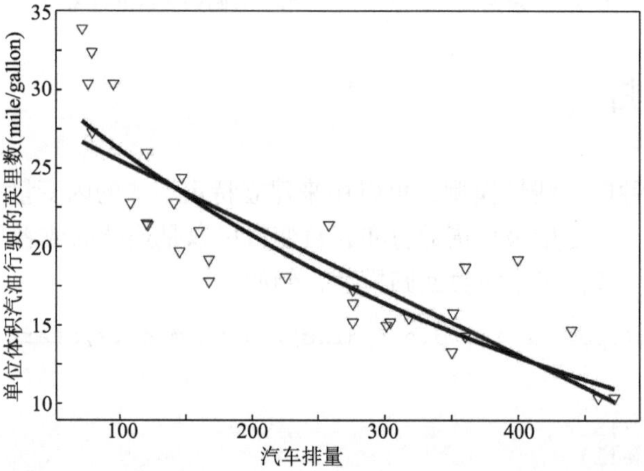

图 4-6　指数回归（红色）与一元一次回归（绿色）结果

在进行模型构建的过程中，不可避免地会遇到这样的问题：用什么样的模型来拟合因变量与自变量之间的关系最好，即确定最佳模型。在这里需要用到 AIC()函数，即赤池信息量准则（Akaike information criterion），其是衡量统计模型拟合优良性（goodness of fit）的一种标准，由于其为日本统计学家赤池弘次创立和发展的，因此又称赤池信息量准则。该指标常用于比较不同模型的拟合优度。AIC 值越小表示拟合度越好，即模型的拟合精度越高。如分别用一元一次回归、幂回归和指数回归三个模型拟合并比较三者之间的拟合精度，代码如下：

```
data("mtcars")
fit1 <- lm(mpg~disp,data = mtcars)#一元一次方程
fit2 <- nls(mpg~ a*disp^b,data = mtcars,start = list(a=1,b=1))#幂回归
fit3 <- nls(mpg ~ a * exp(b * disp), data=mtcars,start = list(a = 1, b = 
0))#指数回归
```

```
AIC(fit1,fit2,fit3)
> AIC(fit1,fit2,fit3)
     df      AIC
fit1  3 170.2094
fit2  3 149.8255
fit3  3 164.0178
```

从 AIC 结果可以看出，幂回归拟合方程（fit2）对于拟合 mpg 和 disp 之间的关系精度最高，为最佳拟合模型。

4.4.6　逻辑斯谛回归

逻辑斯谛回归（logistical regression）是线性回归的推广，也属于广义线性模型（generalized linear model）的一种。所谓广义线性回归，本质上仍然是线性回归，只是把线性回归中的 y 变成了关于 y 的函数。举个例子，最简单的单个自变量的线性回归方程为 $y=ax+b$，现在把 y 在对数尺度上进行变换，即变为 $\ln y=ax+b$，也就是 $y=\exp(ax+b)$。该回归方程显然是非线性的，但实质上可以通过对 y 取自然对数，使其变回线性回归。因此，通常将这一类的变换后可以变回线性回归的方程叫作广义线性回归。

相比于一般的线性回归，逻辑斯谛回归的用途是进行分类，即因变量 Y 不再是连续变量，而是类别变量（尤其是二分类变量）。例如，要根据某些特征，来判断一个人的行为是发生还是未发生，如养殖户有没有采取环境保护行为。如果要用回归解决二分类问题，那因变量 Y 的取值只能是 0 或者 1。以养殖户有没有采取环境保护行为的影响因素为例，采取行动的被调查农户样本被分类到 1，否则是 0。

构建一个养殖户是否采取环境保护行为为基础的数据集：

```
set.seed(400)
action <- sample(0:1,50,replace = T)
age <- sample(20:75,50,replace = T)
size <- sample(10:500,50,replace = T)
education<- sample(1:4,50,replace = T)
gender <-  sample(0:1,50,replace = T)
data <- data.frame(action,age,size,education,gender)
```

数据集中，action 为 1 表示被访谈养殖户采取环境保护行为，0 则表示被访养殖户未采取行动；age 为养殖户的年龄；size 为养殖户的养殖场面积；education 为养殖户的受教育水平，其中 1 表示小学以下，2 表示初中和高中，3 表示大学，4 表示研究生；gender 为受访养殖户的性别，1 表示男性，0 表示女性。将以上变量借助 glm(…., family = "binomial")构建逻辑斯谛回归模型，研究年龄、养殖场面积、受教育水平和性别对养殖户环境保护行为的影响水平，代码如下：

```
mylogit <- glm(action ~ age + size + education+gender, data = data, family
= "binomial")
summary(mylogit)
```

```
> summary(mylogit)

Call:
glm(formula = action ~ age + size + education + gender, family = "binomial",
    data = data)

Coefficients:
             Estimate Std. Error z value Pr(>|z|)
(Intercept)  3.365188   1.672188   2.012   0.0442 *
age         -0.009533   0.017352  -0.549   0.5828
size        -0.002468   0.002400  -1.028   0.3038
education   -0.579407   0.325287  -1.781   0.0749 .
gender      -1.170081   0.683455  -1.712   0.0869 .
---
Signif. codes:  0 '***' 0.001 '**' 0.01 '*' 0.05 '.' 0.1 ' ' 1

(Dispersion parameter for binomial family taken to be 1)

    Null deviance: 68.994  on 49  degrees of freedom
Residual deviance: 63.379  on 45  degrees of freedom
AIC: 73.379

Number of Fisher Scoring iterations: 4
```

结果显示，逻辑斯谛回归的结果中常数通过了检验，而其他自变量逻辑斯谛回归系数都没有通过显著性检验。获取的回归系数可以整理成公式为

$$\text{action} = 3.37 - 0.01 \times \text{age} - 0.002 \times \text{size} - 0.58 \times \text{education} - 1.17 \times \text{gender} \tag{4-9}$$

4.5　方　　差

方差分析（analysis of variance，ANOVA）是一种用于比较两个或两个以上样本均值是否存在显著差异的统计方法。它能够将数据的总离差分解成由不同来源引起的组内离差和组间离差，从而评估各个组之间均值的显著性差异。方差分析可以用于数值型数据与分组之间的关系分析，通常使用 F 检验来进行假设检验，以确定组间差异是否具有统计学意义。

4.5.1　单因素方差分析

单因素方差分析是一种统计方法，用于比较两个或多个样本的均值是否有显著差异。其基本原理是将总体方差分解成组内方差和组间方差，通过比较组间方差与组内方差的比值来判断各组均值是否存在显著性差异。在 R 语言中，可以通过使用 aov()函数进行基本的单因素方差分析，然后使用 TukeyHSD()函数进行多重比较校正，控制整体结果的错误率。

在使用单因素方差分析时，需要注意选择合适的检验方法、检验假设、显著性水平等因素，以得到准确、可靠的研究结果。在 R 语言中，可以使用 aov()函数进行方差分

析。下面是一个使用 aov()函数进行单因素方差分析的例子：

```
data("iris")
hist(iris$Sepal.Length)#显示变量的变化特征（图 4-7）
```

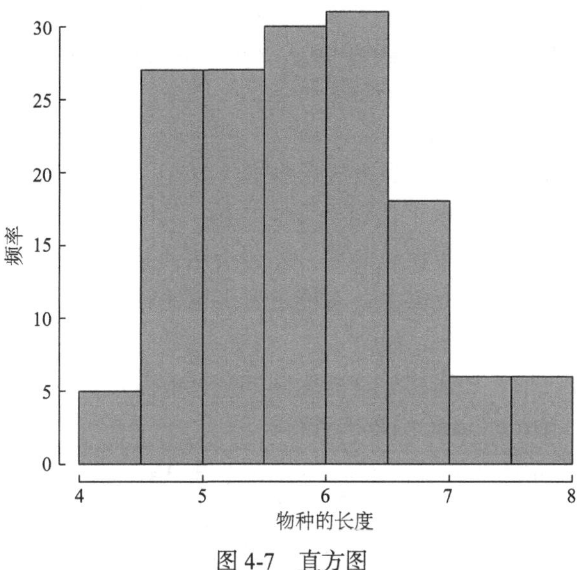

图 4-7　直方图

```
library(car)
qqPlot(iris$Sepal.Length)#QQ 图检查正态性（图 4-8）
```

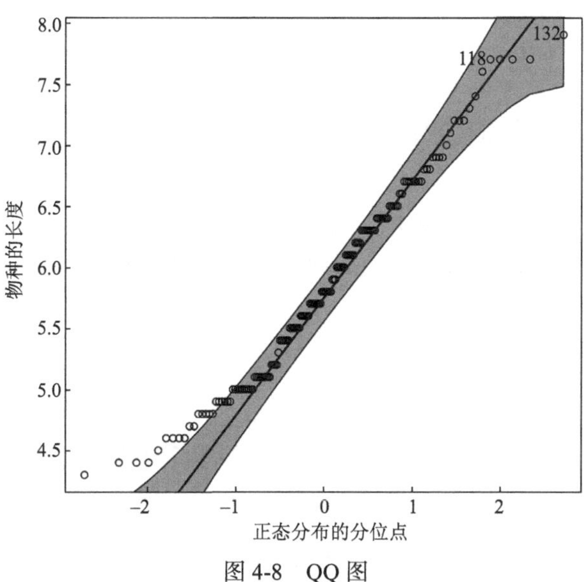

图 4-8　QQ 图

数据分布在置信线内，且在对角线附近，假设成立，属于正态分布。

```
aov.out <- aov(iris$Sepal.Length ~ iris$Species)
summary(aov.out)
```

```
> summary(aov.out)
              Df Sum Sq Mean Sq F value Pr(>F)
iris$Species   2  63.21  31.606   119.3 <2e-16 ***
Residuals    147  38.96   0.265
---
Signif. codes:  0 '***' 0.001 '**' 0.01 '*' 0.05 '.' 0.1 ' ' 1
```

上述代码将变量 iris$Sepal.Length 和分类变量 iris$Species 传递给 aov()函数。aov.out 变量将存储方差分析的结果。输出的结果将包括总的平均值、不同水平下的平均值、误差平方和、F 统计量、p 值等信息。

结果可以看出，group 之间达到极显著水平（***），可以进行多重比较。这里的极显著表示因素之间至少有一对水平达到显著性差异，具体是哪一对呢？有几对呢？这就需要用到多重比较。所以，多重比较是在方差分析达到显著性之后进行的，只有显著性达到一定的水平后（p 值小于 0.05）才有能进行多重比较。多重比较的方法有很多，如最小显著差数法（LSD）、Duncan 等。

在进行多重比较之前，还需检验这些组间的数据方差是否齐性，也就是通常所说的方差齐性检验。采用 bartlett.test()函数来进行：

```
bartlett.test(Sepal.Length~Species,data=iris)
> bartlett.test(Sepal.Length ~ Species,data = iris)

        Bartlett test of homogeneity of variances

data:  Sepal.Length by Species
Bartlett's K-squared = 16.006, df = 2, p-value = 0.0003345
```

这里采用 bartlett.test 工具而没有采用前面使用过的 var.test 工具，主要是因为 bartlett.test 可以适用于两类以上分组，而 var.test 工具只能适用于两类分组的方差齐性检验。可以看出，结果中 $p<0.05$，表明这几组的方差存在显著性的不同，也就是存在离群点。

下面使用 LSD 进行多重比较：

```
library(agricolae)
aov.out <- aov(Sepal.Length ~ Species,data=iris)
lsd <- LSD.test(aov.out,"Species",p.adj = 'none')
lsd
plot(lsd)#绘制多重比较图（图 4-9）
> lsd
$statistics
    MSerror  Df     Mean       CV  t.value       LSD
  0.2650082 147 5.843333 8.809859 1.976233 0.2034688

$parameters
        test p.ajusted  name.t ntr alpha
  Fisher-LSD      none Species   3  0.05

$means
           Sepal.Length       std  r      LCL      UCL Min Max
setosa            5.006 0.3524897 50 4.862126 5.149874 4.3 5.8
versicolor        5.936 0.5161711 50 5.792126 6.079874 4.9 7.0
virginica         6.588 0.6358796 50 6.444126 6.731874 4.9 7.9
```

```
             Q25 Q50 Q75
setosa     4.800 5.0 5.2
versicolor 5.600 5.9 6.3
virginica  6.225 6.5 6.9

$comparison
NULL
$groups
           Sepal.Length groups
virginica         6.588      a
versicolor        5.936      b
setosa            5.006      c

attr(,"class")
```

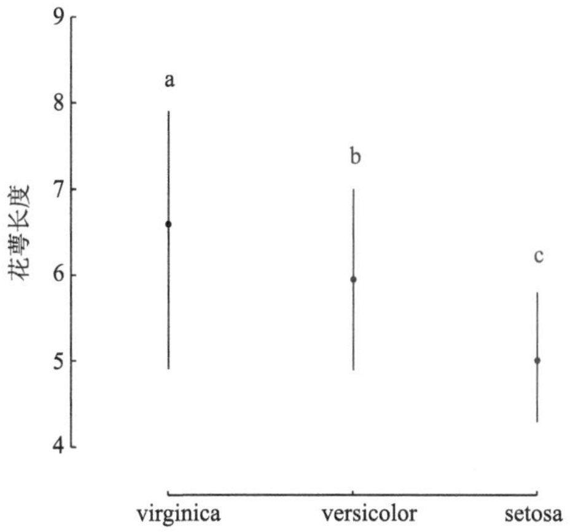

图 4-9　LSD 多重比较图（virginica、versicolor 和 setosa 为三个不同的物种）

图中，不同的小写字母（a～c）表示两组之间 Sepal.Length 指标具有显著的差异。

也可以采用 Duncan 的方法进行多重比较：

```
dun <- duncan.test(aov.out," Species")

dun
> dun
$statistics
    MSerror  Df     Mean       CV
  0.2650082 147 5.843333 8.809859

$parameters
    test  name.t ntr alpha
  Duncan Species   3  0.05

$duncan
     Table CriticalRange
2 2.794816     0.2034688
3 2.941648     0.2141585

$means
           Sepal.Length       std  r Min Max   Q25 Q50 Q75
setosa            5.006 0.3524897 50 4.3 5.8 4.800 5.0 5.2
versicolor        5.936 0.5161711 50 4.9 7.0 5.600 5.9 6.3
virginica         6.588 0.6358796 50 4.9 7.9 6.225 6.5 6.9

$comparison
NULL
```

在实践中的应用：假设要研究不同营养水平对于玉米产量的影响是否存在显著差异。随机选择了 4 组田地，每组田地采用统一的营养水平进行施肥，每组田地的玉米产量如表 4-1 所示。

表 4-1　不同营养水平下的玉米作物产量

营养水平 1	产量	营养水平 2	产量	营养水平 3	产量	营养水平 4	产量
1	15	2	25	3	40	4	55
1	14	2	23	3	43	4	52
1	12	2	28	3	45	4	58
1	19	2	32	3	49	4	62
1	16	2	31	3	46	4	61

可以使用R语言进行方差分析来判断不同营养水平对于玉米产量的影响是否存在显著差异。同时，由于进行了多次假设检验，必须通过多重比较校正来控制整体结果的错误率。具体实现过程如下：

```
library(agricolae)
library(car)
yeild <- c(15,14,12,19,16,25,23,28,32,31,40,43,45,49,46,55,52,58,62,61)
group <- rep(1:4,each=5)
corn <- data.frame(yeild,group)
qqPlot(corn$yeild)#QQ 图检验正态性,图 4-10
```

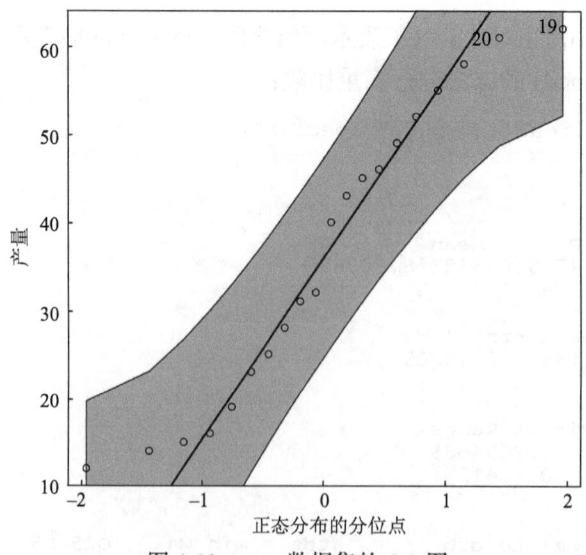

图 4-10　corn 数据集的 QQ 图

```
aov.out <- aov(yeild ~ group,data=corn)
lsd <- LSD.test(aov.out,"group",p.adj = 'none')
```

```
lsd
> lsd
$statistics
   MSerror Df Mean       CV  t.value     LSD
  12.01111 18 36.3 9.547397 2.100922 4.60502

$parameters
        test p.ajusted name.t ntr alpha
  Fisher-LSD      none  group   4  0.05

$means
  yeild      std r      LCL      UCL Min Max Q25 Q50 Q75
1  15.2 2.588436 5 11.94376 18.45624  12  19  14  15  16
2  27.8 3.834058 5 24.54376 31.05624  23  32  25  28  31
3  44.6 3.361547 5 41.34376 47.85624  40  49  43  45  46
4  57.6 4.159327 5 54.34376 60.85624  52  62  55  58  61

$comparison
NULL

$groups
  yeild groups
4  57.6      a
3  44.6      b
2  27.8      c
1  15.2      d
plot(lsd)#绘制 LSD 检验图（图 4-11）
```

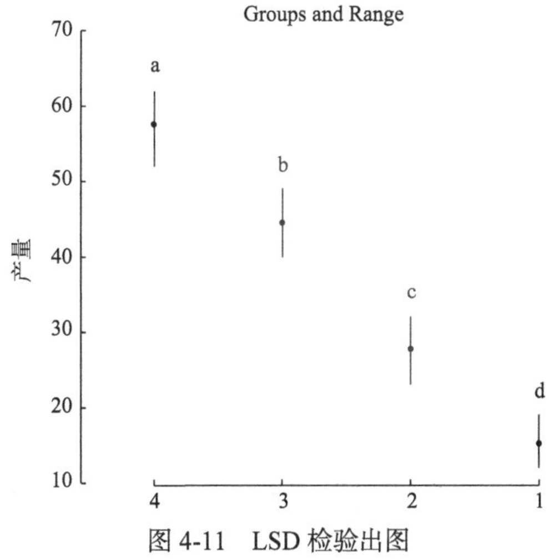

图 4-11 LSD 检验出图

结果（图 4-11）显示，不同施营养水平对玉米的产量具有极为显著的差异性影响，即从营养水平由 4 到 1，玉米产量呈显著下降的趋势。

4.5.2 多因素方差分析

多因素方差分析用于研究一个因变量是否受到多个自变量（也称为因素）的影响，它检验多个因素取值水平的不同组合之间，因变量的均值之间是否存在显著的差异。多因素方差分析既可以分析单个因素的作用（主效应），也可以分析因素之间的交互作用（交互效应），还可以进行协方差分析，以及各个因素变量与协变量的交互作用。比如下面的一个数据集（表 4-2）。

表 4-2 不同种子在不同营养水平下的产量 （单位：kg/hm^2）

营养水平	种子 1	种子 2	种子 3
1	15	18	17
1	14	16	15
1	12	12	11
1	19	20	21
1	16	17	18
2	25	27	26
2	23	22	23
2	28	29	30
2	32	30	31
2	31	28	30
3	40	38	39
3	43	41	42
3	45	46	44
3	49	50	51
3	46	47	49
4	55	57	56
4	52	53	54
4	58	60	61
4	62	60	61
4	61	58	60

如果不考虑双因素之间的交互作用的话，那么双因素方差分析和单因素方差分析不存在任何区别。

表中以营养水平和种子类别为因子，分析两个因子对产量的影响作用，数据集构建如下：

```
group = factor(rep(1:4, each = 5))
seed1 = c(15,14,12,19,16,25,23,28,32,31,40,43,45,49,46,55,52,58,62,61)
seed2 = c(18,16,12,20,17,27,22,29,30,28,38,41,46,50,47,57,53,60,60,58)
seed3 = c(17,15,11,21,18,26,23,30,31,30,39,42,44,51,49,56,54,61,61,60)
my_data <- data.frame(group, seed1, seed2, seed3)
```

可以看出，数据集的种子类别并没有设为因子，而后续双因素方差分析其中一个因素就是种子类别，因此需将其设为因子。

将数据组合为长数据：

```
library(tidyr)
long_data <- gather(my_data, key = "Variable", value = "value", -group)
```

将 Variable 设置为因子变量：

```
Variable <- factor(long_data$Variable, levels = c("seed1","seed2","seed3"),
                    labels = c("seed1","seed2","seed3"))
```

如果不考虑交叉效应的方差分析：

```
aov1<-aov(value~group+Variable,data=long_data)
summary(aov1)
> aov1<-aov(value~group+Variable,data=long_data)
> summary(aov1)
            Df Sum Sq Mean Sq F value Pr(>F)
group        3  15281    5094 425.337 <2e-16 ***
Variable     2      5       2   0.193  0.825
Residuals   54    647      12
---
Signif. codes:  0 '***' 0.001 '**' 0.01 '*' 0.05 '.' 0.1 ' ' 1
```

这里可以看出，p 小于 0.001，即拒绝原假设。使用不同的营养水平对作物产量产生了极显著影响，不同类别的种子对作物产量的影响不显著。

如果考虑交叉效应的方差分析：

```
aov2<-aov(value~group*Variable,data=long_data)
summary(aov2)
> aov2<-aov(value~group*Variable,data=long_data)
> summary(aov2)
               Df Sum Sq Mean Sq F value Pr(>F)
group           3  15281    5094 381.558 <2e-16 ***
Variable        2      5       2   0.174  0.841
group:Variable  6      6       1   0.074  0.998
Residuals      48    641      13
---
Signif. codes:  0 '***' 0.001 '**' 0.01 '*' 0.05 '.' 0.1 ' ' 1
```

结果可以看出，p 小于 0.001，即拒绝原假设。使用不同的营养水平对作物产量产生了极显著影响，不同类别的种子对作物产量的影响不显著，两者的交互作用对作物产量的影响也不显著。

可以用箱式图绘制数据的分布结果：

```
boxplot(value~group,data=long_data,main="",xlab="营养水平分组",ylab="产量")#图 4-12
```

如图所示，不同营养水平之间的玉米产量差异较大。

而不同种子之间的产量差异不明显（图 4-13）：

```
boxplot(value~Variable,data=long_data,main="",xlab="种子分组",ylab="产量")
```

同时考察营养水平和种子类型之间的差异（图 4-14）：

```
boxplot(value~group+Variable,data=long_data,colour="red",main="",xlab=
"交互分组",ylab="产量")
```

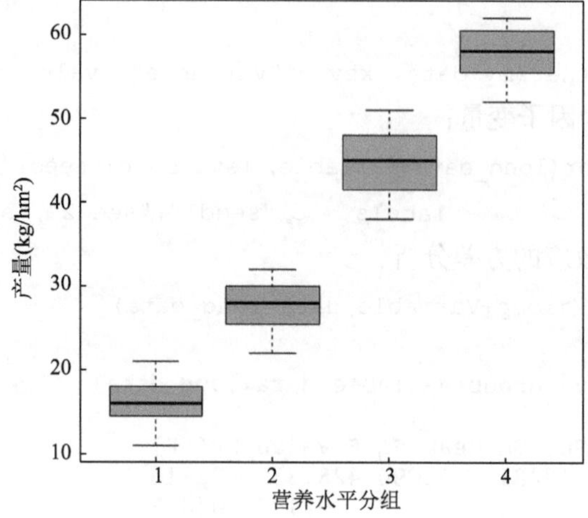

图 4-12　单个变量 group 的箱式图

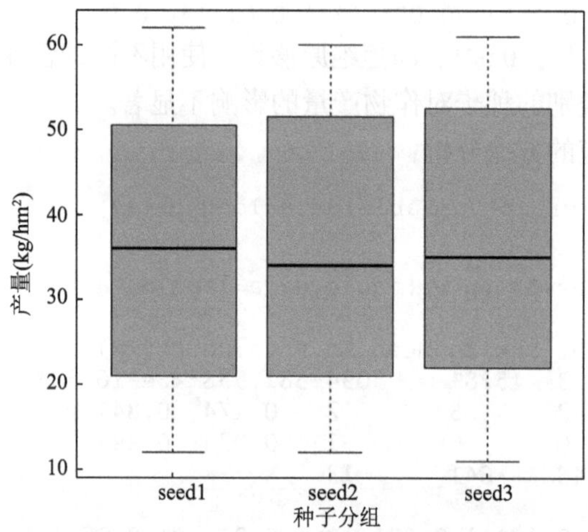

图 4-13　单个变量（种子）的箱式图

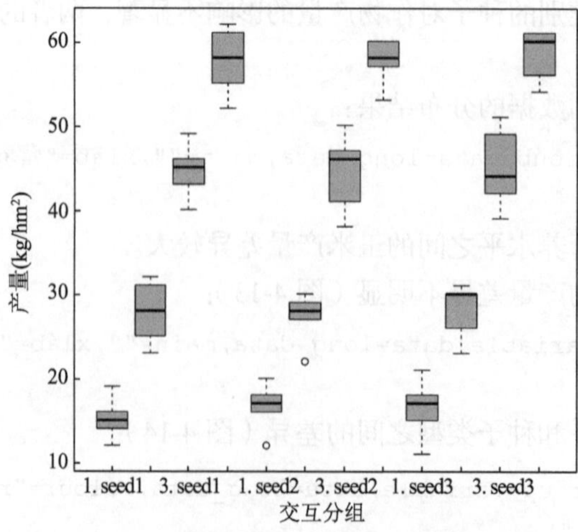

图 4-14　两个变量交互作用的箱式图

4.5.3　多重比较与标注

方差分析的一个重要用途是借助方差的显著性检验判断控制性对比实验的效果，如表 4-2 中判别 seed1、seed2 和 seed3 三个种子类型的差别导致的产量变化显示是否显著；又如，判断营养水平 1～4 差异带来的产量差异是否显著等。在 R 语言中，通常借助于 rstatix 包来进行多重比较下的显著性标注，以表 4-2 的数据为例，代码如下：

```
library(ggpubr)#绘制条形图需要的包
library(rstatix)#做参数检验需要的包
library(tidyr)
group = factor(rep(1:4, each = 5))
seed1 = c(15,14,12,19,16,25,23,28,32,31,40,43,45,49,46,55,52,58,62,61)
seed2 = c(18,16,12,20,17,27,22,29,30,28,38,41,46,50,47,57,53,60,60,58)
seed3 = c(17,15,11,21,18,26,23,30,31,30,39,42,44,51,49,56,54,61,61,60)
my_data <- data.frame(group, seed1, seed2, seed3)
lon_data <- gather(my_data,key = "Variable",value="value",-group)
myt_test1 <- t_test(group_by(lon_data, Variable), value~group)#获取组内两两比较的p值
myt_test1 <- adjust_pvalue(myt_test1, method = 'fdr')#多组比较时,可能需要添加p值校正
myt_test11<- add_significance(myt_test1, 'p.adj')#根据p校正值添加显著性标记*符号
my.test <-  add_xy_position(myt_test11, x = 'Variable', dodge = 0.8)#设置*的位置
p1_bar <- ggbarplot(lon_data, x = 'Variable', y = 'value',
                    fill = 'group', add = 'mean_sd',
                    color = 'gray30', position = position_dodge(0.6),
                    width = 0.6, size = 0.2, legend = 'top') +#画柱状图
  scale_fill_manual(values = rainbow(4)) +#设置柱状图分组颜色
  labs(x = '种子分组', y = '产量', fill = '添加水平')#设置横纵坐标
p1_bar <- p1_bar + stat_pvalue_manual(my.test, label = 'p.adj.signif', tip.length = 0.05)#添加p值, p值显示为*符号
#统计seed1、seed2和seed3三个分组之间的显著性
myt1 <- t_test(lon_data,value~Variable)#获取组内两两比较的p值
myt1 <- adjust_pvalue(myt1, method = 'fdr')#多组比较时,可能需要添加p值校正
myt11<- add_significance(myt1, 'p.adj')#根据p校正值添加显著性标记*符号
my.test1 <-  add_xy_position(myt11, fun="max",x = 'Variable',dodge = 0.8)
```

```
p1_bar1 <- p1_bar + stat_pvalue_manual(my.test1, label = 'p.adj.signif',
tip.length = 0.04, y.position = c(105,110,115), color = "red", bracket.size=1)
#添加 p 值位置及其颜色
p1_bar1# 图 4-15 多重比较及其标注
```

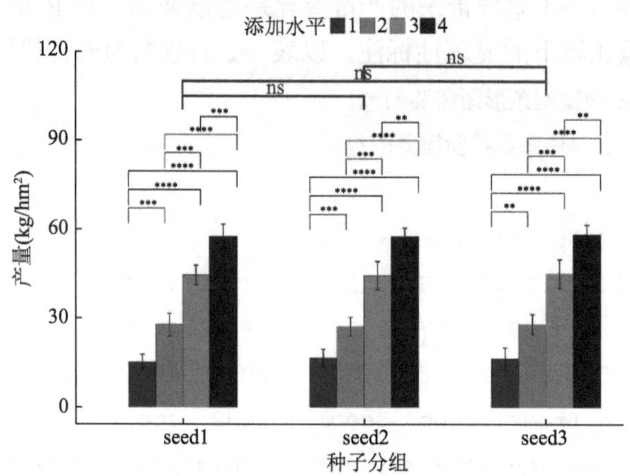

图 4-15　多重比较及其标注

图 4-15 可以看出，同一个品种种子的条件下，添加不同营养水平对种子的产量影响都极为显著（黑色星号），而不同种子之间（seed1、seed2 和 seed3）没有显著的差异（红色）。这表明，不同的营养添加水平才是影响种子最终产量的核心影响因素。

区分并识别不同分组差异的显著性及其贡献需要借助相似性分析（analysis of similarities，ANOSIM）来进行。这一功能可以借助 vegan 包中的 anosim()函数实现。在 ANOSIM 的结果返回值中的 ANOSIM statistic R 指标为 ANOSIM 检验的统计量。假如 ANOSIM statistic R>0，说明组内距离小于组间距离，即分组是有效的；如果 ANOSIM statistic R<0，说明组内距离大于组间距离，说明组内的水平差异影响更大，这与方差分析中比较组内方差与组间方差来判断的原理是类似的。以表 4-2 的数据为例，代码如下：

```
library(vegan)
library(ggpubr)#绘制条形图需要的包
library(rstatix)#做参数检验需要的包
library(tidyr)
group = factor(rep(1:4, each = 5))
seed1 = c(15,14,12,19,16,25,23,28,32,31,40,43,45,49,46,55,52,58,62,61)
seed2 = c(18,16,12,20,17,27,22,29,30,28,38,41,46,50,47,57,53,60,60,58)
seed3 = c(17,15,11,21,18,26,23,30,31,30,39,42,44,51,49,56,54,61,61,60)
my_data <- data.frame(group, seed1, seed2, seed3)
```

```
lon_data <- gather(my_data,key = "Variable",value="value",-group)
y <- t(my_data[2:4])
#将 3×20 数据集变为 9×5
a <- y[,1:5]
for (i in c(6,11,16)) {
  a <- rbind(a,y[,i:(i+4)])
}
row.names(a) <- rep(c("seed1","seed2","seed3"),4)#三种种子重复 4 遍
x <- as.data.frame(rep(c("seed1","seed2","seed3"),4))
anosim_result <- anosim(a, x$`rep(c("seed1", "seed2", "seed3"), 4)`,
                        distance = 'bray',
                        permutations = 999)
anosim_result
> anosim_result

Call:
anosim(x = a, grouping = x$`rep(c("seed1", "seed2",
"seed3"), 4)`,      permutations = 999, distance =
"bray")
Dissimilarity: bray

ANOSIM statistic R: -0.2523
      Significance: 0.994

Permutation: free
Number of permutations: 999
```

ANOSIM 分析需要大幅调整数据结构，每一行为一次个观测所得数据，每一列为变量（组间重复）。结果可以看出，ANOSIM statistic R 为−0.2523，表明组内距离大于组间距离，说明组内的水平差异影响更大。但是显著性为 0.994，表明这种差异不显著（可能是由于样本较小造成的）。

可以借助 boxplot 图来展示组间和组内观测的差异，代码如下：

```
boxplot(anosim_result$dis.rank~anosim_result$class.vec,
        pch="+",
        col=rainbow(5), range=1, boxwex=0.5,
        notch=TRUE, ylab="欧式距离",xlab="分组")#绘制组间、组内差异图（图 4-16）
```

图 4-16 可以看出，seed1～3 组间的观测样品平均欧式距离约为 30，而 seed1～3 组内欧式距离分别约为 40、38 和 40，略高于组间的欧式距离。

如果测定特定分组或者影响因素对观测指标变化的总体贡献，需借助 vegan 包中的 adonis2 函数。以表 4-2 的数据为例，代码如下：

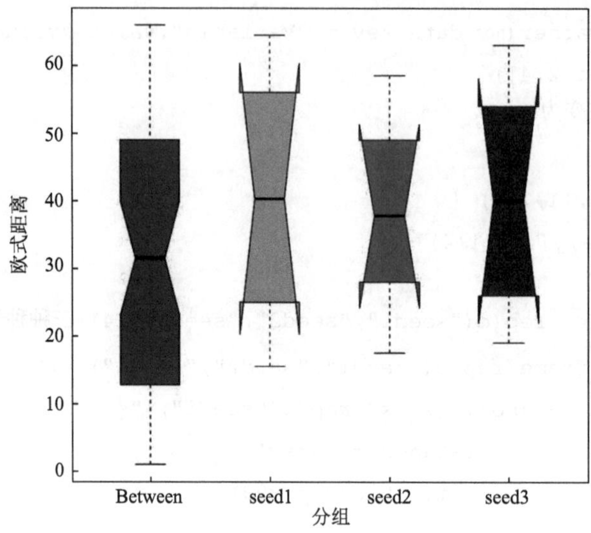

图 4-16　组间距离与组内距离

```
library(vegan)
library(tidyr)
group = factor(rep(1:4, each = 5))
seed1 = c(15,14,12,19,16,25,23,28,32,31,40,43,45,49,46,55,52,58,62,61)
seed2 = c(18,16,12,20,17,27,22,29,30,28,38,41,46,50,47,57,53,60,60,58)
seed3 = c(17,15,11,21,18,26,23,30,31,30,39,42,44,51,49,56,54,61,61,60)
my_data <- data.frame(group, seed1, seed2, seed3)
lon_data <- gather(my_data,key = "Variable",value="value",-group)
y <- t(my_data[2:4])
#将 3×20 数据集变为 9×5
a <- y[,1:5]
for (i in c(6,11,16)) {
  a <- rbind(a,y[,i:(i+4)])
}
row.names(a) <- rep(c("seed1","seed2","seed3"),4)#三种种子重复 4 遍
x <- as.data.frame(rep(c("seed1","seed2","seed3"),4))
names(x) <- "seed"
dune.div <- adonis2(a ~ x$seed,permutations = 999, method="bray")
dune.div
```

```
> dune.div
Permutation test for adonis under reduced model
Terms added sequentially (first to last)
Permutation: free
Number of permutations: 999
```

```
adonis2(formula = a ~ x$seed, permutations = 999, method = "bray")
         Df SumOfSqs      R2      F Pr(>F)
x$seed    2  0.00071 0.00117 0.0053  0.962
Residual  9  0.60711 0.99883
Total    11  0.60783 1.00000
```

adonis2 函数返回结果中，R2 即表示该分组（种子）对于观测结果（产量）的贡献。可以看出，种子的贡献仅为 0.00117，而其他因素贡献（Residual）却高达 0.99883。

4.6　主成分分析

4.6.1　概述

主成分分析（principal component analysis，PCA）是一种统计分析、简化数据集的方法，由卡尔·皮尔逊于 1901 年发明，用于分析数据及建立数理模型，之后在 1930 年左右由哈罗德·霍特林独立发展并命名（师义民等，2015）。依据应用领域的不同，在信号处理中它也叫作离散 KL 转换（Karhunen-Loève transform，KLT），其方法主要是通过对协方差矩阵进行特征分解，以得出数据的主成分（即特征向量）与它们的权值（即特征值）。PCA 是最简单的以特征量分析多元统计分布的方法，其结果可以理解为对原数据中的方差做出解释：哪一个方向上的数据值对方差的影响最大？换而言之，PCA 提供了一种降低数据维度的有效办法；如果分析者在原数据中除掉最小的特征值所对应的成分，那么所得的低维度数据必定是最优化的（降低维度必定是失去讯息最少的方法）。

主成分分析在分析复杂数据时尤为有用，它利用正交变换来对一系列可能相关变量的观测值进行线性变换，从而投影为一系列线性不相关变量的值，这些不相关变量称为主成分（principal components）。具体地，主成分可以看作一个线性方程，其包含一系列线性系数来指示投影方向，将原始数据映射到一个新的空间中，使得在新空间中的每一个维度都是彼此独立的，并且按照方差大小依次排序。PCA 对原始数据的正则化或预处理敏感（相对缩放）。这样做的好处是可以简化数据，降低维度，同时保留原始数据中的主要特征。

主成分分析经常用于减少数据集的维数，同时保留数据集当中对方差贡献最大的特征，其基本思想是，首先将坐标轴中心移到数据的中心，然后旋转坐标轴，使得数据在 $C1$ 轴上的方差最大，即全部 n 个数据个体在该方向上的投影最为分散。意味着更多的信息被保留下来。$C1$ 成为第一个主成分。再找一个 $C2$，使得 $C2$ 与 $C1$ 的协方差（相关系数）为 0，以免与 $C1$ 信息重叠，并且使数据在该方向的方差尽量最大。以此类推，找到第三个主成分，第四个主成分，…，第 p 个主成分。p 个随机变量可以有 p 个主成分。

4.6.2 案例及代码

这里用土壤颜色数据来举例说明。主成分分析的数据里面不能出现 factor 或者 character 的形式，一般要将所有的 numeric 数据转换为 matrix 形式。

在 R 语言中，使用“prcomp”和“princomp”函数进行主成分分析。“prcomp”函数有多个参数可供设置，举例如下。

x：需要进行主成分分析的数据矩阵；

center：是否进行数据中心化，即减去每一列的均值，默认为 TRUE；

scale：是否进行数据标准化，即除以每一列的标准差，默认为 FALSE；

na.action：缺失值的处理方法，默认为 na.omit，即删除带有缺失值的行；

retx：是否返回主成分得分矩阵，默认为 TRUE；

rank：主成分分析的维数，默认为 min(nrow(x), ncol(x))。

“princomp”函数有多个参数可供设置，如：princomp(x,cor = FALSE, scores = TRUE)。cor 是逻辑值的参数，默认 cor = FALSE 用协方差矩阵计算。cor = TRUE 就会用相关矩阵计算特征值。

值得注意的是，处理的数据可能出现不同单位或者不同量级的差别。在进行主成分分析之前，常需要对数据进行标准化处理，以确保不同变量之间的尺度一致。可以使用 scale()函数进行标准化处理（也可以根据数据的特点选择合适的标准化方法），代码如下：

```
library(car)
data(Soils)
data <- Soils[,c(6,7,8,9,12,14)]
X <- as.matrix(data)#需要都为数值型变量
X_std <- scale(X)#标准化数据
head(X_std)
> head(X_std)
         pH          N       Dens           P         K     Conduc
1 1.0874744  1.2814822 -1.8012363  0.60168803 1.1330881 -1.3789588
2 1.4595786  0.9390091 -1.2551773  0.51543923 1.0884344 -1.3137543
3 0.7004861  2.3535718 -1.6647215  1.64899483 0.9544732 -1.2987072
4 0.7004861  0.9985696 -0.9821478  1.00828949 2.7852756 -1.2410263
5 0.7004861  0.9241189 -0.8911379  0.09651651 1.0437806 -1.1883612
6 0.6409494 -0.1181904 -0.4360888 -0.45794003 1.5349715 -0.8548155
pca <- princomp(X_std, cor=TRUE)
summary(pca,loadings=TRUE)
> summary(pca,loadings=TRUE)
Importance of components:
                          Comp.1     Comp.2     Comp.3     Comp.4     Comp.5
Standard deviation     2.1363487 0.73800594 0.65928582 0.44409713 0.37140298
Proportion of Variance 0.7606643 0.09077546 0.07244297 0.03287038 0.02299003
Cumulative Proportion  0.7606643 0.85143976 0.92388273 0.95675311 0.97974314
                           Comp.6
Standard deviation     0.34862756
Proportion of Variance 0.02025686
Cumulative Proportion  1.00000000
```

```
Loadings:
       Comp.1 Comp.2 Comp.3 Comp.4 Comp.5 Comp.6
pH      0.369  0.606  0.595  0.246  0.279       
N       0.434 -0.304         0.149  0.140 -0.823
Dens   -0.421  0.351  0.124 -0.669  0.211 -0.438
P       0.409 -0.460  0.248 -0.565  0.352  0.342
K       0.377  0.399 -0.753 -0.123  0.329       
Conduc -0.434 -0.215         0.368  0.791       
```

```
loadings(pca)
> loadings(pca)

Loadings:
       Comp.1 Comp.2 Comp.3 Comp.4 Comp.5 Comp.6
pH      0.369  0.606  0.595  0.246  0.279       
N       0.434 -0.304         0.149  0.140 -0.823
Dens   -0.421  0.351  0.124 -0.669  0.211 -0.438
P       0.409 -0.460  0.248 -0.565  0.352  0.342
K       0.377  0.399 -0.753 -0.123  0.329       
Conduc -0.434 -0.215         0.368  0.791       

               Comp.1 Comp.2 Comp.3 Comp.4 Comp.5 Comp.6
SS loadings     1.000  1.000  1.000  1.000  1.000  1.000
Proportion Var  0.167  0.167  0.167  0.167  0.167  0.167
Cumulative Var  0.167  0.333  0.500  0.667  0.833  1.000
biplot(pca)#绘制主成分散点图（图 4-17）
```

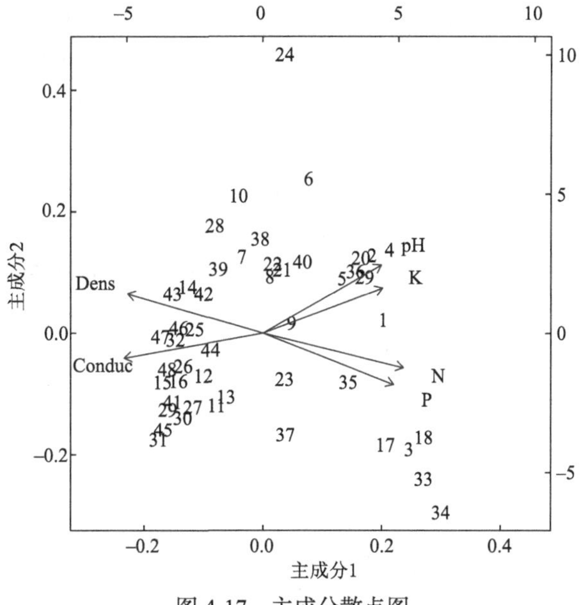

图 4-17　主成分散点图

```
screeplot(pca, type='lines')#绘制主成分特征值分布图（图 4-18）
```

在上面的代码中，首先使用 scale()函数对数据进行标准化处理，并将结果存储在变量 X_std 中。然后，对标准化后的数据进行主成分分析（princomp），并按照之前的方式查看贡献度和绘制贡献度图。

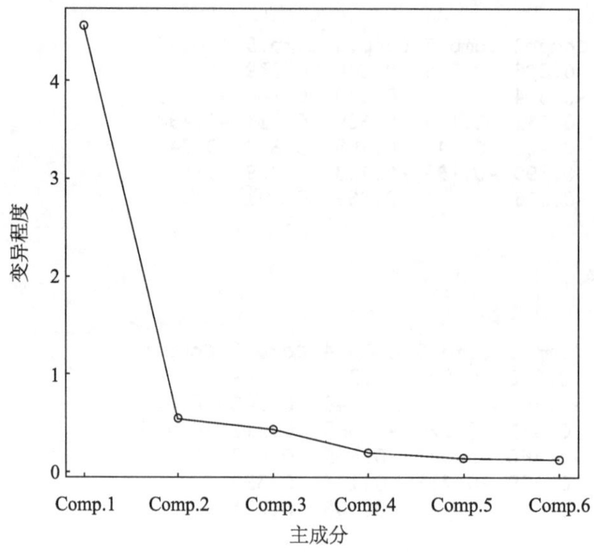

图 4-18 主成分特征值分布

由上述结果可以看出，前两个主成分已经可以表示原数据中 90%以上的信息，大大压缩了原始数据。根据载荷矩阵可以看出，主成分 1（Comp.1）载荷系数与土壤容重（Dens）和土壤电导率（Conduc）呈负相关系，而与其他养分指标呈正向关系，这表明第一主成分为土壤养分因子（正向指标）；同理第二主成分则多反映土壤障碍因子。除 prcomp 和 princomp 之外，psych 包中也有主成分分析的功能，FactoMineR 与 factoextra 包分别可以进行主成分分析与可视化。

另外，也可以使用“ggalt”包将载荷矩阵投射到二维象限上。对 Soils 数据集中“pH”“N”“Dens”“P”“K”“Conduc”六个观测数据进行主成分分析并按照土壤采集深度分类将载荷映射到二维象限上以观察不同分组的（土壤深度）的分布，代码如下：

```
library(car)
library(ggplot2)
library(vegan)
library(ggsignif)
data(Soils)
data <- Soils[,c(6,7,8,9,12,14)]
X <- as.matrix(data)#需要都为数值型数据
dune_dist <- vegdist(X, method="bray", binary=F)
dune_pcoa <- cmdscale(dune_dist, k=3, eig=T)
dune_pcoa_points <- as.data.frame(dune_pcoa$points)
sum_eig <- sum(dune_pcoa$eig)
eig_percent <- round(dune_pcoa$eig/sum_eig*100,1)
colnames(dune_pcoa_points) <- paste0("PCoA", 1:3)
dune_pcoa_result <- cbind(dune_pcoa_points, Soils$Depth)
```

```
head(dune_pcoa_result)
library(ggalt)
ggplot(dune_pcoa_result, aes(x=PCoA1, y=PCoA2, color=Soils$Depth, group
=Soils$Depth)) +
  labs(x=paste("PCoA 1 (", eig_percent[1], "%)", sep=""),
      y=paste("PCoA 2 (", eig_percent[2], "%)", sep=""),
      title="") +
  geom_point(size=5) +
  geom_encircle(aes(fill=Soils$Depth), alpha = 0.1, show.legend = F) +
  theme_classic() + coord_fixed(1) #图 4-19
```

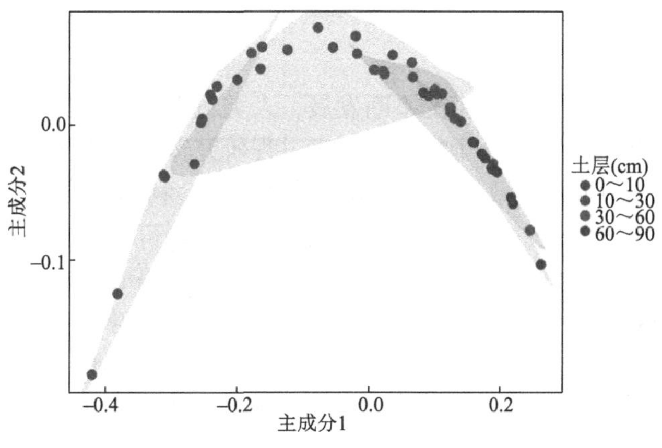

图 4-19　分组在载荷矩阵上的映射

从图 4-19 可以看出，不同土壤深度土样中 6 类主要参数在前两个载荷上的投影具备一定分布规律。

思　考　题

（1）请就本章提及的知识内容，试回答研究数据的组间差异有哪些方法以及这些方法的异同之处。

（2）线性回归模型会受到数据中的多重共线性影响，请利用本章中涉及的知识与方法，思考如何检测与处理数据多重共线性。

（3）谈一谈你对主成分分析中主成分与原始变量的关系的理解。本章的案例中选择了六个主成分对数据进行解释，请查阅相关文献，想一想如何确定主成分数量。

（4）请回顾学习内容，总结本章涉及了哪些统计分析方法？这些方法的应用目的与条件是什么？

第 5 章　栅格数据处理

5.1　raster 包

5.1.1　概述

随着全球观测星座及遥感技术的不断发展，人类对于地球系统的理解已经由传统的代表性站点长期观测向全天候、全覆盖的地表过程研究转变。地理学的数据也已经从传统的站点测得的 Excel 或 txt 数据向栅格数据转变。学会利用 R 语言处理栅格数据将会帮助你在未来的地理学研究中大显身手，先人一步。R 语言中的 raster 包是专门用来处理栅格数据的工具包。raster 包由美国空间统计学家、加利福尼亚大学戴维斯分校环境科学与政策系教授 R. J. Hijmans 等十余人创建。根据最新的检索，在 R 语言中近 6000 个包含栅格处理的包及函数中，raster 包的使用率最高，其次为 whitebox 包。raster 包包含近百个函数模块，本节不全部讲述包中的每一个函数，主要利用案例讲述常用的 raster 包中进行栅格统计与分析的部分函数。

5.1.2　基本函数

本节主要介绍目前最常用的 raster 包的主要功能，其主要功能函数见表 5-1。

表 5-1　raster 包主要函数列表

函数	描述
cellStats	栅格统计，统计指标包括常见的 sum、mean、min、max、sd（标准差）、skew（偏度）和 rms（均方根），如 cellStats(r, 'mean')表示计算均值
as.array；as.matrix；as.data.frame…	转义函数，用于将栅格数据转化为对应的常规数据结构，as.array、as.matrix 和 as.data.frame 分别将栅格数据转为数组、矩阵和数据框，如 as.array(r)表示将栅格数据转为数组
brick 和 raster	读入或构建栅格数据，brick 可以读取或根据数组等构建多波段栅格数据，raster 可以读取或根据数组构建单波段栅格数据，调用方法为 raster（“栅格数据路径”）
calc	栅格计算器，多与 function()一起使用
cover	掩模替换 NA
crop	栅格裁剪，根据矢量/栅格图裁剪栅格图像
crs 和 projection	栅格图像投影赋值，如 crs(r) <- "+proj=lcc +lat_1=48 +lat_2=33 +lon_0=-100 +datum=WGS84"。注意：这一功能只能用于赋予投影参数，而不能用于进行投影转换

续表

函数	描述
dim	查看栅格数据的维度
extent	测度或设置栅格图像的四至边界
extract	从栅格图像中提取指定位置的像元的值
flip	翻转栅格图像中的行或列
freq	统计栅格像元值的频率
getValues	提取栅格的值，其结果为向量（vector），如 getValues(r, row=10)表示提取第十行所有列的数值，并存储在向量中
interpolate	栅格图像插值，主要提供反距离、克里金和不规则三角形等插值方法
is.na；is.nan；is.finite；is.infinite	is.na、is.nan、is.finite、is.infinite 分别用于识别栅格图像中的空值、非数字值、有限值、无穷值的像元
layerize	分类提取栅格像元，若输入叠加栅格，可统计各个类别映射到叠加栅格的像元数量
layerStats	计算不同栅格图层间的统计量，如 layerStats(b, 'pearson')表示计算 b 图层间的相关系数
mask	利用栅格掩模进行裁剪，主要基于 NA 的算法规则进行，如 mask(r, m)表示用栅格 m 裁剪栅格 r
minValue；maxValue	minValue 与 maxValue 分别用于获取栅格图像中像元值的最小值和最大值
merge	拼接栅格图像，要求所有栅格图像像元大小和坐标系统相同。多个栅格图像重叠部分根据栅格图像序列取值
mosaic	镶嵌栅格图像，要求所有栅格图像像元大小和坐标系统相同。多个栅格图像重叠部分采用均值等指定算法计算像元值
ncell；ncol；nrow；nlayers	ncell、ncol、nrow、nlayers 分别用于获取栅格图像中的像元数、列数、行数、栅格图层数
overlay	栅格图像叠加，根据指定算法对输入的多个栅格数据进行组合，如 r3 <- overlay(r1,r2,fun=function(x,y) {return(x+y)})表示将栅格 $r1$ 与栅格 $r2$ 以对应像元相加的方式进行叠加组成栅格 $r3$
plotRGB	RGB 彩色合成显示栅格图像，如 plotRGB(b, 3, 2, 1)表示将波段 3、2、1 分别赋给红、绿、蓝通道进行显示
projectRaster	转换或设置栅格的投影参数，投影数据格式 PROJ.4 library 中的 CRS
quantile	统计栅格图像中的分位点数值，如 quantile(r, probs = c(0.25, 0.75), names = FALSE)表示统计栅格 r 中 25%和 75%的分位点数值
reclassify	栅格图像重分类，如 rc <- reclassify(r, c(-Inf,0.25,1, 0.25,0.5,2, 0.5,Inf,3))表示将栅格 r 中值<0.25 的像元赋值为 1，将值介于 0.25 与 0.5 之间的像元赋值为 2，值>0.5 的像元赋值为 3
res	显示和设置栅格图像的像元大小，常用于处理有地理投影的栅格
resample	栅格图像重采样，如 resample(r, s, method='bilinear') 表示采用 bilinear 方法、以 s 栅格的像元大小对栅格图像 r 进行重采样
shapefile	读写 ESRI shapefile 格式数据，数据应当包含四个文件（.shp 文件存储空间数据，.dbf 文件存储属性数据，.shx 文件存储索引数据，.prj 存储参考坐标数据），缺少坐标文件会产生警告，缺少其他三个文件会产生报错
spplot	绘制栅格图像

续表

函数	描述
stack；unstack	stack 将多个分辨率与坐标系统一致的栅格图像打包为一个具有多个波段的文件，如 stack(r1,r2) 表示将 *r*1 和 *r*2 栅格图像合并为一个文件；unstack 则是将具有多个波段的数据文件分解为多个单波段栅格数据文件
subset	从多波段栅格图像中提取特定波段，如 subset(s, 2:3)表示提取第 2~3 个波段图层数据
writeRaster	将栅格图像写出，支持的文件格式有：raster(.grd)、CDF(.nc)、GTiff(.tif)、ENVI(.envi)、EHdr(.bil)、HFA(.img)，其中 raster 格式为默认文件格式
zonal(r, z, 'sum')	栅格图像分区统计，如 zonal(r, z, 'sum')表示用 *z* 栅格作为分区图统计 *r* 栅格映射在各分区中像元值的和

5.1.3 案例及代码

1. as.array、as.matrix 和 as.data.frame

这三个函数的功能分别是将栅格数据及其组合体中所有像元值转换为数组、矩阵和数据框，案例代码如下：

```
library(raster)
s <- c(1997:2002)
f <- paste0("F:\\code\\5.1\\raster\\a\\","NPP_",s,".tif")
npp <- stack(f)
data <- as.array(npp)
data1 <- as.matrix(npp)
dim(data)
dim(data1)
npp
```

运行结果如下：

```
> dim(data)
[1] 530 635   6
> dim(data1)
[1] 336550      6
> npp
class       : RasterStack
dimensions  : 530, 635, 336550, 6  (nrow, ncol, ncell, nlayers)
resolution  : 8000, 8000  (x, y)
extent      : -2697563, 2382437, 1727691, 5967691  (xmin, xmax, ymin, ymax)
crs         : +proj=aea +lat_0=0 +lon_0=105 +lat_1=25 +lat_2=47 +x_0=0 +y_0=0 +a=6378160
 +rf=298.246943022141 +units=m +no_defs
names       : NPP_1997, NPP_1998, NPP_1999, NPP_2000, NPP_2001, NPP_2002
```

可以看出，转义函数可以对包含 6 个波段的栅格数据进行转化，as.array 和 as.matrix 分别将栅格数据转换为数组与矩阵。如果不习惯运用 R 进行栅格计算，可以利用此方法将栅格数据转换为常见数据类型再进行进一步处理分析。

2. brick 和 raster

brick 与 raster 函数的功能都是从磁盘中读入或根据数组类型构建数据栅格数据。二者的区别在于：brick 可以读取或根据其他类型数据构建多波段栅格数据；而 raster 只能构建单波段栅格数据。以 “stack.img” 栅格数据为例，stack.img 是由 6 个图层运用 stack 函数合并之后的六波段栅格数据，读取该数据的案例代码如下：

```
a <- raster("F:\\code\\5.1\\raster\\b&c\\stack.img")
b <- brick("F:\\code\\5.1\\raster\\b&c\\stack.img")
a
b
```

运行结果如下：

```
> a
class       : RasterLayer
band        : 1  (of  6  bands)
dimensions  : 530, 635, 336550  (nrow, ncol, ncell)
resolution  : 8000, 8000  (x, y)
extent      : -2697563, 2382437, 1727691, 5967691  (xmin, xmax, ymin, ymax)
crs         : +proj=aea +lat_0=0 +lon_0=105 +lat_1=25 +lat_2=47 +x_0=0 +y_0=0 +a=6378160
 +rf=298.246943022141 +units=m +no_defs
source      : stack.img
names       : stack
values      : 0, 2088.738  (min, max)
> b
class       : RasterBrick
dimensions  : 530, 635, 336550, 6  (nrow, ncol, ncell, nlayers)
resolution  : 8000, 8000  (x, y)
extent      : -2697563, 2382437, 1727691, 5967691  (xmin, xmax, ymin, ymax)
crs         : +proj=aea +lat_0=0 +lon_0=105 +lat_1=25 +lat_2=47 +x_0=0 +y_0=0 +a=6378160
 +rf=298.246943022141 +units=m +no_defs
source      : stack.img
names       :  Layer_1,  Layer_2,  Layer_3,  Layer_4,  Layer_5,  Layer_6
min values  :        0,        0,        0,        0,        0,        0
max values  : 2088.738, 2163.355, 2160.271, 2086.534, 2169.206, 2325.763
```

可以看出，raster 函数读入的栅格数据只有图像中的第一波段栅格数据；而 brick 函数可以将图像中的 6 个波段全部读入。

3. calc

calc 是 raster 包中用于栅格计算的重要函数，一般与其他函数结合起来使用。以 stack.img 数据为例，计算栅格数据中 6 个图层与对应获取年份的一元一次回归系数和显著性（即斜率和 p 值），案例代码如下：

```
library(raster)
b <- brick("F:\\code\\5.1\\raster\\b&c\\stack.img")
aaa<-function(x,na.rm=T){if(is.na(x[1])){NA}else
summary(lm(x[1:6]~c(1997:2002)))$coefficients[2,4]}#显著性 p 值
bbb<-function(x,na.rm=T){if(is.na(x[1])){NA}else
summary(lm(x[1:6]~c(1997:2002)))$coefficients[2,1]}#斜率,回归系数
ya = calc(b, fun = aaa)#计算每个像元的显著性,aaa 为显著性计算函数
yb = calc(b, fun = bbb)#计算每个像元的斜率,bbb 为斜率计算函数
```

```
spplot(ya)
spplot(yb)
```

栅格图像的计算结果如图 5-1（部分）所示。

(a) 显著性(ya)计算结果 (b) 斜率(yb)计算结果

图 5-1 calc 函数计算出来的像元尺度的显著性和斜率

4. cover

cover 函数与传统地学软件 ArcGIS 中的叠加分析（intersect）相似，但是 ArcGIS 中的叠加分析只适用于矢量数据，而 raster 包中的 cover 函数还可以应用于栅格数据的叠加分析。以某地为案例数据，进行 cover 函数示范的案例代码如下：

```
library(raster)
library(gridExtra)
rm(list=ls())
dt_npp <- stack("F:\\code\\5.1\\raster\\d&s\\dt_npp.tif")#某地 npp 值
dt <- raster("F:\\code\\5.1\\raster\\d&s\\dt.tif")
a <- spplot(dt_npp[[1]])#共计 6 个图层,绘制第一层
dt_p <- dt
dt_p[dt_p>0.1] <- NA#大于 0.1 的像元设置为空值
b <- spplot(dt_p)
dt_z <- cover(dt_p,dt_npp[[1]])#将 NPP 图层的值（第 1 层）替换 dt_p 中的 NA 像元
c <- spplot(dt_z)
r_d <- dt_p+dt_npp[[1]]#dt_p 中大于 0.1 的像元都不显示 NPP,小于 0.1 的像元都显示
NPP 原值
d <- spplot(r_d)
grid.arrange(a,b,c,d,ncol=2,nrow=2)
```

图 5-2（a）为某地的 NPP 分布图，图 5-2（b）为从该地的差值图中提取像元值小于 0.1 的结果图像，图 5-2（c）为从 NPP 分布图中提取差值大于 0.1 的结果图像，图 5-2（d）为 NPP 分布图与从差值图中提取出小于 0.1 的图像进行求和叠加的结果图像。在统计学中保留 p 值，特别是保留 p 值小于 0.1 的像元最为常用，在 R 语言里可以用这样的方法绘制图像。cover 函数应用于矢量数据的功能不在此演示。

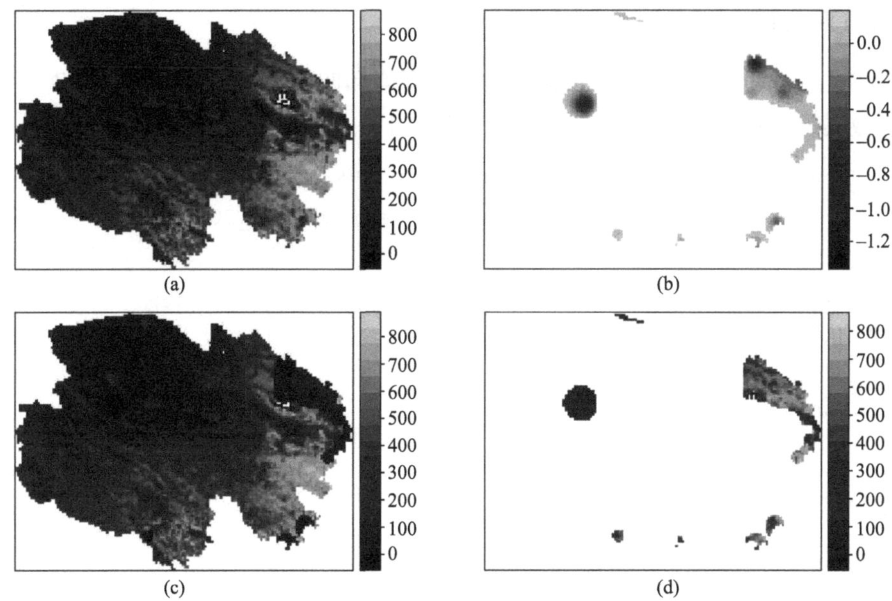

图 5-2　raster 包里面的不同叠加函数

5. crop 和 mask

crop 和 mask 是根据矢量图裁剪栅格图像的函数，两者配合使用能裁剪得到不规则区域的栅格图像。以某地行政区划进行裁剪的案例代码如下：

```
sp1 <- sf::st_read("F:\\code\\5.1\\shp\\e&f&g\\dt1.shp")
npp <- raster("F:\\code\\5.1\\raster\\e&f&g\\NPP_2000.tif")
ya1 <- crop(npp,sp1)
ya_m <- mask(ya1,sp1)
spplot(ya_m)
spplot(ya1)
```

由图 5-3 可以看出，图（a）为先后经过 crop 和 mask 处理的结果图像，图（b）为仅经过 crop 函数处理的结果图像。图像结果显示，先用 crop 进行裁剪缩小影像范围至目标区域范围，而后用 mask 再次裁剪获得不规则边界的栅格图。

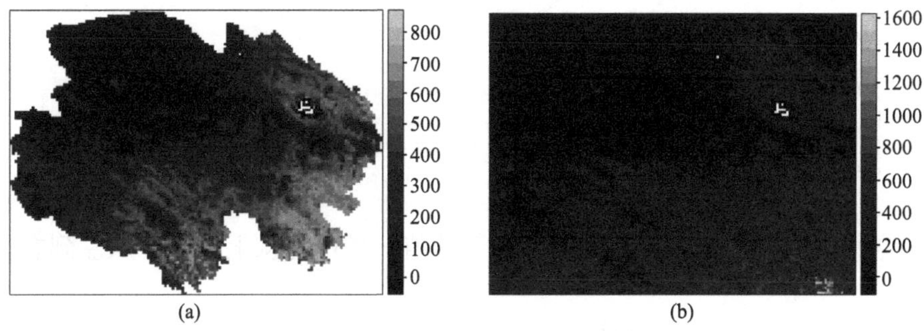

图 5-3　crop 和 mask 的裁剪效果

6. dim 和 extent

dim 和 extent 函数分别是显示栅格数据的维度和四至边界，根据某地行政区矢量图对 NPP 数据进行裁剪前后图像作为案例，代码如下：

```
sp1 <- sf::st_read("F:\\code\\5.1\\shp\\e&f&g\\dt1.shp")
npp <- raster("F:\\code\\5.1\\raster\\e&f&g\\NPP_2000.tif")
ya1 <- crop(npp,sp1)
ya_m <- mask(ya1,sp1)
```

结果如下：

```
dim(ya_m)
> dim(ya_m)
[1] 112 151   1

extent(ya_m)
> extent(ya_m)
class       : Extent
xmin        : -1385563
xmax        : -177563.2
ymin        : 3383691
ymax        : 4279691
```

7. extract、flip、freq 和 getValues

flip、freq 函数分别用于翻转栅格影像（flip）和频率统计（freq）；extract、getValues 函数的功能是用于提取栅格的值，二者区别在于 extract 可以根据点、线、面的空间位置提取栅格值，getValues 只可以返回整幅影像的像元值或某一行的像元值。以裁剪后的某地栅格图为例，代码如下：

```
sp1 <- sf::st_read("F:\\code\\5.1\\shp\\e&f&g\\dt1.shp")
npp <- raster("F:\\code\\5.1\\raster\\e&f&g\\NPP_2000.tif")
ya1 <- crop(npp,sp1)
ya_m <- mask(ya1,sp1)
extract(ya_m,c(1550:1555))
rx <- flip(ya_m, direction='x')##将栅格图水平翻转
spplot(rx)
freq(ya_m)
v <- as.data.frame(freq(ya_m))
va <- v[order(-v$count),]
va
v <- getValues(ya_m,row=10)
v
```

提取栅格中第 1550～1555 个栅格像元的值，排序为从上到下，从左到右，结果如下：

```
> extract(ya_m,c(1550:1555))
[1] 10.157453 11.134626 10.880939  7.727625  6.646522 14.680422
```

```
rx <- flip(ya_m, direction='x')
```

利用 flip 函数进行水平翻转后的某地栅格图像如图 5-4 所示。

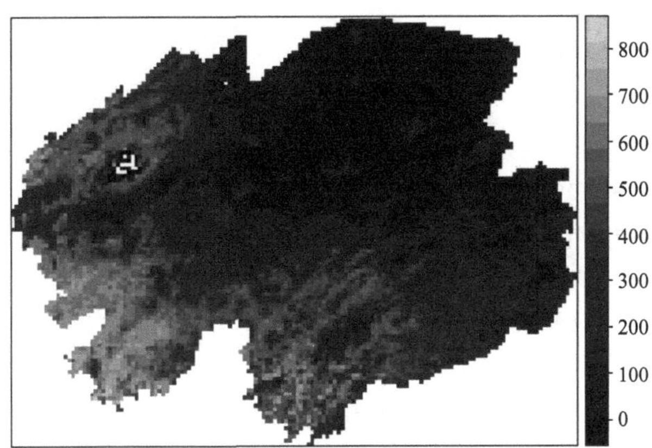

图 5-4　flip 翻转（*x* 轴）效果

freq 将栅格图中所有值出现的频率进行统计，结合 order 排序函数可以找出出现频率最高的像元值，部分截图如下，结果显示出现频率最高的像元值是 NA，总计 5742 个。

```
> v <- as.data.frame(freq(ya_m))
> va <- v[order(-v$count),]
> va
    value count
742    NA  5742
15     16    70
20     21    69
17     18    68
19     20    67
22     23    66
10     11    64
```

获取栅格图中第 10 行中所有列的像元值，部分结果如下：

```
> v <- getValues(ya_m,row=10)
> v
  [1]        NA        NA        NA        NA        NA
  [6]        NA        NA        NA        NA        NA
 [11]        NA        NA        NA        NA        NA
 [16] 45.865822 95.510948 91.156998 78.829193 55.126945
 [21] 17.370548 21.460463 32.749443 17.278391 16.038105
```

8. is.na、is.nan、is.finite 和 is.infinite

is.na、is.nan、is.finite 和 is.infinite 函数分别可以识别栅格图中的空值、非数值、有限值和无限值的像元，并可以对这些像元重新赋值。以裁剪后的某地栅格图为例，代码如下：

```
library(raster)
library(gridExtra)#组合栅格图
rm(list=ls())
dt <- raster("E:\\1025\\DATA\\5.1\\raster\\h\\dt.tif")
```

```
x <- spplot(dt)#原图出图
a <- dt
a[is.na(a)] <- 100
y <- spplot(a)#na 识别赋值后的出图
b <- dt
b[is.na(b)] <- NaN
b[is.nan(b)] <- 200
z <- spplot(b)#nan 赋值后的出图
d <- dt
d[is.na(d)] <- Inf#或者-Inf
d[is.infinite(d)] <- 300
u <- spplot(d)# infinite 赋值后的出图
e <- dt
e[is.na(e)] <- Inf
e[is.finite(e)] <- 400
v <- spplot(e)#有限值赋值后的出图
grid.arrange(x,y,z,u,v, ncol = 3, nrow =2)#图 5-5
```

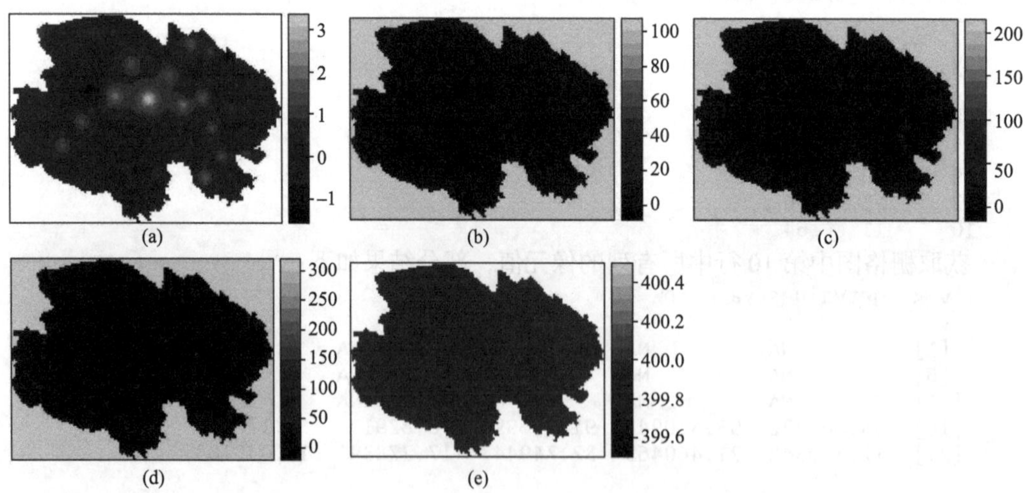

图 5-5 原图（a）、na 赋值（b）、nan 赋值（c）、infinite 赋值（d）和 finite 赋值（e）效果

9. overlay

overlay 主要用于多图层的栅格图像计算，各图层的栅格图像必须是具有同样的像元大小、空间范围和坐标系统。多个栅格图层进行简单运算，如计算图层 x 和图层 y 对应每个像元的数值和，可以表达为 x+y 即可。但是遇到较为复杂的运算，特别是具有一定逻辑关系的复杂运算，传统的计算表达常常不能满足要求。需要借助 overlay 函数中的 fun 参数自编运算函数，进而实现较为复杂的栅格图层计算。例如，判断区域的植被活

动的主导因素是气温还是降水，需要首先将气温和降水自变量与植被指数因变量进行逐像元的回归，分别获取每个像元上气温变化因子与降水因子对植被指数的影响力水平，在像元上同时记录气温与降水的贡献，以便比较同一植被指数像元中两个影响因素影响力水平的大小，确定每个像元上的植被活动的主导因素。在本案例中，根据这一地区气温和降水与 NDVI 的二元回归系数栅格图，逐像元进行逻辑判断，进而确定主导因素。在 R 语言中可借助 overlay 函数实现，代码如下：

```
library(raster)
tem <- raster("F:\\code\\5.1\\raster\\i\\temperature.tif")
pri <- raster("F:\\code\\5.1\\raster\\i\\precipitation.tif")
#简单计算 tem+pri
shiyan <- tem+pri
spplot(shiyan)
#确定主导因素
out <- raster(nrow=tem@nrows, ncol=tem@ncols,
              xmn= tem@extent[1], xmx=tem@extent[2],
              ymn=tem@extent[3], ymx=tem@extent[2])#新建一个栅格
crs(out) <- tem@crs#确保构建的栅格 out 与读入的栅格 tem 投影一致
out[ ] <- 0#赋值
abc <- function(x1,x2,x3){
  x3[which((x1>x2)==T)] <- 1#气温主导
  x3[which((x2>x1)==T)] <- 2#降水主导
  return(x3)
}#确定最大的因子，这里是从气温和降水中确定一个
shiyan1 <- overlay(tem, pri, out,fun = abc)#逻辑算法获取值传导给 out 空图层
spplot(shiyan1)
```

图 5-6（a）为两个栅格图层以求和的方式进行叠加得到的结果；图 5-6（b）为通过 overlay 函数，以编写的确定主导因素函数为叠加方式进行图像叠加所得的结果，其中黄色表示该像元处 NDVI 变化以降水为主导，黑色表示该像元处 NDVI 变化以气温为主导。

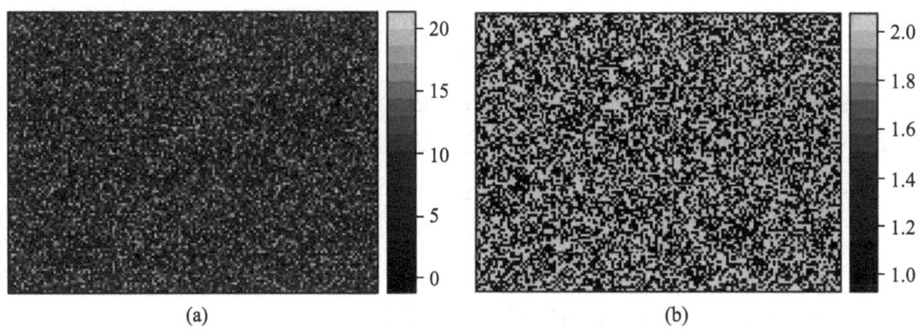

图 5-6　简单的相加运算（a）和利用 overlay 进行复杂逻辑运算确定主导因素（b）

10. layerize

layerize 函数用于提取分类栅格（要求栅格数据为离散型数据而不可使用连续型数据）。本案例采用某区坡度分区图进行演示，图像像元值表示坡度分级（1～4），利用 layerize 函数将各级坡度像元提取为单独图层，代码如下：

```
library(raster)
dt5 <- raster("F:\\code\\5.1\\raster\\j\\dt1.tif")
x <- layerize(dt5)
plot(x)#图 5-7
```

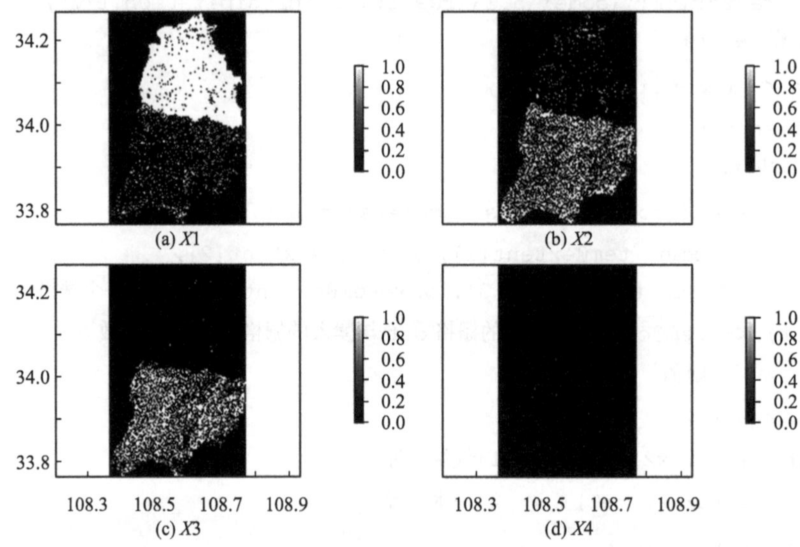

图 5-7　X1～X4 分别表示坡度等级为 1～4 的栅格图层（白色表示选定的属性值；黑色表示空值）

11. layerStats

layerStats 主要用于多个图层之间的统计参数计算，如相关系数或者方差等。以 NPP_1998.tif、NPP_1999.tif 和 NPP_2000.tif 为例，计算三个图层之间的相关系数，案例代码如下：

```
library(raster)
a <- raster("F:\\code\\5.1\\raster\\k&l\\NPP_1998.tif")
a[is.na(a)] <- 1#将栅格 NPP_1998 中空值赋值为 1
b <- raster("F:\\code\\5.1\\raster\\k&l\\NPP_1999.tif")
b[is.na(b)] <- 2#将栅格 NPP_1999 中空值赋值为 2
c <- raster("F:\\code\\5.1\\raster\\k&l\\NPP_2000.tif")
c[is.na(c)] <- 3#将栅格 NPP_2000 中空值赋值为 3
d <- stack(a,b,c)#将 3 个图层合并
e <- layerStats(d, 'pearson')#计算相关系数
e
```

```
> e
$`pearson correlation coefficient`
          NPP_1998  NPP_1999  NPP_2000
NPP_1998 1.0000000 0.9872128 0.9840084
NPP_1999 0.9872128 1.0000000 0.9867347
NPP_2000 0.9840084 0.9867347 1.0000000

$mean
NPP_1998 NPP_1999 NPP_2000
174.2078 165.7209 163.1388
```

可以看出，Pearson 相关性检验得到 NPP_1998 与 NPP_1999 和 NPP_2000 两个栅格图之间的相关系数分别为 0.987、0.984。3 个图层所有栅格像元的平均值分别为 174.2、165.7、163.1。

12. ncell、ncol、nrow、nlayers

ncell、ncol、nrow、nlayers 函数分别可以显示栅格的像元总数、列总数、行总数和图层数，图层数只适用于 stack 之后的栅格图层组合，代码如下：

```
library(raster)
a <- raster("F:\\code\\5.1\\raster\\k&l\\NPP_1998.tif")
b <- raster("F:\\code\\5.1\\raster\\k&l\\NPP_1999.tif")
c <- raster("F:\\code\\5.1\\raster\\k&l\\NPP_2000.tif")
d <- stack(a,b,c)
ncell(d[[1]])
ncol(d[[1]])
nrow(d[[1]])
nlayers(d)
d
```

```
> ncell(d[[1]])
[1] 336550
> ncol(d[[1]])
[1] 635
> nrow(d[[1]])
[1] 530
> nlayers(d)
[1] 3
```

可以看出，栅格数据 *a* 总共有 336550 个像元，635 列、530 行。而组合得到的栅格影像 *d* 包含 3 个图层（*a*/*b*/*c*）。若需要将这些参数一起显示出来，只要将最后组合栅格 *d* 单独运行：

```
> d
class      : RasterStack
dimensions : 530, 635, 336550, 3  (nrow, ncol, ncell,
 nlayers)
resolution : 8000, 8000  (x, y)
extent     : -2697563, 2382437, 1727691, 5967691  (xmi
n, xmax, ymin, ymax)
```

```
crs         : +proj=aea +lat_0=0 +lon_0=105 +lat_1=25 +
lat_2=47 +x_0=0 +y_0=0 +a=6378160 +rf=298.246943022141
 +units=m +no_defs
names       : NPP_1998, NPP_1999, NPP_2000
```

13. plotRGB

plotRGB 函数是将不同波段的影像按照 R、G、B 三相色彩系统组合进行彩色显示，这一函数应用在早期的 landsat 遥感图像组合后的目视解译中具有较好的效果。不同图层在 RGB 中的组合顺序可以突出不同地物在光谱色彩中的对比度，进而有利于目视解译的精度。利用上个案例中的三个图层进行随机组合获取彩色图，代码如下：

```
library(raster)
library(gridExtra)
d <- stack("F:\\code\\5.1\\raster\\m\\stack.img")
sp1 <- sf::st_read("F:\\code\\5.1\\shp\\m\\dt1.shp")
d <- crop(d,sp1)
d <- mask(d,sp1)
par(mfrow=c(1,3))
plotRGB(d)#用组合栅格中的 1、2、3 图层按照顺序赋给 R、G、B 彩色系统出图
plotRGB(d, 3, 2, 1,stretch='hist') #用组合栅格中的 3、2、1 图层按照顺序赋给 R、G、B 彩色系统出图,并且应用直方图拉伸
plotRGB(d, 4, 5, 6,stretch='lin') #用组合栅格中的 4、5、6 图层按照顺序赋给 R、G、B 彩色系统出图,并且应用线性拉伸
```

图 5-8 可以看出，不同 RGB 组合后彩色影像的色彩和像元对比度都有比较大的差异。需要注意的是，进行 RGB 彩色合成显示要求各波段具有相同像元、投影和范围，且 DN 值必须在 0～255，若像元值超出这一范围就需要先对影像进行拉伸与转化，再进行彩色合成显示。

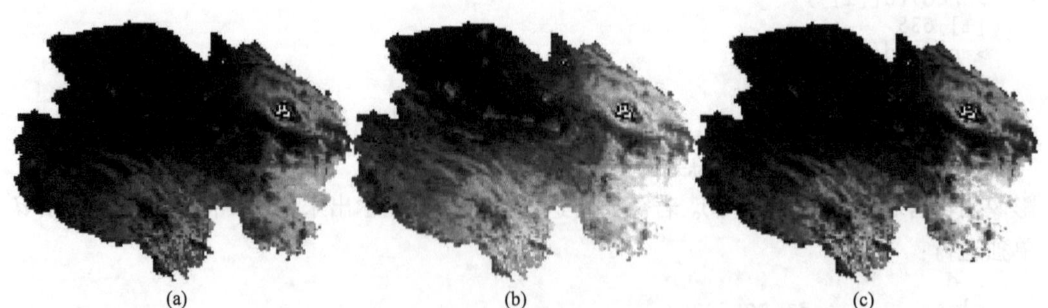

(a)　　(b)　　(c)

图 5-8　123 组合（a）、321 组合+直方图拉伸（b）和 456 组合+线性拉伸（c）

14. minValue、maxValue

minValue 与 maxValue 函数分别用于显示栅格图像像元的最大值和最小值，案例采用 cover 函数应用案例中的 NPP 数据，代码如下：

```
library(raster)
npp <- stack("F:\\code\\5.1\\raster\\q&r&n\\dt_npp.tif ")
minValue(npp[[1]])#最小值
maxValue(npp[[1]])#最大值
npp[[1]]
```

结果如下：

```
> minValue(npp[[1]])
  dt_npp_1
   0.5566466
> maxValue(npp[[1]])
  dt_npp_1
    830.6611
> npp[[1]]
class      : RasterLayer
band       : 1  (of  6  bands)
dimensions : 112, 151, 16912  (nrow, ncol, ncell)
resolution : 8000, 8000  (x, y)
extent     : -1385563, -177563.2, 3383691, 4279691  (x
min, xmax, ymin, ymax)
crs        : +proj=aea +lat_0=0 +lon_0=105 +lat_1=25 +
lat_2=47 +x_0=0 +y_0=0 +a=6378160 +rf=298.246943022141
+units=m +no_defs
source     : dt_npp.tif
names      : dt_npp_1
values     : 0.5566466, 830.6611  (min, max)
```

三个显示结果分别为栅格中的最小值、最大值、栅格图像的基本属性。栅格数据的基本属性包括最大值和最小值，因此不需要单独去查看像元中的极值，minValue 与 maxValue 常用于循环或者其他特殊统计的函数中。需要强调的是，栅格图像中的 NA 值不具有统计特性，因此虽然图像中存在大量的 NA 像元，但是都不会纳入最小值和最大值的统计之中，这与 R 语言的基础逻辑和代码规则是一致的。

15. merge 和 mosaic

merge 和 mosaic 函数用于进行栅格图像拼接。不同的是，如果遇到不同栅格图之间的重叠部分，merge 函数默认采用排名最前的图像像元填充，mosaic 函数根据 fun 参数确定像元值，因此可以根据需求编写或指定常用的 fun 函数来处理两个栅格图像的重叠部分，如 mean、min 或者 max 等。需要强调的是，利用这两函数进行栅格图像拼接的时候，要求拼接的栅格图像必须拥有相同的坐标系统和像元大小。拼接演示数据采用三个地区的 NDVI 图像，代码如下：

```
library(raster)
library(gridExtra)
dt2 <- raster("F:\\code\\5.1\\raster\\o\\dt2.dat") #读入栅格
gs <- raster("F:\\code\\5.1\\raster\\o\\dt3.dat")
dt4 <- raster("F:\\code\\5.1\\raster\\o\\dt4.dat")
r_m <- merge(dt2,dt3,dt4)
r_mo <- mosaic(dt2, dt4, fun=mean)#采用均值填充重叠区域栅格像元
```

```
a <- spplot(r_m)
b <- spplot(r_mo)
grid.arrange(a,b,ncol=2,nrow=1)
```

图 5-9（a）为三个地区的 NDVI merge 功能拼接结果影像；图 5-9（b）为其中两个地区的 NDVI mosaic 功能拼接结果影像。merge 和 mosaic 函数都可以实现多幅栅格图像一起拼接，但是 mosaic 函数具有更灵活的拼接方式。

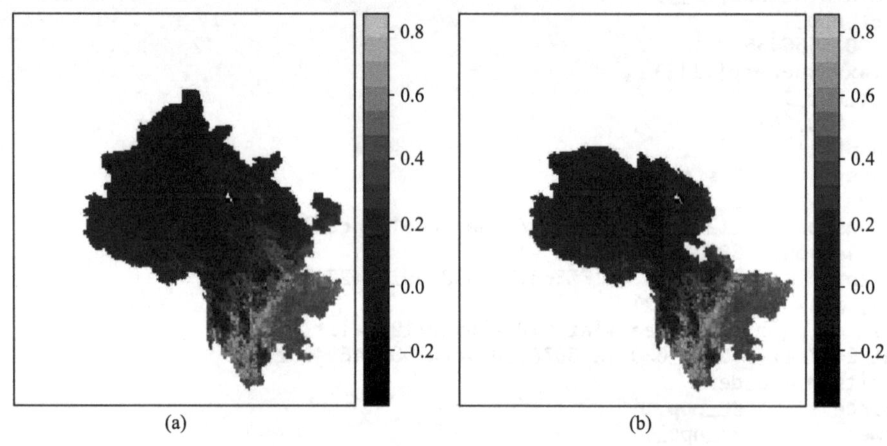

图 5-9　merge 三图拼接（a）和 mosaic 两图拼接（b）

16. projection、crs、projectRaster 和 resample

projection 和 crs 函数用法和功能一致，用来显示和设置栅格图的坐标系统。用这两个函数来设置栅格图像的坐标系统时，多是初次赋值，如将地理坐标（椭球体）转换为投影坐标，或者初次赋值地理坐标，而不能用于将已有投影系统的栅格图像转换为另一个投影系统，即不可用于投影转换。栅格图像投影系统的转换需使用 projectRaster 函数来实现。不同的投影系统之间差距很大，不同的研究尺度和研究区都有其相适应的投影系统，相关基础理论还请查阅《测量与地图学》（王慧麟，2004）。resample 函数，即影像的重采样功能，用于在不同的像元粒度之间进行转换。以某地的 NPP 栅格图像为例进行投影设置与转换，代码如下：

```
library(raster)
library(gridExtra)
rm(list=ls())#去除电脑内存所有变量
dt <- raster("F:\\code\\5.1\\raster\\p\\dt_npp.tif")#原图，8000*8000 的粒度
dt_10000 <- raster("F:\\code\\5.1\\raster\\p\\dt_npp_10000.tif")#像元粒度为 10000*10000 的栅格图
crs(dt)#查看投影
projection(dt)#查看原图投影
dt_t <- projectRaster(dt,crs = "+proj=lcc +lat_1=62 +lat_2=30 +lat_0=0 +lon_0=105 +x_0=0 +y_0=0 +ellps=krass +units=m +no_defs")#转换为兰勃特共形圆锥
```

投影(LCC)，椭球体为 Krassovsky

```
crs(dt_t)
dt_t_r <- projectRaster(dt,crs = "+proj=lcc +lat_1=62 +lat_2=30 +lat_0=0 +lon_0=105 +x_0=0 +y_0=0 +ellps=krass +units=m +no_defs",res=10000)# 转换为兰勃特共形圆锥投影(LCC),椭球体为 Krassovsky,同时粒度转换为 10000*10000
dt_r <- resample(dt,dt_10000, method='bilinear')#重投影为 10000*10000
a <- spplot(dt)#画原图
b<- spplot(dt_t)#换为兰勃特共形圆锥投影出图
c<- spplot(dt_t_r)#兰勃特共形圆锥投影+粒度转换出图
d<- spplot(dt_r)#粒度转换
grid.arrange(a,b,c,d,ncol=2,nrow=2)
```

```
> crs(dt)
CRS arguments:
 +proj=aea +lat_0=0 +lon_0=105 +lat_1=25 +lat_2=47 +x_0=0 +y_0=0
+a=6378160 +rf=298.246943022141 +units=m +no_defs
> projection(dt)
[1] "+proj=aea +lat_0=0 +lon_0=105 +lat_1=25 +lat_2=47 +x_0=0 +y_0=0 +a=6378160
 +rf=298.246943022141 +units=m +no_defs"
```

可以看出，crs 和 projection 基本一致，都用于显示栅格图像投影系统信息，数据格式为 Proj4。本案例中，原栅格图像的投影系统为阿尔伯斯等面积投影（aea），中央经线为 105°E，两个圆锥投影的中心纬度分别为 25°N 和 47°N，椭球体为北京 1954。

```
> crs(dt_t)
Coordinate Reference System:
Deprecated Proj.4 representation:
 +proj=lcc +lat_0=0 +lon_0=105 +lat_1=62
+lat_2=30 +x_0=0 +y_0=0 +ellps=krass +units=m
+no_defs
```

可以看出，转换后投影系统的椭球体为克拉索夫斯基椭球体，投影方式为兰勃特共形圆锥投影（LCC），投影范围为 30°N～62°N。

图 5-10 可以看出，投影转换后（a）栅格的边界范围（extent）出现了变化，某地边界的形状也出现了细微的变化。重采样后栅格图像的分辨率出现了很大的变化，尤其是湖区域特别明显。重采样可以选择两种方式：'ngb'（nearest neighbor）、'bilinear'（bilinear interpolation）。具体计算过程与适用范围请参考相关文献（Jiang and Wang，2015）。

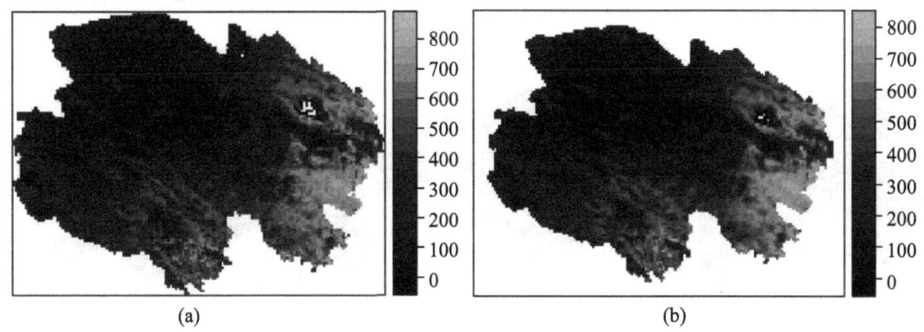

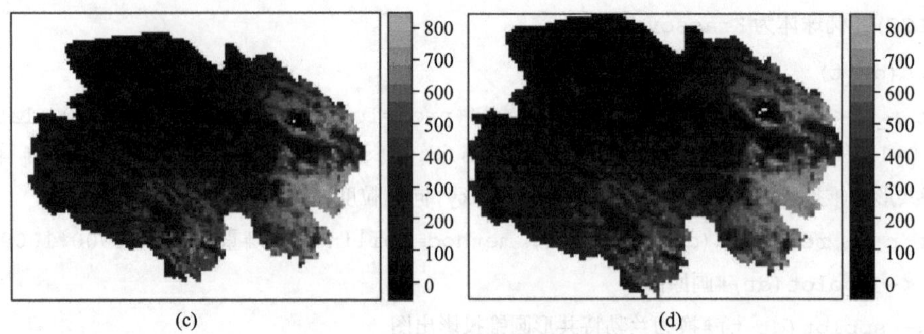

图 5-10　原图（a）、兰勃特投影转换（b）、兰勃特投影转换+重采样（c）和重采样（d）

17. reclassify

reclassify 用于栅格图像的重分类，很多算法模型都需要将数据进行重分类，这个函数功能使用较为广泛。以某地的 NPP 栅格为例进行重分类，代码如下：

```
library(gridExtra)
library(raster)
rm(list=ls())
dt <- raster("F:\\code\\5.1\\raster\\q&r&n\\dt_npp.tif")
rc <- reclassify(dt, c(-Inf,50,1, 50,300,2, 300,500,3,500,Inf,4))#闭合分类
rc1 <- reclassify(dt, c(-Inf,50,1, 50,300,2, 300,500,3,700,Inf,4))#不闭合分类
a <- spplot(dt)
b <- spplot(rc)
c <- spplot(rc1)
grid.arrange(a,b,c,ncol=3,nrow=1)
```

从图 5-11 可以看出，reclassify 的分类是根据给定的分类向量 c 进行的。当闭合重分类时，栅格中所有像元将被重新赋值，而不闭合分类发生时，不在分类区间的像元栅格将保留原值。在本案例中，闭合分类的效果是将原图中<50 的像元值赋值为 1，将 50～300 的像元赋值为 2，将 300～500 的像元值赋值为 3，将>500 的像元赋值为 4。本案例中的不闭合分类结果为以图 5-11（c）所示，具体分类方法可类比闭合重分类解读。

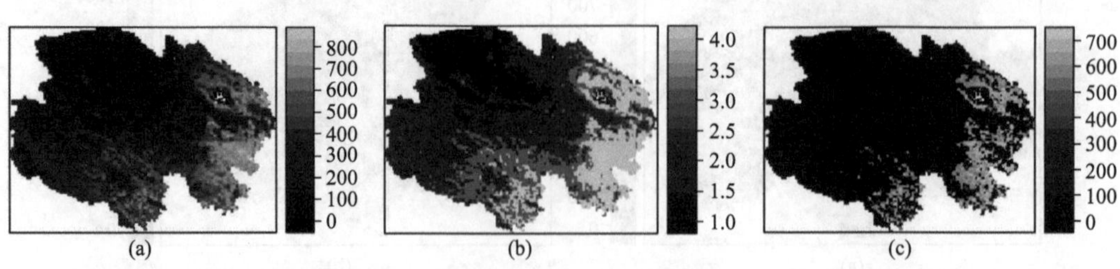

图 5-11　原图（a）、闭合重分类（b）和不闭合重分类（c）效果

18. stack、unstack 和 subset

stack 和 unstack 函数用于栅格图层的合并和拆分，subset 函数用于提取子图层。以某地的 NPP 数据作为案例进行图层合并、拆分、提取，代码如下：

```
library(gridExtra)
library(raster)
rm(list=ls())
dt <- stack("F:\\code\\5.1\\raster\\q&r&n\\dt_npp.tif")#NPP 数据有 6 层栅格
图像,所以用 stack 功能读取
a <- unstack(qh)#打散图层组合
str(a)#显示打散后的数据结构
b<- as.matrix(a[[1]])#提取像元栅格
b
npp4 <- subset(dt,4)#提取第四层
npp5 <- subset(dt,5)
npp6 <- subset(dt,6)
npp <- stack(npp4,npp5,npp6)#组合 4-6 层
npp
```

结果如下：

```
> str(a)
List of 6
 $ :Formal class 'RasterLayer' [package "raster"] with 12 slots
  .. ..@ file    :Formal class '.RasterFile' [package "raster"] with 13 slo
ts
  .. .. .. ..@ name        : chr "F:\\\u4e66\\code\\5.2\\raster\\stack\\
dt_npp.tif"
  .. .. .. ..@ datanotation: chr "FLT4S"
```

选取 6 个图层当中的第一层，并将该栅格图像数据转换成矩阵数据类型，结果如下：

```
> as.matrix(a[[1]])
      [,1]   [,2]   [,3]   [,4]   [,5]   [,6]
 [1,]   NA     NA     NA     NA     NA     NA
 [2,]   NA     NA     NA     NA     NA     NA
 [3,]   NA     NA     NA     NA     NA     NA
 [4,]   NA     NA     NA     NA     NA     NA
 [5,]   NA     NA     NA     NA     NA     NA
 [6,]   NA     NA     NA     NA     NA     NA
       [,7]   [,8]   [,9]   [,10]   [,11]   [,12]
 [1,]   NA     NA     NA     NA      NA      NA
```

这样逐层地提取并转换栅格像元数据相对烦琐，利用 as.array(qh)功能可以将 6 层栅格像元数据一次性转化为一个 112 × 151 × 6 维度的数组，数组的维度由栅格图像组合的维度确定。

需要注意的是，数据 “dt_npp.tif” 中有 6 个图层，所以不能用 raster 进行数据读取。此外，在用 stack 进行批量栅格图层组合的过程中，案例中的逐层提取在代码编辑上较为烦琐，而且还会有较大的报错风险。因此，如果需要合并图层的工作量较大，如按年合并 12 个月的气候或者植被数据，可以借助 for 循环来批量组合，如案例当中的 3 个图

层合并可以用 for 循环来完成，代码如下：

```
npp4 <- subset(dt,4)#构建一个底层栅格模板,放在第一层,用于合并用
a <- npp4
 for (i in 4:nlayers(dt)) {
  b <- subset(dt,i)
  a <- stack(a,b)
}
a <- subset(a,c(2:4))#去掉第一层的栅格模板
```

19. zonal

zonal 函数为栅格图像像元数值分区统计,这与 ArcGIS 中的“Zonal Statistics as Table”功能不同之处在于,“Zonal Statistics as Table”利用矢量图层统计栅格像元数值特征，而 raster 包中的 zonal 函数利用分类栅格图层统计栅格像元数值特征，代码如下：

```
library(raster)
library(gridExtra)
msk <- raster("F:\\code\\5.1\\raster\\d&s\\dt.tif")
npp <- stack("F:\\code\\5.1\\raster\\d&s\\dt_npp.tif")
msk <- reclassify(msk, c(-Inf,0,1, 0,1,2, 1,2,3,3,Inf,4))
c <- spplot(msk)
d <- spplot(npp[[1]])
grid.arrange(c,d,ncol=2,nrow=1)#图 5-12
```

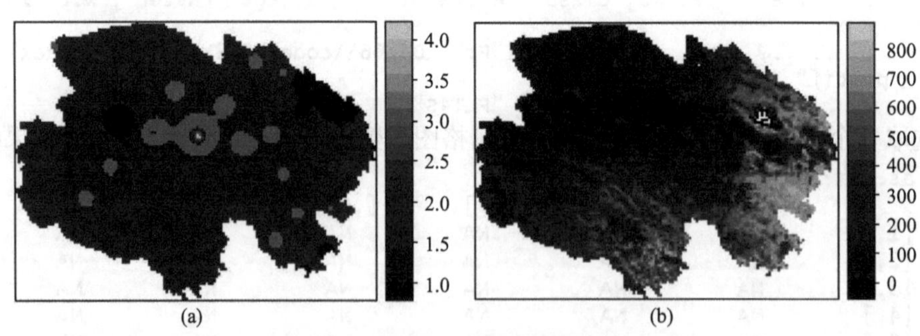

图 5-12　分类图（a）和 NPP（b）

```
a <- zonal(npp,msk,mean)#多层统计
a <- as.data.frame(a)#转换为便于数据处理的数据框格式
str(a)
> str(a)
'data.frame':    4 obs. of  7 variables:
 $ zone         : num  1 2 3 4
 $ qinghai_npp.1: num  375.3 251.7 143.2 39.3
 $ qinghai_npp.2: num  389.6 261.2 141.2 55.6
 $ qinghai_npp.3: num  380.7 267.6 149.5 43.5
 $ qinghai_npp.4: num  355.3 256.2 145.8 40.1
 $ qinghai_npp.5: num  373.2 267.5 143.3 37.8
 $ qinghai_npp.6: num  398.3 284.5 162.5 40.2
```

```
#单层统计
a <- zonal(npp[[1]],msk,mean)#单层统计
a
```

结果如下：

```
> a
     zone     value
[1,]    1 375.33161
[2,]    2 251.72091
[3,]    3 143.21509
[4,]    4  39.26856
```

以图 5-12（a）作为分类图统计图 5-12（b）的 NPP 图层像元均值（6 层），转换为 data.frame 后变成 7 个观测，4 个变量的数据框，具体统计数据如下：

zonal 基于分类栅格图层进行统计，要求分类栅格图层的像元大小、影像范围、坐标系统等与被统计的栅格图像（NPP）一致，否则无法运行。zonal 函数统计结果的数据结构不是传统的向量、数据框和矩阵等，而是列表类型，不利于数据后续操作。因此，这一函数目前使用较少，直接使用 ArcGIS 软件工具更为方便。如若借助 raster 包实现分区统计，需先读入矢量分区图并转换为栅格图，再进行分区统计。

5.1.4　要点提示

（1）本节所有的代码都是为帮助读者了解 raster 包里的功能而设置的，没有特定的指示意义。在运行案例代码的过程中，请首先运行 install.packages(“raster”)代码以载入 raster 包，否则有可能会报错。

（2）所有的栅格图像操作，在 ArcGIS 和 ENVI 等图像处理软件中都可以进行，而 raster 包的优势在于可以借助循环（for）功能实现批处理，这才是 R 语言的优势所在。

5.2　插　　值

5.2.1　概述

插值是地理数据中从点位观测向空间拓展的重要方法。在长期的点位观测中，虽然能够获得较为精准和长期的连续观测数据，但是观测点位的代表性问题一直是地理学界讨论的重点。目前，常用的解决思路：一种方法是增加点位观测的密度，达到破除尺度依赖的边界与约束，另一种方法就是通过点面拓展工具，即空间插值工具来完成从点到面的拓展。后一方法虽然简单便捷，但是也存在固有的缺陷：首先，空间插值工具主要包括克里金、反距离、邻近距离、薄盘样条函数和泰森多边形（邻域多边形）等（何红艳等，2005；林忠辉等，2002）。每种插值方法都有其固定的点面拓展算法，不同的方

法都需要有较为扎实的算法基础作为支撑，否则插值的结果与实际会有较大的差距；其次，不同的参数设置对点面拓展的结果影响也非常大，特别是克里金插值（Oliver and Webster，1990）。本节仅就主要的插值方法在 R 语言中的应用进行案例展示，同时演示其基础代码，如果需要详细理解不同空间插值的算法及其参数控制，请参考王劲峰等编著的《空间数据分析教程》（王劲峰等，2010）。

5.2.2 案例及代码

1. 泰森多边形插值（邻域多边形）

泰森多边形法是荷兰气候学家 A. H. Thiessen 提出的一种根据离散分布的气象站的降雨量来计算平均降雨量的方法，该方法将所有相邻气象站连成三角形，作这些三角形各边的垂直平分线，将每个三角形的三条边的垂直平分线的交点（也就是外接圆的圆心）连接起来得到一个多边形（邹强等，2014）。用这个多边形内所包含的一个唯一气象站的降雨强度来表示这个多边形区域内的降雨强度，并称这个多边形为泰森多边形。泰森多边形每个顶点有三个邻接多边形，它是这三个多边形内部站点所构成的三角形的外接圆圆心。从几何角度来看，两个基站的分界线是两点之间连线的铅直等分线，将全平面分为两个半平面，各半平面中任何一点与本半平面内基站的间隔都要比到另一基站间隔小。当基站数量在 2 个以上时，全平面被划分为多个包围一个基站的区域，区域中任何一点都与本区域内基站间隔最近，这些区域可以看作是各基站的覆盖区域。这种由多个点将平面划分成的泰森多边形又称为 Voronoi 图（图 5-13）（Liu et al.，2022）。

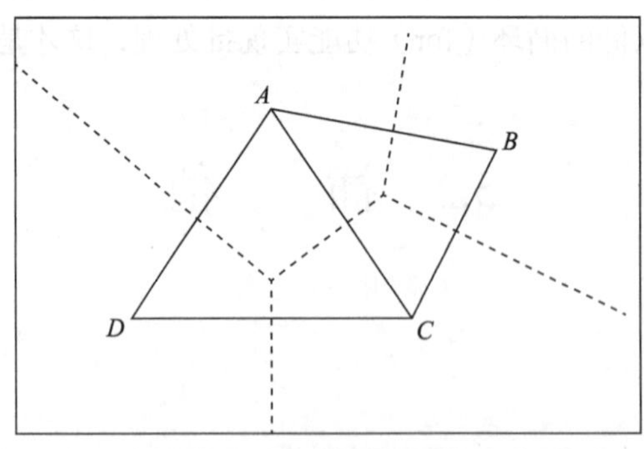

图 5-13 泰森多边形模型

本节案例利用 2010 年某月份的某地及其周边气象站点的标准化降水蒸散指数（standardized precipitation evapotranspiration index，SPEI）观测值作为案例数据，其中观测点和某地的边界 shapefile 数据在随书的案例数据文件夹中都可以找到，观测点与某地行政边界分布如图 5-14 所示。

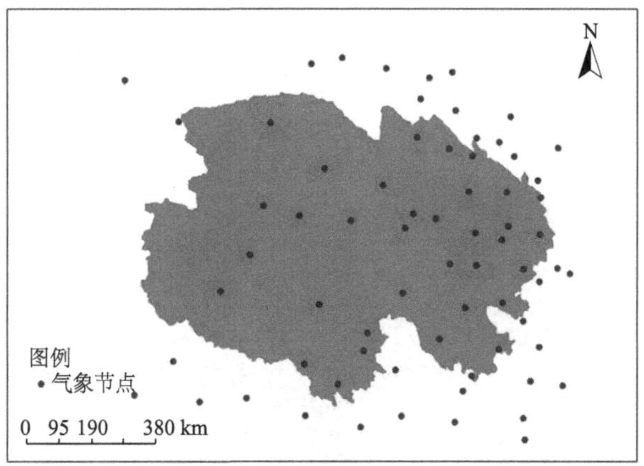

图 5-14　案例数据边界及样点

泰森多边形插值需要用到 dismo、deldir、sp、raster、xlsx 和 sf 六个包来完成，案例代码如下：

```
library(dismo)
library(deldir)
library(sp)
library(raster)
library(xlsx)
library(sf)
spei_krig <- read.xlsx("F:\\code\\5.2\\data\\dian.xlsx",sheetIndex = 1)#读入点数据
dsp <- SpatialPoints(spei_krig[,c(3,2)], proj4string=CRS("+proj=longlat +datum=WGS84"))#转成点空间数据
dsp <- SpatialPointsDataFrame(dsp, spei_krig)#空间数据附上属性
v <- voronoi(dsp)#生成泰森多边形
spplot(v, "spei", col.regions=rev(get_col_regions()))#绘制多边形图
#设置栅格mask,将生成的泰森多边形值映射到栅格mask上
sp1 <- sf::st_read("F:\\code\\5.2\\shp\\dt1.shp")#读入案例数据中的某地边界
sp2 <- st_transform(sp1,crs="+proj=longlat +datum=WGS84 +no_defs")#统一一下地理坐标（椭球体）
blank_raster<-raster(nrow=112,ncol=151,extent(sp2))#生成一个栅格
values(blank_raster)<-1#将栅格全部赋值为1
bound_raster<-rasterize(sp2,blank_raster)#将某地属性值赋值给栅格
bound_raster[!(is.na(bound_raster))] <- 1#将某地所有栅格赋值为1
vr <- rasterize(v,bound_raster, v$spei)#将生成的泰森多边形值赋值给栅格
vr <- stack(vr)#生成栅格,这个很重要
```

```
spplot(vr)
nnmask<-mask(vr,sp2)#裁剪
spplot(nnmask)#图 5-15
```

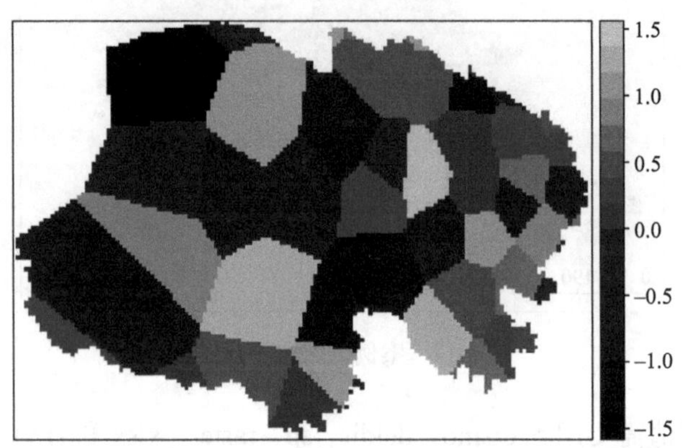

图 5-15　泰森多边形插值图

2. 自然邻域插值

这一方法基于地理学的第一性定律，即事物距离越近越相似。自然邻域插值(natural neighbor interpolation)也是基于空间自相关性的，被广泛应用于一些研究领域中。其基本原理是先对所有样本点创建泰森多边形 (Thiessen polygons)，当对未知点进行插值时，就会修改这些泰森多边形并对未知点生成两个新的泰森多边形。与待插值点泰森多边形相交的泰森多边形中的样本点被用来参与插值，它们对待插值点的影响权重和它们所处泰森多边形与待插值点新生成的泰森多边形相交的面积成正比，如图 5-16 所示。

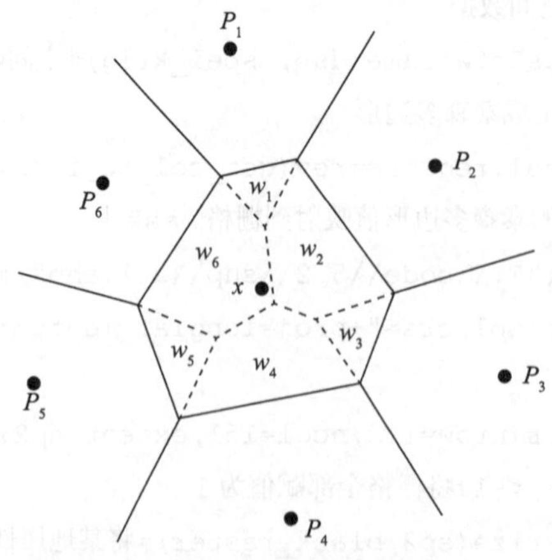

图 5-16　自然邻域插值示意图

w_i 解释见式（5-1）；P_i 为样点 $i(1, 2, \cdots, 6)$处的值

公式如下：

$$f(x)=\sum_{i=1}^{n} w_i(x) f_i \tag{5-1}$$

式中，$f(x)$ 为待插值点 x 处的插值结果；$w_i(x)$ 为参与插值的样本 $i\left(i=1,2,\cdots,6\right)$ 关于插值点 x 的权重；f_i 为样本点 i 处的值。

权重由式（5-2）决定：

$$w_i(x)=\frac{a_i \cap a(x)}{a(x)}, 0 \leqslant w_i(x) \leqslant 1 \tag{5-2}$$

式中，a_i 为参与插值的样本点所处泰森多边形的面积；$a(x)$为待插值点 x 所处泰森多边形的面积，$a_i \cap a(x)$ 为两者相交的面积。

自然邻近点插值需要用到 rgdal、gstat、sp、raster 和 xlsx 五个包来完成。演示数据与泰森多边形数据一致，代码如下：

```
rm(list=ls())
library(xlsx)
library(sp)
library(raster)
library(sf)
spei_krig <- read.xlsx("F:\\code\\5.2\\data\\dian.xlsx",sheetIndex = 1)#读入点数据
dsp <- SpatialPoints(spei_krig[,c(3,2)], proj4string=CRS("+proj=longlat +datum=WGS84"))#spei_krig 第 2、3 列分别是纬度和经度
dsp <- SpatialPointsDataFrame(dsp, spei_krig)#将 xlsx 数据转化为矢量点数据，椭球体为 WGS84
TA <- CRS("+proj=aea +lat_1=25 +lat_2=47 +lat_0=0 +lon_0=105 +x_0=0 +y_0=0
          +a=6378160 +b=6356774.5 +units=m +no_defs")#设置一个 PROJ.4 投影
library(rgdal)
dta <- spTransform(dsp, TA)#将 dsp 的地理坐标转化为 TA 的投影坐标
library(gstat)
gs <- gstat(formula=as.numeric(apply(dta[complete.cases(dta[,4]@data),4]@data,1,FUN=as.numeric))~1,
        locations=dta[complete.cases(dta[,4]@data),4], nmax=5, set=list(idp = 0))#选取周边最多 5 个邻近点来构建插值模型算法
CA <- raster("F:\\code\\5.2\\raster\\dt.tif")#读取一个未来将要插值形成的栅格模板
crs(CA) <- "+proj=longlat +datum=WGS84"#变成和 xlsx 数据一样的椭球体,WGS84
crs(CA) <- "+proj=aea +lat_1=25 +lat_2=47 +lat_0=0 +lon_0=105 +x_0=0 +y_0=0
+a=6378160 +b=6356774.5 +units=m +no_defs"#给定和 xlsx 数据（dsp）一样的投影
```

系统

```
nn <- interpolate(CA, gs)#开始插值
idwmask<-crop(nn,CA)#用栅格图进行裁剪
idwmask1<-mask(idwmask,CA)#裁剪获得边界
spplot(idwmask1)#图 5-17
```

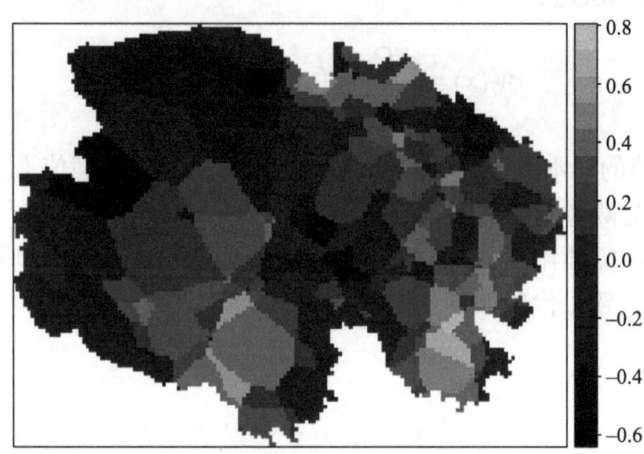

图 5-17　自然邻域插值图

3. 反距离加权插值

反距离加权插值（inverse distance-weighted interpolation，IDW）作为一种几何插值方法，具有计算相对简单、操作便利等特点，是最常用的空间内插方法之一。在反距离加权方法中，需要考虑两个影响因素，即距离的幂和邻域搜索范围。距离值是一个重要的因素，通过设置距离的幂值，可以明显地改变内插的效果。它规定在内插过程中，距离变化影响已知点对未知点的权重按何种指数规律增、减的方式；而后者是根据已知样本点的分布结构、数据特性、创建表面的精度要求等，设置搜索邻域的形状和大小、搜索区内已知样本点的数量来控制其使用样点的数量和方式（秦涛和付宗堂，2007）。

在 IDW 方法中，一个基本假设是相邻两个事物要素的相关性与其两者之间的距离相关且成比例，该距离可以定义为每个点与相邻点的距离反函数。相邻半径的定义和距离反函数的相关幂被认为是该方法中的重要参数。该方法应用基于样本点数量充分（至少 14 个点）且在局部尺度水平上空间分布相对分散的假设。影响反距离插值精度的主要因素是功率参数 p 的值。此外，邻域的大小和邻居的数量也与结果的准确性相关（Setianto and Triandini，2015）。

$$Z_0 = \frac{\sum_{i=1}^{N} Z_i d_i^{-n}}{\sum_{i=1}^{N} d_i^{-n}} \tag{5-3}$$

式中，Z_0 为变量 Z 在点 i 上的估计值；Z_i 为点 i 上的观测值；d_i 为观测点和估计点的距离；

N 为距离的权重参数；n 为每个验证案例的预测总数。

本案例演示数据与泰森多边形插值案例演示数据一致，代码如下：

```
#功能包载入、数据读入和空间数据构建,包括空间范围、投影系统、栅格粒度与自然邻近点插值法案例代码一致。
library(gstat)
gs <- gstat(formula=as.numeric(apply(dta[complete.cases(dta[,4]@data),4]@data,1,FUN=as.numeric))~1,
            locations=dta[complete.cases(dta[,4]@data),4])#反距离加权模型参数采用包内默认参数,如需查看默认参数,可借助“?gstat”功能查阅。
nn <- interpolate(CA, gs)
idwmask<-crop(nn,CA)
idwmask1<-mask(idwmask,CA)
spplot(idwmask1)#图 5-18
```

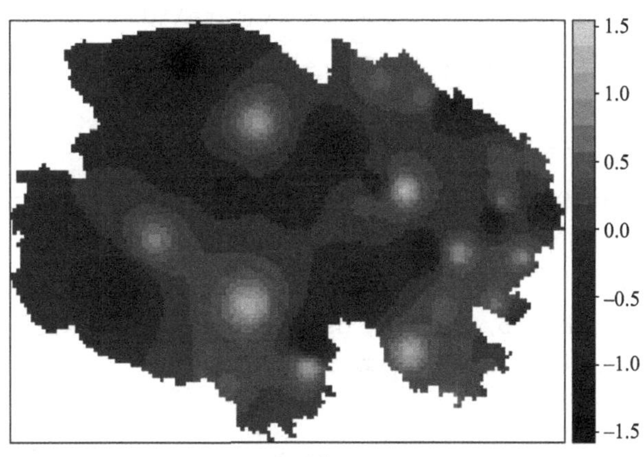

图 5-18　反距离插值图

4. 普通克里金插值

克里金法的命名来自南非金矿工程师丹尼·克里金（D. G. Krige），以纪念其使用回归方法对空间场进行预测的开创性研究。克里金法（普通克里金）的提出者为法国统计学家乔治斯·马瑟伦（G. Matheron），在 1963 年发表的著作 *Principles of Geostatistics* 中，马瑟伦将克里金法定义为“对已知样本加权平均以估计平面上的未知点，并使得估计值与真实值的数学期望相同且方差最小的地统计学过程”（Cressie，1988；Matheron，1963）。

克里金法（Kriging）是依据协方差函数对随机过程/随机场进行空间建模和预测（插值）的回归算法（Maroufpoor et al.，2020）。在特定的随机过程（如固有平稳过程）中，克里金法能够给出最优线性无偏估计（best linear unbiased prediction，BLUP）。因此，在地统计学中也被称为空间最优无偏估计器（spatial BLUP）。常见的改进算法包括泛克里金（universal Kriging，UK）、协同克里金（co-Kriging，CK）和析取克里金（disjunctive Kriging，DK）和全局克里金（universal Kriging，UK）等，克里金法也能够与其他模型

组成混合算法。克里金法其核心公式为

$$Z(s_0)=\sum_{i=1}^{n}\lambda_i Z(s_i) \tag{5-4}$$

式中，$Z(s_i)$ 为第 i 点的观测值；λ_i 为第 i 点的观测值的未知的权重；s_0 为待估计值；n 为观测点数。

本案例的演示数据与泰森多边形插值演示案例数据一致，代码如下：

```
#从 dataframe 里面读取数据并插值
library(xlsx)
library(raster)
library(sp)
library(sf)
rm(list=ls())#删除内存功能与变量
spei_krig <- read.xlsx("F:\\code\\5.2\\data\\dian.xlsx",sheetIndex = 1)
dsp<-SpatialPoints(spei_krig[,c(3,2)], proj4string=CRS("+proj=longlat +datum=WGS84"))
dsp <- SpatialPointsDataFrame(dsp, spei_krig)
TA <- CRS("+proj=aea +lat_1=25 +lat_2=47 +lat_0=0 +lon_0=105 +x_0=0 +y_0=0
        +a=6378160 +b=6356774.5 +units=m +no_defs")
library(rgdal)
dta <- spTransform(dsp, TA)#调整 dsp 数据的投影系统,如果使用 sf 包读的 shp 数据,则要使用 sf::st_transform()功能进行投影转换
library(gstat)
xgrid <- seq(-1385563,-177563.2,length.out=151)#构建一个用于保存插值映射的栅格,确定列
ygrid <- seq(3383691,4279691,length.out=112)#构建一个用于保存插值映射的栅格,确定行
basexy <- expand.grid(xgrid, ygrid)#栅格化
#plot(y ~ x, basexy)
colnames(basexy) <- c("x", "y")#给定行列名
coordinates(basexy) <- ~x+y#转换成地理空间数据
gridded(basexy) <- TRUE
plot(basexy)
crs(basexy) <- "+proj=longlat +datum=WGS84"#给定椭球体
crs(basexy) <- "+proj=aea +lat_1=25 +lat_2=47 +lat_0=0 +lon_0=105+x_0=0+y_0=0
+a=6378160 +b=6356774.5 +units=m +no_defs"#规定投影系统
#构建变差函数（Variogram）参数以及相应的模型
```

```
m <- vgm(.59, "Sph", 80000, .04)#克里金模型参数设置,请用“?vgm”查看模型参数设置规则
kri<-krige(formula=as.numeric(apply(dta[complete.cases(dta[,4]@data),4]@data,1,FUN=as.numeric))~1,model=m,
           locations=dta[complete.cases(dta[,4]@data),4],
newdata=basexy,
           nmax=20, nmin=15)#location 为已知点的坐标; newdata 为需要插值的点的位置; nmax 和 nmin 分别代表最多和最少搜索点的个数
spplot(kri, zcol = "var1.pred", main = "spei", col.regions = terrain.colors(100))#出图
kri <- raster(kri)#将插值好的图栅格化
extent(kri)[1:4] <- c(-1385563, -177563.2, 3383691, 4279691 )#将栅格化之后的图设定四至范围
res(kri) <- 8000#设定像元粒度
sp1 <- sf::st_read("F:\\code\\5.2\\shp\\dt1.shp")#也可以用矢量图裁剪
kri1 <- crop(kri,sp1)
kri2 <- mask(kri1,sp1)
spplot(kri2)#图 5-19
writeRaster(kri2, filename=file.path("F:\\code\\5.2\\raster", "test.tif"), format="GTiff", overwrite=TRUE) #写出插值的图代码
```

其中，`as.numeric(apply(dta[complete.cases(dta[,4]@data),4]@data,1,FUN=as.numeric))`用于将待插值的数据集中地按行剔除存在 NA 的观测，然后将数据都转化为数值型变量进而用于空间插值。

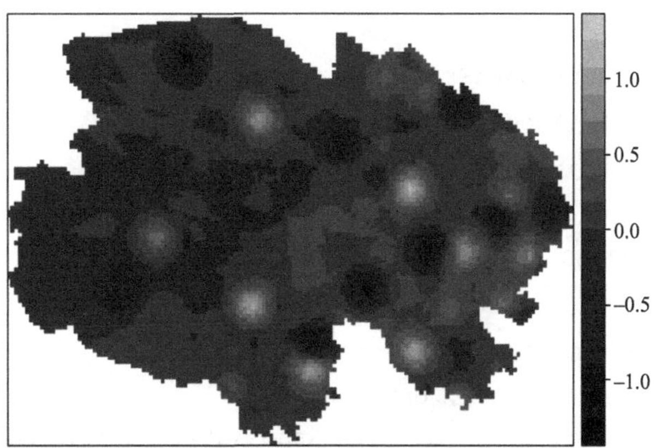

图 5-19　普通克里金插值图

5. 薄盘光滑样条函数插值

薄盘光滑样条函数插值（thin plate smoothing spline，TPS）法是对样条函数法的曲

面扩展，常用于不规则分布数据的多变量平滑内插。该方法利用光滑参数来达到数据逼真度和拟合曲面光滑度之间的优化平衡，保证了插值曲面光滑连续且精度可靠。薄盘光滑样条是在函数具有一定平滑度（或粗糙度）的约束下最小化剩余平方和的结果。粗糙度通过平方 m 阶导数的积分来量化。对于一维和二维（m=2），粗糙度是函数二阶导数的积分平方。

薄盘光滑样条函数可以表述为

$$Z_i = f(x_i) = B^{\mathrm{T}} y_i + e_i (i = 1, \cdots, N) \tag{5-5}$$

式中，Z_i 为位于空间 i 点的因变量；x_i 为 d 维样条独立变量；f 为要估算的关于 x_i 的位置光滑函数；y_i 为 p 维独立协变量；B 为 y_i 的 p 维系数；e_i 为具有期望值为 0 且方差为 $\omega_i\sigma^2$ 的自变量随机误差；其中，ω_i 为作为权重的已知局部相对变异系数，σ^2 为误差方差，在所有数据点上为常数。

这一插值方法在区域样点分布均匀、样点间观测值差别不大的时候具有较大优势，特别是在气候数据插值方面。澳大利亚科学家 Hutchinson 基于薄盘样条理论编写了针对气候数据曲面拟合的专用软件 ANUSPLIN（Xu and Hutchinson，2011）。在 R 语言中，薄盘光滑样条函数法主要借助 fields 包中 Tps()函数实现，演示数据与泰森多边形插值案例数据一致，代码如下：

```
library(fields)
library(xlsx)
library(sf)
spei_krig <- read.xlsx("F:\\code\\5.2\\data\\dian.xlsx",sheetIndex = 1)
dsp <- dsp[complete.cases(dsp$spei),]
dsp <- SpatialPoints(spei_krig[,c(3,2)], proj4string=CRS("+proj=longlat
+datum=WGS84"))
dsp <- SpatialPointsDataFrame(dsp, spei_krig)
#CA <- raster("F:\\code\\5.2\\raster\\dt.tif")
#crs(CA) <- "+proj=longlat +datum=WGS84"
TA <- CRS("+proj=aea +lat_1=25 +lat_2=47 +lat_0=0 +lon_0=105 +x_0=0 +y_0=0
        +a=6378160 +b=6356774.5 +units=m +no_defs")
library(rgdal)
dta <- spTransform(dsp, TA)
m <- Tps(coordinates(dsp), dsp$spei)
sp1 <- sf::st_read("F:\\code\\5.2\\shp\\dt1.shp")#读入案例数据中的某地边界
sp2 <- st_transform(sp1,crs="+proj=longlat +datum=WGS84 +no_defs")#统一
一下地理坐标（椭球体）
blank_raster<-raster(nrow=112,ncol=151,extent(sp2))#生成一个栅格
values(blank_raster)<-1#将栅格全部赋值为 1
```

```
bound_raster<-rasterize(sp2,blank_raster)#将某地属性值赋值给栅格
bound_raster[!(is.na(bound_raster))] <- 1#将某地所有栅格赋值为 1
tps <- interpolate(bound_raster, m)
tps <- mask(tps, bound_raster)
spplot(tps)#图 5-20
```

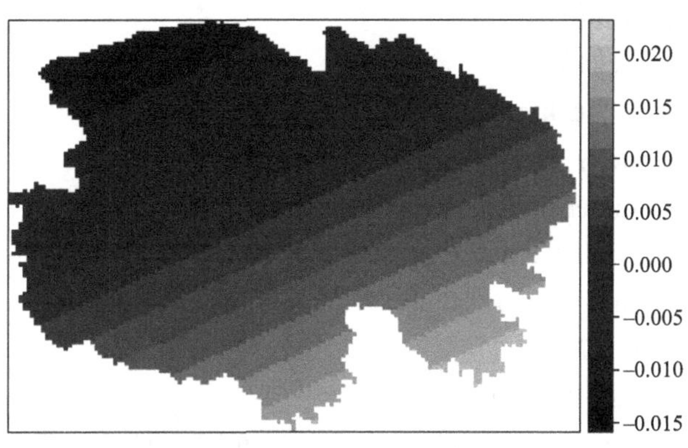

图 5-20　薄盘光滑样条函数插值图

5.2.3　要点提示

地理数据的空间插值还有很多种方法，这里仅列出比较常用的五种插值方法及代码。每一种插值方法都有其适用的领域。同一种插值方法应用时，若模型构建的参数不同，插值结果也存在很大的差距，这都需要使用者有较为扎实的算法基础和模型的理解力。这里仅列出实现五种插值功能的基本代码，如果需要掌握每种方法的具体参数与功能，还需要参考更多的相关文献。

5.3　MODIS 数据处理

5.3.1　概述

中分辨率成像光谱仪（moderate-resolution imaging spectroradiometer，MODIS）是美国国家航空航天局为了解全球气候的变化情况以及人类活动对气候的影响而研制的大型空间遥感仪器。1999 年地球观测系统（EOS）泰拉（Terra）AM 卫星搭载该光谱仪发射到地球轨道，2002 年另一枚同样搭载有该仪器的地球观测系统（Aqua）PM 卫星升空。MODIS 在 36 个相互配准的光谱波段捕捉数据，覆盖从可见光到红外波段，每 1～2 天提供一次地球表面观测数据，可重复观测整个地球表面，得到 36 个波段的观测数据。该光谱仪被设计用于提供大范围全球数据动态监测，包括云层覆盖的变化、地球能量辐射

变化，海洋陆地以及低空变化过程。

MODIS 仪器在波长 0.4～14.4μm 的 36 个光谱波段提供高辐射灵敏度（12 位）。这些响应根据用户社区的需求定制，并提供非常低的带外响应。两个波段在最低点以 250m 的标称分辨率成像，其中五个波段在 500m 处，其余 29 个波段在 1km 处。光谱仪搭载的卫星运行于 705km 的 EOS 轨道上，其±55°的扫描模式可获得 2330km 的扫描带，每一到两天提供一次全球覆盖。

MODIS 传感器参数如下。

轨道高度（orbit）：705 km；

扫描频率（scan rate）：20.3 转/分钟，轨道交叉；

覆盖面积（swath dimensions）：2330 km（轨道交叉），10 km（沿着最低点的轨道）；

镜头（telescope）：17.78 cm 直径，离轴、无焦（准直），带中间视场光阑；

尺寸（size）：1.0 m × 1.6 m × 1.0 m；

重量（weight）：228.7 kg；

功率（power）：162.5 W（单轨平均）；

数据传输率（data rate）：10.6 Mbit/s（峰值）；6.1 Mbit/s（均值）；

数字化程度（quantization）：12 bits；

空间分辨率（spatial resolution）：250 m（波段号 1~2）；500 m（波段号 3~7）；1000 m（波段号 8~36）；

设计年限（design life）：6 年。

MODIS 卫星的具体波段与光谱参数及其应用领域，请详见表 5-2。

表 5-2 MODIS 卫星数据主要参数

主要用途	波段号	波段宽度	光谱辐射/[W/(m²·sr·μm)]	信噪比（SNR）	噪声等效温差 [(NE(Δ)T(K))/(K/$\sqrt{H_2}$)]
陆地/云/气溶胶边界	1	620～670 nm	21.8	128	—
	2	841～876 nm	24.7	201	—
陆地/云/气溶胶性能	3	459～479 nm	35.3	243	—
	4	545～565 nm	29.0	228	—
	5	1230～1250 nm	5.4	74	—
	6	1628～1652 nm	7.3	275	—
	7	2105～2155 nm	1.0	110	—
海洋色/浮游植物/生物地球化学	8	405～420 nm	44.9	880	—
	9	438～448 nm	41.9	838	—
	10	483～493 nm	32.1	802	—
	11	526～536 nm	27.9	754	—
	12	546～556 nm	21.0	750	—
	13	662～672 nm	9.5	910	—

续表

主要用途	波段号	波段宽度	光谱辐射/ [W/(m²·sr·μm)]	信噪比（SNR）	噪声等效温差 [(NE(Δ)T(K))]/(K/ $\sqrt{H_2}$)
海洋色/浮游植物/生物地球化学	14	673～683 nm	8.7	1087	—
	15	743～753 nm	10.2	586	—
	16	862～877 nm	6.2	516	—
大气中水汽	17	890～920 nm	10.0	167	—
	18	931～941 nm	3.6	57	—
	19	915～965 nm	15.0	250	—
地表/云温度	20	3.660～3.840 μm	0.45（300K）	—	0.05
	21	3.929～3.989 μm	2.38（335K）	—	0.20
	22	3.929～3.989 μm	0.67（300K）	—	0.07
	23	4.020～4.080 μm	0.79（300K）	—	0.07
大气温度	24	4.433～4.498 μm	0.17（250K）	—	0.25
	25	4.482～4.549 μm	0.59（275K）	—	0.25
卷云水汽	26	1.360～1.390 μm	6.00	—	150
	27	6.535～6.895 μm	1.16（240K）	—	0.25
	28	7.175～7.475 μm	2.18（250K）	—	0.25
云属性	29	8.400～8.700 μm	9.58（300K）	—	0.05
臭氧	30	9.580～9.880 μm	3.69（250K）	—	0.25
地表/云温度	31	10.780～11.280 μm	9.55（300K）	—	0.05
	32	11.770～12.270 μm	8.94（300K）	—	0.05
云顶高度	33	13.185～13.485 μm	4.52（260K）	—	0.25
	34	13.485～13.785 μm	3.76（250K）	—	0.25
	35	13.785～14.085 μm	3.11（240K）	—	0.25
	36	14.085～14.385 μm	2.08（220K）	—	0.35

MODIS 卫星数据已经成为地理和生态学家研究大尺度甚至全球生态、气候变化监测与建模的核心数据。MODIS 数据的高重访频率以及较大的覆盖空间，使其可以做到对一个区域进行连续的长期观测，同时这对于个人电脑的大数据处理能力提出了更高的要求。

首先，从 WIST LAADS Web 上下载的大部分数据（2～4 级产品）基于 HDF（hierarchical data format）-EOS 格式，该格式为分层数据格式的一个变种。这组文件格式（HDF4、HDF5）用来存储和组织大量数据，最初开发于美国国家超级计算应用中心以满足不同群体的科学家在不同工程项目领域之需要，HDF 文件可以表示出科学数据存储和分布的许多必要条件，具备自述性、通用性、灵活性、扩展性、跨平台性等性能，可以完全彰显储存在 HDF 文件中的科学数据的特性。HDF 格式的数据在 ArcGIS 与 ENVI 遥感数据处理平台中都能进行识别和处理，但是速度不能满足大数据的处理需求，如将 MODIS 数据批量转成常用的 tif、img 和 dat 等格式。

其次，由于 MODIS 传感器扫描带宽较宽，传统的投影系统会造成较大的形变，MODIS 数据往往都采用正弦投影（sinusoidal projection）（图 5-21），这一投影系统在小尺度区域研究时形变较大。因此在进行 MODIS 数据处理过程中还需要将大量的影像从正弦投影转换为 WGS-84 及其常用的兰勃特等投影。

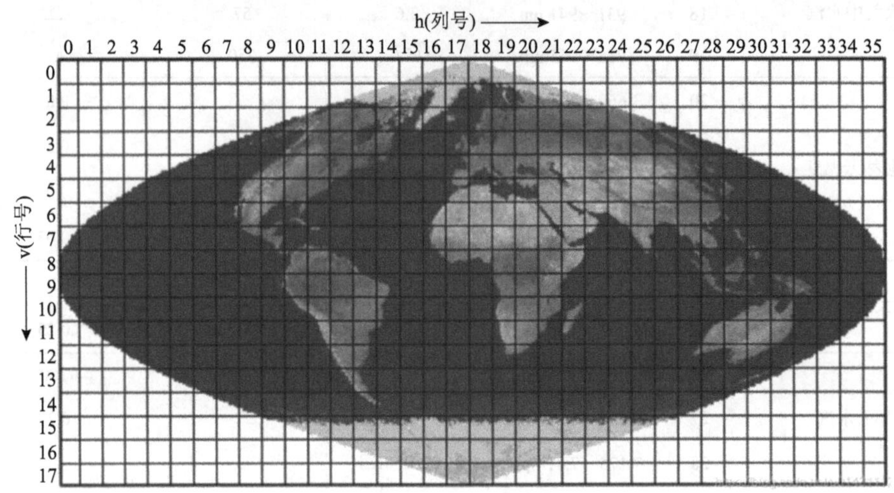

图 5-21　MODIS 正弦投影的行列号图

此外，不同的数据产品在转换投影后需要调整像元粒度，如获取 500m 或 1000m 像元数据，即对转换投影的影像进行重采样，这一工作量也非常巨大。

再次，传统从 MODIS Web 和 WIST LAADS Web 网站上下载的数据往往都是多个反演数据的合集，如在反映植被生长状态的 MOD13A2 数据中，包括 12 个图层，其中仅有一种或两种数据是常用的，其他数据图层对于单一研究来说往往是多余的，为数据处理造成了很大的负担。因此，直接下载目标数据，降低数据流量消耗和时间投入是个重要的工作。

最后，如果特定的研究区涉及多个影像拼接，即包括多个行列号下的影像。传统的 mosaic 或 merge 功能往往不能满足大量的 MODIS 数据拼接需求，也需要借助较为便捷的 MODIS 数据处理平台进行处理。

在 MODIS 数据处理团队的支持下，已经有 wget 和 MRT 这样优秀的 MODIS 影像处理软件平台开发出来，但是它们多是基于 JAVA 和 NLS 语言进行开发，给想利用 MODIS 数据进行研究的同行带来较大的困难。R 语言中有大量支持 MODIS 数据处理的功能包，如 MODIS 包、terra 包和 MODIStsp，其中，MODIStsp 是目前最为流行的 MODIS 数据处理包。

5.3.2 案例及代码

在这一节的主要内容是讲述 MODIStsp 包的使用。MODIStsp 包是意大利环境电磁传感研究所(IREA-CNR)的 L. Busetto 和 L. Ranghetti 两位博士于 2016 年发布的 MODIS 数据处理包（Busetto and Ranghetti，2016）。这一包主要基于 GDAL 包驱动，因此运用 MODIStsp 包前需要安装 GDAL 包。

代码运行如下：

```
install.packages("remotes")
library(remotes)
install_github("ropensci/MODIStsp")#如未安装 MODIStsp 包，仅运行一次
library(MODIStsp)
MODIStsp()
```

代码运行会调出浏览器界面，需在该页面完成如下步骤进行影像批量下载、提取目标数据图层、投影和格式转换、重采样和拼接等一系列 MODIS 数据处理。

第一步：选择 Menu 目录下的“Product and Layers”，选择要下载的 MODIS 数据产品。在 Product Category 栏目下选择数据产品；Platform 栏目下则选择卫星星座，包括 Terra 和 Aqua 卫星，其中 Terra 为上午星，一般为地方时上午过境；Aqua 为下午星，一般为地方时下午过境。具体选择哪颗星的数据需要根据研究区与研究内容确定。本案例中选择的数据产品为植被指标 Ecosystem Variables-Vegetation Indices，星座为 Terra。

第二步：选择 Product Name 栏目下的产品名称和版本。案例中选择的是植被指数产品下的“M*D13A2”数据。过往产品数据版本一般选择“006”，原因在于目前所有数据产品都有“006”版本的数据，但是老旧的版本目前已经被较新的“061”数据版本所取代。

第三步：选择“Select Layers to be processed”下的数据产品。在“Spectral Indexes”栏目可以计算简单的波段指数以方便数据处理，还可以在“Adda New Spectral Index”栏目中自定义波段指数计算方法，如图 5-22 和图 5-23 所示。本案例中选择 16 天 NDVI 均值数据。

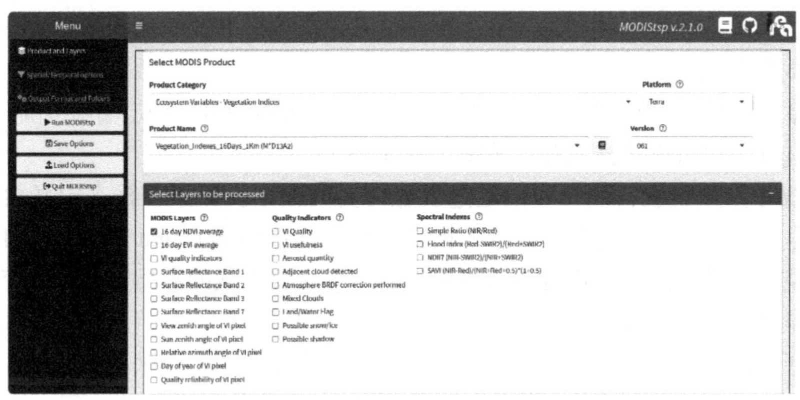

图 5-22 MODIStsp 中“Product and Layers”页面

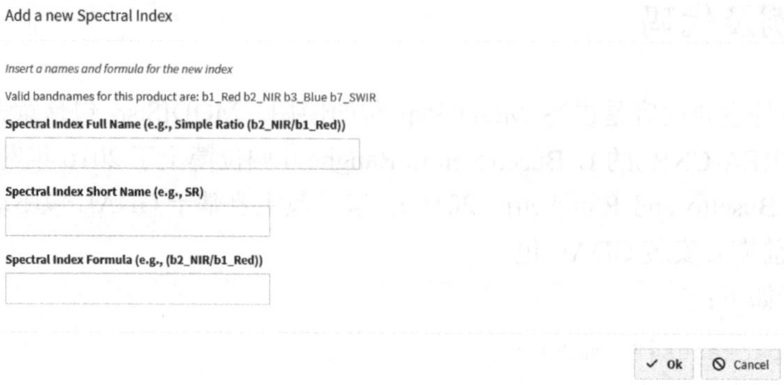

Add a new Spectral Index

Insert a names and formula for the new index

Valid bandnames for this product are: b1_Red b2_NIR b3_Blue b7_SWIR

Spectral Index Full Name (e.g., Simple Ratio (b2_NIR/b1_Red))

Spectral Index Short Name (e.g., SR)

Spectral Index Formula (e.g., (b2_NIR/b1_Red))

✓ Ok　⊘ Cancel

图 5-23　“Adda New Spectral Index”栏目定制波段指数

第四步：选择 Spatial/Temporal options 选项设置时间、空间范围。在 Temporal extent 项目中选择需要的影像成像时间范围，Date Range Type 有 full 和 seasonal 两个选项。如果完全按时间不间断地下载数据，则选择“full”；如果想只下载某一季度数据，则选择“seasonal”选项。本案例中时间范围设置为 2020.10.01-2022.12.20，Date Range Type 选择“seasonal”，目标是下载 2020 年 10 月、2020 年 11 月、2020 年 12 月、2021 年 1 月、2021 年 2 月、2021 年 10 月、2021 年 11 月、2021 年 12 月、2022 年 1 月和 2022 年 2 月 10 个月的数据，忽略中间的其他月份。在“Output Projection”栏目中设置下载数据的投影参数。Output Projection 有“Native”和“User Defined”两个选项。“Native”是保持 MODIS 数据的正弦投影不变；User Defined 选项可根据输入的投影参数进行投影转换，支持“EPSG”和“WKT”两种投影表达方式，但是本系统目前只支持 WKT，即 Proj4 表达方式，否则会报错。本案例中选用 WKT 投影表达，具体为“+proj=aea+lat_1=25+lat_2=47+lat_0=0+lon_0=105+x_0=0+y_0=0+a=6378160+b=6356774.5+units=m+no_defs ”（中国地图普遍采用的阿尔伯特双圆锥等积投影系统），不同投影表达方式之间的转换请参考 spatial reference 网站，在此不再赘述。“Output Resolution”、“Pixel Size”和“Resampling Method”分别设置输出的数据像元设置、输出像元大小和重采样方法。系统支持 near（最近邻重采样）、bilinear（双线性重采样）等 13 种重采样方法，可以根据研究的需要进行选择，不同方法的模型算法基础请参阅相关资料。本案例设置重采样像元大小为 1500，重采样方法为最近邻法。在“Spatial Extent”可设定数据下载的范围，系统支持四种方式选择下载数据范围。

直接输入行列号：用户可以通过选择所需的 MODIS 行列号来指定输出范围（图 5-24），可以手动选择，也可以选择交互式地图（图 5-25）。

根据投影参数设置：用户可以通过设置需要的输出投影边界框来定义数据输出范围。但是这一投影必须是与前述设置的投影一致（Projection Name/EPSG/WKT）。

利用空间文件设置：用户可以从本地磁盘中导入要下载的数据边界，系统可以根据栅格或矢量数据范围下载和处理影像。

在电子地图上手动绘制：用户可以通过在交互式地图上绘制来选择范围。

本案例中选择第三种方式，使用矢量数据 dt1.shp 设定空间范围。

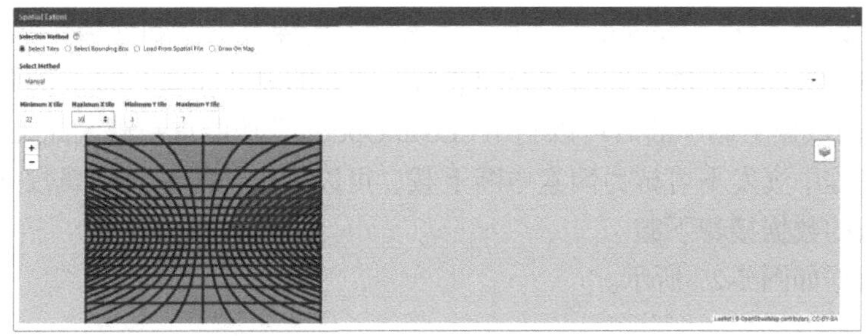

图 5-24　行列号选择确定数据下载范围

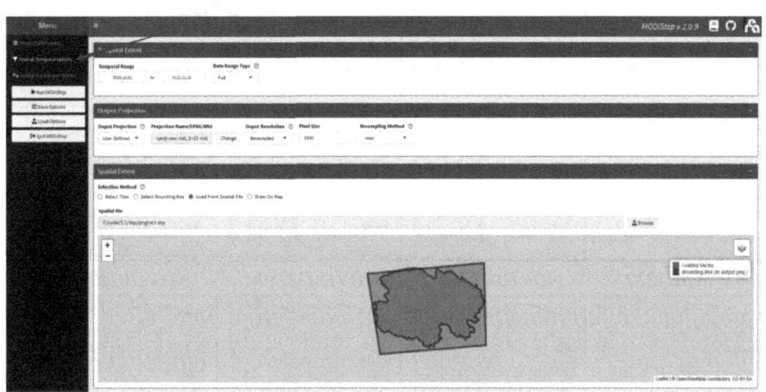

图 5-25　“Spatial/Temporal options”页面

第五步：设置“Output Format and Folders”选项（图 5-26）。在“Download Method”选择下载方式，本案例选择“http”，即网页下载；“User Name ”和“Password”为 EARTHDATA 网站账号和密码，需要事先进行注册申请。“Downloader”选项有 “http”和“aria2”两种方式，“aria2”方式需要下载“aria2”支持，是一种老旧的下载方式，不建议使用。“Output Options”栏目里可以设置下载后的数据格式。系统只支持下载 GTiff 和 ENVI 两种栅格数据，本案例选择 GTiff 数据格式与 LZW 压缩。在“Save Time Series As”选项中选择将数据按照时间顺序进行组合；“Apply Scale/Offset”选项里选择“Yes”，去除栅格像元数据中的扩张因子，恢复其原始像元值（MODIS 数据为了便于保存，一般采用扩张因子将双精度型数值转换为整数型来降低影像数据占用空间）；“Modify NoData Values”里选择“Yes”，将栅格中的“nodata”像元用 255 填充；在“Output Folders”设置数据的保存目标文件夹（需要设置两个文件夹路径：处理后数据保存路径、MODIS 原始数据路径），可在“Delete HDF”选项里选择“Yes”删除原始的 HDF 数据以节约空间。

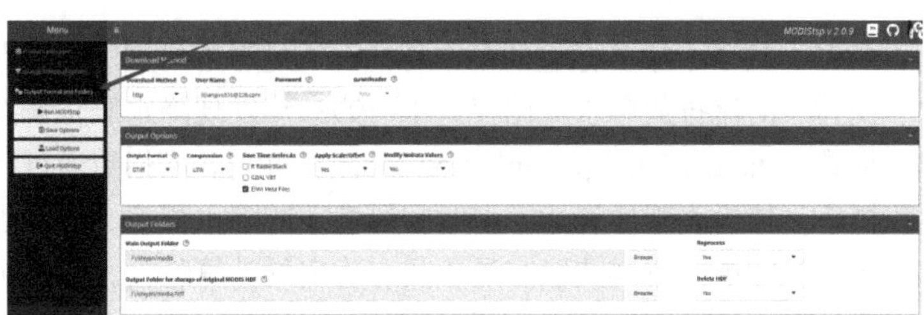

图 5-26　Output Format and Folders 设置

第六步：设置“Save Options”选项，本案例设置保存下载和处理数据的所有参数，保存格式为 JSON。保存这些数据与处理参数一方面有利于下载后检查参数设置是否有遗漏；另一方面数据下载中断后可以利用“Load Options”功能重新载入此文件继续下载。若数据下载过程中突发不可抗力因素中断下载，可以用此功能继续下载数据，系统会自动跳过已下载的数据接着下载。

下载的数据如图 5-27 所示。

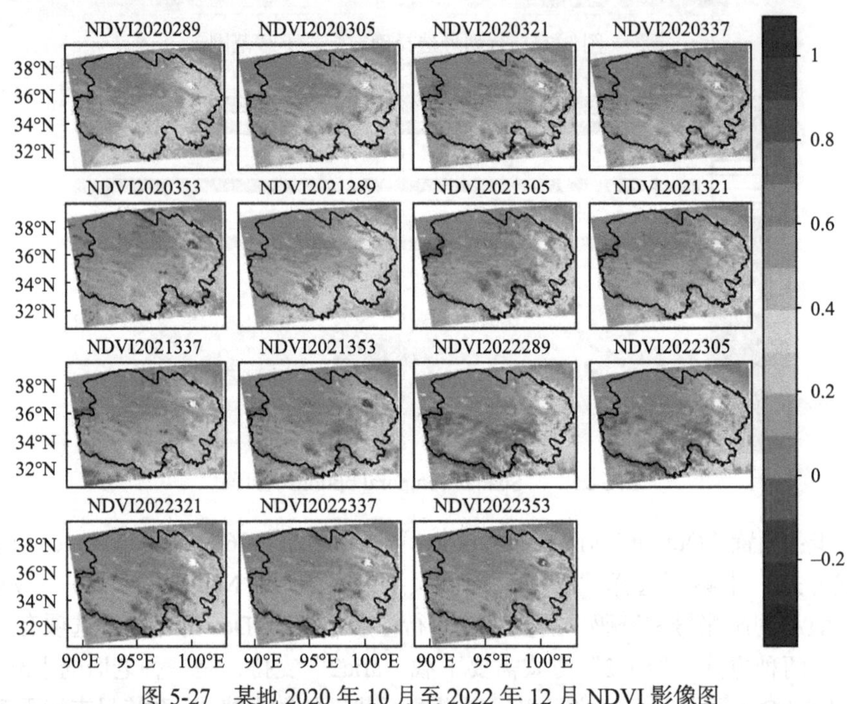

图 5-27　某地 2020 年 10 月至 2022 年 12 月 NDVI 影像图

5.4　SPI 和 SPEI

5.4.1　概述

1. SPI

McKee 等（1993）基于干旱多标量的基本特征，通过考虑可用的水资源，包括土壤水分、地下水、积雪、河流排放和水库储存，于 1993 年发现降水服从偏态分布，据此提出标准化降水指数（standardized precipitation index，SPI）。该指数通过计算给定时间内降雨量的累积概率，较为客观地表达了多时间尺度下的降水概率，反映了降水因子对干旱的影响。由于计算简单，资料获取容易，具有稳定的计算特性，并且可以很好地体现不同时段、地区、尺度的旱涝程度，SPI 是世界气象组织（WMO）推荐使用的干旱指数（张午朝等，2019），得到广泛应用。在短的时间尺度上，SPI 与土壤水分密切相关；而在长的时间尺度上，SPI 可以与地下水和水库储存有关。SPI 可以在气候明显不同的地区进行比较。

目前，SPI 的主要应用领域为气象学。由于干旱是对区域发展造成影响的重要因素之一，大量气象学研究针对易出现水资源利用问题地区的干旱特征及成因（熊光洁，2013）、干旱时空演变特征（Tan et al.，2015）、干旱评估与监测（刘小刚等，2018）等相关课题。SPI 可以较好地应用于湿润区与干旱区（翟禄新和冯起，2011），对于国内干旱研究的主要区域，包括西北地区（翟禄新和冯起，2011）、东北地区（马建勇等，2012）、黄土高原（Gao et al.，2017）、不同河流流域（张利利等，2017）等，SPI 指数均有较高的运用率。除干旱研究之外，SPI 在气象学方面的应用还包括区域降水量分析、区域气候特征分析和区域间对比分析等。SPI 在农业基础科学领域同样有所应用，如利用 SPI 针对各农业区进行干湿度评估与分析，对选择合理种植方案及预测产量等工作具有重要的指导作用。SPI 相关的主要研究成果针对于对粮食安全起到基础作用的高产量作物，如小麦、水稻、玉米、大豆等。在地球物理学、植物保护等其他领域，SPI 亦均有应用案例。

不同于另一被广泛认可的具有固定时间尺度的干旱指数[帕默尔干旱指数（PDSI）]，SPI 能够描述多时间尺度的干旱类型，因而具有更广的应用领域，适应多种气候类型，具体表现为短期尺度描述气象干旱、中期尺度描述农业干旱、长期尺度描述水文干旱。SPI 还以其更为简单的计算、便于进行区域间比较、对干旱反映较灵敏等优势，成为国内外应用最广泛的指数之一（Zhu et al.，2016）。此外，SPI 可以满足多种水分监测需求，为不同部门和领域提供一个统一的干旱指标。

因不涉及干旱机理，SPI 也具有以下两点主要缺陷：首先，SPI 的计算仅基于降水，没有考虑如气温、蒸散量、风速等变量对干旱可能的影响，因此只适用于符合基于降水的影响远远大于其他变量且其他变量不受时间影响这一假设的情况（Vicente-Serrano et al.，2010），现已有学者强调了气温等要素在干旱研究中的重要作用，提出特别在干旱半干旱区的研究中，传统降水变化无法准确地表征在全球变暖背景下的干湿变化，需要综合考虑水分收入（降水）和支出（蒸发）两个方面的变化（Ren et al.，2022）；其次，SPI 基于等权积累过程，其分析结果容易出现不合理旱情加剧问题（李忆平和李耀辉，2017）。

2. SPEI

SPI 指数仅基于降水，没有考虑如气温、蒸散量、风速等变量对干旱的影响进行计算（Vicente-Serrano et al.，2010），无法准确地反映变暖趋势下区域干湿变化的真实特征，在应用上存在一定的局限性。因此，Vicente-Serrano 在 SPI 指数的基础上，基于降水和潜在蒸散发的差值所表示的水量平衡方程，提出了对全球干湿变化敏感的多尺度指数——标准化降水蒸散指数（SPEI）（Vicente-Serrano et al.，2010）。

SPEI 与 SPI 指数类似，两者的计算方法基本一致，区别仅在于 SPEI 采用了降水与潜在蒸散之差 P-PET 来替换 SPI 中的单一降水异常，且采用了同样的干湿等级标准。SPEI 引入了地表蒸发带来的影响，因此能够衡量温度变化对干旱的作用，它不仅能够检测干旱的发生，并且可以反映多个时间尺度的干旱水平（李忆平和李耀辉，2017）。在 SPI 指数之后，SPEI 成为又一被广泛认可与应用干旱指数。

同样作为干旱指数，气象学也是 SPEI 应用最广的领域，其研究成果集中在不同区域的干旱特征（王芝兰等，2015）、干旱检测（王林和陈文，2014）、干旱时空演变特征（史本林等，2015）等课题，为全球干旱的评价与治理提供了科学依据。在研究区上，SPEI 指数的应用十分广泛，在国内 SPEI 研究区主要集中在东北地区（沈国强等，2017）和西南地区（王东等，2014）。相比 SPI 指数，SPEI 还在更多的学科中被应用。包括但不限于农业基础科学、地球物理学、植物保护、生物学、环境科学、资源科学、自然地理学和测绘学等。大多数研究需要在气象学领域成果的基础上，进一步进行深入，如在农业基础科学领域，需要在对气候做出相应科学预测的情况下为植物的种植生长提出指导性意见，SPEI 主要应用于农业干旱、植被的时空演变（王兆礼等，2016）、作物产量等方面的研究，多以玉米、甘蔗、小麦等高产作物为研究对象。

SPEI 指数最大的特点是将温度的影响纳入了考虑的范围，能够更为客观地描述当前的地表干湿变化。综上所述，SPEI 的优点可以概括为以下几点：①适应全球变暖的大环境，考虑了地表蒸发变化的影响，对干旱化加剧的情形更加敏感；②能够适应多时间尺度，适用于农业干旱、水文干旱等不同的干旱类型；③计算简单，仅需要月降水量和月平均气温有等数据资料；④作为标准化指数，便于进行不同时空尺度的比较。但是，SPEI 由 SPI 发展而来，SPI 基于 Gamma 分布，而 SPEI 基于 log-logistic 分布的分布频率值，通过分布函数计算得到的分布频率值在某些特殊条件下会出现异常（庄少伟等，2013）。由于 Vicente-Serrano 选择的研究区域并不包含干旱区，所以 SPEI 指数在干旱区的适用性还未得到科学证明（Vicente-Serrano et al.，2010）。同时，Vicente-Serrano 选择的研究站点并不包括中国（Vicente-Serrano et al.，2010），因此，SPEI 指数在我国的应用还有待进一步验证。

依据标准化降水指数划分的干旱等级（表 5-3）。由于计算简单，资料获取容易，具有稳定的计算特性，可以很好地体现不同时段、地区、尺度的旱涝程度，是世界气象组织（WMO）推荐使用的干旱指数（张午朝等，2019）。

表 5-3　SPI/SPEI 干旱分级标准

等级	类型	SPI/SPEI 范围
1	无旱	$-0.5 < \text{SPI / SPEI}$
2	轻旱	$-1.0 < \text{SPI / SPEI} \leqslant -0.5$
3	中旱	$-1.5 < \text{SPI / SPEI} \leqslant -1.0$
4	重旱	$-2.0 < \text{SPI / SPEI} \leqslant -1.5$
5	特旱	$\text{SPI / SPEI} \leqslant -2.0$

5.4.2　算法及过程

1. SPI

标准化降水指数（SPI）不涉及具体的干旱机理，是一种简单的、易计算的干旱指数，其所需的降水数据集理想情况下至少是 30 年的连续周期。SPI 采用计算出的某时段内降水量的 Γ 分布概率来描述降水量的变化，再进行正态标准化处理，最终用标准化降水累积频率分布来划分干旱等级。

根据《气象干旱等级》（GB/T 20481—2017），SPI 计算公式如下。

（1）假设研究区内某一时段的降水量为 x，则其 Γ 分布的概率密度函数如式：

$$f(x)=\frac{1}{\beta\gamma\Gamma(\gamma)}x^{\gamma-1}\mathrm{e}^{-\frac{x}{\beta}},x>0 \tag{5-6}$$

式中，β>0 为尺度参数；γ >0 为形状参数，用极大似然估计法求得，计算公式为

$$\hat{\gamma}=\frac{1+\sqrt{1+\frac{4A}{3}}}{4A} \tag{5-7}$$

$$\hat{\beta}=\bar{x}/\hat{\gamma} \tag{5-8}$$

$$A=\lg\bar{x}-\frac{1}{n}\sum_{i=1}^{n}\lg x_i \tag{5-9}$$

式中，x_i 为研究区降水量，mm；$\bar{x}$ 为多年平均降水量，mm；i 为序列号；n 为降水数据资料的时间序列长度。

确定概率密度函数中的各个参数后，对于某一年的降水量 x_0 可求出其随机变量 x 小于 x_0 时间的概率为

$$F(x<x_0)=\int_{x}^{x_0}f(x)\mathrm{d}x \tag{5-10}$$

（2）降水为 0 时的概率计算为

$$F(x=0)=\frac{m}{n} \tag{5-11}$$

式中，m 为降水量为 0 的样本数；n 为样本总数。

（3）对 Γ 分布概率进行正态标准化处理，近似可得出：

$$Z=S\left\{t-\frac{(c_2t+c_1)t+c_0}{\left[(d_3t+d_2)t+d_1\right]t+1.0}\right\} \tag{5-12}$$

式中，$t=\sqrt{\ln\frac{1}{F^2}}$，$F$ 为式（5-10）或式（5-11）求得的概率；当 F>0.5 时，F 值取 $1.0-F$，$S=1$；当 $F\leqslant0.5$ 时，$S=-1$。$c_0=2.515517$；$c_1=0.802853$；$c_2=0.010328$；$d_1=1.432788$；

$d_2 = 0.189269$；$d_3 = 0.001308$。式（5-12）求得的 Z 值即为标准化降水指数 SPI。

2. SPEI

根据《气象干旱等级》（GB/T 20481—2017），SPEI 计算公式如下。

第一步：计算潜在蒸散（PET）。潜在蒸散发的估算方法主要分为三大类（Xu and Singh，2002）：①弥散传导模型；②辐射模型；③温度模型。但估算方法有 10 余种，每种方法都有其适用的领域和地表特征。

第二步：计算逐月降水与潜在蒸散量的差值，以表示所分析月份的水量盈亏。

$$D_i = P_i - \mathrm{PET}_i \tag{5-13}$$

式中，D_i 为逐月（i）降水量与潜在蒸散量的差值，mm；P_i 为逐月降水量，mm；PET_i 为逐月潜在蒸散量，mm。

第三步：采用三个参数的 log-logistic 概率分布对 D_i 数据进行标准化处理，计算 SPEI 值。

$$\mathrm{SPEI} = \begin{cases} W - \dfrac{C_0 + C_1 W + C_2 W^2}{1 + d_1 W + d_2 W^2 + d_3 W^3}, P \leqslant 0.5 \\ -\left(W - \dfrac{C_0 + C_1 W + C_2 W^2}{1 + d_1 W + d_2 W^2 + d_3 W^3}\right), P > 0.5 \end{cases} \tag{5-14}$$

式中，$W = \begin{cases} \sqrt{1 - \ln(P)}, P \leqslant 0.5 \\ \sqrt{1 - \ln(1-P)}, P > 0.5 \end{cases}$；常数值 C_0 =2.515517；C_1 =0.802853；C_2 =0.010328；d_1 = 1.432788；d_2 =0.189269；d_3 =0.001308。

5.4.3 案例及代码

以 1958～2021 年的主要气候指标数据作为案例样本数据（每月数据），主要包括年月数据（date）、平均温度（MTEM）、月降雨（PREP）、经度、纬度、高程（dem）、月最高温（MAXTEM）、月最低温（MINTEM）、月平均日照时间（TSUN）、月平均日风速（TWND）。SPI 指数的计算主要依据月降雨量（mm），利用 SPEI 包进行计算，代码如下：

```
library(SPEI)
library(xts)
data <- read.csv("F:\\code\\5.4\\spi_spei.csv")
data <- ts(data[,5:10],start = c(1958,1),frequency = 12)
pdf("F:\\code\\5.4\\plot.pdf")
plot(data)#图 5-28
dev.off()
#spi
```

```
data <- read.csv("F:\\code\\5.4\\spi_spei.csv")
spei_1 <- spi(as.numeric(data$PREP),1)
spei_3 <- spi(as.numeric(data$PREP),3)
spei_6 <- spi(as.numeric(data$PREP),6)
spei_12 <- spi(as.numeric(data$PREP),12)
spei_24 <- spi(as.numeric(data$PREP),24)
spei_36 <- spi(as.numeric(data$PREP),36)
pdf('F:\\code\\5.4\\plot2.pdf')
par(mfrow=c(3,2))#图 5-29
plot(spei_1,main="SPI-1")#1 个月尺度的 SPI
plot(spei_3,main="SPI-3")#3 个月尺度的 SPI
plot(spei_6,main="SPI-6")#6 个月尺度的 SPI
plot(spei_12,main="SPI-12")#12 个月尺度的 SPI
plot(spei_24,main="SPI-24")#24 个月尺度的 SPI
plot(spei_36,main="SPI-36")#36 个月尺度的 SPI
dev.off()
```

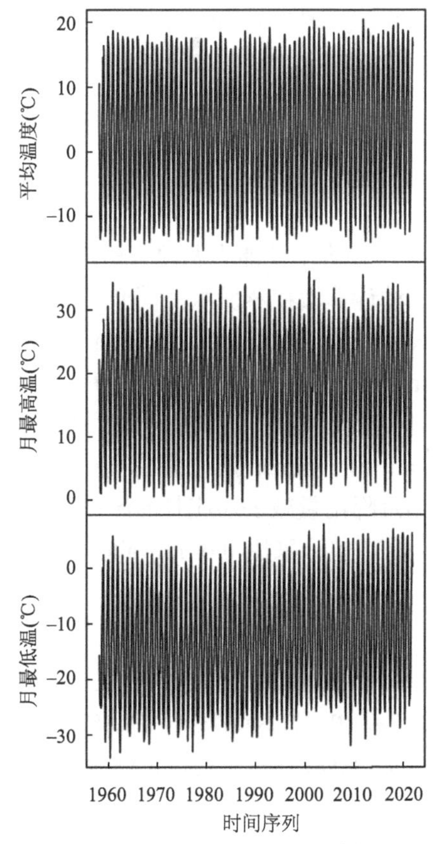

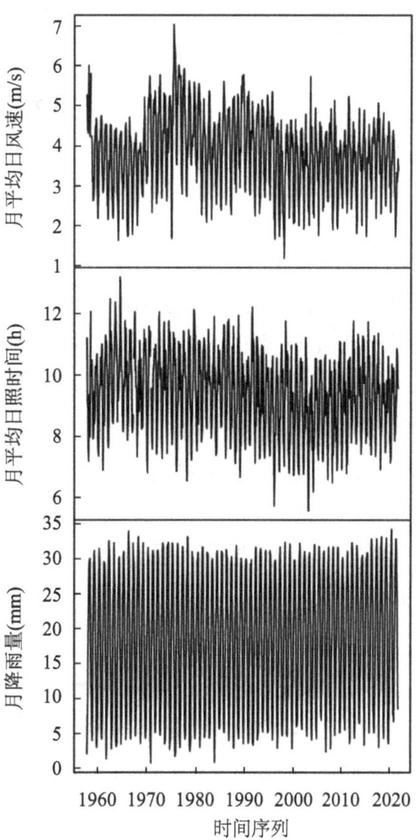

图 5-28　主要气象参数

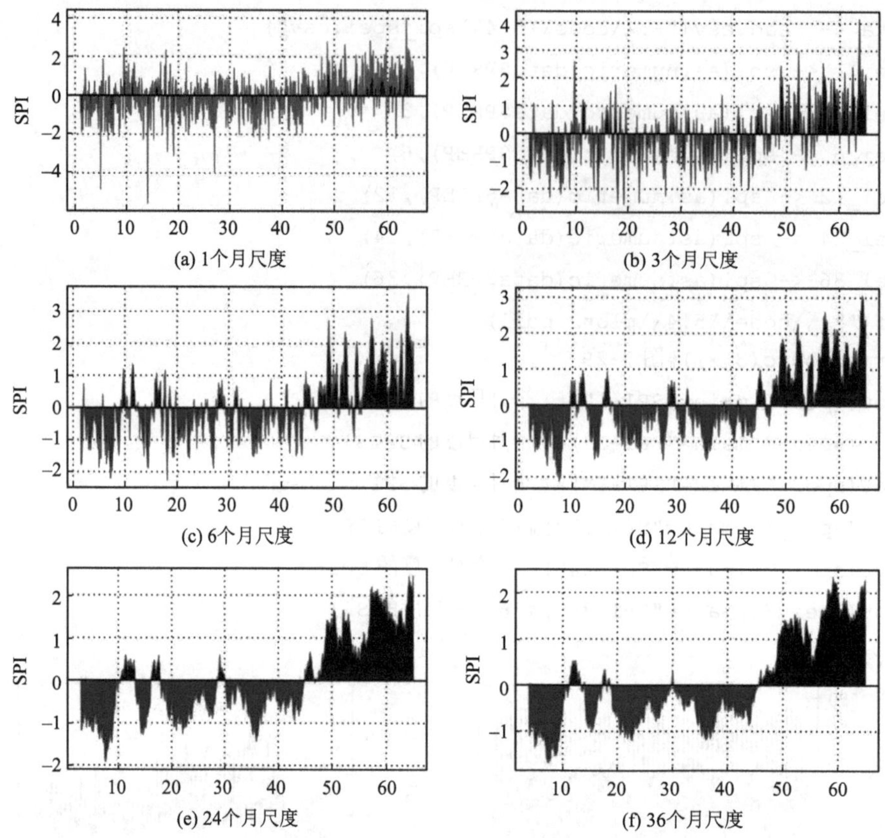

图 5-29　1958～2021 年标准化降水指数（SPI）变化趋势

SPEI 不同于 SPI，需要计算潜在蒸发水平和气候水平衡能力两项指标。在 SPEI 包中，提供 thornthwaite、hargreaves 和 Penman 三种计算潜在蒸发水平模型，thornthwaite 主要依托纬度指标来计算潜在蒸发水平；hargreaves 蒸发模型需要月最低温、月最高温、月平均日外辐射、纬度和月降雨量参数；Penman 潜在蒸发水平估算需要月最低气温、月最高气温、月平均日外辐射、纬度、高程、月平均日照时间（TSUN）和月平均日风速（TWND）。由于数据源的限制，现利用 thornthwaite 和 Penman 两种潜在蒸发模型为基础对 SPEI 进行估算。另外，气候水平衡能力采用月降雨量减去对应月的潜在蒸发水平获得。案例数据与 SPI 数据一致，功能包依然是 SPEI 包，采用 thornthwaite 模型的 SPEI 计算代码如下：

```
data <- read.csv("F:\\code\\5.4\\spi_spei.csv")
data$MTEM[which(is.na(data$MTEM))]<-(data$MTEM[which(is.na(data$MTEM))+
1]+data$MTEM[which(is.na(data$MTEM))-1])/2#有 NA,所以先将 NA 用插值的方法补齐
data$pet <- thornthwaite(data$MTEM, unique(data$latitude)[1])# thornthwaite
模型只需要平均降雨水平和纬度指标就可以计算潜在蒸发水平
data$bal <- data$PREP-data$pet
spei_1 <- spei(as.numeric(data$bal),1)#1 个月尺度的 SPEI
```

```
spei_3 <- spei(as.numeric(data$bal),3) #3 个月尺度的 SPEI
spei_6 <- spei(as.numeric(data$bal),6) #6 个月尺度的 SPEI
spei_12 <- spei(as.numeric(data$bal),12) #12 个月尺度的 SPEI
spei_24 <- spei(as.numeric(data$bal),24) #24 个月尺度的 SPEI
spei_36 <- spei(as.numeric(data$bal),36) #36 个月尺度的 SPEI
pdf('F:\\code\\5.4\\plot1.pdf')
par(mfrow=c(3,2))#图 5-30
plot(spei_1,main="SPEI-1")
plot(spei_3,main="SPEI-3")
plot(spei_6,main="SPEI-6")
plot(spei_12,main="SPEI-12")
plot(spei_24,main="SPEI-24")
plot(spei_36,main="SPEI-36")
dev.off()
```

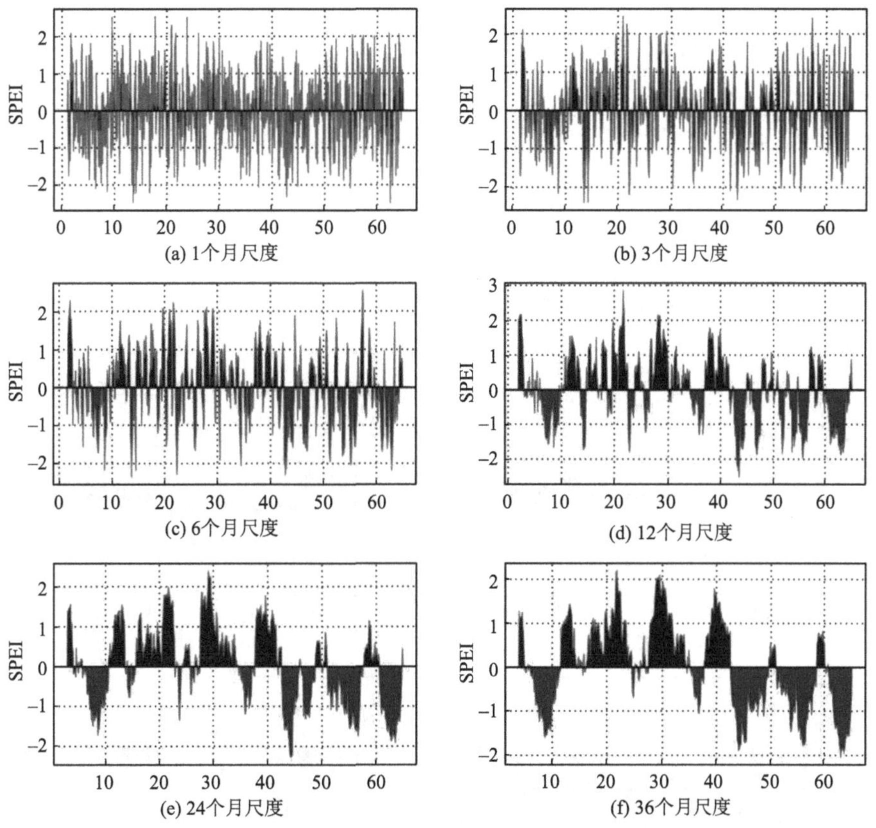

图 5-30　基于 thornthwaite 算法的 1958～2021 年标准化降水蒸发指数（SPEI）变化趋势

采用 Penman 潜在蒸发估算模型计算的 SPEI 的代码如下：

```
data <- read.csv("F:\\code\\5.4\\spi_spei.csv")
```

```
data$MTEM[which(is.na(data$MTEM))] <- (data$MTEM[which(is. na(data$MTEM))+1]
+data$MTEM[which(is.na(data$MTEM))-1])/2
penm <- function(x){penman(x[,7],x[,6],x[,8],tsun=x[,9],lat= as.numeric(x[,2][1]),
z=as.numeric(x[,4][1]),na.rm=T)}#构建 Penman 估算模型,x[,7],x[,6],x[,8],x[,9],
x[,2][1],x[,4]分别为月最低温、最高温、平均风速、月平均日照时间、纬度和海拔
data$pet <- penm(data)
data$bal <- data$PREP-data$pet#获得气候水分平衡参数
data$bal[which(is.na(data$bal))] <- mean(data$bal,na.rm=T)
spei_1 <- spei(as.numeric(data$bal),1)
spei_3 <- spei(as.numeric(data$bal),3)
spei_6 <- spei(as.numeric(data$bal),6)
spei_12 <- spei(as.numeric(data$bal),12)
spei_24 <- spei(as.numeric(data$bal),24)
spei_36 <- spei(as.numeric(data$bal),36)
pdf('D:\\documents\\data\\5.4\\plot3.pdf')
par(mfrow=c(3,2))#图 5-31
plot(spei_1,main="SPEI-1")
plot(spei_3,main="SPEI-3")
plot(spei_6,main="SPEI-6")
plot(spei_12,main="SPEI-12")
plot(spei_24,main="SPEI-24")
plot(spei_36,main="SPEI-36")
dev.off()
```

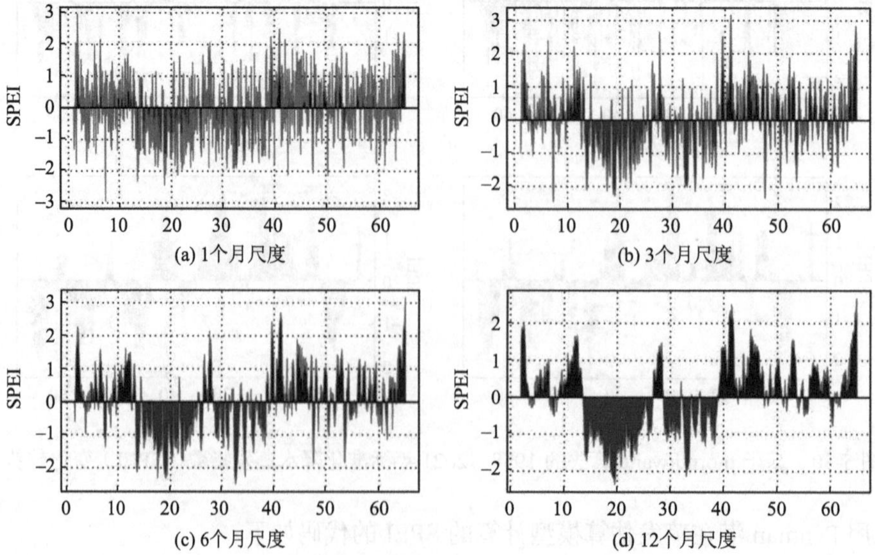

(a) 1个月尺度

(b) 3个月尺度

(c) 6个月尺度

(d) 12个月尺度

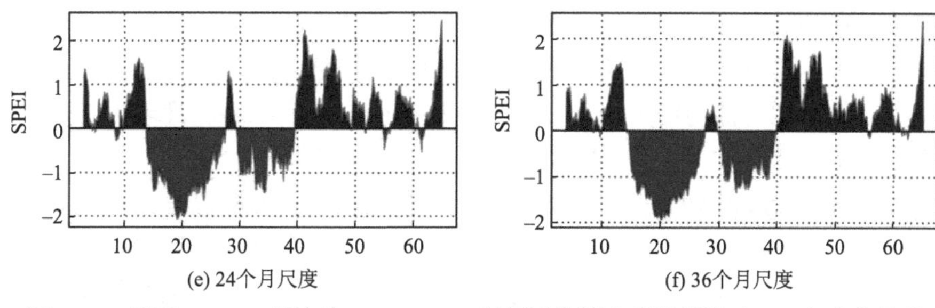

图 5-31　基于 Penman 算法的 1958～2021 年标准化降水蒸发指数（SPEI）变化趋势

比较图 5-30 和图 5-31 的结果可知，两个不同的潜在蒸发估算模型对不同的时间尺度 SPEI 估算都有较大的影响，结果差异很大。总的思路是，基于机理（辐射传导）和考虑因素较全面的潜在蒸发估算模型获得的潜在蒸发水平越精确，因此其计算的 SPEI 指数也会越接近事实。

5.4.4　要点提示

SPEI 有全球的数据集网站且在不断的更新中，可以免费下载，空间分辨率为 1°，格式为 nc。本书在第 3 章中已经详细阐述用 R 读取和处理 nc 格式的数据，这里不再赘述。

5.5　光 谱 数 据

5.5.1　概述

光谱数据（spectral data）是指关于物质对电磁波吸收、散射、发射或反射的数据。光谱数据在许多领域都有广泛的应用，如化学、物理、生物学、地球科学、天文学和遥感等。常用的光谱数据是光谱反射率数据，主要用于研究地球表面的物质组成、环境变化和资源分布等。以下是一些光谱数据在地学中的主要应用领域：①地质勘探，通过分析地表岩石和矿物的光谱特征，可以辅助地质勘探工作，提高找矿的准确性和效率。②植被研究，植被的光谱特征可以反映其生长状况、生物量、叶绿素含量等信息，有助于研究植被生态系统的变化和植被分类（Martinelli et al., 2015）。③水体监测，通过分析水体的光谱特征，可以监测水质、水深、叶绿素含量等参数，为水资源管理和水环境保护提供依据（Carstea et al., 2016）。④土壤研究，土壤的光谱特征可以反映其物质组成、水分含量、有机质含量等信息，有助于研究土壤肥力、土壤侵蚀等问题（Angelopoulou et al., 2019）。⑤城市规划与环境监测，光谱数据可以用于城市土地利用类型的分类和变化监测，为城市规划和环境保护提供数据支持。⑥气候变化研究，通过分析地表和大气的光谱特征，可以研究气候变化对地表环境的影响，如温室气体排放、冰川融化等（Schimel et al.，2015）。光谱数据是遥感技术的基础，通过对地球表面的光谱信息进行分析，可以获取大量关于地球表面特征的信息。总之，光谱数据在地学中的应用具有很高的实用价值与潜力，可以为地球科学研究和资源环境管理提供重要的数据支持（Cawse-Nicholson et al.，2021；Guanter et al.，2015）。

R 语言中的 prospectr 包是专门用来处理光谱数据的。该软件包包含许多 R 函数，这些函数可用于预处理光谱数据以及选择代表性样本/光谱，在近红外光谱和红外光谱应用过程中起到重要作用。本小节将以土壤光谱反射率数据为例，介绍光谱预处理阶段的部分常用函数。

5.5.2 基本函数

prospectr 包及其他相关函数见表 5-4。

表 5-4 prospectr 包及其他相关函数列表

函数	描述
movav(X,w)	对光谱数据进行移动平均的平滑处理，w 为窗口尺寸；X 为光谱数据矩阵/向量
savitzkyGolay(X, m, p, w, delta.wav)	对光谱数据采用 Savitzky-Golay 进行平滑处理与导数变换，X 为需要处理的光谱矩阵或者向量；m 为导数阶数；p 为多项式的项数；w 为窗口尺寸（w 必须是奇数）；delta.wav 采样间隔
diff(x, lag , differences)	该函数是对光谱进行差分处理的函数，x 为需要处理的光谱矩阵或者向量；lag 为滞后阶数；differences 为计算差分的次数
continuumRemoval(x,type)	该函数是对光谱数据集进行去包络线变换的函数，x 为需要处理的光谱矩阵或者向量；type 为数据类型（“R”表示反射率，“A”表示吸收率）

5.5.3 案例及代码

1. movav

movav 函数的功能是对光谱数据进行移动平均处理，该函数可以对光谱数据进行平滑，降低数据噪声和冗余。代码如下：

```
library(prospectr)
library(Cairo)
library(showtext)
library(sysfonts)
showtext_auto(enable=T)
font_add("hwzs", "C:\\Windows\\Fonts\\STZHONGS.ttf")
font_add("RMN", "C:\\Windows\\Fonts\\times.ttf")
spec_1 <- read.csv("F:\\1025\\DATA\\5.5\\SPEC_t_depth_1.csv")
```

```
colnames(spec_1) <- 350:2500
movav_spec_1 <- movav(spec_1, 8) #平滑
dim(spec_1)
dim(movav_spec_1)
```

运行结果如下：

```
> dim(spec_1)
[1]  384 2151
> dim(movav_spec_1)
[1]  384 2144
```

下面以 spec_1 中第一行光谱数据为例，对比平滑前后的光谱曲线，代码如下：

```
demo<-spec_1[1,]
demo<-t(demo)
demo<-cbind(350:2500,demo[,])
colnames(demo)<-c("wavelength","reflectance")
demo<-as.data.frame(demo)
p_demo<-ggplot(data=demo,mapping=aes(x=wavelength,y=reflectance))+
  geom_line()+
  labs(x="波长",y="反射率")+
  theme(
    legend.title = element_text(size=18),
    legend.text = element_text(size=18),
    text = element_text(size = 18),
    axis.text.x = element_text(family = " hwzs ", size=18),
    axis.text.y  = element_text(family = " hwzs ", size=18),
    panel.grid.major = element_blank(),
    panel.grid.minor = element_blank(),
    panel.background = element_blank(),
    axis.line = element_line(colour = "black", size = 0.8))
demo_move<- movav_spec_1[1,]
demo_move<-t(demo_move)
demo_move<-cbind(350:2500,demo_move[,])
colnames(demo_move)<-c("wavelength","reflectance")
demo_move<-as.data.frame(demo_move)
p_demo_move<-ggplot(data=demo_move,mapping=aes(x=wavelength,y=reflecta
nce))+
  geom_line()+
  labs(x="波长",y="反射率")+
  theme(
    legend.title = element_text(size=18),
```

```
    legend.text = element_text(size=18),
    text = element_text(size = 18),
    axis.text.x = element_text(family = "hwzs", size=18),
    axis.text.y  = element_text(family = "hwzs", size=18),
    panel.grid.major = element_blank(),
    panel.grid.minor = element_blank(),
    panel.background = element_blank(),
    axis.line = element_line(colour = "black", size = 0.8))
library(patchwork)
p <- p_demo+p_demo_move
p#图 5-32
```

下面运行结果：

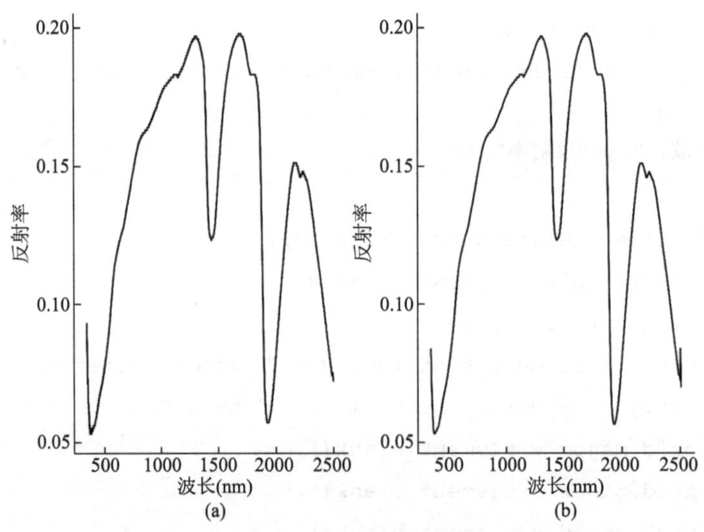

图 5-32　原始光谱（a）和 movav 平滑后光谱（b）

图 5-32 可以看出，运用 movav 函数对光谱数据进行平滑，对比平滑前后的光谱数据可以发现波段变少了，这是因为边缘波段无法进行移动平均。本例中将窗口大小设为 5（窗口大小为奇数），因此平滑变换方法为从第一波段开始依次选择光谱数据上的五个波段：x–2，x–1，x0，x1，x2，对其进行求平均，然后赋值给 x0；之后向后移动窗口并进行同样的计算与赋值，直到窗口中心点遍历整个光谱数据，即完成了移动窗口平均平滑。对比平滑处理前后的光谱图可以发现，移动平均可以有效去除光谱冗余数据和噪声。

2. savitzkyGolay

savitzkyGolay 函数利用 SG 方法对光谱进行平滑与导数变换。利用 Savitzky-Golay 方法进行平滑滤波，可以提高光谱的平滑性，并降低噪声的干扰。该平滑函数是 movav 函数的改良版，SG 平滑滤波效果可以随着窗口大小、多项式的不同而不同，可以满足多种不同场合的需求。

```
library(prospectr)
library(Cairo)#字体
library(showtext)
library(sysfonts)
showtext_auto(enable=T)
font_add("hwzs", "C:\\Windows\\Fonts\\STZHONGS.ttf")
font_add("RMN", "C:\\Windows\\Fonts\\times.ttf")
spec_1 <- read.csv("F:\\1025\\DATA\\5.5\\SPEC_t_depth_1.csv")
colnames(spec_1) <- 350:2500
#SG 平滑
spec_1_SG <- savitzkyGolay(spec_1 , p = 2, w = 11,m=0)
dim(spec_1)
dim(spec_1_SG)
```

运行结果如下：

```
> dim(spec_1)
[1]  384 2151
> dim(spec_1_SG)
[1]  384 2141
```

下面为以 spec_1 中第一行光谱数据为例，绘制 SG 平滑前后的光谱曲线，代码如下：

```
demo<-spec_1[1,]
demo<-t(demo)
demo<-cbind(350:2500,demo[,])
colnames(demo)<-c("wavelength","reflectance")
demo<-as.data.frame(demo)
p_demo<-ggplot(data=demo,mapping=aes(x=wavelength,y=reflectance))+
  geom_line()+
  labs(x="波长",y="反射率")+
  theme(
    legend.title = element_text(size=18),
    legend.text = element_text(size=18),
    text = element_text(size = 18),
    axis.text.x = element_text(family = "hwzs", size=18),
    axis.text.y  = element_text(family = "hwzs", size=18),
    panel.grid.major = element_blank(),
    panel.grid.minor = element_blank(),
    panel.background = element_blank(),
    axis.line = element_line(colour = "black", size = 0.8))
demo_SG<- spec_1_SG[1,]
```

```
demo_SG<-t(demo_SG)
demo_SG<-cbind(350:2500,demo_SG[,])
colnames(demo_SG)<-c("wavelength","reflectance")
demo_SG<-as.data.frame(demo_SG)
p_demo_SG<-ggplot(data=demo_SG,mapping=aes(x=wavelength,y=reflectance)
)+
  geom_line()+
  labs(x="波长",y="反射率")+
  theme(
    legend.title = element_text(size=18),
    legend.text = element_text(size=18),
    text = element_text(size = 18),
    axis.text.x = element_text(family = "hwzs", size=18),
    axis.text.y  = element_text(family = "hwzs", size=18),
    panel.grid.major = element_blank(),
    panel.grid.minor = element_blank(),
    panel.background = element_blank(),
    axis.line = element_line(colour = "black", size = 0.8))
library(patchwork)
p <- p_demo+p_demo_SG
p#图 5-33
```

下面运行结果：

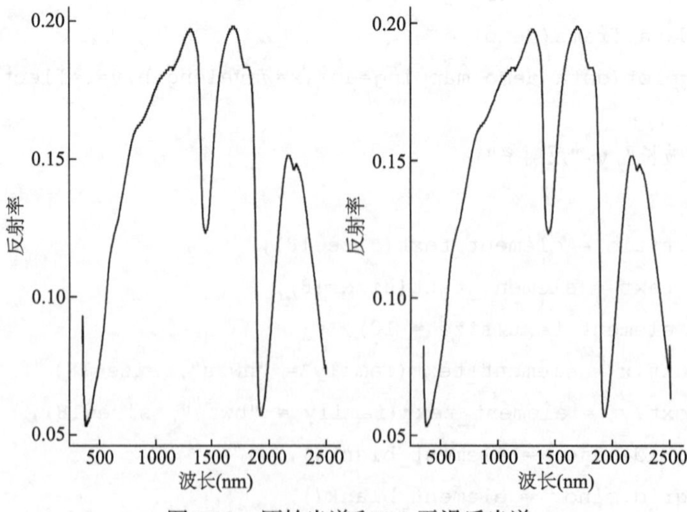

图 5-33　原始光谱和 SG 平滑后光谱

savitzkyGolay()函数中的 m=1 时，该函数平滑结果为一阶微分变换曲线。示例代

码为

```
spec_1_SG <- savitzkyGolay(spec_1 , p = 2, w = 11,m=1)
dim(spec_1)
dim(spec_1_SG)
demo_SG<- spec_1_SG [1,]
demo_SG<-t(demo_SG)
demo_SG<-cbind(350:2500,demo_SG[,])
colnames(demo_SG)<-c("wavelength","reflectance")
demo_SG<-as.data.frame(demo_SG)
p_demo_SG<-ggplot(data=demo_SG,mapping=aes(x=wavelength,y=reflectance)
)+
  geom_line()+
  theme(
    legend.title = element_text(size=18),
    legend.text = element_text(size=18),
    text = element_text(size = 18),
    axis.text.x = element_text(family = "SimSum", size=18),
    axis.text.y  = element_text(family = "SimSum", size=18),
    panel.grid.major = element_blank(),
    panel.grid.minor = element_blank(),
    panel.background = element_blank(),
    axis.line = element_line(colour = "black", size = 0.8))
ggarrange(p_demo,p_demo_SG)#图 5-34
```

运行如下：

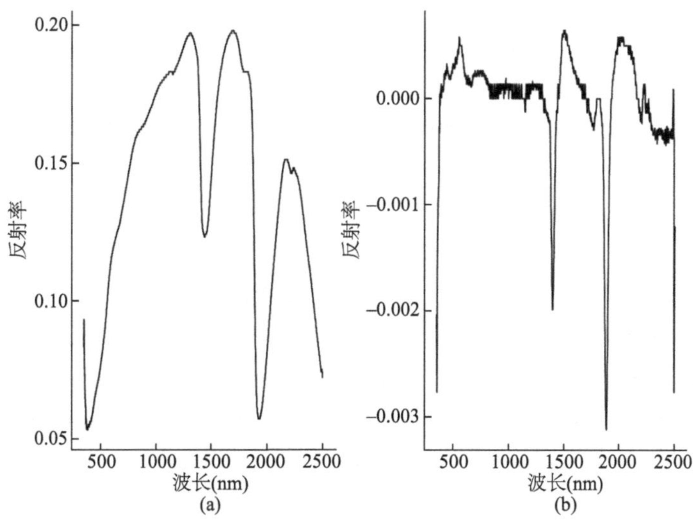

图 5-34　原始光谱（a）和一阶微分变换光谱（b）

3. diff

diff 函数可以去除光谱数据的基线和重叠部分，用于查找数据中每个连续元素对的差异，可以对光谱数据进行差分变换。算法原理为：将时间序列中的每一个观测值 Y_t 都替换为 Y_t-Y_{t-1}，一次差分可以消除时间序列中的线性趋势，二次差分可以消除时序中的二次项趋势，三次差分可以消除时序中的三次项趋势，以此类推。但需要注意的是，由于差分后的数据往往难以进行合理的解释，对时间序列进行两次以上的差分通常都是不必要的。具体的代码如下：

```
library(ggplot2)
spec_1 <- read.csv("F:\\CODE\\5.5\\SPEC_t_depth_1.csv")
colnames(spec_1) <- 350:2500
diff_spec_1<- diff(t(spec_1), differences = 1, lag = 10)
dim(spec_1)
dim(diff_spec_1)
```

运行结果如下：

```
> dim(spec_1)
[1]  384 2151
> dim(diff_spec_1)
[1] 2141  384
```

下面为原图和差分变换的具体代码与光谱曲线对比结果（图 5-35）：

```
demo_diff<- diff_spec_1[1,]
demo_diff<-t(demo_diff)
demo_diff<-cbind(350:2500,demo_diff[,])
colnames(demo_diff)<-c("wavelength","reflectance")
demo_diff<-as.data.frame(demo_diff)
library(Cairo)#字体
library(showtext)
showtext_auto(enable=T)
font_add('SimSun', "simsun.ttc")
p_demo_diff<-ggplot(data=demo_diff,mapping=aes(x=wavelength,y=reflecta
nce))+
  geom_line()+
  theme(
      legend.title = element_text(size=18),
    legend.text = element_text(size=18),
    text = element_text(size = 18),
    axis.text.x = element_text(family = "SimSum", size=18),
    axis.text.y  = element_text(family = "SimSum", size=18),
    panel.grid.major = element_blank(),
    panel.grid.minor = element_blank(),
```

```
    panel.background = element_blank(),
    axis.line = element_line(colour = "black", size = 0.8))
library(ggpubr)
ggarrange(p_demo,p_demo_diff)
```

运行结果如下：

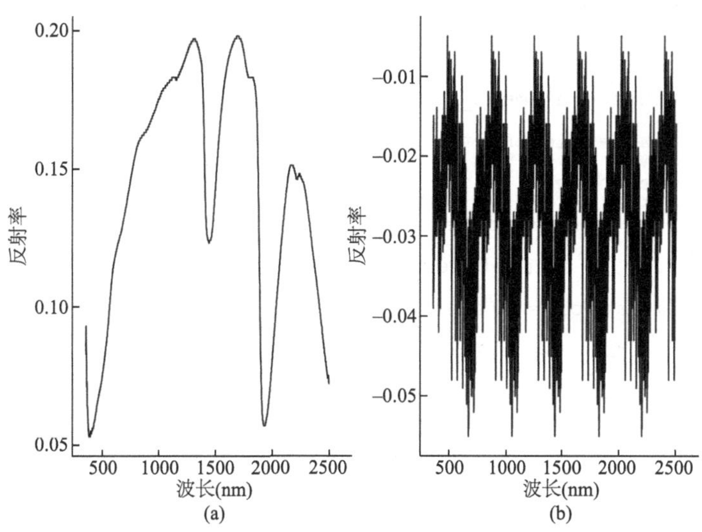

图 5-35　原始光谱（a）和差分变换光谱（b）

4. continuumRemoval

包络线去除法是一种有效增强感兴趣吸收特征的光谱分析方法，它可以有效突出光谱曲线的吸收和反射特征，并将反射率归一化为 0～1.0。去包络线可以将光谱曲线也归一化到一致的光谱背景上，有利于与其他光谱曲线进行特征数值的比较，从而提取特征波段以供分类识别。continuumRemoval 函数是专门用来做去包络线变换的函数，计算数据光谱矩阵的或向量的连续统移除值。具体代码如下：

```
library(prospectr)
library(Cairo)#字体
library(showtext)
library(sysfonts)
showtext_auto(enable=T)
font_add("hwzs", "C:\\Windows\\Fonts\\STZHONGS.ttf")
font_add("RMN", "C:\\Windows\\Fonts\\times.ttf")
spec_1 <- read.csv("F:\\1025\\DATA\\5.5\\SPEC_t_depth_1.csv")
colnames(spec_1) <- 350:2500
spec_1_CR <- continuumRemoval(X = spec_1, type = "R")
demo<-spec_1[1,]
demo<-t(demo)
```

```
demo<-cbind(350:2500,demo[,])
colnames(demo)<-c("wavelength","reflectance")
demo<-as.data.frame(demo)
p_demo<-ggplot(data=demo,mapping=aes(x=wavelength,y=reflectance))+
  geom_line()+
  labs(x="波长",y="反射率")+
  theme(
    legend.title = element_text(size=18),
    legend.text = element_text(size=18),
    text = element_text(size = 18),
    axis.text.x = element_text(family = "hwzs", size=18),
    axis.text.y  = element_text(family = "hwzs", size=18),
    panel.grid.major = element_blank(),
    panel.grid.minor = element_blank(),
    panel.background = element_blank(),
    axis.line = element_line(colour = "black", size = 0.8))
demo_CR<- spec_1_CR[1,]
demo_CR<-t(demo_CR)
demo_CR<-cbind(350:2500,demo_CR[,])
colnames(demo_CR)<-c("wavelength","reflectance")
demo_CR<-as.data.frame(demo_CR)
p_demo_CR<-ggplot(data=demo_CR,mapping=aes(x=wavelength,y=reflectance)
)+
  geom_line()+
  labs(x="波长",y="反射率")+
  theme(
    legend.title = element_text(size=18),
    legend.text = element_text(size=18),
    text = element_text(size = 18),
    axis.text.x = element_text(family = "hwzs", size=18),
    axis.text.y  = element_text(family = "hwzs", size=18),
    panel.grid.major = element_blank(),
    panel.grid.minor = element_blank(),
    panel.background = element_blank(),
    axis.line = element_line(colour = "black", size = 0.8))
library(patchwork)
p <- p_demo+p_demo_CR
p
```

图 5-36 为原始光谱与去包络线处理的光谱曲线对比图。

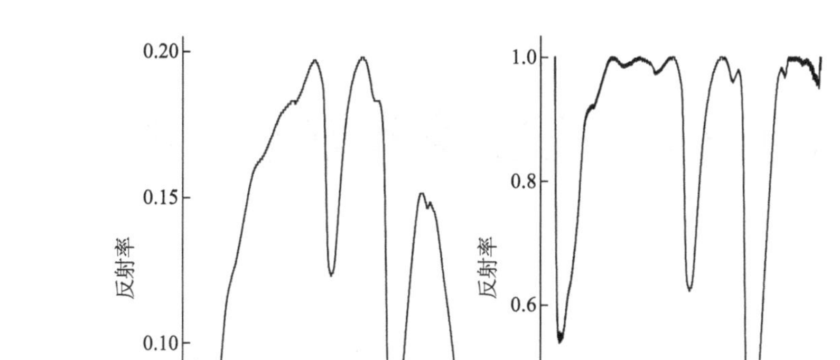

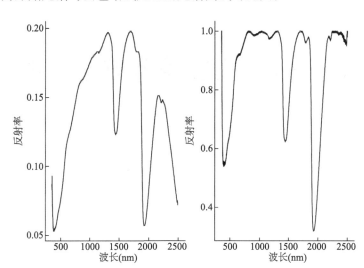

图 5-36　原始光谱和去包络线光谱

5.5.4　要点提示

光谱预处理手段还有很多种，本节仅列出比较常用的四种变换方法及代码。每种光谱处理方法有不同的优缺点，适用于不同地物的预测建模优化过程，因此，需要综合对比不同的光谱处理方法建模结果，以筛选地物的最优预测模型。

思　考　题

（1）R 语言中处理栅格数据还有哪些较为常见的包，简述其功能。

（2）对比不同的插值方法，详述其优缺点以及其在地学研究中的应用领域。

（3）干旱指数还有哪些？请列举并阐述其应用情景。

（4）不同波长的光谱数据及其特征在进行不同地物监测和反演过程中具有什么样的作用？请列举。

第 6 章　社会经济数据处理

6.1　问卷调查数据处理

6.1.1　概述

在人文地理学研究当中，调查问卷是目前较为常用且最为重要的数据获取手段，同时也是区域政策制定的主要依据。例如，环境保护的居民参与意愿及其关注重点、低碳发展模式的成本效益与评估等。从环境保护策略的实施，到社区的垃圾回收效果都需要借助调查问卷来精准识别对象的发展状态和规律，并在此基础上进行科学的社会、生态和经济等外延式功能、价值与效率的评估。调查问卷的数据一般运用 SPSS 和 Excel 等传统软件也能够处理，但是较为烦琐，特别是在模型构建、调参和优化等的过程中。另外，数据的结构变换与整合等方面也会遇到很大的困难。R 语言具有较为灵活的数据类型自由转换的特点，这在问卷数据处理过程中具有较大的优势。例如，R 语言可以快速识别日期（时间变量）、性别（逻辑变量）、数字（数值变量）、选项（因子变量）等，并在此基础上实现快速建模和参数优化并实现建模、数据分析与出图。

6.1.2　过程及代码

1. 问卷电子化

获取的调查问卷一般是纸质的（目前也有线上进行调查的问卷，但对农户和普通居民线上调查的效果较为一般），需要将调查到的信息按照题号在 Excel 或者直接在 R 语言上进行电子化（建议用 Excel 进行数字化，再用 R 语言读入的方式）。根据 R 语言的数据存储规则，一般是每一行代表被调查的一个农户、家庭或者一个对象（R 语言称为观测），每一列代表一个问题（R 语言称为变量），最终形成如表 6-1 所示的效果。

表 6-1　问卷电子化样式模板

观测样本	问题 1（变量 1）	问题 2（变量 2）	问题 3（变量 3）	问题 4（变量 4）	问题 5（变量 5）
观测 1（农户 1）	35	A	AB	男	2021-1-1

续表

观测样本	问题 1（变量 1）	问题 2（变量 2）	问题 3（变量 3）	问题 4（变量 4）	问题 5（变量 5）
观测 2（农户 2）	37	B	ACD	女	2021-1-2
观测 3（农户 3）	76	C	ABCD	男	2021-1-3
观测 4（农户 4）	45	D		男	2021-1-4
观测 5（农户 5）	34	B	BD	女	2021-1-5
观测 6（农户 6）	23	A	BC	女	2021-1-6

在问卷数字化的过程中要特别注意电子化的标准一致性。这与建一个数据库是一个道理，需要有统一的符号标准体系。这里主要包括：①对于经纬度，需要换算成小数形式，如问卷中是北纬 30 度 30 分 30 秒，则在录入时需要换算成 30+(30/60)+(30/3600)= 30.51。②对于日期也需要按照标准的格式录入，如 2021 年 1 月 1 日，须写成“2021-1-1”，便于 R 语言在读入的时候自动识别成日期。③字母“ABCD”统一成大写或者小写录入，因为 R 语言对字母的大小写较为敏感，它会将同一个字母的大写和小写识别成完全不同的两个字符。④如遇到调查对象未回答的问题，则空置即可，不需要填写“未回答”等标志，减少 R 语言读入后字符处理的难度。

2. 变量识别

在将数字化之后的 Excel 读入 R 语言之后，R 语言会对不同变量进行识别，如表 6-1 中变量 1 就会被自动识别成数值型变量；变量 2 就会被识别成字符型变量；变量 5 就会被识别成日期型变量；而变量 3 中的空格，就会自动用“NA”进行填充。另外，如果变量第一行的 35 被换成“A”，即便 2～6 行依然是数字，这一列也会被 R 识别为字符型变量，在后续的处理中则需要利用转义函数将其转变为数值型变量（as.numeric）。

3. 变量数字化

在 R 语言中，只有数值型变量才能被用于建模，因此字符型变量需要被转化为数值型变量或因子变量，甚至有序因子变量，逻辑型变量需要被转变为因子变量。这就需要使用 R 语言中的转义函数来完成。

4. 数据整合与统计

将数据中的变量类型甄别清楚之后就可以根据需要进行数据整合与统计了。以“2020 年徐州地区垃圾回收意愿与情况”调查问卷为例，问卷中有调查对象的基本情况、垃圾回收的基本认知，还有新型垃圾回收模式的意愿与参与方式等方面。问卷中第 18 个问题是：18.您从哪里学习和掌握垃圾分类的方法？（可多选），提供的选项有 7 项，分别是：A.宣传栏上的海报、B.新闻媒体或网络、C.宣传手册、D.监督员指导、E.小区广播、F.宣传讲座和 G.微信群。共收集了 100 份问卷，如果要统计调查对象中从这 7 种信息获取渠道的比例分别是多少，由于是多项选择题，每个调查对象都有可能有多个选项，因此首先需要将所有的选项字符转换成一个独立的向量，然后利用 table()函数对每个选项字符（A～G）出现的频率进行统计，并在此基础上进行出图，代码如下：

```
library(readxl)
library(showtext)#显示汉字的支持包
library(sysfonts)#从系统字体库调取字体的包
library(ggplot2)#高级绘图工具,R 语言中最常用的绘图包
showtext_auto(enable=T)#显示系统自带的字体
font_add("hwzs", "C:\\Windows\\Fonts\\STZHONGS.ttf")#将华文中宋字体重命名为“hwzs”,用于显示汉字
font_add("RMN", "C:\\Windows\\Fonts\\times.ttf")#将新罗马字体重命名为“RMN”,用于显示字母
wj <- read_xlsx("F:\\书\\code\\6.1\\垃圾回收问卷.xlsx",sheet=1)
wj_sub <- wj[,c(19:22,25:27,29)]#多提取几个变量
wj_sub <- wj_sub[-1,]#去掉第一行,源文件 xlsx 中有两行标题
wj_sub <- as.data.frame(wj_sub)#将提取的数据转化为数据框
a <- strsplit(wj_sub[,1],"")#打散,将每一行的多个字符组合打散成单个字符,返回为一个列表
b <- table(unlist(a))#unlist 是将返回的列表结构打散形成一个字符向量,用 table 功能进行频率统计
#以下为出图做准备
df <- as.data.frame(b)
df$fraction<-df$Freq/dim(wj_sub)[1]#计算出现频率,以百分比的形式
df$ymax<-cumsum(df$Freq)#控制绘图中 lable 的位置,最高点
df$ymin<-c(0,head(df$ymax,n=-1)) #控制绘图中 lable 的位置,最低点

df$labelPosition<-(df$ymax + df$ymin)/2#最终找到中间的位置
df$label<-paste0(" 比 例 :",round(df$fraction*100,2),"%","\n  总 数 :",df$Freq)#lable 的具体表现形式
p <- ggplot(df,aes(ymax=ymax,ymin=ymin,#利用 ggplot2 开始绘图
                   xmax=4,xmin=3))+
  geom_rect(aes(fill=Var1))+
  geom_text(x=3.5,aes(y=labelPosition,label=label),size=4)+
  scale_fill_brewer(palette = "Greens")+scale_y_continuous()+
  coord_polar(theta = "y")+
  xlim(2,4)+
  # theme_void()+
  scale_fill_discrete(name="垃圾分类知\n识获得途径",
```

```
                    breaks=c("A","B","C","D","E","F","G"),
                    labels=c("宣传海报","新闻媒体或网络","宣传手册","监督员指
导","小区广播","宣传讲座","微信群"))+
    theme(legend.title=element_text(size=16,face="bold",family="hwzs"),

legend.text=element_text(size=10,family="hwzs"))+labs(x="",y="")+
    theme(axis.text.y
=element_blank(),axis.ticks=element_line(colour="white"),
        panel.background = element_rect(fill = NA),
            panel.grid.minor.y = element_line(colour = "grey"),
            panel.grid.major = element_line(colour = "black") )
  p
  ggsave(p,file="18 题统计.pdf",width=10,height=10,dpi=400,path="F:\\书
\\code\\6.1\\")#保存为pdf,见图 6-1
```

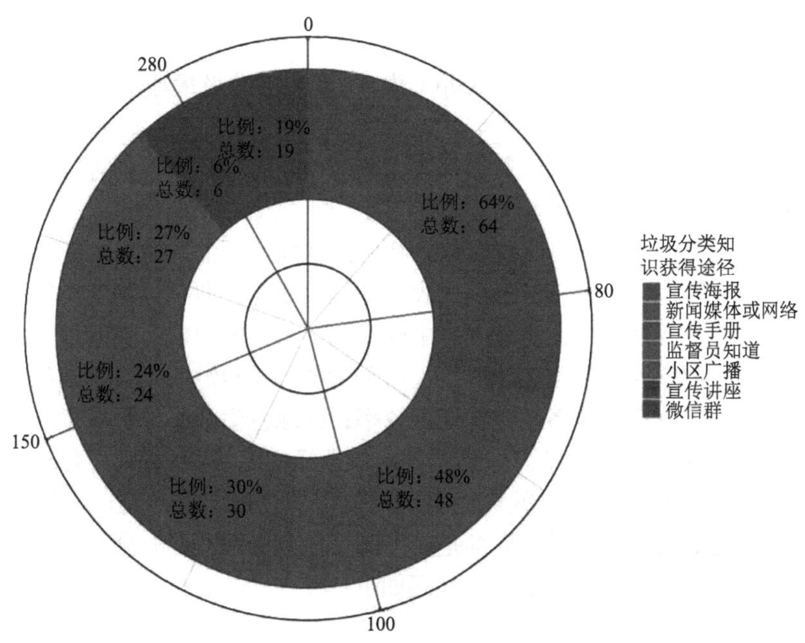

图 6-1　多选题问题答案统计环形图

提升难度：在问卷数据分析中常常需要进行分类整理数据形成子集和新的数据集，在此基础上进行统计分析。例如，如想了解不同学历（问卷第 4 题）对于垃圾产生量的影响（第 13 题），即要统计不同学历下第 13 题所反映出来的垃圾量，第一步要对第 13 题的问题选项进行量化，依据如下：选项 A 赋值 0.5，选项 B 赋值 1，选项 C 赋值 2，选项 D 赋值 3，选项 E 赋值 5。实现这一功能的代码如下：

```
  wj <- read_xlsx("F:\\书\\code\\6.1\\垃圾回收问卷.xlsx",sheet=1)
  wj_sub <- wj[-1,c(5,14)]#选择第 4 题和第 13 题
```

```
wj_sub$题13[wj_sub$题13=="A"] <- 0.5
wj_sub$题13[wj_sub$题13=="B"] <- 1
wj_sub$题13[wj_sub$题13=="C"] <- 2
wj_sub$题13[wj_sub$题13=="D"] <- 3
wj_sub$题13[wj_sub$题13=="E"] <- 5
```

可以使用基础的 aggregate()函数实现不同学历下的垃圾产生量均值（第 13 题均值）计算，代码如下：

```
wj_sub$题 13 <- as.numeric(wj_sub$题 13)#原变量类型为字符,现在需要转变为数值型变量
aggregate(wj_sub$题13,by=list(wj_sub$题4),mean)
> aggregate(wj_sub$题13,by=list(wj_sub$题4),mean)
  Group.1        x
1       A 2.555556
2       B 1.692308
3       C 1.580000
4       D 2.104167
5       E 1.461538
6       F 2.333333
```

可以看出，研究生学历的居民（Group.1 为 A）产生的垃圾量却是最多的，约为 2.56。原因值得深入去分析。

继续提升：通常，问题选项的赋值都遵循按照一定的顺序和程度进行一次赋值，如 A～D 四个选项所表达的程度呈逐渐变好的趋势，则会依次赋值 1～4，这与有序因子变量的逻辑关系较为类似。但是有时也会遇到特别的选项，其他选项有可能都可以用有序因子变量的思路去赋值，但是有的选项代表的却是负效应，即一旦调查对象选择了这个选项不但不能加分还要减分。在调查问卷中就出现了这样的现象：在问卷中的第 28 个问题："28.您认为垃圾分类的优势是（　）？（可多选）"选项中，A.利于资源回收利用；B.增加收入，解决就业；C.提高废弃物处理效率；D.绿色生活，垃圾减量；E.增强无害化处理和 F.政府创收，增加政绩。一旦调查对象选择"F"选项，则需要对调查对象的垃圾分类认知水平进行减分，这就可能出现赋值后部分被调查对象这一问题会获得负分。在这一问题的赋值中采用赋值标准是，A～E 选项每个选项 1 分，多选采用累积加和获得，如果选择 F 项，则减去 2 分。代码如下：

```
rm(list=ls())
library(stringr)
library(readxl)
library(ggpubr) #绘制条形图需要的包
library(rstatix)#做参数检验需要的包
library(RColorBrewer)
library(ggprism)
library(showtext)
library(sysfonts)
```

```
showtext_auto(enable=T)
font_add("hwzs", "C:\\Windows\\Fonts\\STZHONGS.ttf")
font_add("RMN", "C:\\Windows\\Fonts\\times.ttf")
wj <- read_xlsx("F:\\shu\\1025\\DATA\\6.1\\垃圾回收问卷.xlsx",sheet=1)
wj_sub <- wj[-1,c(5,26)]
str <- str_split(wj_sub$题25,"")
fz <- function(x){ifelse("F"%in% x, length(x)-1-2,length(x))}

wj_sub$题25 <- sapply(str, fz)
names(wj_sub) <- c('education',"perception")
unique(wj_sub$education)
wj_sub$education[wj_sub$education=="A"] <- "PsD"
wj_sub$education[wj_sub$education=="B"] <- "GsD"
wj_sub$education[wj_sub$education=="C"] <- "UA"
wj_sub$education[wj_sub$education=="D"] <- "SS"
wj_sub$education[wj_sub$education=="E"] <- "JS"
wj_sub$education[wj_sub$education=="F"] <- "MS"
myt_test1 <-  t_test(wj_sub, perception~education)  #获取组内两两比较的 p 值
myt_test1 <- adjust_pvalue(myt_test1, method = 'fdr')  #多组比较时,可能需
要添加 p 值校正
myt_test11<- add_significance(myt_test1, 'p.adj')  #根据 p 校正值添加显著性
标记 * 符号
my.test <-  add_xy_position(myt_test11, x = 'education', dodge = 0.8)
wj_sub$education <- factor(wj_sub$education,c('PsD','GsD','UA','SS','JS',
'MS'),ordered = T)
p1<- ggbarplot(wj_sub, x = 'education', y = 'perception', fill =
'education',
          add = 'mean_sd',
          color = 'gray30', position = position_dodge(0.6),
          width = 0.6, size = 1, legend = 'top') +
  #scale_fill_manual(values = c('#21f4cf', '#E7B800', '#178ca4')) +
  labs(x="受教育水平",y="感知水平得分")+
  scale_x_discrete(labels = c("研究生","本科生","大专生","高中","初中","小学
及以下"))+
  theme(axis.title.x=element_text(family="hwzs", size=20, colour="black"),
      axis.title.y=element_text(family="hwzs", size=20, angle=90, colour=
"black"),
      axis.text.x=element_text(family="hwzs", size=15, colour="black"),
```

```
        axis.text.y=element_text(family="RMN", size=15, colour="black"))+
    guides(fill=FALSE)
  p1 <- p1 + stat_pvalue_manual(my.test, label = 'p.adj.signif', tip.length
= 0.05) +
    theme(panel.background = element_rect(fill = NA))+
    annotate("text", x = -Inf, y = Inf, label = "ANOVA", hjust = -0.5,
          vjust = 1,size=6,family="RMN")
  p1#图 6-2
```

在这一代码中，采取以下步骤。

首先，利用 str_split()功能将第 25 题的每个观测（每一行）的多选项答案进行打散，并形成一个列表，如下：

```
> str(str)
List of 100
 $ : chr [1:4] "A" "D" "E" "F"
 $ : chr [1:3] "A" "D" "E"
 $ : chr [1:3] "A" "D" "F"
 $ : chr [1:3] "A" "D" "E"
 $ : chr [1:3] "A" "D" "E"
 $ : chr [1:3] "A" "C" "F"
 $ : chr [1:3] "A" "D" "E"
```

其次，根据赋值的规则，构建一个带有假设条件的 function 功能函数（fz）。在功能函数中，如果选择“F”，则需要在总数上减去 3，因为多减 1 是选择“F”项后加分项对应少了一项，自然要减去。另外，加分项每个选项都是加 1，因此通过 length()函数测定其字符向量长度即可。

最后，借助 ggpubr 和 rstatix 包，对按学历进行分组的调查对象垃圾回收感知水平进行分组统计并出图（图 6-2）。可以看出，不同学历分组的调查对象对垃圾回收益处的感知水平在不同学历之间有数值上的差异，学历越高，感知水平也越高，但并不存在显著性差异，这可能和调查样本过小有关系（100 份）。

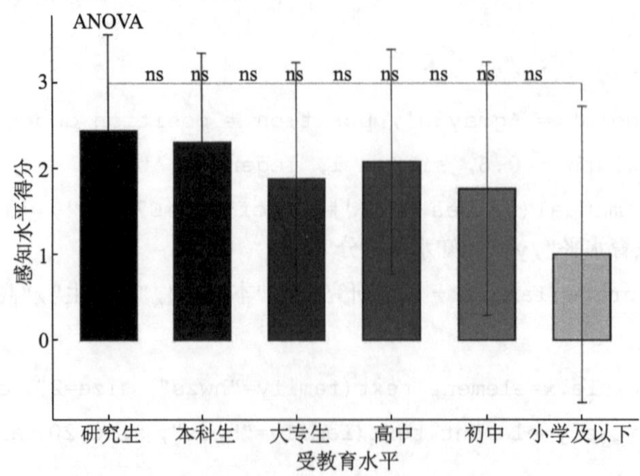

图 6-2　方差检验统计出图（mean+sd）

5. 建模与结果输出

如果想了解不同学历分组下调查对象年龄对垃圾产生量的影响。这就需要首先将数据按照学历分成“A”“B”“C”“D”“E”5 个子集，然后在每个子集内构建一个年龄为自变量，垃圾产生量为因变量的一元一次回归模型，并分别提取其回归系数。这就需要运用前述的 by()与 sapply()函数组合，代码如下：

```
library(readxl)
wj <- read_xlsx("F:\\书\\code\\6.1\\垃圾回收问卷.xlsx",sheet=1)
wj_sub <- wj[-1,c(4,5,14)]#选择第四题和第十三题
wj_sub$题13[wj_sub$题13=="A"] <- 0.5
wj_sub$题13[wj_sub$题13=="B"] <- 1
wj_sub$题13[wj_sub$题13=="C"] <- 2
wj_sub$题13[wj_sub$题13=="D"] <- 3
wj_sub$题13[wj_sub$题13=="E"] <- 5
wj_sub$题13 <- as.numeric(wj_sub$题13)
wj_sub$题3 <- as.numeric(wj_sub$题3)
model <- by(wj_sub,wj_sub$题4,function(x) lm(wj_sub$题13~wj_sub$题3))
sapply(model, coef)
```

结果如下：

```
> sapply(model, coef)
                       A            B            C            D            E            F
(Intercept)  2.042994012  2.042994012  2.042994012  2.042994012  2.042994012  2.042994012
wj_sub$题3  -0.005509416 -0.005509416 -0.005509416 -0.005509416 -0.005509416 -0.005509416
```

代码“by(wj_sub,wj_sub$题 4,function(x) lm(wj_sub$题 13~wj_sub$题 3))”的功能是按照学历分组构建垃圾产生量与调查对象年龄之间的线性回归模型。wj_sub 为要处理的数据集；wj_sub$题 4 为分组依据，这里是学历；function(x) lm(wj_sub$题 13~wj_sub$题 3)则是构建垃圾产生量与年龄之间的线性回归模型。sapply(model, coef)中的 coef 则是用于提取回归系数。

6.1.3　要点提示

（1）问卷中的问题选项设置要根据科学问题的内在逻辑规律进行设置，在问卷设计的初期最好要经过预走访和预调研，掌握研究区调查对象的普遍思维习惯和回答方式，分析问题选项的合理性和调查对象对此的认知程度。

（2）调查问卷的选项要便于量化，对于字符型变量建议转为因子变量或者有序因子变量，这有助于后续的建模分析。

6.2　多目标优化

6.2.1　概述

在相同的条件下，要求多个目标函数都得到最好的满足，这便是多目标规划。若目标函数和约束条件都是线性的，则为多目标线性规划。即多目标线性规划（MOLP）处理多目标优化问题，其中所有目标和约束都是线性的（Luc，2016），如果约束条件是非线性的则是非线性多目标规划。多目标最优化思想，最早是在 1896 年由法国经济学家 V. 帕雷托提出来的。他从政治经济学的角度考虑把本质上是不可比较的许多目标转化成单个目标的最优化问题，从而涉及了多目标规划问题和多目标的概念（Gass，2013；Kirman, 2008）。第一本关于多目标线性规划的专著是Zeleny在1974年的经典著作“Linear Multiobjective Programming”（Zeleny, 1974），在 20 世纪 80 年代，出现了一些解决 MOLP 问题的新算法，如 Tchebycheff 法（Olson，1993）、ε 约束法（Nikas et al.，2020）等。近年来，随着多目标优化问题的广泛应用，越来越多的新算法被提出，如模糊 MOLP、混合整数 MOLP、多层次 MOLP 等。利用多目标优化算法具有以下特性：①综合性，多目标线性规划可以考虑多个目标函数的最优化问题，使得得到的解决方案综合了多个因素的影响，以有助于综合决策；②可行性，多目标线性规划可以生成一组可行解，这些解满足多个目标的约束条件，使得这些解在实际问题中具有可行性；③灵活性，多目标线性规划可以处理不同类型的目标函数，如最小化成本、最大化收益、最小化风险等。它还可以考虑不同的权重和限制条件，以生成不同的解决方案。

6.2.2　算法及过程

多目标线性规划主要包括以下几个步骤。

（1）确定多个目标函数。

（2）确定约束条件。

（3）确定权重向量。

（4）制定优化目标，通常是找到满足所有约束条件的最小化目标函数值的决策变量向量。

（5）求解 MOLP 问题。通常情况下，MOLP 问题的解决可以分为两个步骤：首先，需要生成 Pareto 最优解集合，即在给定的权重向量下，最小化目标函数值的一组非劣解。其次，需要从所有 Pareto 最优解中选择一个最优解，即满足所有约束条件的目标函数值最小的决策变量向量。总之，MOLP 的算法过程就是在确定多个目标函数和约束条件的基础上，利用权重向量将多目标优化问题转化为单目标优化问题，并采用特定的算法求解，基本过程如下：

多目标线性规划的目标函数大于两个，目标函数和约束条件都是线性函数。具体表示如下：

$$\max\begin{cases} z_1 = a_{11}x_1 + a_{12}x_2 + \cdots + a_{1n}x_n \\ z_2 = a_{21}x_1 + a_{22}x_2 + \cdots + a_{2n}x_n \\ \qquad\vdots \\ z_r = a_{r1}x_1 + a_{r2}x_2 + \cdots + a_{rn}x_n \end{cases}$$

约束条件：

$$\begin{cases} c_{11}x_1 + c_{12}x_2 + \cdots + c_{1n}x_n \leqslant b_1 \\ c_{21}x_1 + c_{22}x_2 + \cdots + c_{2n}x_n \leqslant b_2 \\ \qquad\vdots \\ c_{m1}x_1 + c_{m2}x_2 + \cdots + c_{mn}x_n \leqslant b_m \\ x_1, x_2, \cdots x_n \geqslant 0 \end{cases}$$

记 $C=(c_{ij})_{m\times n}$，$A=(a_{ij})_{r\times n}$，$B=(b_1, b_2, \cdots, b_m)^{\mathrm{T}}$，$X=(x_1, x_2, \cdots, x_n)^{\mathrm{T}}$，$Z=(z_1, z_2, \cdots, z_r)^{\mathrm{T}}$，则上述目标可简化为

$$\max Z=AX$$

约束条件：$\begin{cases} CX \leqslant B \\ X \geqslant 0 \end{cases}$

6.2.3　案例及代码

在 R 语言中有很多包支持多目标优化类的问题，线性规划类问题如 Rglpk 包、lpSSolve 包等，而非线性优化目标的包也比较多，包括 Rdonlp2 包、goalprog 包、mopsocd 包和 nsga2 包等。在本节中以 Rglpk 包为工具，简述一下线性目标优化的基本方法，Rglpk 包实现目标优化的参数设置如表 6-2 所示。

表 6-2　Rglpk 包主要参数及作用

参数	作用
obj	规划目标系数
mat	约束向量矩阵
dir	约束方向向量，由 “>” “<” “=” 构成
rhs	约束值
bounds	上下限的约束，默认 0 到 INF
type	限定目标变量的类型，“B” 代表 0～1 规划，“C” 代表连续，“I” 代表整数，默认是 “C”
control	包含四个参数 verbose、presolve、tm_limit、canonicalize_status

现有一个区域规划的生态效益规划项目，如现有林地每公顷每年将吸收二氧化碳9 t，草地每年吸收二氧化碳量为 8 t，耕地每年吸收二氧化碳量为 3 t。假如林地生产每年每公顷需要消耗 5 t 水，而草地和耕地分别为 3 t 和 2 t。每年每公顷的林地需要投入劳动成本（维护）4000 元，而草地和耕地分别为 5000 元和 8000 元。在一个区域中的规划要求，林地面积不得低于 20 hm^2，草地面积不得低于 16 hm^2，耕地面积不能低于 6 hm^2，且三个地理单元总面积不得超过 50 hm^2，资金投入不得超过 30 万元，水资源消耗不得超过 200 t，如何分配三个地理要素的面积组合以达到最大的固碳效益。根据这一要求可以形成如下公式进行表达。

优化目标：$Z=9x_1+8x_2+3x_3$

约束条件：

$$
\begin{cases}
x_1 \geqslant 20 \\
x_2 \geqslant 16 \\
x_3 \geqslant 6 \\
5x_1+3x_2+2x_3 \leqslant 200 \\
4000x_1+5000x_2+8000x_3 \leqslant 300000 \\
x_1+x_2+x_3 \leqslant 50
\end{cases}
$$

输入 Rglpk 包的代码如下：

```
library(Rglpk)
obj <- c(9, 8, 7)
mat <- matrix(c(1,0,0,5,4000,1,
              0,1,0,3,5000,1,
              0,0,1,2,8000,1), nrow = 6)
dir <- c(">=", ">=", ">=", "<=", "<=", "<=")
rhs <- c(20, 10, 6,200,300000,50)
Rglpk_solve_LP(obj, mat, dir, rhs, max = TRUE)
```

结果如下：

```
> Rglpk_solve_LP(obj, mat, dir, rhs, max = TRUE)
$optimum
[1] 422

$solution
[1] 28 16  6

$status
[1] 0

$solution_dual
[1] 0 0 0

$auxiliary
$auxiliary$primal
[1]      28      16       6     200 240000      50
```

```
$auxiliary$dual
[1]  0.0  0.0 -0.5  0.5  0.0  6.5


$sensitivity_report
[1] NA
```

结果中，$optimum 为优化的目标结果，即优化后三个地理要素每年可以固碳 422t。$solution 为优化的结果，即优化后三个地理要素面积分别为 28hm^2（森林）、16hm^2（草地）和 6hm^2（耕地）。$status 为是否找到最优解决方案的标志，如果显示为 0 则表示获得最优方案，如果没有找到则显示非 0 值。该结果表示已找到。$solution_dual 为对偶解；$auxiliary$primal 为优化后的约束值结果，这里分别表示：优化后的结果为林地 28hm^2，草地 16hm^2，耕地 6hm^2，水资源消耗 200t，化肥成本 24 万元，总面积 50hm^2。

6.2.4　要点提示

（1）多目标线性规划可能需要更高的计算复杂性来获得最优解。解决问题的时间可能比单一目标问题更长，因为必须考虑多个目标。

（2）当优化不同的目标时，可能存在目标之间的冲突。例如，在最小化成本的情况下，最优化质量可能会导致成本上升。解决此类问题需要复杂的分析和决策。

（3）当目标函数不是凸函数时，多目标线性规划可能无法找到全局最优解，而只能找到局部最优解。这可能导致得到的解决方案不是最优的，甚至可能会导致问题的错误解释。

6.3　层次分析法

6.3.1　概述

层次分析法（analytic hierarchy process，AHP）是美国运筹学家、匹兹堡大学教授 T.L.Saaty 于 20 世纪 70 年代初期提出的一种主观赋值评价方法。1971 年，AHP 首次被应用于美国国防部的“应急计划”研究，并随后开展了多项研究，为 AHP 在定性研究领域奠定了基础。1977 年在国际数学建模会议上 T. L. Saaty 发表《无结构决策问题的建模——层次分析法》一文，促进了 AHP 理论的发展[①]；1982 年 AHP 在“中美能源、资源、环境”学术会议上被首次介绍到中国。AHP 是一种对定性指标的定量化分析手段，常被用于多目标、多准则、多要素、多层次的非结构化的复杂决策问题，特别是战略决策问题的研究，具有较为广泛的实用性（Saaty and Vargas，2013；郭金玉等，2008）。地

① 苗振龙. 2019. 层次分析法（AHP）研究方法与步骤分解，及案例详解[EB/OL]. https://baijiahao.baidu.com/s?id=1651259201959322004[2023-10-30].

理学中，AHP 是解决复杂的非结构化地理决策问题的重要方法。通过 AHP 可以将复杂问题分解为若干层次或若干因素，在各因素之间进行简单比较和计算，就可以得出不同方案重要性程度的权重，从而为决策方案的选择提供依据，十分有利于复杂问题的决策思维过程模型化、数量化①。

AHP 是一个较为主观的评价方法，其在赋权得到权重向量的时候，主观因素占比很大。因此在复杂问题的分析过程中，对于一些无法度量的因素，通常引入合理的度量标度，通过构造判断矩阵度量各因素之间的相对重要性，得出一个综合的权重向量②。其核心内容是比较而不是排序、投票或自由分配优先级，一般适用于：涉及多个决策标准、资源分配、方案排序、质量管理和解决冲突等方面的问题。主要涉及领域包括适宜性评价、环境保护措施评价、安全性评价、危化物危害性评价、城市应急灾害能力评价、空间格局安全性评价。同时对消费者生活领域决策也有一定的指导作用，如购房影响因素评价、购车影响因素评价、专业选择与就业倾向评价等，均可以发挥其优秀的功效（图 6-3）。

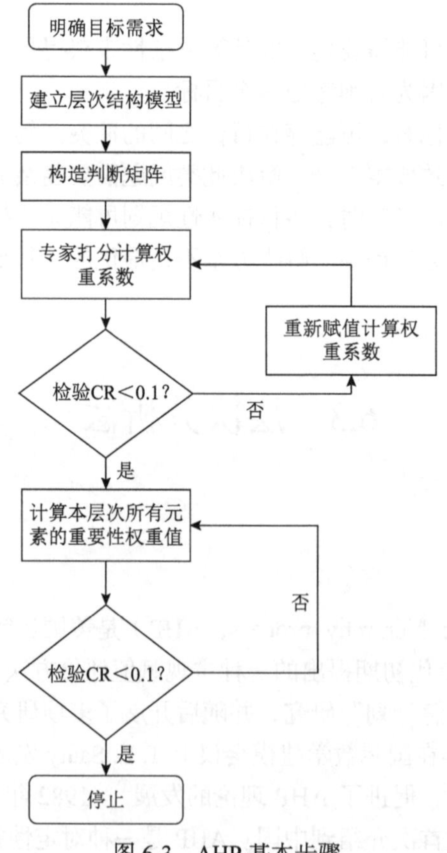

图 6-3 AHP 基本步骤

① 苗振龙. 2019. 层次分析法（AHP）研究方法与步骤分解，及案例详解[EB/OL]. https://baijiahao.baidu.com/s?id=1651259201959322004[2023-10-30].

② Tejada T D. 2022. Analytic Hierarchy Process: an introduction with examples and resources[EB/OL]. https://www.weadapt.org/knowledge-base/adaptation-decision-making/ahp[2023-10-30].

6.3.2　步骤及方法

1. 建立描述系统功能或特征的内部独立的层次结构

该步骤主要依据需求目标，通过文献阅读及专家咨询方式（汪浩和马达，1993）将目标中所含要素进行分组，每一组作为一个单独的层次并按照“最高层（目标层）—若干中间层（准则层）—最底层（措施层）”的次序排列起来，如图 6-4 所示。

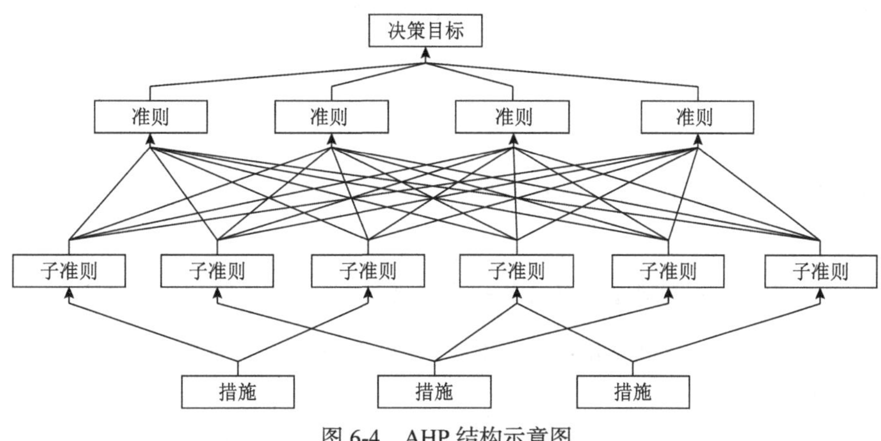

图 6-4　AHP 结构示意图

2. 建立判断矩阵

依据步骤一分析事件得出的影响因素分组或分层建立判断矩阵。判断矩阵是依据同属一级的要素以上一级要素为准则，进行两两比较，从而建立的要素相对重要度的判定标准（表 6-3）。

表 6-3　AHP 判断矩阵

A_k	B_1	B_2	…	B_j
B_1	b_{11}	b_{12}	…	b_{1j}
B_2	b_{21}	b_{22}	…	b_{2j}
⋮	⋮	⋮	⋮	⋮
B_j	b_{j1}	b_{j2}	…	b_{ij}

表 6-3 中，b_{ij} 表示对于事件 A_k 而言，要素 B_i 对要素 B_j 的相对重要程度的判断值。如果判断矩阵满足关系：

$$b_{ij} = \frac{b_{ik}}{b_{jk}}(i,j,k=1,2,\cdots,n) \tag{6-1}$$

则称矩阵中的判断具有一致性。

判断矩阵重要性的设置依据如表 6-4 所示。

表 6-4 判断矩阵重要性设置依据

标度	含义
1	表示两个因素相比，具有同样重要性
3	表示两个因素相比，一个因素比另一个因素稍微重要
5	表示两个因素相比，一个因素比另一个因素明显重要
7	表示两个因素相比，一个因素比另一个因素强烈重要
9	表示两个因素相比，一个因素比另一个因素极端重要
2，4，6，8	上述两相邻判断的中值
倒数	*A* 和 *B* 相比，如果标度为 3，那么 *B* 和 *A* 相比重要性就是 1/3

为保证评价标准的客观性，需要采取一致性检验手段，力求排除判断矩阵数据来源带有主观性导致的干扰。

3. 计算单层要素的相对重要度及其一次性检验

某一层次中的各要素相对重要度指的是，上一层次中的某要素与本层次中有联系的各要素重要性次序的权重值。

根据判断矩阵 B 计算出其特征值和特征向量：$BW = \lambda_{\max}W$，在式中，$\lambda_{\max}$ 为判断矩阵 B 的最大特征值，W 为对应于 $\lambda_{\max}$ 的正规化特征向量，W 的分量 W_i 就是对应要素的相对重要度即其权重值。

如果判断矩阵 B 具有完全一致性时，存在：$\lambda_{\max} = n$。

通过计算判断矩阵的一次性指标，对各要素的相对重要度进行一次性检验：

$$\mathrm{CI} = \frac{\lambda_{\max} - n}{n-1} \tag{6-2}$$

当 CI=0 时，判断矩阵具有完全一致性；反之 CI 越大，判断矩阵的一致性就越差。

为避免主观认识差异导致的随机误差，在进行一致性检验时，通常引入一个随机修正系数 RI，一般地，当 $\mathrm{CR} = \frac{\mathrm{CI}}{\mathrm{RI}} < 0.1$ 时，就认为判断矩阵具有令人满意的一致性；否则，当 $\mathrm{CR} \geqslant 0.1$ 时，就需要调整判断矩阵，直到满意为止。

4. 计算所有层次要素的综合重要度及其一次性检验

利用同一层次中各要素的相对重要度，就可以计算出针对上一层次而言的本层次所有要素的相对重要度，即所有要素的综合重要度。各要素的综合重要度需要从上到下逐层顺序进行。对于最高层（称为目标层或决策目标）而言，其层内各要素的相对重要度就是所有层次要素的综合重要度。

通过计算要素综合重要度的随机一致性比例，对其进行一次性检验：

$$\mathrm{CI}=\sum_{j=1}^{m}a_j\mathrm{CI}_j \tag{6-3}$$

$$\mathrm{RI}=\sum_{j=1}^{m}a_j\mathrm{RI}_j \tag{6-4}$$

$$\mathrm{CR}=\frac{\mathrm{CI}}{\mathrm{RI}} \tag{6-5}$$

式中，CI 为要素综合重要度的一致性指标；CI_j 为 a_j 与对应的 B 层次中判断矩阵的一次性指标；RI 为要素综合重要度的随机一致性指标；RI_j 为 a_j 与对应的 B 层次中判断矩阵的随机一次性指标；CR 为要素综合重要度的随机一致性比例。

同样，当 $\mathrm{CR}=\frac{\mathrm{CI}}{\mathrm{RI}}<0.1$ 时，就认为要素的综合重要度具有令人满意的一致性；否则，当 $\mathrm{CR}\geqslant 0.1$ 时，就需要对本层次的各判断标准进行调整，直到各要素的综合重要度的一致性检验达到标准为止。

RI 的取值标准如表 6-5 所示。

表 6-5　RI 的取值

n	1	2	3	4	5	6	7	8	9	10	11	12	13	14	15
RI	0	0	0.52	0.89	1.12	1.26	1.36	1.41	1.46	1.49	1.52	1.54	1.56	1.58	1.59

5. 排序方案

AHP 中最重要的计算任务在于求解判断矩阵的最大特征值及其对应的特征向量。因为判断矩阵本身就是将定性问题定量化地表达，允许存在一定的误差，所以在实际的建模过程中方根法和和积法常作为有效手段来计算判断矩阵的最大特征根及其所对应的特征向量（徐建华，2014）。

a. 方根法

计算判断矩阵每一行要素的乘积：

$$M_i=\prod_{j=1}^{n}b_{ij}(i=1,2,\cdots,n) \tag{6-6}$$

计算 M_i 的 n 次方根：

$$\overline{W_i}=\sqrt[n]{M_i}(i=1,2,\cdots,n) \tag{6-7}$$

将向量 $\overline{W}=[\overline{W_1},\overline{W_2},\cdots,\overline{W_3}]^{\mathrm{T}}$ 归一化，即

$$W_i=\frac{\overline{W_i}}{\sum_{k=1}^{n}\overline{W_{\mathrm{k}}}(i=1,2,\cdots,n)} \tag{6-8}$$

则向量 $W=[W_1,W_2,\cdots,W_n]^{\mathrm{T}}$ 即为所求的向量。

计算最大特征根：

$$\lambda_{\max}=\sum_{i=1}^{n}\frac{(AW)_i}{nW_i} \tag{6-9}$$

式中，$(AW)_i$ 表示向量 AW 的第 i 个分量。

b. 和积法

将判断矩阵每一列归一化：

$$\overline{b_{ij}}=\frac{b_{ij}}{\sum_{k=1}^{n}b_{kj}(j=1,2,\cdots,n)} \tag{6-10}$$

对按照列归一化的判断矩阵，再按行求和：

$$\overline{W_i}=\sum_{j=1}^{n}\overline{b_{ij}}(i=1,2,\cdots,n) \tag{6-11}$$

将向量 $\overline{W}=[\overline{W_1},\overline{W_2},\cdots,\overline{W_n}]^{\mathrm{T}}$ 归一化：

$$W_i=\frac{\overline{W_i}}{\sum_{k=1}^{n}\overline{W_k}(i=1,2,\cdots,n)} \tag{6-12}$$

则向量 $W=[W_1,W_2,\cdots,W_n]^{\mathrm{T}}$ 即为所求的特征向量。

计算最大特征值：

$$\lambda_{\max}=\sum_{i=1}^{n}\frac{(AW)_i}{nW_i} \tag{6-13}$$

式中，$(AW)_i$ 表示向量 AW 的第 i 个分量。

6.3.3　案例及代码

在一个小区购房，有以下几个因素需要考虑，区位、户型和价格 3 个主要因素，而目前有三个小区供选择，分别是铂悦府、海岸花园和汉府雅园。因此，可以构建一个层次分析结构框架（图 6-5），并在此基础上分别构建判断矩阵。

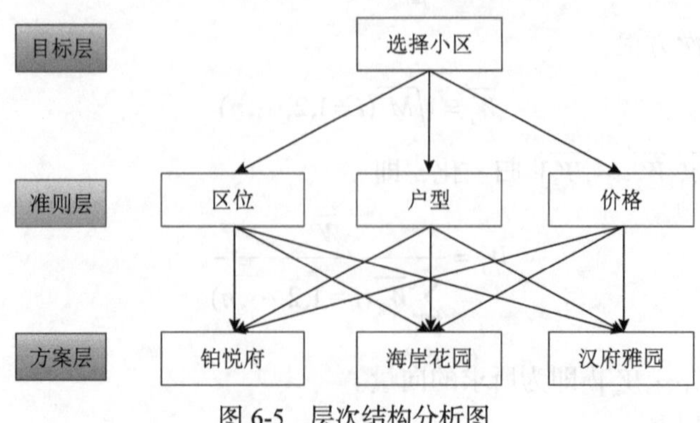

图 6-5　层次结构分析图

首先，构建准则层三个影响因素（区位、户型和价格）的判断矩阵，确定其影响力大小。假设其判断矩阵见图 6-6。

	区位	户型	价格
区位	1	4	2
户型	1/4	1	1/2
价格	1/2	2	1

图 6-6　准则层判断矩阵

运行代码检验一致性，结果如下：

```
> CRtest(judgeMatix)

 CI= 0

 CR= 0
 通过一致性检验

 Wi:  0.571 0.143 0.286
CI CR
 0  0
```

其次，构建铂悦府、海岸花园和汉府雅园三个小区分别就区位、户型和价格三个影响因素的判断矩阵（图 6-7）。

区位	铂悦府	海岸花园	汉府雅园
铂悦府	1	2	3
海岸花园	1/2	1	3
汉府雅园	1/3	1/3	1

户型	铂悦府	海岸花园	汉府雅园
铂悦府	1	1/3	1/2
海岸花园	3	1	3
汉府雅园	2	1/3	1

价格	铂悦府	海岸花园	汉府雅园
铂悦府	1	4	3
海岸花园	1/4	1	2
汉府雅园	1/3	1/2	1

图 6-7　方案层判断矩阵

再次，计算四个判断矩阵的权重系数，并整合到一起（和积法，表 6-6）。

表 6-6　层次分析结构得分

影响因素	指标权重	铂悦府	海岸花园	汉府雅园
区位	0.571	0.525	0.334	0.142
户型	0.143	0.159	0.589	0.252
价格	0.286	0.620	0.224	0.156

铂悦府的权重得分：0.525 × 0.571+0.159 × 0.143+0.62 × 0.286= 0.499832

海岸花园的权重得分：0.334 × 0.571+0.589 × 0.143+0.224 × 0.286=0.339005

汉府雅园的权重得分：0.142 × 0.571+0.252 × 0.143+0.156 × 0.286= 0.161734

铂悦府小区的得分最高，因此选择铂悦府小区。

案例代码如下：

```
#方根法求权重
weight <- function (judgeMatrix, round=3) {
  n = ncol(judgeMatrix)
  cumProd <- vector(length=n)
  cumProd <- apply(judgeMatrix, 1, prod)  #求每行连续乘积
  weight <- cumProd^(1/n)  #开 n 次方(特征向量)
  weight <- weight/sum(weight) #求权重
  round(weight, round)
}#用的是方根法求权重

#和积法获得的权重
weight1 <- function (A, round=3) {
  Ac=colSums(A)#列和
  for (i in 1:nrow(A)) {
    A[,i]=A[,i]/Ac[i]
  }
  weight1=rowMeans(A)##等同于求列和加归一化 weigA=rowSums(A),weigA= owSums(A)/
sum(rowSums(A))
  round(weight1, round)
}

#显著性检验
#注: CRtest 调用了 weight 函数
#输入: judgeMatrix
#输出: CI, CR
#CR<0.1 才行
CRtest <- function (judgeMatrix, round=3){
  RI <- c(0, 0, 0.58, 0.9, 1.12, 1.24, 1.32, 1.41, 1.45, 1.49, 1.51) #
随机一致性指标
  Wi <- weight1(judgeMatrix)  #计算权重,这里根据以上不同的权重确定方法，做出相应
改变
  n <- length(Wi)
  if(n > 11){
```

```
    cat("判断矩阵过大,请少于 11 个指标 \n")
  }
  if (n > 2) {
    W <- matrix(Wi, ncol = 1)
    judgeW <- judgeMatrix %*% W
    JudgeW <- as.vector(judgeW)
    la_max <- sum(JudgeW/Wi)/n
    CI = (la_max - n)/(n - 1)
    CR = CI/RI[n]
    cat("\n CI=", round(CI, round), "\n")
    cat("\n CR=", round(CR, round), "\n")
    if (CR <= 0.1) {
      cat(" 通过一致性检验 \n")
      cat("\n Wi: ", round(Wi, round), "\n")
    }
    else {
      cat(" 请调整判断矩阵,使 CR<0.1 \n")
      Wi = NULL
    }
  }
  else if (n <= 2) {
    return(Wi)
  }
  consequence <- c(round(CI, round), round(CR, round))
  names(consequence) <- c("CI", "CR")
  consequence
}
```

以价格为准则，设置铂悦府、海岸花园和汉府雅园的判断矩阵（图 6-7），并用 matrix 函数构造判断矩阵 judgeMatix：

```
b <- c(1,4,3,1/4,1,2,1/3,1/2,1)
judgeMatix <- matrix(b, ncol=3,byrow = T)
weight(judgeMatix)#方根法获取权重
weight1(judgeMatix)#和积法获取权重
CRtest(judgeMatix)#一致性检验
#也可以用 diag 函数来构建对称判断矩阵
A=matrix(0,3,3)#构建一个值为 0,3*3 的矩阵
diag(A)=1#对角线等于 1
A[1,2]=4;A[2,1]=1/4
```

```
A[1,3]=3;A[3,1]=1/3
A[2,3]=2;A[3,2]=1/2
weight(A)
weight1(A)
CRtest(A)
```

结果如下：

```
> weight(A)
[1] 0.630 0.218 0.151
> weight1(A)
[1] 0.620 0.224 0.156
> CRtest(A)

 CI= 0.055

 CR= 0.094
 通过一致性检验

 Wi:  0.62 0.224 0.156
   CI    CR
0.055 0.094
```

6.3.4 要点提示

（1）决策分析是现实中经常用到的方法，特别是政策决策。已有的方法支持政策决策，如德尔菲法、头脑风暴法、专家打分法等，但这些方法多数都存在主观性较强，专家的个人偏好和专业背景带来的判断偏差较大，而 AHP 通过引入数理学的检验，可以在很大程度上规避由个人偏见和经验不足带来的决策误差，具有较好的实践效果。

（2）层次分析法在综合评价中也具有很好的使用效果，主要是体现在评价指标体系中不同指标的权重计算上。利用 AHP 的归一化的权重系数可以直接转化为指标的权重。

（3）方差法与和积法具有不同的适用领域，判断不好也会对权重结果产生较大的影响。和积法是一种计算排序向量的近似算法，具有较好的相容性和对称性，是目前使用较多的确定权重的方法（魏翠萍，1999）。

（4）运行代码，一定要先运行自编函数（function），否则无法运行。AHP 判断矩阵的设置一般不要超过 9×9，即参考的影响因素一般不要超过 9 个（骆正清和杨善林，2004），否则会影响权重计算的一致性。如果超过 9 个，则可以将影响因素进行再分类和拆分，以达到算法支持的标准。

6.4 爬虫算法

6.4.1 概述

随着网络技术的飞速发展，互联网成为大量信息的载体。如何快速有效地提取并利用这些信息成为一个巨大的技术挑战。搜索引擎（search engine）的出现，使得人们能够迅速检索到自己所需要的信息，为人们提供了打开互联网这个巨大知识宝库的钥匙。网络爬虫（web crawler），又称为网络蜘蛛（web spider）或 Web 信息采集器，是一个自动下载网页的计算机程序或自动化脚本，是搜索引擎的重要组成部分。通过网络爬虫，搜索引擎才能自动化地采集到互联网上数亿的网页信息（杨靖韬和陈会果，2010）。

随着搜索引擎的发展，网络爬虫技术也日趋完善。回顾网络爬虫的历史，互联网历史上最先出现的词汇是 robot，即网络机器人。这个名称的含义是希望能有一个程序能够像机器人一样去监测互联网上面的数据，第一个这样的程序——Web Wanderer 出现在 1993 年，诞生于麻省理工学院，它的功能主要是统计互联网上的服务器的数量，运行周期的单位是月。随着发展，这个程序慢慢地发展成为 url 的收集工具，并组建了第一个网站资源库。1994 年 7 月 20 日发布的网站 Lycos 第一个将爬虫程序接入其索引程序中，其爬行的数据量远胜于同期其他软件。进入 21 世纪，网络爬虫朝着更加直观便捷、普适性强的方向发展。2004 年，Beautiful Soup 发布。它是一个为 Python 设计的库。在计算机编程中，库是脚本模块的集合，就像常用的算法一样，它允许不用重写就可以使用，从而简化了编程过程。通过简单的命令，Beautiful Soup 就能理解站点的结构，帮助从 HTML 容器中解析内容。直至现在也是最流行的方法之一。随着进入互联网+人工智能（AI）时代，Facebook、X 和微博等社区网站具有极高的用户参与度且快速更新的海量信息与日俱增，人们发现单纯的 url 检索服务已经不能够达到需求。如何高效地服务于海量用户群体，使用户方便并快捷地体验网站所提供的服务，已经成为这些社区网站需要解决的问题，人们的需求是有效的全文检索，这样就推动了网络爬虫的发展，使其功能多样化，不再单纯地收集 url，而是丰富了信息提取、过滤、存储、压力控制、带偏好抓取等功能，并且对于及时性、全面性、有效性、健壮性要求越来越高（么士宇，2011）。

正是对于网络爬虫的时效性、实时性和丰富性要求越来越高，网络爬虫朝着分布式计算，网络数据抓取多元化、个性化方向发展。分布式计算是将很多台机器通过互联网络链接到一起，然后在软件层次使得多台机器可以协同解决大规模数据的处理、索引和检索问题。虽然它物理上把多台机器连接到了一起，但是这个集群在逻辑上仍然是一个整体。其中最为人们熟知的就是以 Google 为代表的搜索引擎企业发展了云计算，云计算是分布式计算、并行计算和网络计算的发展，它具有超大规模、虚拟化、高可靠性、通用性、高扩展性、按需服务和廉价的特点，网络爬虫进一步性能提高（郑博文，2011）。分布式搜索引擎得天独厚的优势也逐渐显现：可扩展性强、容错性好、查询速度快、运行效率高。

目前，网络爬虫爬行在互联网中自主挖掘着各类数据，应用于电商、网络媒体、金融、日常生活等各个领域。人们可以通过爬行的数据进行数据分析、信息聚合、咨询管理。例如，品牌方可以在电商网站爬行该类产品的定价和销售数据，进行数据分析，了解该类其他产品的定价有助于企业调整自身产品的市价率，也通过渠道巡检来监控渠道定价，以确保分销商遵守定价政策。

6.4.2 算法及过程

网络爬虫源自 Spider（或 Crawler、robots、wanderer）等的意译。网络爬虫的定义有广义和狭义之分，狭义的定义：利用标准的 http 协议，根据超级链接和 Web 文档检索的方法遍历万维网信息空间的软件程序。广义的定义：所有能利用 http 协议检索 Web 文档的软件都称为网络爬虫。主要步骤如下。

1. 抓取网页

在搜索引擎系统中，网络爬虫技术会根据自己的需求在整个万维网中找到需要抓取的网站信息，然后通过抓包或者其他方式找到所抓取数据的链接请求（URL)（顾勤，2021）。

2. 网页解析

网页解析主要是一个网页去噪的过程。互联网中以 HTML 为架构承载网页的各种信息。网页去噪主要是网页内容正文抽取。主题爬虫提取网页中的内容时需要分析页面的 HTML 结构，从中提取页面的有效信息。常见的方法有通过 Beautiful-Soup 对 HTML 结构解析、利用正则表达式抽取文本数据。

3. 数据存储

网页解析之后就算得到了最终搜索所需要的数据，此时也需要把数据存到数据库或是将其按照一定的格式进行存储，一般选择两种存储方式：本地保存 CSV、Excel 格式或者直接存储到数据库。若设置边爬边存储 CSV 或 Excel 中写入数据库又分为两种形式：关系型数据库或是非关系型数据库存储，一般为提高效率，确保稳定性选择非关系型数据库存储。具体流程如图 6-8 所示。

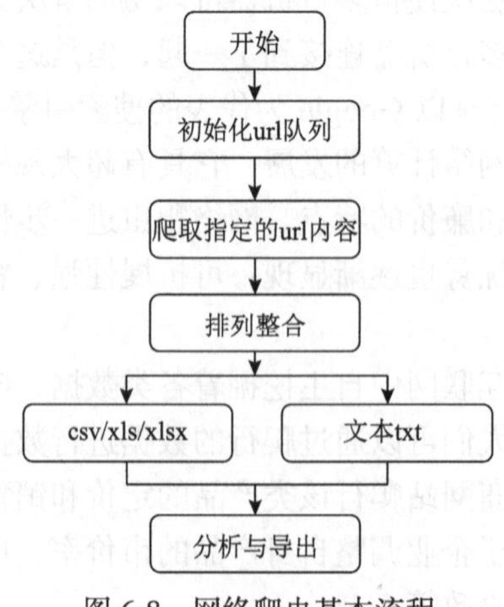

图 6-8 网络爬虫基本流程

6.4.3　案例及代码

以科学网李建国博主的博客（https://blog.sciencenet.cn/home.php?mod=space&uid=419327&view=lijianguo531）作为案例，运用 R 语言的网络爬虫功能，实现如下功能：①爬取所有博客的题目、内容分类、阅读次数、评论次数、发表时间、博文网址、发表间隔时间等信息，并存放于 csv 表格中；②爬取所有博文的内容，并借助 R 语言的词频分析功能分析博文的主要内容并绘制词云图。这一系列功能的实现需要借助 R 语言中的 xml2、rvest、stringr、jiebaR 和 wordcloud2 五个包来实现，其中，xml2 包适用于识别网址；rvest 包适用于爬取网页节点上的内容；stringr 包适用于整合并分析爬取的字符信息；jiebaR 和 wordcloud2 适用于词频解析与词云绘制，代码如下：

```
rm(list=ls())
library(xml2)
library(rvest)
library(stringr)
blogs_list <- data.frame()
name_list<-data.frame()
hits_list <- data.frame()
time_list <- data.frame()
link_list <- data.frame()
#使用 for 循环进行批量数据爬取（发现 url 的规律,写 for 循环语句）,获得点击量,发表时间
等数据
for (i in 1:19){
  web<-
read_html(str_c("https://blog.sciencenet.cn/home.php?mod=space&uid=419327
&do=blog&view=me&from=2&page=",i))
  #用 SelectorGadget 定位节点信息并爬取博客
  blogs_name<-web%>%html_nodes("dt a")%>%html_text()##取博文名称
  a <- data.frame(blogs_name)
  a[which(a$blogs_name==""),] <- NA
  name_list<- na.omit(a)
  blogs_hits<-web%>%html_nodes("dd.xg1")%>%html_text()#博文点击量与评论
  b <- data.frame(blogs_hits)
  b[which(b$blogs_hits==""),] <- NA
  hits_list <- na.omit(b)
  blogs_time<-web%>%html_nodes(".xs2+ dd")%>%html_text()#博文发表时间
  c <- data.frame(blogs_time)
  c[which(c$blogs_time==""),] <- NA
```

```
    time_list <- na.omit(c)
    link_list<- web%>%html_nodes("div.xld a")%>% html_attr("href")
    link_list<- link_list[grep("\\d$",link_list)]
    link_list<- link_list[grep("blog&id=",link_list)]
    z<-data.frame(name_list,hits_list,time_list,link_list)
    blogs_list<-rbind(z,blogs_list)
  }
  x<- strsplit(as.character(blogs_list$blogs_hits),"\\|")#利用|符号将两个字
符串岔开

  blogs_list$评论 <- gsub("个评论", "",sapply(x,"[",3))
  blogs_list$评论 <- sapply(strsplit(blogs_list$评论," "),"[",1)
  blogs_list$评论[blogs_list$评论=="没有评论"] <- 0

  blogs_list$阅读 <- as.numeric(gsub("次阅读", "",sapply(x,"[",2)))#http://
www.endmemo.com/program/R/gsub.php
  y<- strsplit(as.character(blogs_list$blogs_time)," ")#把时间列一分为三
  blogs_list$热度 <- as.numeric(sapply(y,"[",2))
  blogs_list$热度[is.na(blogs_list$热度)] <- 0
  blogs_list$时间 <- sapply(y,"[",5)
  blogs_list$日期 <- as.Date(gsub("\r\n", "",sapply(y,"[",4)))
  blogs_list$时间 <- gsub(Sys.Date(),"",strptime(blogs_list$时间, format =
"%H:%M"))##strptime会自动补充日期,所以要用gsub去掉
  #日期一栏有空缺,只能找原来的time一列重新导入
  z <- blogs_list$blogs_time[is.na(blogs_list$时间)]
  z1 <- strsplit(z," ")
  blogs_list$日期[is.na(blogs_list$时间)] <- as.Date(sapply(z1,"[",2))
  #时间一栏也有空缺,所以只能先去掉 time 里面对应时间空置的一行,去掉\r\n,然后转成包含
日期和时间的strptime,再去掉日期
  blogs_list$时间[is.na(blogs_list$时间)] <-gsub("\r\n", "",sapply(z1,
"[",3))
  blogs_list$时间 <- strptime(blogs_list$时间,"%H:%M")
  blogs_list$时间 <-gsub(Sys.Date(),"",blogs_list$时间)
  blogs_list$public_time <- strptime(paste(blogs_list$日期,blogs_list$时
间),format = "%Y-%m-%d %H:%M")
```

```
blogs_list$interval_time1 <- strptime(c(blogs_list$public_time[-1],NA),
format = "%Y-%m-%d %H:%M")
blogs_list$interval_time <-
difftime(blogs_list$public_time,blogs_list$interval_time1,units = "days")
#发表间隔时间
blogs_list$interval_time[blogs_list$interval_time<0] <- NA#去掉间隔时间
#获取发表时间
mean(as.numeric(blogs_list$热度))
paste("平均热度为",round(mean(as.numeric(blogs_list$热度)),2),sep=" ")
blogs_list$新评论 <- str_extract(blogs_list$评论,"^[\\dd]+\\s{0,1}")
mean(as.numeric(blogs_list$新评论),na.rm=T)
paste("平均评论次数为",round(mean(as.numeric(blogs_list$新评论),na.rm=T),
2),"次",sep=" ")
#blogs_list$时间 <- gsub(Sys.Date(),"",strptime(blogs_list$时间, format
="%H:%M"))
blogs_list$时间 <- as.difftime(blogs_list$时间, format ="%H:%M:%S")
mean(as.numeric(blogs_list$时间),na.rm=T)
paste("平均发表时间为",round(mean(as.numeric(blogs_list$时间),na.rm=T),
2),sep=" ")
mean(as.numeric(blogs_list$interval_time),na.rm = T)
paste("平均发表时间间隔为",round(mean(as.numeric(blogs_list$interval_time),
na.rm = T),2),"天",sep=" ")
write.csv(blogs_list[,c(1,4:13)],file=" F:\\书\\code\\6.5\\blogs_list.csv",
fileEncoding = "GB18030")
```

结果如下：

```
> mean(as.numeric(blogs_list$新评论),na.rm=T)
[1] 5.789474
> paste("平均评论次数为",round(mean(as.numeric(blogs_list$新评论),na.rm=T),2),"次",sep=" ")
[1] "平均评论次数为 5.79 次"
> #blogs_list$时间 <- gsub(Sys.Date(),"",strptime(blogs_list$时间, format ="%H:%M"))
> blogs_list$时间 <- as.difftime(blogs_list$时间, format ="%H:%M:%S")
> mean(as.numeric(blogs_list$时间),na.rm=T)
[1] 14.46974
> paste("平均发表时间为",round(mean(as.numeric(blogs_list$时间),na.rm=T),2),sep=" ")
[1] "平均发表时间为 14.47"
> mean(as.numeric(blogs_list$interval_time),na.rm = T)
[1] 24.53835
> paste("平均发表时间间隔为",round(mean(as.numeric(blogs_list$interval_time),
+                            na.rm = T),2),"天",sep=" ")
[1] "平均发表时间间隔为 24.54 天"
```

可以看出，李建国的科学网博客平均每篇博客的评论为 5.79 次；热度为 5 左右；博客一般的发表时间在下午三点左右（14.47）；平均连续两篇博文的发表间隔时间为 24.54 天，一个月左右写一篇（由于该博客还在持续更新，因此不同时期爬虫统计出的数据会略有出入），具体的爬取信息列表见图 6-9。

blogs_name	link_list	评论	阅读	热度	时间	日期	public_time	interval_time1	interval_time	新评论
中文论文与英文论文的差异	https://blog.sciencenet.cn/home.php?mod=space&uid=419327&do=blog&id=745031	32	42531	23	9.666667	2013/11/27	2013/11/27 9:40	2013/11/26 16:25	0.71875	32
博士应当有自信和自知	https://blog.sciencenet.cn/home.php?mod=space&uid=419327&do=blog&id=744857	4	3877	5	16.41667	2013/11/26	2013/11/26 16:25	2013/11/15 9:14	11.29930556	4
有趣的对联	https://blog.sciencenet.cn/home.php?mod=space&uid=419327&do=blog&id=741871	4	4171	3	9.233333	2013/11/15	2013/11/15 9:14	2013/11/14 20:33	0.528472222	4
地学中"土地利用/土地覆被"研究的异化	https://blog.sciencenet.cn/home.php?mod=space&uid=419327&do=blog&id=741761	5	5296	4	20.55	2013/11/14	2013/11/14 20:33	2013/11/13 19:42	1.035416667	5
过于安逸的生活会让你丧失判断力	https://blog.sciencenet.cn/home.php?mod=space&uid=419327&do=blog&id=741478	1	4000	1	19.7	2013/11/13	2013/11/13 19:42	2013/10/28 18:48	16.0375	1
科研信息的传播-----杂志、科普与新闻	https://blog.sciencenet.cn/home.php?mod=space&uid=419327&do=blog&id=736885	5	3458	2	18.8	2013/10/28	2013/10/28 18:48	2013/10/23 16:53	5.079861111	5
我在南大这两年（不谈闻王）	https://blog.sciencenet.cn/home.php?mod=space&uid=419327&do=blog&id=735393	16	6018	10	16.88333	2013/10/23	2013/10/23 16:53	2013/9/28 11:42	25.21597222	16
科研中的科学问题与学术疑问	https://blog.sciencenet.cn/home.php?mod=space&uid=419327&do=blog&id=728509	11	9271	9	11.7	2013/9/28	2013/9/28 11:42	2013/9/26 11:52	1.993055556	11
盲目参加会议的后果	https://blog.sciencenet.cn/home.php?mod=space&uid=419327&do=blog&id=727968	8	5063	5	11.86667	2013/9/26	2013/9/26 11:52	2013/9/20 11:32	6.013888889	8
土壤学类期刊投稿的感触	https://blog.sciencenet.cn/home.php?mod=space&uid=419327&do=blog&id=726362	17	21873	11	11.53333	2013/9/20	2013/9/20 11:32	2014/3/18 12:25	NA	17
科研思维与实践过程：举一问三，逻辑归纳与拓展演绎	https://blog.sciencenet.cn/home.php?mod=space&uid=419327&do=blog&id=777033	4	2834	2	12.41667	2014/3/18	2014/3/18 12:25	2014/3/16 10:46	2.06875	4
另一种金陵----南京一天徒步旅行记	https://blog.sciencenet.cn/home.php?mod=space&uid=419327&do=blog&id=776407	2	3757	1	10.76667	2014/3/16	2014/3/16 10:46	2014/3/7 10:53	8.995138889	2
第一篇二区的论文终于in press了	https://blog.sciencenet.cn/home.php?mod=space&uid=419327&do=blog&id=773819	5	9659	4	10.88333	2014/3/7	2014/3/7 10:53	2014/2/27 17:15	7.734722222	5
台湾农村土地利用与管治	https://blog.sciencenet.cn/home.php?mod=space&uid=419327&do=blog&id=771523	0	4805	1	17.25	2014/2/27	2014/2/27 17:15	2014/2/25 11:16	2.249305556	0
【文史斋2】宽恕别人也是在给自己减压	https://blog.sciencenet.cn/home.php?mod=space&uid=419327&do=blog&id=770795	0	4092	0	11.26667	2014/2/25	2014/2/25 11:16	2014/2/23 15:03	1.842361111	0
【文史斋1】多行不义必自毙	https://blog.sciencenet.cn/home.php?mod=space&uid=419327&do=blog&id=770268	0	3511	0	15.05	2014/2/23	2014/2/23 15:03	2014/2/23 11:39	0.141666667	0
"垃圾论文"的另一种看法	https://blog.sciencenet.cn/home.php?mod=space&uid=419327&do=blog&id=770128	4	5801	4	11.65	2014/2/23	2014/2/23 11:39	2014/2/13 20:36	9.627083333	4
新年随笔	https://blog.sciencenet.cn/home.php?mod=space&uid=419327&do=blog&id=767239	2	3294	1	20.6	2014/2/13	2014/2/13 20:36	2013/12/5 11:29	70.37986111	2
一个很特别的博士论文致谢	https://blog.sciencenet.cn/home.php?mod=space&uid=419327&do=blog&id=747228	3	4441	4	11.48333	2013/12/5	2013/12/5 11:29	2014/6/16 17:08	NA	3
据说是毛主席身前最后的一首词	https://blog.sciencenet.cn/home.php?mod=space&uid=419327&do=blog&id=803870	0	4030	0	17.13333	2014/6/16	2014/6/16 17:08	2014/6/2 13:08	14.16666667	0
端午节中家的回忆	https://blog.sciencenet.cn/home.php?mod=space&uid=419327&do=blog&id=799759	4	4098	4	13.13333	2014/6/2	2014/6/2 13:08	2014/5/28 17:19	4.825694444	4
地学研究中合作的重要性	https://blog.sciencenet.cn/home.php?mod=space&uid=419327&do=blog&id=798403	3	5111	2	17.31667	2014/5/28	2014/5/28 17:19	2014/5/23 11:35	5.238888889	3
目前南海斗争的新形势及其对策	https://blog.sciencenet.cn/home.php?mod=space&uid=419327&do=blog&id=796988	0	5997	0	11.58333	2014/5/23	2014/5/23 11:35	2014/5/6 22:17	16.55416667	0
论文研究的局限性与现实的可操作性	https://blog.sciencenet.cn/home.php?mod=space&uid=419327&do=blog&id=792003	10	14281	7	22.28333	2014/5/6	2014/5/6 22:17	2014/4/7 20:26	29.07708333	10
基金本子与论文在写作上的差异	https://blog.sciencenet.cn/home.php?mod=space&uid=419327&do=blog&id=782847	9	9993	9	20.43333	2014/4/7	2014/4/7 20:26	2014/3/28 17:12	10.13472222	9
调剂生就不能搞科研吗？-----一个考研调剂生的自白	https://blog.sciencenet.cn/home.php?mod=space&uid=419327&do=blog&id=779986	31	9391	29	17.2	2014/3/28	2014/3/28 17:12	2015/2/7 10:27	NA	31
爱思维尔发布中国地区高被引学者榜单	https://blog.sciencenet.cn/home.php?mod=space&uid=419327&do=blog&id=866282	26	28725	13	10.45	2015/2/7	2015/2/7 10:27	2014/9/28 20:10	131.5951389	26
参加2014全球土地计划（GLP）亚洲会议的感想	https://blog.sciencenet.cn/home.php?mod=space&uid=419327&do=blog&id=831563	4	4983	4	20.16667	2014/9/28	2014/9/28 20:10	2014/9/13 19:55	15.01041667	4
一个对学生有爱有责任感的老师才是好老师	https://blog.sciencenet.cn/home.php?mod=space&uid=419327&do=blog&id=827503	3	4368	3	19.91667	2014/9/13	2014/9/13 19:55	2014/8/29 19:46	15.00625	3
江苏滨海滩涂景观与开发调查	https://blog.sciencenet.cn/home.php?mod=space&uid=419327&do=blog&id=823355	2	4591	1	19.76667	2014/8/29	2014/8/29 19:46	2014/8/19 16:54	10.11944444	2
由高分二号发射想到我国的遥感事业	https://blog.sciencenet.cn/home.php?mod=space&uid=419327&do=blog&id=820674	0	3009	0	16.9	2014/8/19	2014/8/19 16:54	2014/8/1 19:26	17.89444444	0
中国的考试文化	https://blog.sciencenet.cn/home.php?mod=space&uid=419327&do=blog&id=816453	0	4242	0	19.43333	2014/8/1	2014/8/1 19:26	2014/7/7 15:25	25.16736111	0
贺新郎	https://blog.sciencenet.cn/home.php?mod=space&uid=419327&do=blog&id=809738	0	2683	0	15.41667	2014/7/7	2014/7/7 15:25	2015/5/5 10:37	NA	0
我对发表论文的认识	https://blog.sciencenet.cn/home.php?mod=space&uid=419327&do=blog&id=887476	37	27408	37	10.61667	2015/5/5	2015/5/5 10:37	2015/4/27 10:06	8.021527778	37
研讨会的报告越多越好？	https://blog.sciencenet.cn/home.php?mod=space&uid=419327&do=blog&id=885529	1	4091	1	10.1	2015/4/27	2015/4/27 10:06	2015/4/26 9:43	1.015972222	1
中国需要文化创新	https://blog.sciencenet.cn/home.php?mod=space&uid=419327&do=blog&id=885252	2	2441	2	9.716667	2015/4/26	2015/4/26 9:43	2015/4/23 9:35	3.005555556	2
中国幼儿教育与西方的差别	https://blog.sciencenet.cn/home.php?mod=space&uid=419327&do=blog&id=884495	4	3371	4	9.583333	2015/4/23	2015/4/23 9:35	2015/3/26 9:54	27.98680556	4
中国又一萌物现世	https://blog.sciencenet.cn/home.php?mod=space&uid=419327&do=blog&id=877353	0	2852	0	9.9	2015/3/26	2015/3/26 9:54	2015/3/25 11:28	0.934722222	0
印度人真的有那么笨？	https://blog.sciencenet.cn/home.php?mod=space&uid=419327&do=blog&id=877123	5	10712	4	11.46667	2015/3/25	2015/3/25 11:28	2015/3/15 10:01	10.06041667	5
说说参考文献与被引	https://blog.sciencenet.cn/home.php?mod=space&uid=419327&do=blog&id=874518	5	11569	5	10.01667	2015/3/15	2015/3/15 10:01	2015/3/8 20:03	6.581944444	5
西江月??世事一场大梦	https://blog.sciencenet.cn/home.php?mod=space&uid=419327&do=blog&id=872955	0	2873	0	20.05	2015/3/8	2015/3/8 20:03	2015/10/6 16:30	NA	0

图 6-9　爬取的博客主要信息

```
#爬博文里面的内容
library(rvest)#开始爬特定网页的 txt
m <- blogs_list$link_list
o <- NULL
l=1
for(l in 1:length(m)){
  p <- read_html(m[l])
  blogs_text<-p%>%html_nodes("p span")%>%html_text()#取博文名称
  for (j in 1:length(blogs_text)) {
    o <- c(o,blogs_text[j])
  }
}
#批量爬取内容
t <- as.character()
for(i in 1:length(o)){
  t <- paste(t,o[i])
}#内容融为一体
write.table(t,' F:\\书\\code \\6.5\\blogs1.txt',sep='',fileEncoding = "GB18030")
#画词云
library(jiebaR)
library(wordcloud2)
#f <- scan(' F:\\书\\code \\6.5\\blogs.txt',sep='',what='')
f <- t
myword <- worker()
```

```
new_user_word(myword,scan("F:\\ 书 \\code\\6.5\\ 我 的 分 词 .txt",what="",
sep=" "))
seg <- segment(f,myword)
engine_s<-worker(stop_word =" F:\\书\\code\\6.5\\stop_word.txt", encoding =
"UTF-8")#这里一定要注意保存 txt 的时候选择 utf_8
seg <- segment(seg,engine_s)#去除停止词
seg <- seg[nchar(seg)>1] #去除字符长度小于 2 的词语
seg <- table(seg) #统计词频
length(seg) #查看处理完后剩余的词数
seg <- sort(seg, decreasing = TRUE)[1:500]#降序排序，并提取出现次数最多的前
100 个词语
seg #查看 100 个词频最高的
library(wordcloud2)
f1 <- seg#指选取高频词的数量
wordcloud2(f1,size=1,shape='circle')#见图 6-10
```

从博文的主要内容来看（图 6-10），博客的主要的内容多围绕论文、学生、科研、期刊等关键字展开。

图 6-10　博客词云图

6.4.4　要点提示

（1）网络爬虫对于网络数据的爬取并不适用于网页框架结构多变的网站，只适用于网络框架保持稳定，网页内容只在框架内变动，即随着时间的变化只是网页页码的增加而不是网页结构的变化。

（2）网络爬虫爬取的信息需要爬取人根据自己的需要，获取网页结构及其节点的解析参数，获取这一参数需要借助两个工具：F12 按键下的网页结构解析工具和 SelectorGadget 定位节点。两个工具一般需要配合使用，不同的网站结构和节点差异很大，需要对应调整。

（3）网络爬虫针对较细化的主题存在一定局限性，如对关键词描述不够准确，会抓取到一些和需求无关的内容，主题爬虫在采集信息时查准率、查群率都会降低，严重地降低了使用这些信息的效率。

（4）网络爬虫技术的合法性具有争议：一方面爬虫技术给垂直探索领域带来了极大的便利，但另一方面也存在窃取用户数据和信息、危害网络信息安全以及营运环境的问题（刘艳红，2019）。

（5）由于网站的访问限制和防爬策略，网络爬虫在尝试获取在线数据时，并不总是能够顺利完成任务。

思　考　题

（1）R 语言在调查问卷数据处理过程中有哪些优势？

（2）R 语言中还有哪些常见的包支持多目标优化？请列举阐述。

（3）阐述 AHP 中方根法和和积法的差异及其在应用情景上的差异。

（4）想一想爬虫算法还能用来做什么？特别是在地学研究中的应用前景。

第 7 章　生态数据处理

7.1　广义线性混合模型

7.1.1　概述

生态数据通常是非正态的或具有嵌套结构的分层数据，因此经常违背经典线性模型的统计假设（Bolker et al.，2009）。广义线性混合模型（generalized linear mixed model，GLMM）利用随机效应来处理层次特征，为分析这些非正态且具有层次结构的数据提供了一种更灵活的方法，因此已被广泛用于生态学研究当中。GLMM 可以看作是广义线性模型和线性混合模型的融合，可以处理不呈正态也不独立的数据（Bolker et al.，2009）。用广义线性混合模型来分析连续型数据的重复测量的示例，本质上就是用 GLMM 来实现多层线性混合模型（LMM）而已（Bolker，2015）。

传统的线性回归模型仅适用于自变量 X 和因变量 Y 之间存在线性关系，即因变量和自变量的散点图可以用一条线来拟合。拟合后其真实值和预测值的差值符合正态分布（随机误差）。通常用最小二乘法来拟合。线性拟合有较为严格的模型应用前提，如数据必须符合生态学和生物学的一般规律；自变量之间没有多重共线性；自变量和因变量之间存在线性关系。同时还要满足数据的方差齐性，误差间相互独立等严苛的条件。而如果突破这样的数据分布的严格限制，就必须采用广义线性混合模型，其主要的贡献在于可以将因变量与自变量之间的非线性关系用线性关系进行拟合，同时摒弃传统的正态分布（还有其他分布类型）的数据限制。难能可贵的是广义线性混合模型可以分别探索因变量和自变量之间关系中的固定效应和随机效应（Bolker et al.，2009）。

固定效应为基于固定分组的自变量组别分类对因变量的影响水平，如施肥水平、降雨水平、植被丰度水平等。对于固定效应来说，自变量的变化主要来自因变量的差异，即由观测样本的差异造成。

随机效应为固定效应之外的随机因素（未固定与分组）对因变量产生的影响。对于随机效应，参数是服从正态分布的一个随机变量，也就是说对于两个相同的自变量，对因变量的影响不一定是相同的。

7.1.2　算法及过程

广义线性混合模型可以看作是广义线性模型和混合线性模型的扩展，为了更好地理解广义线性混合模型，需要对普通线性模型和广义线性模型以及线性混合有个了解。

普通线性模型可以表示为

$$Y = \beta_0 + \beta_1 \times X + \varepsilon \tag{7-1}$$

或者

$$Y = X\beta + \varepsilon \tag{7-2}$$

也就是固定效应+随机误差，且因变量必须要满足正态性、独立性和方差齐性等数据要求。

广义线性模型（GLM）可以表示为

$$\ln\left(\frac{P(y=1)}{1-P(y=1)}\right) = \beta_0 + \beta_1 \times x_1 + \varepsilon \tag{7-3}$$

也可以这样表示：

$$\ln(y) = \beta_0 + \beta_1 \times x_1 + \varepsilon \tag{7-4}$$

也就是对因变量 y 进行变换，使得变换后的值适合于普通线性回归。而 GLM 之所以称为“广义”，关键在于这种变换-连接函数会使得模型的应用范围变得更宽，只要因变量服从指数分布即可。

而线性混合模型（LMM）则可表示为

$$Y = X\beta + Z\gamma + \varepsilon \tag{7-5}$$

相较于普通线性模型，LMM 其实就是增加了随机效应 $Z\gamma$（可以理解为个体差异）而已。

7.1.3 案例及代码

1. 广义线性模型

广义线性模型是广义线性混合模型的前身，具有和广义线性混合模型一样广的适用范围。其主要的思想为如果观测数据（因变量）不满足正态分布，则传统的线性拟合模型则不适用其未来趋势的模拟和预测。在这种情况下则需要对因变量进行特殊的数据转换使其满足正态分布或其特殊分布形式后再进行拟合。一般来讲，如果因变量为二分变量（男和女、是和否等），则采用对应的 binomial 分布；如果是连续变量，则可以使用泊松分布转换（对数转换）后进行模拟与预测，见表 7-1。

表 7-1　广义线性模型主要数据分布转换模式

分布转换	对应的转换函数
binomial（二项式）	link= "logit"，针对二分变量
Gaussian（默认高斯分布，相当于线性回归）	link= "identity"（默认）
gamma（伽马分布）	link= "inverse"，倒数转换
inverse.gaussian（反高斯分布）	link= "1/mu^2"
Poisson（泊松分布，主要针对连续变量）	link= "log"，对数转换
quasi（拟正态分布）	link= "identity"，variance= "constant"，变量变化量较小
quasibinomial（拟二项式，针对二分变量）	link= "logit"，针对二分变量
quasipoisson（拟泊松分布）	link= "log"，主要针对连续变量

在 R 语言中可通过 glm()函数拟合广义线性回归模型。采用 R 语言中的"鸢尾花"（iris）数据集作为案例数据，鸢尾花数据集内包含 3 类（setosa，versicolour 和 virginica）共 150 条记录，每类（Species）各 50 个数据，共有 5 种属性：萼片长度（Sepal.Length）、花瓣长度（Petal.Length）、花瓣宽度（Petal.Width）、萼片宽度（Sepal.Width）、类（Species）。

如果因变量为二分变量，则代码如下：

```
data("iris")
iris$d[iris$Sepal.Length>5] <- 1#设置二分变量
iris$d[iris$Sepal.Length<=5] <- 0#设置二分变量
iris$Species <- factor(iris$Species,levels = c("setosa",
  "virginica", "versicolor"),ordered = T)#将字符向量转化为有序因子变量参与模型拟合
mod <- glm(d~Sepal.Width+Petal.Length+Petal.Width+Species,
    family = binomial(link="logit"),data=iris)#二分变量用 family = binomial
(link="logit")参数
summary(mod)#查看详细的模型参数
> summary(mod)

Call:
glm(formula = d ~ Sepal.Width + Petal.Length + Petal.Width +
    Species, family = binomial(link = "logit"), data = iris)

Coefficients:
             Estimate Std. Error z value Pr(>|z|)
(Intercept)  -43.44856   11.40089  -3.811 0.000138 ***
Sepal.Width    9.45599    2.75797   3.429 0.000607 ***
Petal.Length   5.37351    2.01581   2.666 0.007683 **
Petal.Width    0.64334    3.45795   0.186 0.852408
Species.L      0.06685    3.32195   0.020 0.983945
Species.Q      6.23925    4.32126   1.444 0.148781
---
Signif. codes:  0 '***' 0.001 '**' 0.01 '*' 0.05 '.' 0.1 ' ' 1

(Dispersion parameter for binomial family taken to be 1)

    Null deviance: 155.502  on 149  degrees of freedom
Residual deviance:  42.673  on 144  degrees of freedom
AIC: 54.673

Number of Fisher Scoring iterations: 9
```

从结果可以看出，Sepal.Width 和 Petal.Length 都有非常显著的正向影响。

在广义线性模型（GLM）结果中，Null Deviance 和 Residual Deviance 是两个常用的概念，用于衡量模型拟合的质量。

Null Deviance：Null Deviance 描述了一个只包含截距项（不包含任何解释变量）的基准模型（null model），显示其与观测数据的拟合程度。这个基准模型仅使用观测数据的均值来预测因变量，所以它不包含任何解释变量对因变量的影响。Null Deviance 可以作为一个衡量模型相对于简单基准模型改进程度的基线。

Residual Deviance：Residual Deviance 描述了包含解释变量的完整模型与观测数据的拟合程度。它衡量了模型预测与实际观测值之间的偏差。在模型拟合过程中，期望通过引入解释变量来减少偏差，因此通常希望 Residual Deviance 较 Null Deviance 有所降低。降低 Residual Deviance 意味着模型拟合得更好，预测误差减小。

通过比较 Null Deviance 和 Residual Deviance，可以大致了解解释变量是否对模型的预测性能产生了显著影响。如果 Residual Deviance 明显低于 Null Deviance，那么可以认为模型相对于基准模型有所改进。然而，这两者并不是衡量模型拟合质量的唯一指标，另外还需要考虑其他统计量[如 AIC、贝叶斯信息准则（BIC）、交叉验证误差等]来评估模型的性能。可以看出，本模型有较为明显的改进。

如果想要提取广义线性模型的回归参数，则用 coef()函数。

```
> coef(mod)
 (Intercept)  Sepal.Width Petal.Length  Petal.Width    Species.L    Species.Q
-43.44855689   9.45599426   5.37350822   0.64334328   0.06684844   6.23925254
```

由于在模型运行前已经进行了 log 转换，因此当揭示因变量和自变量的关系的时候需要还原原始值。

```
> exp(coef(mod))
 (Intercept)  Sepal.Width Petal.Length  Petal.Width    Species.L    Species.Q
1.350615e-19 1.278457e+04 2.156180e+02 1.902832e+00 1.069133e+00 5.124753e+02
```

如果想查看模型参数的置信区间，则采用 confint()函数执行。

```
> exp(confint(mod))
Waiting for profiling to be done...
                    2.5 %       97.5 %
(Intercept)  9.840043e-32 1.284446e-11
Sepal.Width  1.648531e+02 1.215077e+07
Petal.Length 6.601680e+00 2.339246e+04
Petal.Width  2.461393e-03 2.833214e+03
Species.L    1.138682e-03 6.944650e+02
Species.Q    2.594989e-01 7.545030e+06
```

如果是连续变量为因变量的广义线性模型则更为简单，还是以上述的“iris”数据集为例，分析 Sepal.Length 变量与 Sepal.Width、Petal.Length、Petal.Width 和 Species 四个自变量之间的关系，则可以这样表述：

```
mod <- glm(Sepal.Length~Sepal.Width+Petal.Length+Petal.Width+Species,
          family = poisson(link="log"),data=iris)
summary(mod)
> summary(mod)

Call:
glm(formula = Sepal.Length ~ Sepal.Width + Petal.Length + Petal.Width +
    Species, family = poisson(link = "log"), data = iris)
```

```
Coefficients:
              Estimate Std. Error z value Pr(>|z|)
(Intercept)   1.05686    0.36375   2.905  0.00367 **
Sepal.Width   0.08866    0.11733   0.756  0.44984
Petal.Length  0.12993    0.08830   1.471  0.14116
Petal.Width  -0.04958    0.19636  -0.252  0.80067
Species.L    -0.05862    0.22775  -0.257  0.79688
Species.Q     0.07293    0.23826   0.306  0.75953
---
Signif. codes:  0 '***' 0.001 '**' 0.01 '*' 0.05 '.' 0.1 ' ' 1

(Dispersion parameter for poisson family taken to be 1)

    Null deviance: 17.3620  on 149  degrees of freedom
Residual deviance:  2.2958  on 144  degrees of freedom
AIC: Inf

Number of Fisher Scoring iterations: 3
```

其他参数查看代码如下：

```
coef(mod)
exp(coef(mod))
exp(confint(mod))
```

```
> coef(mod)
 (Intercept)  Sepal.Width Petal.Length  Petal.Width    Species.L    Species.Q
  1.05685775   0.08866057   0.12992811  -0.04957634  -0.05861918   0.07293065
> exp(coef(mod))
 (Intercept)  Sepal.Width Petal.Length  Petal.Width    Species.L    Species.Q
   2.8773155    1.0927097    1.1387465    0.9516325    0.9430658    1.0756559
> exp(confint(mod))
Waiting for profiling to be done...
                 2.5 %   97.5 %
(Intercept)  1.4072397 5.856246
Sepal.Width  0.8684972 1.375563
Petal.Length 0.9568390 1.352647
Petal.Width  0.6479417 1.399165
Species.L    0.6045821 1.476367
Species.Q    0.6741014 1.715434
```

2. 混合线性模型

混合线性模型则是在线性模型的基础上探讨模型自变量与因变量间存在的固定效应和随机效应（解释见概述部分）的有效模型。在 R 语言中，对于固定效应得到的是模型参数的点估计，对随机部分可以得到的是其概率分布。在 R 中混合线性模型可依靠 lme4 或者 lmerTest 数据包（强烈推荐后者，因为会输出显著性）构建。这里最为重要的是如何去表达随机效应，在 lmerTest 包中采用 lmer()函数来执行，其中的随机效应表达方式如表 7-2 所示。

表 7-2　随机效应的表达形式

表达式	变种表达方式	含义
(1|*g*)	1+(1|*g*)	固定截距，即随机效应表现为单一趋势
0+offset(o)+(1|*g*)	−1+offset(o)+(1|*g*)	固定截距+均值
(1|g_1/g_2)	(1|g_1)+(1|g_1:g_2)	截距变化范围在自变量 g_1 和 g_2 数值之间，g_1 为主效应

续表

表达式	变种表达方式	含义
$(1\|g_1)+(1\|g_2)$	$1+(1\|g_1)+(1\|g_2)$	截距变化范围在自变量 g_1 和 g_2 数值之间
$x+(x\|g)$	$1+x+(1+x\|g)$	随机效应的截距和效率随时变化且相关，表明随机效应有多重影响
$x+(x\|\|g)$	$1+x+(1\|g)+(0+x\|g)$	随机效应的截距和效率随时变化且并不相关，表明随机效应有多重影响且有不止于线性关系的关系

lmer()函数的主要输入规则为

基本表达式：fit = lmer(data = ,formula = DV ~ Fixed_Factor + (Random_intercept + Random_Slope | Random_Factor))

参数说明：

data 为要处理的数据集；formula 为表达式；DV 为因变量；Fixed_Factor 为固定因子，即考察的自变量；Random_intercept 为随机截距，即认为不同群体的因变量的分布不同；Random_Slope 为随机斜率，即认为不同群体受固定因子的影响是不同的；Random_Factor 为随机因子。

以“iris”数据集为案例数据，如果想观察“iris”数据集中变量“Sepal.Width”产生的随机效应，代码如下。

首先，观察产生随机效应数据变量的分布状况：

```
data("iris")
#数据类型转变
iris$Species <- factor(iris$Species,levels = c("setosa",
                                  "virginica", "versicolor"))
library(ggplot2)
library(dplyr)
pdf("F:\\书\\code\\7.1\\plot.pdf")
group_by(iris, Species) %>%
  summarise(mean.swidth = mean(Sepal.Width),
            se.swidth=sd(Sepal.Width)/sqrt(length(Sepal.Width))) %>%
  ggplot(aes(x=Species, y=mean.swidth,
             ymin=mean.swidth-se.swidth, ymax=mean.swidth+se.swidth)) +
  geom_errorbar(width=0.2) +
  geom_point(size=2) +
  labs(x="Species", y="Length") +
  theme_bw()
dev.off()
```

由图 7-1 可以看出固定效应（植物物种分类）很明显，但其随机效应的探测需要借助表 7-2 中第 5 种写法（即随机的截距和斜率）分析 Petal.Width 变量带来的随机效应，代码如下：

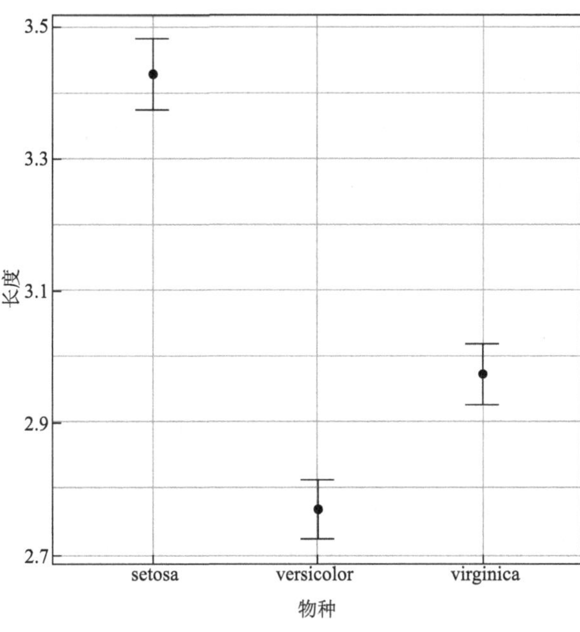

图 7-1　Sepal.Width 变量的固定效应分组

```
#数据集及其处理与前述一致
library(lmerTest)
mod <- lmerTest::lmer(Sepal.Length ~ Petal.Length + Petal.Width+(1+Petal.
Width|Species),
                      data = iris)
summary(mod)
```

```
> summary(mod)
Linear mixed model fit by REML. t-tests use Satterthwaite's method ['lmerModLmerTest']
Formula: Sepal.Length ~ Petal.Length + Petal.Width + (1 + Petal.Width |      Species)
   Data: iris

REML criterion at convergence: 121.6

Scaled residuals:
     Min       1Q   Median       3Q      Max
-2.26321 -0.67009  0.00671  0.69034  3.05684

Random effects:
 Groups   Name         Variance Std.Dev. Corr
 Species  (Intercept)  1.05739  1.02829
          Petal.Width  0.00882  0.09392  1.00
 Residual              0.11486  0.33890
Number of obs: 150, groups:  Species, 3

Fixed effects:
             Estimate Std. Error        df t value Pr(>|t|)
(Intercept)   2.51630    0.64248   2.33848   3.917   0.0459 *
Petal.Length  0.89349    0.07366 145.07005  12.129   <2e-16 ***
Petal.Width   0.01986    0.16768   3.06889   0.118   0.9130
---
```

表明使用线性最大似然法进行拟合

因物种差异随机效应产生的变异系数（std.dev 的平方）1.06 要大于 Petal.Width 个体随机效应产生的贡献（0.009）。其他随机效应的贡献为 0.11

固定效应的回归系数

```
Signif. codes:  0 '***' 0.001 '**' 0.01 '*' 0.05 '.' 0.1 ' ' 1
```

```
Correlation of Fixed Effects:
            (Intr) Ptl.Ln
Petal.Lngth -0.285
Petal.Width  0.216 -0.446
```

→ 截距和斜率的相关性，越低越好

可以看出，Species 物种差异产生的随机效应对于 Sepal.Length 变量的贡献最大。如果在野外试验田中，既有不同物质添加，每个添加物质还存在水平上的差异，可以采用这样的思路（全模型）：

fit = lmer(data = 数据, formula = 因变量~ 自变量1+自变量2 + （1 +自变量1*自变量2 | 不同添加物质）+（1+自变量1*自变量2|不同添加水平）

3. 广义线性混合模型

广义线性混合模型是将广义线性模型和混合线性模型的优势进行融合后形成的模型构建思路。其对于数据的要求与前述两个模型一致。从上述的两个模型的构建来看，基本上大部分的数据都可以用以上两种模型进行处理。但如果想分析因变量为二分变量中自变量的随机效应和固定效应的关系时，那就必须选择广义线性混合模型。代码如下：

```
library(lme4)
mod <- glmer(d ~ Petal.Length + Petal.Width+(1+Petal.Length*Petal.Width
|Species),
                    data = iris,family = binomial)
summary(mod)
```

```
> summary(mod)
Generalized linear mixed model fit by maximum likelihood (Laplace Approximation) [
glmerMod]
 Family: binomial  ( logit )
Formula: d ~ Petal.Length + Petal.Width + (1 + Petal.Length * Petal.Width |
    Species)
   Data: iris

     AIC      BIC   logLik deviance df.resid
   117.1    156.2    -45.5     91.1      137

Scaled residuals:
    Min      1Q  Median      3Q     Max
-5.4493  0.0236  0.1007  0.2147  1.4110

Random effects:
 Groups  Name                     Variance Std.Dev. Corr
 Species (Intercept)               0.0000  0.0000
         Petal.Length              0.2286  0.4782     NaN
         Petal.Width              26.2614  5.1246     NaN -1.00
         Petal.Length:Petal.Width  0.6761  0.8223     NaN  1.00 -1.00
Number of obs: 150, groups:  Species, 3

Fixed effects:
             Estimate Std. Error z value Pr(>|z|)
(Intercept)   -2.6265     2.0454  -1.284    0.199
Petal.Length   1.5004     1.5388   0.975    0.330
Petal.Width   -0.3578     3.3045  -0.108    0.914
```

```
Correlation of Fixed Effects:
            (Intr) Ptl.Ln
Petal.Lngth -0.921
Petal.Width  0.817 -0.968
optimizer (Nelder_Mead) convergence code: 0 (OK)
boundary (singular) fit: see help('isSingular')
```

该模型存在过度拟合的问题（corr 接近 1）。可选的办法是重新构建随机效应并删除某些随机因子。

4. glmm.hp 包：预测变量的贡献比

一般来讲，确定 GLMM 中共线性的预测变量（固定效应）对响应变量的相对重要性依然是个挑战。在回归模型体系中，当预测变量是不相关的时候，基于独自（unique）R2 确定预测变量的相对重要性是可行的。然而，当预测变量是相关的时，仅仅基于它们的独自的 R2 来理解它们的重要性可能信息量要少得多，因为它忽略了共享方差的重要性，这在 GLMM 中也是如此。在生态学研究中，预测变量通常相互关联，因此数学上尚不清楚这种共享方差应归因于哪个预测变量。2022 年南京林业大学的赖江山教授基于"平均共享方差"的算法（Lai et al., 2022），开发一个新的 R 包 glmm.hp 来分解 GLMM 中由固定效应解释的边际（marginal）R2。

依然以"iris"数据集作为案例数据来阐述，代码如下：

```
library(glmm.hp)
library(lme4)
mod <- glmer(Sepal.Length ~ Petal.Length + Petal.Width+(1|Species),
           data = iris,family = poisson)
r.squaredGLMM(mod)
glmm.hp(mod)
```

```
> glmm.hp(mod)
$r.squaredGLMM
                 R2m       R2c
delta      0.05273614 0.9104131
lognormal  0.05296796 0.9144151
trigamma   0.05248206 0.9060267

$delta
             Unique Average.share Individual I.perc(%)
Petal.Length 0.0415        0.0056     0.0471      89.2
Petal.Width  0.0001        0.0056     0.0057      10.8

$lognormal
             Unique Average.share Individual I.perc(%)
Petal.Length 0.0416        0.0057     0.0473     89.25
Petal.Width  0.0001        0.0056     0.0057     10.75

$trigamma
             Unique Average.share Individual I.perc(%)
Petal.Length 0.0413        0.0055     0.0468     89.31
Petal.Width  0.0001        0.0055     0.0056     10.69
```

```
$variables
[1] "Petal.Length" "Petal.Width"

$type
[1] "hierarchical.partitioning"

attr(,"class")
[1] "glmmhp"
```

I.perc（%）即为平均共享方差获得的固定效应解释贡献，可以看出 Petal.Length 的解释贡献达到 89%以上。解释量出图如图 7-2 所示。

```
pdf("F:\\书\\code\\7.1\\plot_glmm.pdf")
plot(glmm.hp(mod))
dev.off()
```

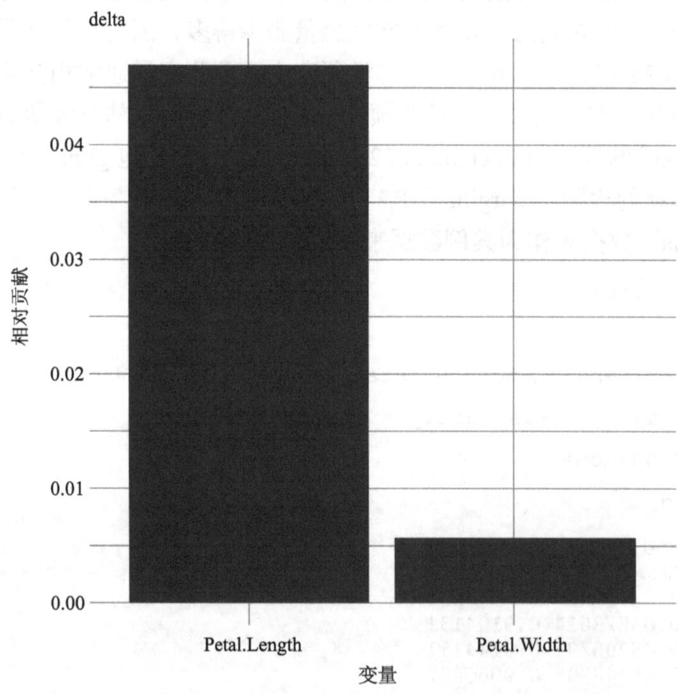

图 7-2　glmm.hp 包基于平均共享方差获得的固定效应解释贡献

7.1.4　要点提示

混合线性模型和广义线性模型都需要不断优化模型参数，特别是如何构建随机效应的表达，对此提出以下几点构建的原则。

（1）优先考虑随机斜率。

（2）优先考虑全模型。

（3）舍弃或消减模型的标准使该模型不能收敛或者自由度溢出。

（4）优先消减交互作用的随机效应。

（5）当遇到消减水平位置的随机因子时（比如两个随机因子需要舍弃一个时），应考虑所有情况，并将其和零模型作比较；优先保留与零模型有显著差异的模型；当都不显著时，应优先考虑保留 p 值较小的模型。

7.2　地理探测器

7.2.1　概述

地理探测器是由中国科学院地理科学与资源研究所王劲峰和徐成东等提出（王劲峰和徐成东，2017）。地理探测器主要用于地理要素变化的驱动因素分析，借助于 q 值表示其贡献水平，q 值越大表示该影响因素的贡献更大，反之则亦然。在地理学研究中，地理探测器主要用于生态环境变化、社会问题以及经济发展等问题的影响因素分析。目前，地理探测器主要有四种功能，分别是因子探测、交互作用探测、风险区探测和生态探测。因子探测主要用于探测 Y 的空间分异性以及探测影响因子 X 多大程度上解释了属性 Y 的空间分异，用 q 表示其贡献大小；交互作用探测主要用于识别不同影响因素之间的交互作用，即评估两个影响因素 X_1 和 X_2 共同作用时对因变量 Y 的解释力或这些因子对 Y 的影响是否相互独立；风险区探测主要用于探测两个子区域间的属性均值是否有显著的差别，用 t 统计量来检验；生态探测主要用于比较两个影响因素 X_1 和 X_2 对因变量 Y 的空间分布的影响是否有显著的差异，以 F 统计量来衡量。

7.2.2　算法及过程

地理探测器的 q 值计算主要依托于空间的异质性分区。空间分层异质性（SSH）是指层内比层间更相似的现象。例如，空间数据中的土地利用类型和气候带、时间序列中的季节和年份、职业、年龄组和收入阶层。SSH 存在于从宇宙到脱氧核糖核酸（DNA）的各个尺度上，自亚里士多德时代起就为人类理解自然提供了窗口。

因子探测公式：

$$q = 1 - \frac{\sum_{h=1}^{L} N_h \sigma_h^2}{N\sigma^2} = 1 - \frac{\mathrm{SSW}}{\mathrm{SST}} \tag{7-6}$$

$$\mathrm{SSW} = \sum_{h=1}^{L} N_h \sigma_h^2, \quad \mathrm{SST} = N\sigma^2 \tag{7-7}$$

式中，$h = 1$，…，L 为变量 Y 或因子 X 的分层（stratum），即分类或分区；N_h 和 N 分别

为层 h 和全区的单元数；σ_h^2 和 σ^2 分别是层 h 和全区的 Y 值的方差；SSW 和 SST 分别为层内方差之和（within sum of squares）和全区总方差（total sum of squares）。q 的值域为[0，1]，q 值表示 X 解释了 $100\times q\%$ 的 Y。q 值越大说明 Y 的空间分异性越明显；如果分层是由自变量 X 生成的，则 q 值越大表示影响因素 X 对因变量 Y 的解释力越强，反之则越弱。极端情况下，q 值为 1 表明影响因素 X 完全控制了 Y 的空间分布，q 值为 0 则表明影响因素 X 与 Y 没有任何关系。

交互作用探测主要结果属性如表 7-3 所示。

表 7-3　地理探测器交互作用 q 值意义

图示	依据	交互作用	生态意义
	$q(X_1\cap X_2)<\mathrm{Min}(q(X_1),q(X_2))$	非线性减弱	两因素拮抗作用
	$\mathrm{Min}(q(X_1),q(X_2))<q(X_1\cap X_2)<\mathrm{Max}(q(X_1),q(X_2))$	单因子非线性减弱	两因素寄生作用
	$q(X_1\cap X_2)>\mathrm{Max}(q(X_1),q(X_2))$	双因子增强	两因素互利共生
	$q(X_1\cap X_2)= q(X_1)+q(X_2)$	独立	无交互作用
	$q(X_1\cap X_2)> q(X_1)+q(X_2)$	非线性增强	两因素纯粹利他

资料来源：王劲峰和徐成东，2017。

风险区探测的公式如下：

$$t_{\bar{y}_{h=1}-\bar{y}_{h=2}}=\frac{\bar{Y}_{h=1}-\bar{Y}_{h=2}}{\left[\dfrac{\mathrm{Var}\left(\bar{Y}_{h=1}\right)}{n_{h=1}}+\dfrac{\mathrm{Var}\left(\bar{Y}_{h=2}\right)}{n_{h=2}}\right]^{\frac{1}{2}}} \quad (7\text{-}8)$$

式中，$\bar{Y}_h$ 为子区域 h 内的属性均值，如发病率或流行率；n_h 为子区域 h 内样本数量；Var 为方差。统计量 t 近似地服从 Student's t 分布。

生态探测公式如下：

$$F=\frac{N_{X_1}(N_{X_2}-1)\mathrm{SSW}_{X_1}}{N_{X_2}(N_{X_1}-1)\mathrm{SSW}_{X_2}} \quad (7\text{-}9)$$

$$\mathrm{SSW}_{X_1}=\sum_{h=1}^{L_1}N_h\sigma_h^2,\ \mathrm{SSW}_{X_2}=\sum_{h=1}^{L_2}N_h\sigma_h^2 \quad (7\text{-}10)$$

式中，N_{X_1} 及 N_{X_2} 分别为两个因子 X_1 和 X_2 的样本量；SSW_{X_1} 和 SSW_{X_2} 分别为由 X_1 和 X_2 形成的分层的层内方差之和；L_1 和 L_2 分别为变量 X_1 和 X_2 分层数目；N_h 为层 h 的单

元数；σ_h^2 为层 h 的方差。其中，零假设 H0：$SSW_{X_1} = SSW_{X_2}$。如果在 α 的显著性水平上拒绝 H0，这表明两因子 X_1 和 X_2 对属性 Y 的空间分布的影响存在着显著的差异。

7.2.3　案例及代码

1. 常规地理探测

在 R 语言里“GD”包是用来进行地理探测器分析的包。以 R 语言内置数据集“ToothGrowth”为例，该数据集是一项评估维生素 C 对豚鼠牙齿生长的影响的研究数据。实验采用 60 只豚鼠进行，其中每只豚鼠通过两种给药方法[橙汁（OJ），或维生素 C（VC）]分别接受三种剂量的维生素 C 量（0.5 mg/d、1 mg/d 和 2 mg/d），并观测其牙齿生长长度。

因子探测主要用 gd()函数来实现，代码如下：

```
library(GD)#载入 GD 包,用于地理探测器分析
data("ToothGrowth")#自带数据集,该数据集中有三个变量 len、supp 和 dose。这三个变量含义分别为牙齿长度、药物种类与药物剂量。
#help(package="GD")
datanew <- ToothGrowth
g1 <- gd(len ~ supp + dose, data = datanew)#len 为因变量,supp 和 dose 为自变量
g1
```

运行结果如下：

```
  variable         qv          sig
1     supp 0.05948365 7.528930e-02
2     dose 0.70286419 1.210096e-10
```

从结果可以看出，维生素 C 剂量对小鼠的牙齿生长影响最大（0.703，$p<0.01$）。GD 包中对应的因子探测、交互作用探测、风险区探测和生态探测功能实现分别用 gd()、gdinteract()、gdrisk()和 gdeco()四个函数。在地理探测器中所有的自变量必须为分类变量，即重分类的数据。同时，如果要一次实现四个探测的功能，则推荐用 gdm()函数。在这一功能里可以同时实现以上四种风险探测并且进行自动离散化处理。以 R 语言自带的“mtcars”数据集为例，分析因变量“mpg”（每加仑的行驶英里数）变化的影响因素，代码如下：

```
data(mtcars)#载入数据集
discmethod <- c("equal","natural","quantile")#三种数据离散化的方法
discitv <- c(4:6)#离散的类型数量
 "gdm" function
hlnlgdm <- gdm(mpg ~ .,
               continuous_variable = names(mtcars)[3:7],#mtcars 里 3-7 列为连续数字变量需要离散化,其他变量都是离散的分类变量
```

```
                  data = mtcars,
                  discmethod = discmethod, discitv = discitv)
```

hlnlgdm 主要结果如下。

（1）disp 变量的离散化结果：

```
disp
           itv meanrisk
1 [71.1,110] 29.53333
2  (110,164] 22.22500
3  (164,243] 18.36667
4  (243,325] 16.57143
5  (325,396] 15.52500
6  (396,472] 13.67500
```

（2）因子探测结果如下：

```
Factor detector:
   variable        qv          sig
1       cyl 0.7324601 1.312903e-06
2      disp 0.8126328 8.013390e-07
3        hp 0.7993533 1.358396e-06
4      drat 0.4994429 5.917450e-03
5        wt 0.8527818 6.063955e-08
6      qsec 0.5634296 1.739455e-02
7        vs 0.4409477 1.120729e-03
8        am 0.3597989 7.352785e-03
9      gear 0.4291500 1.466291e-02
10     carb 0.4308478 1.159418e-01
```

可以看出，变量“wt”（车重）对于“mpg”的变化贡献最大，即车的重量对每加仑的行驶英里数的影响最大。

（3）风险探测结果。图 7-3 为 plot（hlnlgdm$Risk.detector）出图。

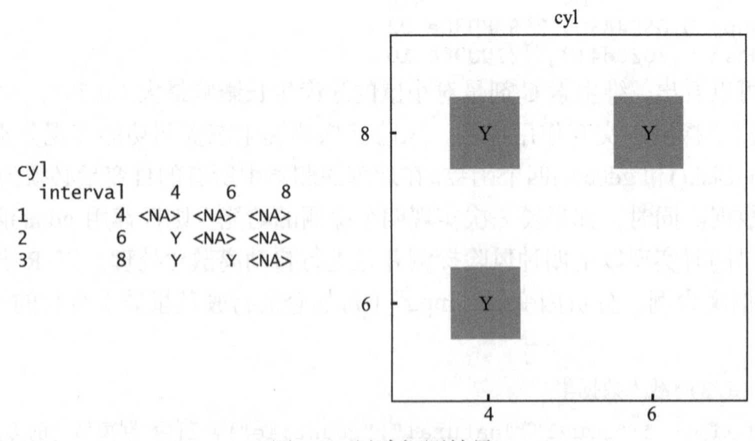

cyl
  interval   4   6   8
1   4 <NA> <NA> <NA>
2   6   Y <NA> <NA>
3   8   Y   Y <NA>
cyl
Y
Y
Y
8
6
4
6

图 7-3　风险探测结果

结果可以看出，气缸数（cyl）为 4 的车，其每加仑的行驶英里数（mpg）与气缸数为 6 和 8 的车相比有显著差异。另外气缸数 6 的车与 8 缸的车相比对每加仑的行驶英里数（mpg）也有显著的差异性影响。

（4）交互作用探测结果如下：

```
Interaction detector:
   variable    cyl   disp     hp   drat     wt   qsec     vs     am
1       cyl     NA     NA     NA     NA     NA     NA     NA     NA
2      disp 0.8483     NA     NA     NA     NA     NA     NA     NA
3        hp 0.8453 0.9310     NA     NA     NA     NA     NA     NA
4      drat 0.7967 0.9006 0.8845     NA     NA     NA     NA     NA
5        wt 0.8917 0.9034 0.9180 0.8927     NA     NA     NA     NA
6      qsec 0.7948 0.9259 0.8475 0.8590 0.9464     NA     NA     NA
7        vs 0.7273 0.8372 0.8038 0.7316 0.8929 0.6035     NA     NA
8        am 0.7877 0.8092 0.8512 0.5083 0.8711 0.8236 0.7003     NA
9      gear 0.7605 0.7879 0.8759 0.6119 0.8940 0.7795 0.5630 0.4938
10     carb 0.7729 0.9012 0.8681 0.8966 0.9247 0.6604 0.5578 0.7290
```

结果表明，气缸数（cyl）和车重（wt）对每加仑的行驶英里数（mpg）的交互贡献为 0.8917（p 值）。

（5）生态探测结果如下：

```
Ecological detector:
   variable  cyl disp   hp drat   wt qsec   vs   am gear carb
1       cyl <NA> <NA> <NA> <NA> <NA> <NA> <NA> <NA> <NA> <NA>
2      disp    N <NA> <NA> <NA> <NA> <NA> <NA> <NA> <NA> <NA>
3        hp    N    N <NA> <NA> <NA> <NA> <NA> <NA> <NA> <NA>
4      drat    N    Y    Y <NA> <NA> <NA> <NA> <NA> <NA> <NA>
5        wt    N    N    N    Y <NA> <NA> <NA> <NA> <NA> <NA>
6      qsec    N    N    N    N    N <NA> <NA> <NA> <NA> <NA>
7        vs    Y    Y    Y    N    Y    N <NA> <NA> <NA> <NA>
8        am    Y    Y    Y    N    Y    N    N <NA> <NA> <NA>
9      gear    Y    Y    Y    N    Y    N    N    N <NA> <NA>
10     carb    Y    Y    Y    N    Y    N    N    N    N <NA>
```

结果表明，车重（wt）和手/自动（am）对每加仑的行驶英里数（mpg）的影响有显著的差异。

2. 离散变量优化

在地理探测器方法中自变量必须为离散变量，这对于很多的研究具有极大的限制性。一方面连续数据作为自变量进行地理探测器分析需要进行离散化，这一过程会丢失很多的信息；另一方面，目前的离散化方法很多，在“GD”包中就有“equal”“quantile”“natural”“geometric”“sd”“manual”六种方法，不同的离散化方法以及离散的程度（离散类数）都会影响地理探测器的 q 值结果。“GD”包提供可供离散优化的工具“optidisc”，可以通过该工具对不同离散方法和离散程度进行比较，并确定最优离散化方案进而进行地理探测器分析。当然该包也提供单独进行离散工具“disc”，进行单一变量的离散。

用 disc()函数进行单独离散试验，还是以自带数据集“mtcars”为例，以“mpg”为因变量，以“wt”为自变量。先进行手动离散化，代码如下：

```
library(GD)
data(mtcars)
wt1 <- disc(mtcars$wt,4,method="natural")#默认的离散方法是 quantile
wt1 <- cut(wt1$var,breaks=wt1$itv,lables=c(1:4))
mtcars$wt <- wt1
re <- gd(mpg~wt,data = mtcars)
```

```
re
```

以上代码的主要思路是：

首先，将“mtcars”中的“wt”变量采用“natural”方法离散成 4 个类型；其次，获得 disc()函数离散的间断点（wt1$itv）并利用 cut()函数将对应的“wt”变量赋值为 1、2、3 和 4；再次，采用将离散赋值后的 wt1，赋值给“mtcars”数据集中的“wt”。最后，采用 gd()函数获得地理探测器中“wt”的因子探测结果，结果如下：

```
> re
  variable        qv          sig
1       wt 0.8312336 2.153455e-07
```

采用 disc()函数中的默认离散方法“quantile”将“wt”离散成 5 个类型并查看其因子探测结果，代码如下：

```
data(mtcars)
wt1 <- disc(mtcars$wt,5)#采用默认的离散方法 quantile
wt1 <- cut(wt1$var,breaks=wt1$itv,lables=c(1:5))
mtcars$wt <- wt1
re <- gd(mpg~wt,data = mtcars)
re
```

结果如下：

```
> re
  variable        qv          sig
1       wt 0.8003868 1.924049e-06
```

从结果的比较来看，相比于采用“quantile”方法离散成 5 类的结果，采用“natural”离散成 4 类的结果更好，因为其因子探测的结果更好（0.83 vs 0.80）。但是，这样的对比效率较低，确定最优化的离散结果过程较为烦琐。因此，可以采用“GD”包中的 optidisc()函数进行快速选择最优化离散方案。以“mtcars”自带数据集中的“wt”和“hp”为自变量，以“mpg”为因变量进行案例分析，代码如下：

```
library(GD)
data(mtcars)
odc1 <- optidisc(mpg ~ wt+hp, mtcars, discmethod, discitv)
odc1$wt
odc1$hp
plot(odc1)
> odc1$wt
$method
[1] "sd"

$n.itv
[1] 4

$itv
[1] 1.513000 2.238793 3.217250 4.195707 5.424000

$x.itv

[1.51,2.24] (2.24,3.22]  (3.22,4.2]  (4.2,5.42]
          6          10          13           3
```

```
$qv.matrix
       equal  quantile        sd
3 0.6142912 0.6372036 0.6548758
4 0.7697982 0.7531087 0.8668899
5        NA 0.7984381 0.7097452

$discretization
Intervals:
 1.513 2.238793 3.21725 4.195707 5.424
> odc1$hp
$method
[1] "sd"

$n.itv
[1] 4

$itv
[1]  52.00000  78.12463 146.68750 215.25037 335.00000

$x.itv

 [52,78.1] (78.1,147]  (147,215]  (215,335]
         5         12         10          5

$qv.matrix
       equal  quantile        sd
3 0.5532775 0.5907990 0.5516098
4        NA 0.7404572 0.7415330
5        NA 0.7186618        NA

$discretization
Intervals:
 52 78.12463 146.6875 215.2504 335
```

从 odc1$wt 和 odc1$hp 可以查询“wt”和“hp”两个变量的离散比较结果(qv.matrix),因子探测器 q 值最大（红框），即确定为最优离散方案。

离散的结果通过 plot(odc1)工具可以成图，更为直观地判断最优化离散方法的效果，如图 7-4 所示。

也可以通过“GD”包中的 gdm()函数，将确定最优化离散方案和各种地理探测器探测结果进行一并处理。仍以上面的数据为例，代码如下：

```
library(GD)
data(mtcars)
discmethod <- c("equal","quantile","sd")
discitv <- c(3:5)
# "gdm" function
mt_gdm <- gdm(mpg ~ wt + hp ,
            continuous_variable = c("wt","hp"),
            data = mtcars,
            discmethod = discmethod, discitv = discitv)
mt_gdm
```

以上代码的主要思路如下。

第一步：选择想要进行比较的离散化方法，这里选择“equal”“quantile"”“sd”三

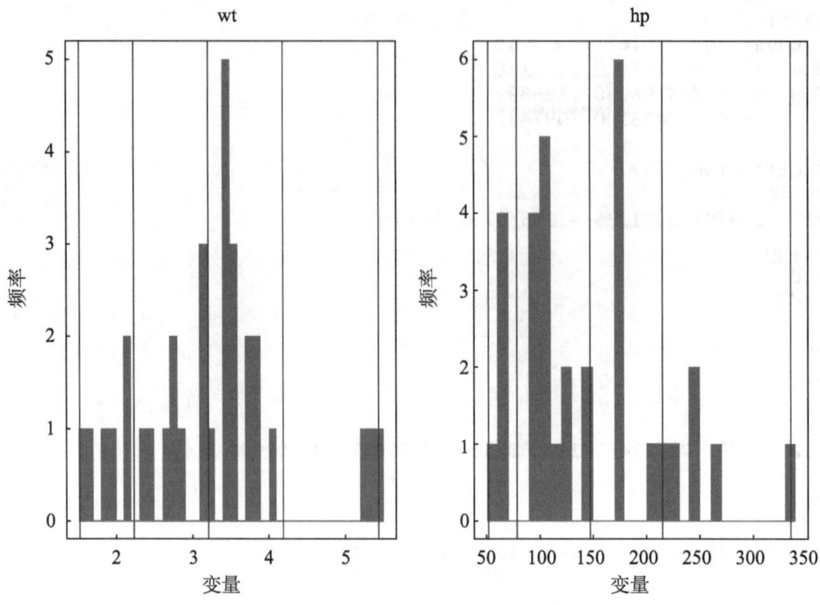

图 7-4 最优化离散模型离散方案

种；第二步：确定离散化的程度，选择离散成 3～5 类；第三步：采用 gdm()函数计算地理探测器中的因子探测、风险探测、交互探测和生态探测结果。

结果如下：

```
> mt_gdm
Explanatory variables include 2 continuous variables.

optimal discretization result of wt
method              :  sd
number of intervals:  4
intervals:
 1.513 2.238793 3.21725 4.195707 5.424
numbers of data within intervals:
 6 10 13 3

optimal discretization result of hp
method              :  sd
number of intervals:  4
intervals:
 52 78.12463 146.6875 215.2504 335
numbers of data within intervals:
 5 12 10 5
```

首先，结果给出的是确定“wt”和“hp”最优化的离散方案是采用 sd()函数离散成 4 类。其最佳方案的判断依据。

地理探测结果如下：

```
Geographical detectors results:
```

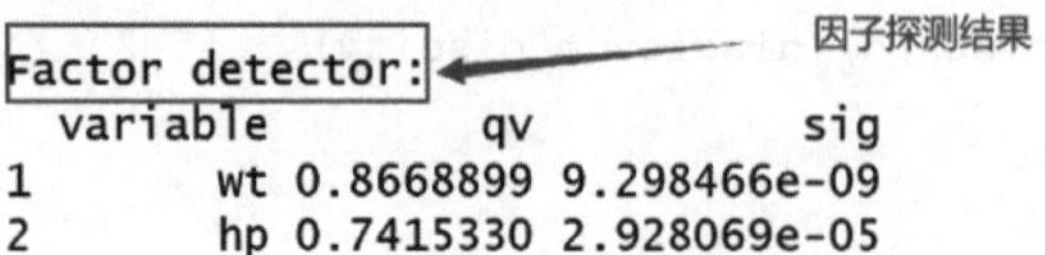


```
Factor detector:
  variable        qv          sig
1       wt 0.8668899 9.298466e-09
2       hp 0.7415330 2.928069e-05
```

```
Risk detector:                    风险探测结果
wt
            itv meanrisk
1 [1.51,2.24] 30.06667
2 (2.24,3.22] 21.18000
3  (3.22,4.2] 16.55385
4  (4.2,5.42] 11.83333

hp
          itv meanrisk
1  [52,78.1]    29.68
2 (78.1,147]    21.95
3  (147,215]    15.80
4  (215,335]    14.62

wt
     interval [1.51,2.24] (2.24,3.22] (3.22,4.2] (4.2,5.42]
1 [1.51,2.24]        <NA>        <NA>       <NA>       <NA>
2 (2.24,3.22]           Y        <NA>       <NA>       <NA>
3  (3.22,4.2]           Y           Y       <NA>       <NA>
4  (4.2,5.42]           Y           Y          N       <NA>
hp
    interval [52,78.1] (78.1,147] (147,215] (215,335]
1  [52,78.1]      <NA>       <NA>      <NA>      <NA>
2 (78.1,147]         Y       <NA>      <NA>      <NA>
3  (147,215]         Y          Y      <NA>      <NA>
4  (215,335]         Y          Y         N      <NA>

Interaction detector:                交互探测结果
  variable     wt hp
1       wt     NA NA
2       hp 0.9463 NA
                                     生态探测结果
Ecological detector:
  variable   wt   hp
1       wt <NA> <NA>
2       hp    N <NA>
```

因子探测、风险探测、交互探测和生态探测结果都可以一起显示出来，可以看出“wt”和“hp”的交互作用具有明显的双因子增强的功效（大于“wt”和“hp”两个因子中任何一个的因子探测结果）。

7.2.4　要点提示

（1）地理探测器模型中除因变量不需要离散化处理外，其他自变量必须要离散化处理，同时保证不同自变量离散赋值组合大于 3 以上才能运行 gdm()函数，所以在运行过程中经常会发生功能中断的现象。因此在批量运行，特别是循环运行过程中，要注意用 length（变量组合）>3 作为计算的先决条件。

（2）离散化过程中并不是离散的分组越多越好，离散分组越多不满足上一条的概率越大，建议离散分组不要超过 6 个。

7.3　Meta 分析

7.3.1　概述

Meta 分析方法起源于 Fisher 的"合并 p 值"的思想，在 1976 年，由心理学家 Glass 进一步发展形成 Meta 分析方法，并将这类分析方法命名为"Meta-analysis"，国内也称为"荟萃分析"（程新等，2010）。Meta 分析是对若干独立研究的统计结果进行综合、分析的统计方法，相对于独立的研究结果，Meta 分析具有增加统计学效能、定量评估研究效应，发现以往独立研究的不足等优势。在地理学研究中，Meta 分析主要用于生态地理学（李威闻等，2023）、全球变化（杨青霄等，2017）等跨越较大时间、空间尺度的综合研究之中。

Meta 分析方法的使用步骤如下：①选题，Meta 分析选题需要建立在丰富的独立研究之上，且立足于专业实际具有一定指导价值；②文献检索，依据确定的选题，搜索相关的独立研究，收集相关统计数据，文献检索可以通过选题关键词进行检索；③文献纳入与排除，根据选题，明确文献纳入与排除的标准，然后依此进行文献的纳入工作；④数据及相关信息的提取，建立相关独立研究的统计数据表，需要包括文献基本信息（如作者、发表时间、发表刊物、文献名称等内容）、研究统计数据、研究对象特征、干预措施、样本含量等；⑤异质性分析，对于异质性较小的研究适宜采用固定效应模型、异质性较大的研究适宜采用随机效应模型；⑥效应量的选择，在地理学研究中，常用的效应量为响应比（反应比，response ratios）（Hedges et al.，1999），也可以依据具体情况选择其他效应量；⑦发表偏倚是 Meta 分析中最常见的系统误差，可以借助漏斗图、Egger 法来判断是否存在发表偏倚，剪补法（trim and fill method）来估计发表偏倚对 Meta 分析结果的影响。

7.3.2　算法及过程

本章节以响应比为例，在结果为物理尺度测量（即连续变量）、结果不可能为 0 的研究领域中，对照组与实验组间的均值比可能作为效应量，这种效应量指数被称为响应比（response ratios）（Hedges et al.，1999）。分析时为了保证效应量的对称性，计算响应比是在对数尺度进行的，计算出响应比及其标准误，并用这些数据来完成 Meta 分析的步骤，然后结果逆转换到原始尺度（李国春等，2013），计算流程图如图 7-5 所示。

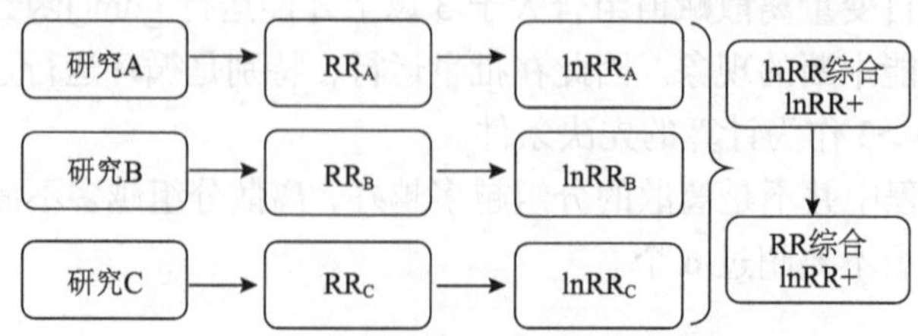

图 7-5　Meta 分析中的响应比计算流程

响应比（RR）的计算公式如下：

$$\mathrm{RR}=\frac{\bar{x}_{\mathrm{t}}}{\bar{x}_{\mathrm{c}}} \tag{7-11}$$

式中，$\bar{x}_{\mathrm{t}}$ 为实验组均值；$\bar{x}_{\mathrm{c}}$ 为对照组均值，其对数形式的响应比（$\ln RR$）计算如下：

$$\ln \mathrm{RR}=\ln\left(\frac{\bar{x}_{\mathrm{t}}}{\bar{x}_{\mathrm{c}}}\right)=\ln \bar{x}_{\mathrm{t}}-\ln \bar{x}_{\mathrm{c}} \tag{7-12}$$

在对数形式下的近似方差（$V_{\ln \mathrm{RR}}$）和近似标准误（$\mathrm{SE}_{\ln \mathrm{RR}}$），方差（变异系数）的公式如下：

$$V_{\ln \mathrm{RR}}=S^{2}\mathrm{within}\left(\frac{1}{n_{\mathrm{t}}\bar{x}_{\mathrm{t}}^{2}}+\frac{1}{n_{\mathrm{c}}\bar{x}_{\mathrm{c}}^{2}}\right) \tag{7-13}$$

$$V_{\ln \mathrm{RR}}=\frac{S_{\mathrm{t}}^{2}}{n_{\mathrm{t}}\bar{x}_{\mathrm{t}}^{2}}+\frac{S_{\mathrm{c}}^{2}}{n_{\mathrm{c}}\bar{x}_{\mathrm{c}}^{2}} \tag{7-14}$$

式中，S_{t} 为实验组标准差；S_{c} 为对照组标准差，近似标准误公式如下：

$$\mathrm{SE}_{\ln\mathrm{RR}}=\sqrt{V_{\ln\mathrm{RR}}} \tag{7-15}$$

单个研究在对数形式下的 95%置信区间计算公式如下：

$$\mathrm{LL}_{\ln \mathrm{RR}}=\ln \mathrm{RR}-1.96\times \mathrm{SE}_{\ln \mathrm{RR}} \tag{7-16}$$

$$\mathrm{UL}_{\ln \mathrm{RR}}=\ln \mathrm{RR}+1.96\times \mathrm{SE}_{\ln \mathrm{RR}} \tag{7-17}$$

单个研究权重（W_i）、对数形式下综合响应比（$\ln \mathrm{RR}+$）计算公式如下（其中 k 为独立研究数量）：

$$\ln \mathrm{RR}+=\frac{\sum_{i}^{k} W_i \ln \mathrm{RR}_i}{\sum_{i}^{k} W_i} \tag{7-18}$$

$$W_i=\frac{1}{\ln \mathrm{RR}_i} \tag{7-19}$$

对数形式下综合响应比的方差（$V_{\ln \mathrm{RR}+}$）、标准误（$\mathrm{SE}_{\ln \mathrm{RR}}+$）计算公式为

$$V_{\ln \mathrm{RR}+}=\frac{1}{\sum_{i}^{k} W_i} \tag{7-20}$$

$$SE_{\ln RR+} = \sqrt{V_{\ln RR+}} \tag{7-21}$$

式中，k 为独立研究数量。

综合响应比在对数形式下的 95%置信区间计算公式如下，其中 $LL_{\ln RR+}$ 为置信区间的下限，$UL_{\ln RR+}$ 为置信区间上限：

$$LL_{\ln RR+} = (\ln RR+) - 1.96 \times SE_{\ln RR+} \tag{7-22}$$

$$UL_{\ln RR+} = (\ln RR+) + 1.96 \times SE_{\ln RR+} \tag{7-23}$$

在计算完对数形式下的综合效应量可以还原为响应比，为了更好地反映效应变化以百分比的形式表示（RR+），计算公式如下：

$$RR+ = (\exp(\ln RR+) - 1) \times 100\% \tag{7-24}$$

$$LL_{RR+} = (\exp(LL_{\ln RR+}) - 1) \times 100\% \tag{7-25}$$

$$UL_{RR+} = (\exp(UL_{\ln RR+}) - 1) \times 100\% \tag{7-26}$$

7.3.3 案例及代码

收集2000年以来中国滨海滩涂围垦过程中土壤有机碳的变化数据集作为此次Meta分析的案例数据，重点分析围垦对滨海盐渍土有机碳的影响过程。主要步骤分为以下几个部分。

【文献检索】通过设置“围垦”（reclaimation）、“土壤有机碳”（soil organic carbon）、“围垦年限”（reclaimed ages、reclamation history）、“土地利用形式”（landuse types、land use）、“沿海地区”（coastal area）等关键词进行文献搜索，收集土壤有机碳、土壤物理、化学、微生物相关数据。

【文献纳入与排除】：①研究区域为中国沿海围垦地区或者沿海未围垦地区[包括红树林湿地、潮滩盐沼湿地（河口与海岸潮滩）等]；②文献数据包括土壤有机碳以及其他指标数据（土壤含水量、容重、土壤盐分、土壤微生物碳等）；③本研究将未围垦地区的土壤有机碳数据作为对照组数据，数据包括光滩、未围垦的盐沼湿地；④文献需要有明确的围垦年限或者能够通过其他文献判断出围垦年限；⑤文献中如若有滩涂土壤有机质数据也纳入数据库中，并将有机质转化为有机碳数据，公式为有机碳=有机质/1.724。

【数据及相关信息的提取】建立了滨海滩涂围垦土壤有机碳以及相关土壤性质的数据库，内容主要包括参考文献、作者、研究区域、经纬度、土地利用类型、围垦年限、土壤有机碳含量（SOC）、土壤含水量（WC）、土壤容重（BD）、土壤酸碱度（pH）、总氮（TN）、总磷（TP）、电导率（EC）和土壤微生物碳（MBC）。

【数据分组】Meta 分析需要建立出实验组与对照组分组，结合具体数据建立合适的分组，本案例主要研究不同围垦年限下土壤有机碳的变化情况，因而以未围垦区域土壤有机碳数值作为对照组，将围垦后的区域，依据时间划分成不同的分组，借助 Excel 表格进行筛选，然后利用 R 语言代码进行数据清洗，均值、标准差的计算，分布情况如表 7-4 所示。

表 7-4　不同围垦年限下描述性统计

分组	数据描述	样本数量/n	均值/ $\bar{x}$	标准差/sd
W-0	未围垦 SOC 数据	254 (242)	6.747	4.148
W-10	围垦 1 年到 10 年 SOC 数据	68 (64)	5.273	2.484
W-30	围垦 11 年到 30 年 SOC 数据	91 (89)	8.078	4.113
W-50	围垦 31 年到 50 年 SOC 数据	75 (71)	8.861	3.645
W-70	围垦 51 年到 70 年 SOC 数据	33 (33)	10.57	5.571
W-100	围垦 71 年到 100 年 SOC 数据	24 (22)	10.64	3.917
W-200	围垦 101 年到 200 年 SOC 数据	19 (19)	13.74	5.662
W>200	围垦大于 200 年 SOC 数据	35 (34)	14.49	6.586

【效应量选择】本案例中选择的效应量为响应比（response ratio），根据机理算法中的式（7-11）、式（7-12）计算出效应量（effect size）与方差（vi），采用随机效应模型（random-effects model）综合独立研究的效应量，得出综合效应量（表 7-5）。

表 7-5　Meta 综合效应指标

围垦年限分组 name	实验组样本量 Exp_n	实验组均值 Exp_Mean	实验组标准差 Exp_SD	对照组样本量 Con_n	对照组均值 Con_Mean	对照组标准差 Con_SD	效应量 RR	对数化效应量 lnRR	近似方差 V_lnR R	近似标准误 SE_lnR R	置信区间下限 LL_lnR R	置信区间上限 UL_ln RR	百分比形式效应量 RR+	百分比形式效应量下限 LL_RR+	百分比形式效应量上限 UL_RR+
W-10	64	5.27	2.48	242	6.747	4.148	0.782	−0.25	0.005	0.071	−0.385	−0.108	−21.85%	−31.99%	−10.19%
W-30	89	8.08	4.11	242	6.747	4.148	1.197	0.18	0.004	0.067	0.049	0.311	19.73%	5.02%	36.50%
W-50	71	8.86	3.65	242	6.747	4.148	1.313	0.27	0.004	0.063	0.149	0.396	31.33%	16.12%	48.54%
W-70	33	10.57	5.57	242	6.747	4.148	1.567	0.45	0.010	0.100	0.253	0.645	56.66%	28.80%	90.55%
W-100	22	10.64	3.92	242	6.747	4.148	1.577	0.46	0.008	0.088	0.283	0.628	57.70%	32.75%	87.34%
W-200	19	13.74	5.66	242	6.747	4.148	2.036	0.71	0.010	0.102	0.510	0.912	103.65%	66.59%	148.94%
W>200	34	14.49	6.59	242	6.747	4.148	2.148	0.76	0.008	0.087	0.593	0.936	114.76%	80.95%	154.89%

【综合效应量计算代码】在 R 语言中，用于 Meta 分析的包有“metafor”“meta”“rmeta”，本案例主要使用“meta”包进行综合效应量计算，代码如下：

```
library(meta)
library(readxl)
#利用meta包可以完成综合效应量计算、森林图、漏斗图计算、发表偏倚检验等
```

```
metagen<- readxl::read_xlsx("F:\\书\\code\7.3\\data.xlsx",
                              sheet = "Sheet1")
m <- metagen(TE=metagen$lnRR,seTE=metagen$SE_lnRR,
             studlab=paste(metagen$name),backtransf=TRUE)
```

运行结果如下：

```
Number of studies combined: k = 7

                         95%-CI     z  p-value
Common effect model  0.2935 [0.2352; 0.3517] 9.87 < 0.0001
Random effects model 0.3650 [0.1089; 0.6211] 2.79   0.0052

Quantifying heterogeneity:
 tau^2 = 0.1125 [0.0427; 0.5682]; tau = 0.3354 [0.2067; 0.7538]
 I^2 = 94.7% [91.3%; 96.7%]; H = 4.33 [3.39; 5.54]

Test of heterogeneity:
      Q d.f.  p-value
 112.43    6 < 0.0001

Details on meta-analytical method:
- Inverse variance method
- Restricted maximum-likelihood estimator for tau^2
- Q-Profile method for confidence interval of tau^2 and tau
```

从运行结果可以看出不同围垦年限下对土壤有机碳的影响，随机效应模型综合效应量为 Random effects size = 0.3650，95% CI: 0.1089~0.6211，利用式（7-24）可知，围垦后随着围垦年限增加，土壤有机碳总体显著提升 44.5%[(exp 0.0853–1) × 100%]，对于每个分组而言，如果置信区间（CI）不与零重叠，则认为影响是显著的。各独立研究之间的异质性由 I^2 数值反映，I^2 运行结果为 94.7%，说明存在较高的异质性，可能由各分组中地理位置、土壤条件等因素的差异造成的。接着进行发表偏倚的检验，发表偏倚的检验可以采用漏斗图法或 Egger 法进行判断，代码如下：

```
funnel(m,cex=2)#绘制漏斗图
```

运行结果如图 7-6 所示。

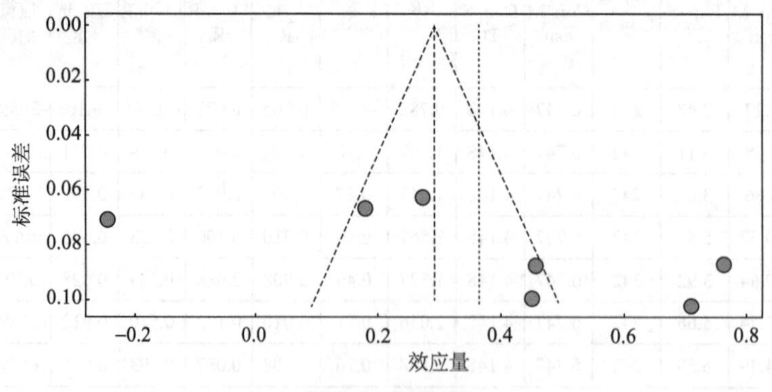

图 7-6　漏斗图

漏斗图主要通过观察识别来判断是否存在发表偏倚，如果漏斗图显示大部分研究处在“漏斗图”顶部，底部研究较少，左右大致对称，说明研究发表偏倚不明显。Egger 法是在漏斗图的基础上对漏斗图对称性进行客观检验的方法，代码如下：

```
metabias(m,method.bias = "linreg",plotit = T,k.min = 4)
```

运行结果如下：

```
Linear regression test of funnel plot asymmetry

Test result: t = 1.87, df = 5, p-value = 0.1207

Sample estimates:
    bias se.bias intercept se.intercept
 14.3370  7.6748   -0.8159       0.6036

Details:
- multiplicative residual heterogeneity variance (tau^2 = 13.2437)
- predictor: standard error
- weight:    inverse variance
- reference: Egger et al. (1997), BMJ
```

Egger 法采用直线回归的方式分析各独立研究的发表偏倚，若截距为 0 则说明没有发表偏倚，反之则说明存在发表偏倚，从运行结果可知，检验结果为 t=1.87，df=5，p=0.1207，p 值大于 0.05，说明没有发生发表偏倚。

在做 meta 分析时判定存在发表偏倚时，可以采用剪补法评价发表偏倚对于结果的影响。代码如下：

```
tf1 <- trimfill(m)#剪补法
summary(tf1,comb.fixed=FALSE)
```

运行结果如下：

```
                                     95%-CI %W(random)
W-10           -0.2465 [-0.3855; -0.1075]       11.3
W-30            0.1800 [ 0.0489;  0.3112]       11.3
W-50            0.2726 [ 0.1495;  0.3957]       11.3
W-70            0.4489 [ 0.2531;  0.6447]       11.0
W-100           0.4555 [ 0.2833;  0.6278]       11.1
W-200           0.7112 [ 0.5104;  0.9120]       10.9
W>200           0.7644 [ 0.5931;  0.9357]       11.1
Filled: W-200 -0.3484 [-0.5492; -0.1475]       10.9
Filled: W>200 -0.4015 [-0.5728; -0.2302]       11.1

Number of studies combined: k = 9 (with 2 added studies)

                                    95%-CI    z p-value
Random effects model 0.2032 [-0.0853; 0.4917] 1.38  0.1674

Quantifying heterogeneity:
 tau^2 = 0.1875 [0.0814; 0.7139]; tau = 0.4330 [0.2853; 0.8449]
 I^2 = 96.0% [94.0%; 97.3%]; H = 4.97 [4.09; 6.05]

Test of heterogeneity:
      Q d.f.  p-value
 197.86    8 < 0.0001

Details on meta-analytical method:
- Inverse variance method
- Restricted maximum-likelihood estimator for tau^2
- Q-Profile method for confidence interval of tau^2 and tau
- Trim-and-fill method to adjust for funnel plot asymmetry
```

结合结果可知，经过剪补法后，随机效应模型结果发生改变，但本案例不存在发表偏倚，依然选择初始结果，作为综合效应量。

根据数据进行绘图（森林图），绘图代码如下：

```
library(ggplot2)
library(tidyverse)
library(extrafont)
```

```
df_plot_1<-readxl::read_xlsx("F:\\书\\code\\7.3\\data.xlsx",
                             sheet = 2)
#看一部分数据情况
df_plot_1 %>% pull(name) %>% unique() -> labels
labels#将数据转化为标签
breaks<-length(labels):1
breaks#分组数
pal <- c("#8C510A","#003C30")
#chr 表示字符型
df_plot_1 %>%
  ggplot(aes(color ="#8C510A",y = ypos)) +
  #ase 表示映射,谁是 x 谁是 y
  geom_vline(xintercept = 0,size = 1,
           alpha = 0.5,color = "grey25") +
  geom_segment(aes(x = `LL_RR+`,
                 xend = `UL_RR+`,
                 yend = ypos),
              size = 1.25 ) +
  #geom_segment 是用于绘制给定起点和终点坐标的直线
  #x-xend; y-yend
  geom_point(aes(x = `LL_RR+`),
           shape = 16,size = 2) +
  #加入左端点
  geom_point(aes(x =`UL_RR+`),
           shape = 21,size = 2,
           fill = "white") +
  #加入右端点
  geom_point(aes(x = `RR+` ),
           shape = 15,size = 3,
           fill = "white") +
  #加中间方块
  geom_point(aes(x = `RR+` ),
           shape = 15,size = 3,
           fill = "white") +
  scale_color_manual(values = pal) +
  #加入指定的颜色
  scale_y_continuous( breaks = breaks,
                    labels = labels,
```

```
                    expand = c(0.01,0.01)) +
theme_minimal(base_family = "Times New Roman",
              base_size =15) +
#改字体、字号
theme(legend.position = "none",
      panel.grid.minor.y = element_blank(),
      panel.grid.major.y = element_line(size = 6,color = "grey95"),
      axis.text.y = element_text(vjust = .3,size = 13)) +
#legend.position 图例位置,("none","left","right","bottom","top")
labs(x = "  ",y = " ") +
annotate("rect",xmin = 100,xmax = 160,
         ymin =5.5,ymax =8,
         color = "grey50",fill = "white") +
#建立一个空白框框,用 xy 定位
annotate("text",x = 152,y =7.65,
         label = "Legend",
         size = 5,hjust = 1.5,
         family = "font_rc",color = "grey10") +
#定位,xy,标签内容
annotate("text",x = 121,y = 7.1,
         label = "Point legend",
         size = 4,hjust = .5,
         family = "font_rc",color = "grey10") +
#定位标签
annotate("point",x = c(107,126,140),y = 6.6,
         pch = c(16,15,21),size = 2,color = "#8C510A") +
#导入点图例
annotate("text",x = c(110,129,143),y = 6.56,
         label = c("LL","RR+","UL"),
         size = 4,hjust = 0,
         family = "font_rc",color = "grey20") +
annotate("text",x = c(116,130,149),y = 6.52,
         label = c("RR+","","RR+"),
         size = 2.5,hjust = 0,
         family = "font_rc",color = "grey20") +
#增加图例标签
annotate("text",x = 120,y = 6.15,
         label = "Line legend",
```

```
        size = 4,hjust = .5,
        family = "font_rc",color = "grey20") +
#标签
annotate("segment",x = 106,xend = 125,
        y = 5.7,yend =5.7,
        pch = c(16,21),size = 1.2,color = "#8C510A") +
#线的图例
annotate("text",x = 130,y = 5.69,
        label = c("95%CI"),
        size = 4,hjust = 0,
        family = "font_rc",color = "grey20") +
annotate("rect",xmin = 11.51,
        xmax = 86.1,
        ymin = 1,
        ymax = 8.5,
        alpha = .1) #添加综合效应量范围阴影
```

运行结果如下，可以进一步在 PS 中修改图片，增加收集样本量（实际样本量），使图片更美观，见图 7-7。

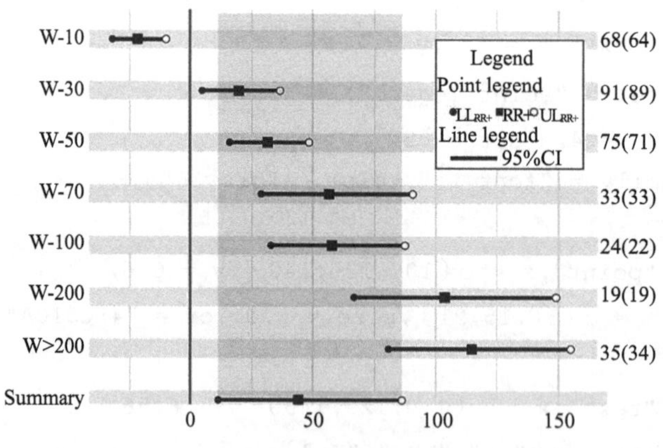

图 7-7 Meta 分析的森林图

从图 7-7 可以看出，土壤有机碳在不同围垦年限分组下的增加量都不与横坐标的 0 实线重叠，这表明滩涂围垦后土壤有机碳的变化是显著的（$p<0.05$）。在围垦 1 到 10 年中（W-10 分组），土壤有机碳相对于未围垦滩涂呈显著下降的特征；在围垦 10 年以后至更长的时间范围内，土壤有机碳呈显著增加的趋势。总体来看，中国滨海滩涂围垦后土壤有机碳的变化表现为先下降后上升的趋势，显著提升 44.5%。

也可以用目前最为流行的 forestplot 包进行绘图，将以上的森林图数据进行绘制，代码如下（图 7-8）：

```
rm(list=ls())
library(ggplot2)
library(readxl)
library(forestplot)
df<-readxl::read_xlsx("F:\\书\\code\\7.3\\data.xlsx",
                      sheet = 2)
pairs_name <- df$name
pairs_median <- df$`RR+`#差值的中值
pairs_CI <- paste("(",df$`LL_RR+`," ~ ",df$`UL_RR+`,")",sep = "") #差值的四分距的范围
Data_str <- data.frame(pairs_na=pairs_name,pairs_median=pairs_median,pairs_CI=pairs_CI)
Data_str <- as.matrix(Data_str) #类型转为矩阵
Data_str <- rbind(c(NA,"Median","Interquartile ranges"),Data_str) #第一行表示指标说明,NA 表示不显示
setwd("F:\\书\\code\\7.3\\")
jpeg( file = "results_Value_1.jpg",width =2000,height = 1800,units = "px",res =300) #结果保存
forestplot(Data_str, #显示的文本
        c(NA,df$`RR+`),#误差条的均值(此处为差值的中值)
        c(NA,df$`LL_RR+`),#误差条的下界(此处为差值的 25%分位数)
        c(NA,df$`UL_RR+`),#误差条的上界(此处为差值的 75%分位数)
        zero = 0,#显示 y=0 的垂直线
         xlog=F,#x 轴的坐标不取对数
        fn.ci_norm = fpDrawCircleCI,#误差条显示方式
        boxsize = 0.3,#误差条中的圆心点大小
        col=fpColors(line = "#CC79A7",#误差条的线的颜色
                     box="#D55E00"),#误差条的圆心点的颜色
        lty.ci = 7,#误差条的线的线型
        lwd.ci = 3,#误差条的线的宽度
        ci.vertices.height = 0.15,#误差条末端的长度
        txt_gp = fpTxtGp(ticks = gpar(cex = 0.5),xlab = gpar(cex = 0.7),cex = 0.7),#文本大小设置
        lineheight = "auto",#线的高度
        xlab="Differences in assessment indicators between relevant pairs" #x 轴的标题
)
dev.off()
```

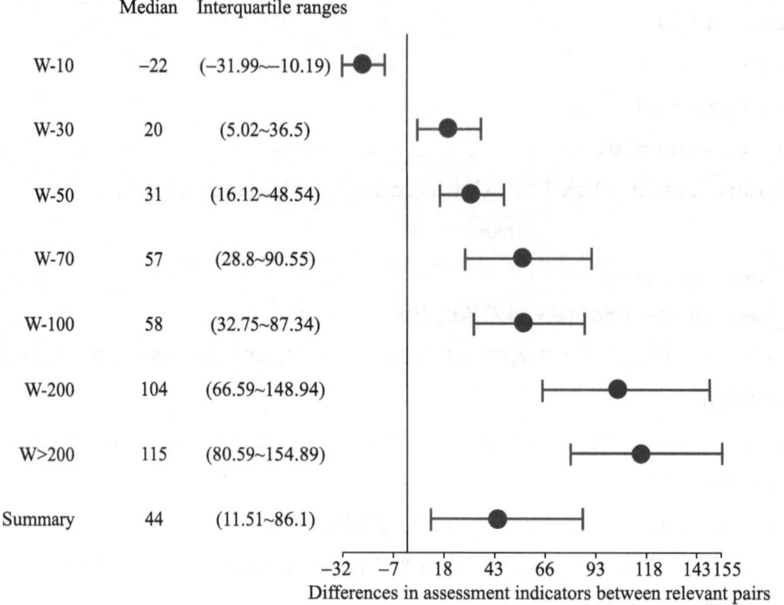

图 7-8 forestplot 包绘制的森林图

7.3.4 要点提示

（1）Meta 分析需要建立在丰富的文献基础上进行的，需要检索大量文献，收集相关数据进行分析。Meta 分析多结合结构方程模型、拟合回归等进行研究对象的影响因素分析，围垦前后土壤微生物的影响，在进行 Meta 分析时可以考虑使用这些模型方法，进一步探究影响机制。

（2）案例一中的最终结果图，并未呈现出独立研究的效应量，而是展示出最终综合效应量，在进行 Meta 分析时也可以借助森林图展示出独立研究的效应量。

7.4 结 构 方 程

7.4.1 概述

20 世纪 70 年代中期，瑞典统计学家、心理测量学家 K. Joreskog 提出了结构方程模型（structural equation modeling，SEM）。根据该方法的不同属性，统计学家们以不同的术语命名，如根据数据结构将其称为“协方差结构分析”；根据其功能，称为“因果建模”（casual modeling）等（Austin and Wolfle，1991；Bentler，1980；Jöreskog，1988）；并开发了相应的线性结构关系（linear structural relations，LISREL）统计软件。目前，几经完善的 LISREL830 版本已成为一种重要的统计分析技术，在心理学、社会学、管理学等社会学科的研究中得到了广泛的应用（孙连荣，2005）。

相对于相关、回归分析路径分析等研究变量间关系的统计方法来说，SEM 从两个方面完善了这些常用方法的不足。第一，针对探索性因素分析假设限制过多的缺点完善变量结构的探讨。与探索性因素分析相比，结构方程模型既可以假定相关、不相关的潜在因素，从而更符合心理学实际；同时也可以确定某些观察变量只受特定潜在变量影响，而不是受所有潜在变量影响，使结构更清晰；还能在对每个潜在因素进行多方法测量（采用多方法-多特质模型，简称 MMMT）时，可排除测量方法的误差。除此之外，最重要的是它不需要假定所有特定变量的误差无相关，而是指定那些两者之间存在相关的特定性变量误差。第二，在考虑测量误差的前提下建立变量间的因果关系。这一步以统计的思路区分了观测（外显）变量和潜在（内隐）变量，进而通过观测外在表现推测潜在概念。这样，研究便能在探讨变量间直接影响、间接影响和总效应以及表达中介变量作用的同时，用潜在变量代替路径分析中的单一外显变量，并考虑变量的测量误差，从而使研究结果更精确。

概括来讲，SEM 具有以下特点（Bollen and Long，1993；孙连荣，2005）：

（1）可同时考虑及处理多个因变量（endogenous .dependent variable）；

（2）允许自变量和因变量（exogenous and endogenous）项目含有测量误差；

（3）允许潜伏变量由多个外显指标变量构成（这一点与因素分析类似），并可同时估计指标变量的信度及效度；

（4）可采用比传统方法更有弹性的测量模式（measurement model）。在传统方法中，项目更多地依附于单一因子，而在 SEM 中，某一指标变量可从属于两个潜伏因子；

（5）可构建潜伏变量之间的关系，并估计模式与数据之间的吻合程度。

7.4.2　算法及过程

结构方程模型的出发点是为观察变量间假设的因果关系建立具体的因果模型。一般用线性方程系统表示，分为测量模型和结构模型两部分。测量模型反映潜在变量与观测变量之间的关系，通过测量模型可由观测变量定义潜在变量；结构模型表示潜在变量之间的关系。测量模型和结构模型的矩阵方程及其代表的含义如下所示（程开明，2006）：

$$Y = \Lambda_Y \eta + \varepsilon \tag{7-27}$$

$$X = \Lambda_X \xi + \delta \tag{7-28}$$

$$\eta = B\eta + \Gamma\xi + \varsigma \tag{7-29}$$

式中，式（7-27）和式（7-28）属于测量模型，式（7-29）属于结构模型。X 为外源观测指标；Λ_X为X 指标与ξ潜伏变量的关系；ε 为 X 的测量误差；Y 为内生观测指标；Λ_Y为Y 的指标与η潜伏变量的关系；δ为Y 的测量误差；η为内生潜伏变量；B 为内生潜伏变量之间的关系；ξ为外源潜伏变量；Γ 为外源潜伏变量对内生潜伏变量的影响；ς为模式内所包含的变量及变量间关系所未能解释的部分。

7.4.3 案例及代码

本案例以生物炭添加对滨海盐渍土二氧化碳（CO_2）排放的影响数据为例。通过野外试验田采集土壤 CO_2、土壤水分（SM）、土壤温度（ST）、电导率（EC）、土壤有机碳（SOC）和硝酸根离子（NO_3^-）数据。分析生物炭添加后 SM、ST、EC、SOC 和 NO_3^- 对滨海盐渍土 CO_2 排放的影响。整理好数据后运用 R 语言的 lavaan 包进行结构方程模型的建模。结构方程的核心思路是通过构建假设路径框架，并且通过众多的检验参数来不断优化假设模型的路径，进而达到最优化模型的结果，并在此基础上进行出图，代码如下：

```
library(sem)
library(xlsx)
library(semPlot)
library(lavaan)
data <- read.xlsx("F:\\书\\code\\7.4\\数据.xlsx",
                  sheetIndex=1)
ourdata <- as.data.frame(data)
sem.model1 <- sem(
  model = "
          CO2~SM+ST+EC+SOC+NO3
          EC~SM+ST
          SOC~SM+ST+EC
          NO3~ST+SM",data = ourdata)
summary (sem.model1,standardize = TRUE,rsq=TRUE,modindices=TRUE)
#计算并展示模型参数
fitMeasures(sem.model1)
fitmeasures ( sem.model1,c ( "chisq","df","pvalue","cfi","tli","rmsea",
"srmr","gfi"),output= "matrix")
semPaths(sem.model1,what = "stand",layout = "groups",edge.label.cex = 1,
        esize = 12,nDigits = 2,residuals = TRUE,intercepts = TRUE)
```

图 7-9 展示了结构方程模型的卡方检验结果和响应变量的 R^2。可以发现，模型卡方检验的 p 值为 0.582（>0.05），拟合度达标，说明此时的模型结构基本合理。在图 7-10 中，可以看到各路径的回归结果，P（>|z|）是路径系数的显著性检验结果，当其小于 0.05 时，说明显著性较高，通过了显著性检验。Std. all 是标准化路径系数，其数值一般介于 0～1。图 7-11 为模型拟合指标，本模型中各拟合指标均已达标（表 7-6），

构建效果良好。

表 7-6　模型各拟合指标结果说明

指标名称	名称缩写	指标意义	指标标准
卡方值	CHISQ	矩阵整体相似度	p>0.05
拟合值数	GFI	说明模型解释力	>0.9
比较拟合值数	CFI	说明模型较零模型的改善程度	>0.9
未标准化残差	RMR	未标准化假设模型整体残差	越小越好
标准化残差	SRMR	标准化模型整体残差	<0.05
近似均方根误差	RMSEA	理论模型与饱和模型的差异	<0.05

```
Model Test User Model:

  Test statistic                              1.081
  Degrees of freedom                              2
  P-value (Chi-square)                        0.582
```

```
R-Square:
                   Estimate
    CO2               0.923
    EC                0.206
    SOC               0.257
    NO3               0.191
```

图 7-9　模型的卡方检验结果和响应变量的 R^2 参数

```
Regressions:
                   Estimate  Std.Err  z-value  P(>|z|)   Std.lv  Std.all
  CO2 ~
    SM               -8.151    2.365   -3.447    0.001   -8.151   -0.308
    ST               37.212    3.333   11.165    0.000   37.212    0.765
    EC               -0.216    0.102   -2.115    0.034   -0.216   -0.166
    SOC              36.248    7.881    4.599    0.000   36.248    0.349
    NO3             -15.648    4.874   -3.211    0.001  -15.648   -0.234
  EC ~
    SM                9.212    4.276    2.155    0.031    9.212    0.454
    ST               -2.566    7.848   -0.327    0.744   -2.566   -0.069
  SOC ~
    SM               -0.132    0.058   -2.263    0.024   -0.132   -0.517
    ST                0.107    0.096    1.118    0.263    0.107    0.229
    EC                0.005    0.003    1.575    0.115    0.005    0.359
  NO3 ~
    ST                0.074    0.154    0.480    0.632    0.074    0.102
    SM               -0.172    0.084   -2.041    0.041   -0.172   -0.434
```

图 7-10　各路径回归结果

```
chisq   1.081
df      2.000
pvalue  0.582
cfi     1.000
tli     1.140
rmsea   0.000
srmr    0.038
gfi     0.999
```

图 7-11　模型拟合指标

图 7-12 为结构方程模型构建草图，图 7-13 是在图 7-12 的基础上做出的结构方程模

型改绘图。从图中可以看出，SM 和 ST 对土壤 CO_2 均具有直接影响。其中 SM 对土壤 CO_2 具有显著的负向影响，标准化路径系数为–0.31。而 ST 对土壤 CO_2 具有显著的正向影响，标准化路径系数为 0.77。此外，SM 通过对 EC 的正效应间接地对土壤 CO_2 产生负向影响，其标准化路径系数分别为 0.45 和–0.17；SM 也可以通过对 SOC 的负效应间接地对土壤 CO_2 产生正向影响，标准化路径系数分别为–0.52 和 0.35；SM 还可以通过对 NO_3^- 的负效应间接地对土壤 CO_2 产生负向影响，标准化路径系数分别为–0.43 和–0.23。上述结果表明，生物炭作为改良物质施入土壤后，各土壤属性（SM、ST、EC、SOC 和 NO_3^-）影响了土壤 CO_2 的排放影响。一方面，ST 和 SM 可以直接影响土壤 CO_2 的排放；另一方面，SM 可以分别影响 EC、SOC 和 NO_3^- 间接影响土壤 CO_2 的排放。

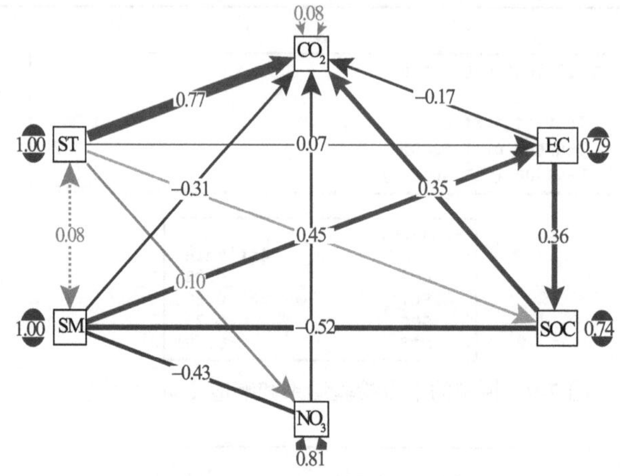

图 7-12　结构方程模型草图

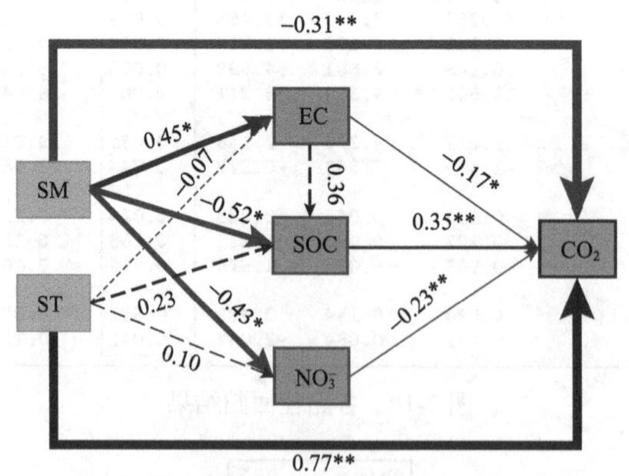

图 7-13　结构方程模型改绘图

**表示在 0.05 水平显著；*表示在 0.1 水平显著

7.4.4　要点提示

（1）结构方程需要假设模型框架，特别是因变量、自变量和潜变量以及不同变量之间的响应关系，即响应路径的设置对模型的精度影响很大，需要不断地调试。

（2）结构方程的绘图工具（semPaths）绘图效果较为一般，通常需要根据其显示的主要路径进行重新改绘。

（3）大量的结构方程功能包都不支持潜变量的使用，如果想要构建潜变量进行结构方程的构建还需借助于 plspm 包来实现。

7.5　排序技术

7.5.1　概述

典范对应分析（canonical correspondence analysis，CCA），是基于对应分析发展而来的一种排序方法，将对应分析与多元回归分析相结合，每一步计算均与环境因子进行回归，又称多元直接梯度分析。其基本思路是在对应分析的迭代过程中，每次得到的样方排序坐标值均与环境因子进行多元线性回归。CCA 要求两个数据矩阵，一个是植被数据矩阵，另一个是环境数据矩阵。首先计算出一组样方排序值和种类排序值（同对应分析），然后将样方排序值与环境因子用回归分析方法结合起来，这样得到的样方排序值既反映了样方种类组成及生态重要值对群落的作用，同时也反映了环境因子的影响，再用样方排序值加权平均求种类排序值，使种类排序坐标值也间接地与环境因子相联系（张金屯，2018）。

1. 典范对应分析

CCA 是一种基于单峰模型的排序方法，样方排序与对象排序对应分析，而且在排序过程中结合多个环境因子，因此可以把样方、对象与环境因子的排序结果表示在同一排序图上。CCA 的基本观念是由 Ter Braak 在 1986 年提出（Ter Braak，1986），典范对应分析最早主要运用于研究植被与环境因子彼此之间的关系（Ter Braak，1987），慢慢地扩展到研究生物群落和环境因子之间的关系上，除此之外，典范对应分析的功能从原本的排序功能逐渐扩展到分类（马俊逸等，2020；叶森土等，2020），随着典范对应分析的功能逐渐增多，典范对应分析的应用领域也从生态学领域扩展到了非生态学领域。CCA 是一种基于单峰模型的排序方法，在排序过程中可以结合多个环境因子，所以可以把样方、对象与环境因子的排序结果表示在同一排序图上。虽然 CCA 近似地表达物种对环境梯度的单峰响应，但它仍然存在“弓形效应”（刘志丽，2021）。克服弓形效应可以采用降趋势典范对应分析（detrended canonical correspondence analysis，DCCA）。

2. 除趋势对应分析

Hill 和 Gauch 提出了除趋势对应分析（detrended correspondence analysis，DCA），DCA 是以典范对应分析为基础的一种特征向量排序，消除了对应分析的“弓形效应”

（贾晓妮等，2007），提高了精确度，使得排序效果更好。自从DCA被引入生态学中后，一直是最常用的方法，一方面能客观反映群落之间的关系，另一方面是有国际通用软件。DCA在排序完成后，需要将环境因子的变化以等值线的方式表示在排序图上。

3. 除趋势典范对应分析（DCCA）

DCCA是建立在典范对应分析和除趋势对应分析的基础上发展而来的（Lee et al., 2020），可以很好地表达植被因子在环境因子梯度上的变化，克服弓形效应，同时排序轴包含了环境因子的信息，使得研究结果更加的精确（张金屯，1992）。

7.5.2 算法及过程

1. 典范对应分析（CCA）

CCA的基本思路是CA的迭代过程，将每次得到的坐标值与环境因子相结合，即

$$Z_J = b_0 + \sum_{k=1}^{q} b_k + U_{kj} \tag{7-30}$$

式中，Z_J为第J个样方的排序值；b_0为截距（常数）；b_k（k=1，2⋯）为样方与第k个环境因子之间的回归系数；q为环境因子数；U_{kj}为第k个环境因子在第j个样方中的测量值。

任意给定一组种类排序初始值：

$$y_i\left(i = 1,2,\cdots,p\right) \tag{7-31}$$

求种类排序值：

$$y_i = \frac{\sum_{j=1}^{N} x_{ij} z_j^{(a)}}{\sum_{j=1}^{N} x_{ij}} \tag{7-32}$$

求样方排序值z_j：

$$z_i = \frac{\sum_{i=1}^{p} x_{ij} y_i}{\sum_{i=1}^{p} x_{ij}} \tag{7-33}$$

计算b_k，用矩阵形式表示：

$$b_k = \left(UCU^{\mathrm{T}}\right)^{-1} UC\left(Z^*\right)^{\mathrm{T}} \tag{7-34}$$

式中，C 为种类 × 样方原始数据矩阵列和 Cj 组成的对角线矩阵；Z^*为第三步得到的样方排序值：

$$Z^* = \{z_j^*\} = (z_1^*, z_2^*, \wedge, z_N^*) \quad (7\text{-}35)$$

$$U = \begin{bmatrix} 1 & 1 & 1 & \cdots & 1 \\ U_{11} & U_{12} & U_{13} & \cdots & U_{1N} \\ U_{21} & U_{22} & U_{23} & \cdots & U_{2N} \\ \vdots & \vdots & \vdots & & \vdots \\ U_{q1} & U_{q2} & U_{q3} & \cdots & U_{qN} \end{bmatrix} \quad (7\text{-}36)$$

计算样方排序新值 z_j：

$$Z=Ub \quad (7\text{-}37)$$

样方排序值进行标准化：

$$V = \frac{\sum_{j=1}^{N} C_j z_j}{\sum_{j=1}^{N} C_j} \quad (7\text{-}38)$$

$$S = \sqrt{\sum_{j=1}^{N} C_j (z_j - V)^2 \Big/ \sum_{j=1}^{N} C_j} \quad (7\text{-}39)$$

回到第二步，重复以上过程，直至得到稳定值为止。

求第二排序轴：

计算正交化系数 μ：

$$\mu = \frac{\sum_{j=1}^{N} C_j z_j e_j}{\sum_{j=1}^{N} C_j} \quad (7\text{-}40)$$

正交化：

$$z_j^{(b)} = z_j - \mu e_j \quad (7\text{-}41)$$

计算环境因子的排序坐标：

$$f_{km} = [\lambda_m (1 - \lambda_m)]^{\frac{1}{2}} a_{km} \quad (7\text{-}42)$$

式中，f_{km} 为第 k 个环境因子在第 m 排序轴上的坐标值；λ_m 为第一排序轴的特征值；a_{km}

为第 k 个环境因子与第 m 个排序轴间的相关系数。

2. 冗余分析

冗余分析是一种回归分析结合主成分分析（PCA）的排序方法，也是多响应变量（multi-response）回归分析的拓展。从概念上讲，RDA 是响应变量矩阵与解释变量之间多元多重线性回归的拟合值矩阵的 PCA 分析（Makarenkov and Legendre，2002）。更准确地说，RDA 是一种直接梯度分析技术（direct gradient analysis technique），它总结了一组解释变量“冗余”（即“解释”）的响应变量分量之间的线性关系。为此，RDA 通过允许在多个解释变量上回归多个响应变量来扩展多元线性回归（multiple linear regression）（图 7-14）。然后，通过 MLR 生成的所有响应变量的拟合值矩阵进行主成分分析（PCA）。

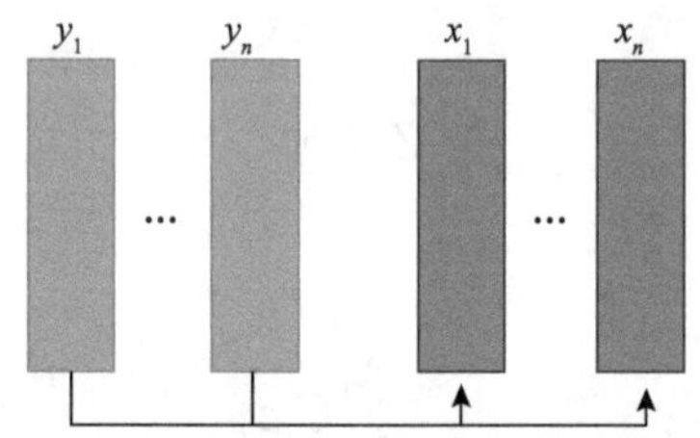

图 7-14　冗余分析对多个解释变量（x_1, …, x_n）的多个响应变量（y_1, …, y_n）进行回归

下面是 RDA 的计算过程，Y 矩阵是标准化的响应变量矩阵，X 矩阵是标准化的解释变量矩阵。

（1）先进行 Y 矩阵中每个响应变量与所有解释变量矩阵 X 之间的多元回归，获得每个响应变量的拟合值 $\hat{y}$ 向量 y_{res} 和残差向量。将所有拟合值 $\hat{y}$ 向量组装成拟合值矩阵 $\hat{Y}$。

（2）将拟合值矩阵 $\hat{Y}$ 进行 PCA 分析。PCA 将产生一个典范排序特征根向量和典范特征根向量矩阵 U。

（3）使用矩阵 U 计算两套样方排序得分（坐标）：一套用标准化的原始数据矩阵 Y 获得在原始变量 Y 空间内的样方排序坐标[即计算 YU，所获得的坐标在 vegan 包里称为样方得分（物种得分的加权和）]；另一套使用拟合值矩阵 $\hat{Y}$ 获得在解释变量 X 空间内的样方排序坐标[即计算 YU，所获得的坐标在 vegan 包内称为样方约束（约束变量的线性组合）]。

（4）将第一步多元回归获得的残差（即 $Y_{res}=Y-\hat{Y}$）矩阵输入 PCA 分析残差非约束排序。残差矩阵 Y_{res} 的 PCA 分析（非约束轴即代表了解释变量未能对响应变量做出解释的部分）严格来说不属于 RDA 的内容，但这样能获得更多信息。

RDA 也可以被认为是主成分分析（PCA）的约束版本，其中规范轴由响应变量的线性组合构建也必须是解释变量的线性组合（即由 MLR 拟合）。RDA 方法在由响应变量矩阵定义的空间中生成一个排序，在由解释变量矩阵定义的空间中生成另一个排序。

7.5.3　案例及代码

无论是 RDA 分析还是 CCA 分析，都需要两个数据框（data.frame），分别是环境因子数据和碳氮含量数据。面临的第一问题是如何选择这两种排序分析，建议使用 vegan 包里面的 decorana 函数来判断是选择 RDA 还是 CCA。根据结果中 Axis lengths 的数值来进行判断。结果会给出 4 个 Axis lengths 的数值，如果其中最大的数值大于 4，则应选择 CCA，如果最大的数值小于 3，则选择 RDA，如果最大的数值在 3～4，则两种分析方法都可以。但是这种标准并不是 100%合适，在实际的使用中，最好是同时进行 CCA 和 RDA，比较这两个分析中环境因子对碳氮含量变化的解释量大小，选择解释量大的那种方法即可，代码如下：

```
library(xlsx)
library(ggplot2)
library(dplyr)
library(ggpubr)
library(patchwork)
library(vegan)
#读取数据文件,并进行处理
C3 <- read.xlsx("C:\\Users\\123\\Desktop\\ca.xlsx",sheetName = "Sheet2")
#碳氮数据
C3.1 <- C3[,-1]#删除列名
C2 <-read.xlsx("C:\\Users\\123\\Desktop\\ca.xlsx",sheetName = "Sheet4")
#影响因子
C2 <- C2[,-1]
decorana(C3.1)#DCA 判断选择用 RDA 还是 CCA
#cp2 <- rda(C2,C1.1)
cp1 <- cca(C3.1,C2)
dcp1 <- summary(cp1)
#进行校正
Rcp <- RsquareAdj(cp1)
df_cp1_cca_noadj <- Rcp$r.squared#原 Rcp
df_cp1_cca_adj <- Rcp$adj.r.squared#校正 Rcp
#计算校正 Rcp 后的约束轴解释率
df_cp1_cca_exp_adj <- df_cp1_cca_adj * cp1$CCA$eig/sum(cp1$CCA$eig)
df_cp1_cca_sites <- data.frame(dcp1$constraints)[1:2]#提取样本特征值
df_cp1_cca_env <- data.frame(dcp1$biplot)[1:2]#提取环境因子特征值
#横纵坐标
CCA1 <- paste("CCA1 (",round(df_cp1_cca_exp_adj[1]*100,1),"%)")
CCA2 <- paste("CCA2 (",round(df_cp1_cca_exp_adj[2]*100,1),"%)")
#添加分组信息
df_cp1_cca_env$name <- rownames(df_cp1_cca_env)
df_cp1_cca_sites$name <- C3$DK
```

```
df_cp1_cca_sites$group <- c(rep('A',9),rep('B',9),rep("C",9))
df_cp1_cca_sites$samples <- C3$DK
#使用ggplot绘图(散点图、柱状图)
color <- c("#1597A5","#FFC24B","#FEB3AE") #颜色变量
p1 <- ggplot(data=df_cp1_cca_sites,aes(x=CCA1,y=CCA2,
                                color=group))+#指定数据、X轴、Y轴,颜色
  theme_bw()+#主题设置
  geom_point(size=3,shape=16)+#绘制点图并设定大小
  theme(panel.grid = element_blank())+
  geom_vline(xintercept = 0,lty="dashed",color = 'black',size = 0.8)+
  geom_hline(yintercept = 0,lty="dashed",color = 'black',size = 0.8)+#
图中虚线
  geom_text(aes(label=samples,y=CCA2+0.1,x=CCA1+0.1, vjust=0),size=2)
+#添加数据点的标签
  # guides(color=guide_legend(title=NULL))+#去除图例标题
  labs(x=CCA1,y=CCA2)+#将x、y轴标题改为贡献度
  stat_ellipse(data=df_cp1_cca_sites,
            level=0.95,
            linetype = 2,size=0.8,
            show.legend = T)+
  scale_color_manual(values = color) +#点的颜色设置
  scale_fill_manual(values = c("#1597A5","#FFC24B","#FEB3AE"))+
  theme(axis.title.x=element_text(size=12),#修改X轴标题文本
      axis.title.y=element_text(size=12,angle=90),#修改y轴标题文本
      axis.text.y=element_text(size=10),#修改x轴刻度标签文本
      axis.text.x=element_text(size=10),#修改y轴刻度标签文本
      panel.grid=element_blank())#隐藏网格线
p1 #图7-15
p2<- p1+geom_segment(data=df_cp1_cca_env,aes(x=0,y=0,xend=CCA1*3,yend=
CCA2*3),
              color="red",size=0.8,
              arrow=arrow(angle = 35,length=unit(0.3,"cm")))+
  geom_text(data=df_cp1_cca_env,aes(x=CCA1,y=CCA2,
         label=rownames(df_cp1_cca_env)),size=2.5,
         color="blue",
         hjust=(1-sign(df_cp1_cca_env$CCA1))/2,angle=(160/pi)*atan
(df_cp1_cca_env$CCA2/df_cp1_cca_env$CCA1))+theme(legend.position="top")
  p2 #图7-16
```

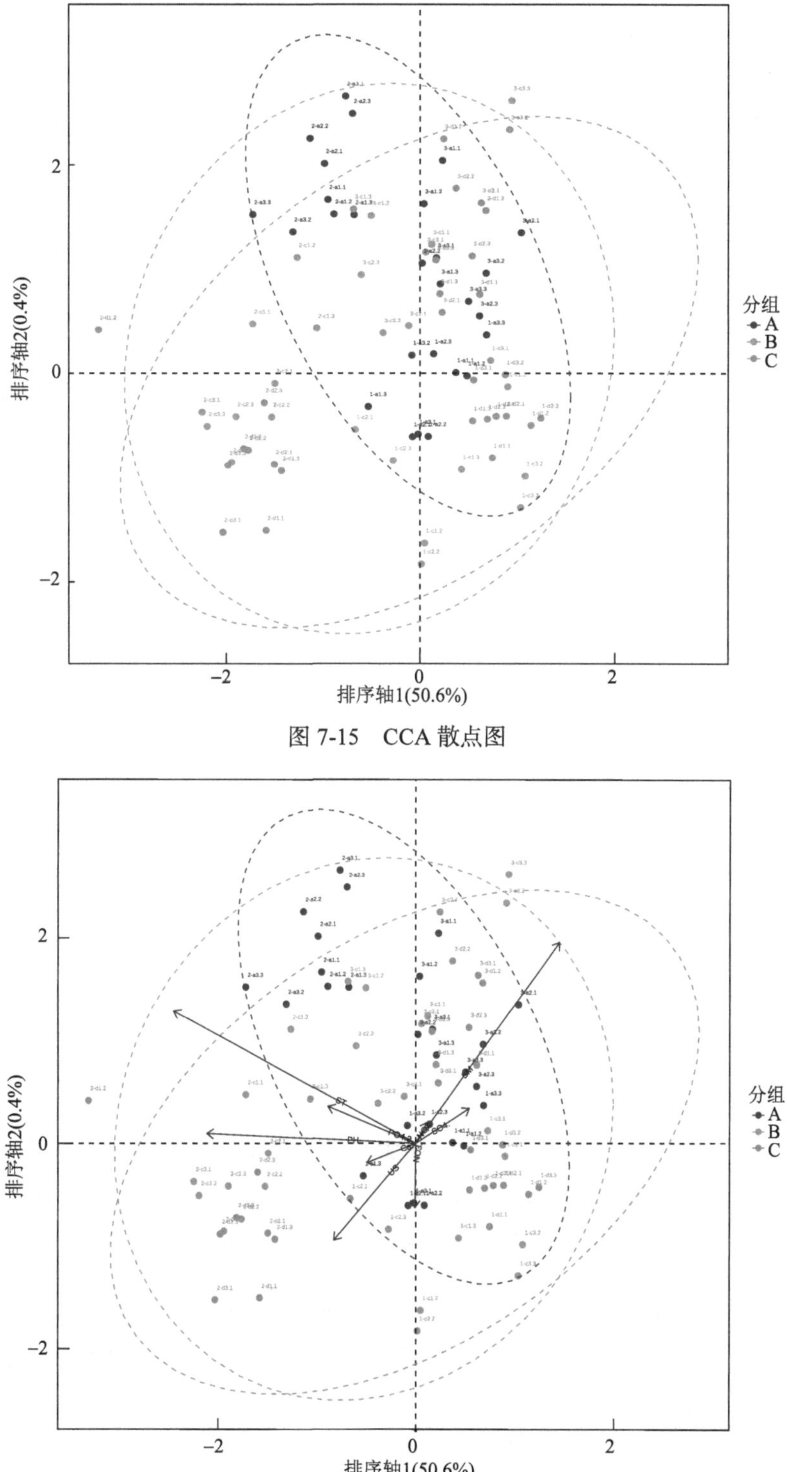

图 7-15　CCA 散点图

图 7-16　加入环境因子的散点图

```
data<-summary(cp1)
#检验环境因子相关显著性(Monte Carlo permutation test)
df_permutest <- permutest(cp1,permu=999) # permu=999是表示置换循环的次数
#每个环境因子显著性检验
df_envfit <- envfit(cp1,C2,permu=999)
cor_data <- data.frame(data$constr.chi/data$tot.chi,data$unconst.chi/
data$tot.chi)
cor_com <- data.frame(tax=colnames(C2),r=df_envfit$vectors$r,p=df_
envfit$vectors$pvals)
cor_com[1:10,3]=cor_com[,3]>0.05 #将p<0.05标记为FALSE,p>0.05标记为TRUE,
使用此数据绘制柱形图。
  p3 <- ggplot(cor_com,aes(x =tax,y = r),size=2) +
  geom_bar(aes(fill=tax),stat = 'identity',width = 0.8)+
  geom_text(aes(y=r+0.05,label=ifelse(p==T,"","*")),size=7,fontface
= "bold") +
  labs(x = '',y = '')+
  xlab("Environmental factor")+
  ylab(expression(r^"2"))+theme_classic()+
  theme( axis.title = element_text(face = "bold"),
        axis.line = element_line(size = 0.6),
        axis.title.x = element_text(vjust = 2,size = 18),
        axis.title.y = element_text(vjust = 2,size = 17),
        axis.ticks.x = element_blank(),
        axis.ticks.y = element_line(size = 0.2),
        axis.ticks.length.y = unit(0.3,"cm"),
        axis.text.x = element_text(face = "bold",colour = "black",size = 10))
p3
```

CCA 的结果图（图 7-16）中使用点代表不同的样本，从原点发出的箭头代表不同的环境因子。箭头的长度代表该环境因子对碳氮含量的影响强度，箭头的长度越长，表示环境因子的影响越大。箭头与坐标轴的夹角代表该环境因子与坐标轴的相关性，夹角越小，代表相关性越高。样本点到环境因子箭头及其延长线的垂直距离表示环境因子对样本的影响强度，样本点与箭头距离越近，该环境因子对样本的作用越强。样本位于箭头同方向，表示环境因子与样本碳氮含量的变化正相关，样本位于箭头的反方向，表示环境因子与样本碳氮含量变化负相关。图像中坐标轴标签中的数值，代表了坐标轴所代表的环境因子组合对样本的解释比例。

使用蒙特卡洛置换检验，可以得到环境因子与样本是否显著相关，如果结果中 p 大于 0.05，则表明该环境因子对土壤中碳氮含量变化的解释并不显著，即不是主要的影响因素（图 7-17）。

```
          CCA1      CCA2     r2 Pr(>r)
EC    -0.76160 -0.64804 0.0842  0.041 *
PH    -0.99917  0.04068 0.2728  0.001 ***
SM     0.70407  0.71013 0.3092  0.001 ***
ST    -0.92862  0.37104 0.4367  0.001 ***
PO4.3 -0.95554  0.29485 0.0532  0.113
SO4.   0.90733  0.42042 0.0237  0.407
NO2.   0.61324  0.78990 0.0029  0.888
NO3.  -0.00890 -0.99996 0.0189  0.510
Ca2.  -0.96139 -0.27520 0.0175  0.520
```

从中可以看出，CCA 排序第一轴与电导率（EC）、pH、土壤温度（ST）呈负相关，其中 pH、土壤温度（ST）呈极显著负相关，第一轴与土壤水分（SM）呈极显著正相关。第二轴与电导率（EC）呈显著负相关，与 pH、土壤水分（SM）、土壤温度（ST）呈极显著正相关。即电导率（EC）、pH、土壤温度（ST）沿第一轴从左往右数值降低，而土壤水分（SM）越往右水分越高，电导率（EC）从下往上数值降低，pH、土壤水分（SM）、土壤温度（ST）越往上数值越高。

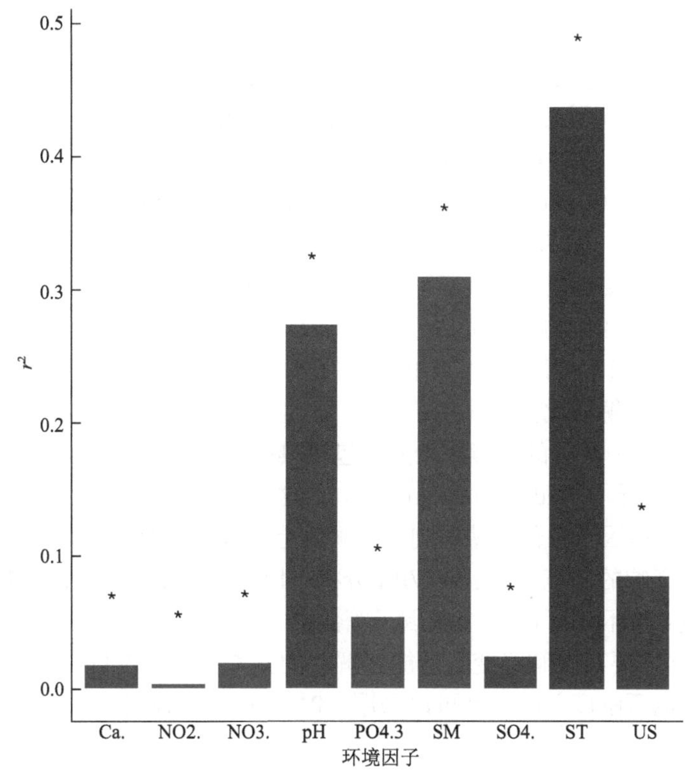

图 7-17 显著性柱状图

7.5.4 要点提示

（1）RDA 或 CCA 的选择问题：RDA 是基于线性模型，CCA 是基于单峰模型。一般可能会选择 CCA 来做直接梯度分析。但是如果 CCA 排序的效果不太好，就可以考虑使用 RDA 分析。RDA 或 CCA 选择原则：先用 species-sample 资料做 DCA 分析，看分析结果中 Lengths of gradient 的第一轴的大小，如果大于 4.0，就应该选 CCA，如果 3.0～4.0，选 RDA 和 CCA 均可，如果小于 3.0，RDA 的结果要好于 CCA。

（2）计算单个环境因子的贡献率：CCA 分析里面所得到的累计贡献率是所有环境因子的贡献率，如果需要计算每个环境因子的贡献率，则需生成三个矩阵，第一个是物种样方矩阵，第二个是目标环境因子矩阵，第三个是剔除目标环境因子矩阵后的环境因子矩阵。

7.6 变差分解分析

7.6.1 概述

目前常用的典型分析是对多响应变量的多元回归的一种推广，在生态学中得到了广泛的应用。由于这些模型通常涉及许多参数（每个预测器对应一个斜率），因此它们对模型解释提出了挑战。在这些挑战中，缺乏定量框架来估计单一预测因子在多响应回归模型中的总体重要性（Lai et al., 2022）。变差分解分析（variance partition analysis，VPA）也称为方差分解分析，能够较好地解决以上的问题，是生态学上较为常用的进行影响因素贡献定量分析的主要工具。如将环境因子分作两部分或多部分，分别求出它们各自或总体对某一物种数据变化的解释量百分比和未解释百分比，从而确定哪些因素是影响物种分布的主要因子。通常使用 CCA 或 RDA 的排序分析方法可以得到所有参与分析的环境因子对群落变化的解释比例。

目前，群落分析中常见的环境因子分析包括典范对应分析（canonical correspondence analysis）和冗余分析 （Redundancy analysis），这两种类型分析都是基于降维的思想，将样本、物种、环境因子的信息映射到二维平面上，从而判断三者间的关系，可用于发现对群落结构有影响的环境变量。而 VPA 分析可以看作是 CCA/RDA 分析的一种升级。用几组解释变量（如环境、气候、土壤因子等数据）来共同解释一组响应变量的变化（如微生物数据），当需要某个解释变量所能够解释的方差变异程度信息（即某个环境因子对群落结构变化的贡献度）时，就可以采用 VPA 分析加以补充。

7.6.2 算法及过程

在进行 VPA 分析时，首先就要对这些环境因子进行一个分类，然后在约束其他类环境因子的情况下，对某一类环境因子进行排序分析，这种分析也称为偏分析，即 partialCCA/RDA。在对每一类环境因子均进行偏分析之后，即可计算出每一个环境因子单独以及不同环境因子相互作用分别对生物群落变化的贡献。

变差分解分析可以按以下方式进行（Alicias，2005）。

计算方差：

$$y_i(\sigma_Y^2 = \sigma_X^2 + \sigma_U^2) \tag{7-43}$$

式中，σ_Y^2 为因变量总方差；σ_X^2 为可归因于分析中测量、指定和包含的自变量集的解释方差；σ_U^2 为归因于分析中未包含的所有其他变量的未解释方差。

根据经验和实际情况，σ_X^2（因变量方差）可以分解为

σ_T^2 = 因变量因子体现的所有已知和未知因素以及可观察到的和不可观察到的因素（特征）的方差；

σ_C^2 = 控制变量的方差，即影响因素的方差。

由定义可知，

$$\theta_1 = \sigma_T^2 + \sigma_U^2 \tag{7-44}$$

式中，θ_1为“比例效应”。

因此，基本方差方程[式（7-33）]现在可以改写为

$$\theta_1 = \sigma_C^2 + \sigma_Y^2 \tag{7-45}$$

通过变换，公式为

$$\theta_1 = \sigma_Y^2 - \sigma_C^2 \tag{7-46}$$

根据定义，也可以表示为

$$\theta_2 = \sigma_Y^2 - \sigma_C^2 - \sigma_U^2 \tag{7-47}$$

式中，θ_2 为估计的因变量方差或“直接效应”。

θ_1 或 θ_2 的基本性质，可以从上述方程中推断出来，如下所示。

θ_1 与控制变量的方差贡献的大小（σ_C^2）成反比。

保持控制变量的方差不变，θ_1 总是大于 θ_2；除非在极限情况下无法解释的方差为零，它们是相等的。

如果未解释的方差（σ_U^2）的大小保持不变，并且如果考虑到由一组给定的控制变量（σ_C^2）解释的方差。

7.6.3 案例及代码

在 R 语言中 vegan 包是进行变差分解分析分析的主要工具，采用观测干旱数据集（data.csv）进行案例演示。在 data 数据中，观测（行）有 65 个，变量（列）有 7 个。其中 spei 、tsun、 tem、pre、minw 、cov 和 rh 分别代表 SPEI（标准降水蒸发指数）、

月日照时长（h）、月平均温度（℃）、月降雨量（mm）、月平均风速（m/s）、植被覆盖度和相对湿度（%）。将 spei 和 rh 作为因变量，表示观测地点的干湿程度；tsun、tem、pre 和 minw 表示气象条件（环境因子 1）；cov 表示地表覆被（环境因子 2）。基于此，借助 vegan 包中的 varpart 函数工具进行 vpa 分析，代码如下：

```
library(vegan)
library(readxl)
data <- read.csv("F:\\书\\code\\7.6\\data.csv")
data <- data[,-1]
data1 <- data[complete.cases(data),]# varpart 工具不支持缺失值,因此要将包含缺失值的所有行删除
vpa1<- varpart(data1[,c(1,7)],data1[,2:5],
               data1[,6],transfo="hel",
               chisquare = F)#transfo 表示对数据进行转换,hel 为 hellinger 转换,避免“弓形效应”。同时,varpart 不支持负值变量（因变量）。
vpa1#查看结果
```

```
> vpa1#查看结果

Partition of variance in RDA

Call: varpart(Y = data1[, c(1, 7)], X = data1[, 2:5], data1[,
6], chisquare = F, transfo = "hel")
Species transformation:  hellinger
Explanatory tables:
X1:  data1[, 2:5]
X2:  data1[, 6]

No. of explanatory tables: 2
Total variation (SS): 3.9516
            Variance: 0.061744
No. of observations: 65

Partition table:
                     Df R.squared Adj.R.squared Testable
[a+c] = X1            4   0.44931       0.41259     TRUE
[b+c] = X2            1   0.03232       0.01696     TRUE
[a+b+c] = X1+X2       5   0.45849       0.41260     TRUE
Individual fractions
[a] = X1|X2           4                 0.39564     TRUE
[b] = X2|X1           1                 0.00001     TRUE
[c]                   0                 0.01696    FALSE
[d] = Residuals                         0.58740    FALSE
---
Use function 'rda' to test significance of fractions of interest
```

从结果中可以看出，X1 对应就是环境因子 1（气象条件）对区域干湿变化的解释量（41.26%），包含共同解释部分；X2 对应的就是环境因子 2（植被覆盖）对区域干湿变化的解释量（0%），包含共同解释部分，未解释部分对应截图中[d]部分（58.74%），共同解释部分对应截图中的[c]部分（1.7%）。

如果文字解释不够形象，也可以选择进行图示，代码如下：

```
plot(vpa1,bg = c(rgb(78,171,144,max = 255),
                 rgb(217,79,51,max= 255)),
    cutoff = -Inf,
    cex = 1.5,digits = 1,
    Xnames=c("Climatic \nfactors","Land \ncover"))
```

结果如图 7-18 所示。

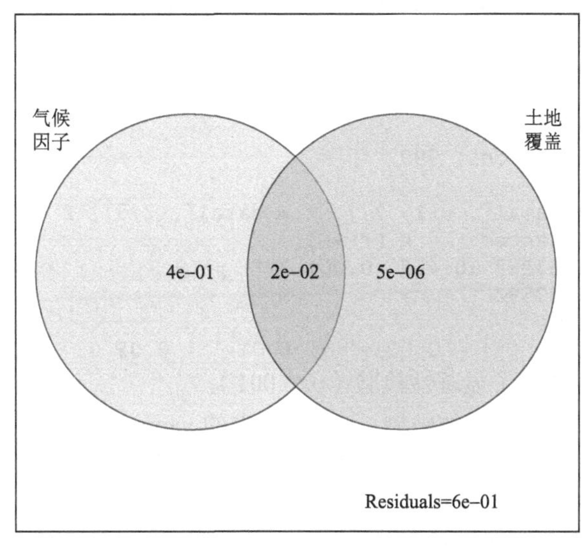

图 7-18　VPA 结果的韦恩图（Residuals 为其他因素的贡献）

同时，不同方差分解后的环境因子（1-2）其获得的解释力（贡献度）是否具有显著性，也需要进行检验，需要用到 vegan 包中的 anova.cca()函数，代码如下。

首先，检验环境因子 1（气象条件）对区域干湿变化的影响显著性，如下：

```
anova.cca(rda(data1[,c(1,7)],data1[,2:5]))
> anova.cca(rda(data1[,c(1,7)], data1[,2:5]))
Permutation test for rda under reduced model
Permutation: free
Number of permutations: 999

Model: rda(X = data1[, c(1, 7)], Y = data1[, 2:5])
         Df Variance      F Pr(>F)
Model     4 0.065276 10.924  0.001 ***
Residual 60 0.089635
---
Signif. codes:  0 '***' 0.001 '**' 0.01 '*' 0.05 '.' 0.1 ' ' 1
```

可见，p 值小于 0.001，极显著水平。

其次，检验环境因子 2（植被覆盖）对区域干湿变化的影响显著性，如下：

```
anova.cca(rda(data1[,c(1,7)],data1[,6]))
```

```
> anova.cca(rda(data1[,c(1,7)], data1[,6]))
Permutation test for rda under reduced model
Permutation: free
Number of permutations: 999

Model: rda(X = data1[, c(1, 7)], Y = data1[, 6])
         Df Variance      F Pr(>F)
Model     1 0.002036 0.8391  0.362
Residual 63 0.152874
```

可见，p 值大于 0.1（0.362），不显著。

最后，检验整个模型，即所有影响因素对区域干湿变化的影响显著性，如下：

```
anova.cca(rda(data1[,c(1,7)], data1[,2:5],data1[,6]))
> anova.cca(rda(data1[,c(1,7)], data1[,2:5],data1[,6]))
Permutation test for rda under reduced model
Permutation: free
Number of permutations: 999

Model: rda(X = data1[, c(1, 7)], Y = data1[, 2:5], Z = data1[, 6])
         Df Variance      F Pr(>F)
Model     4 0.063282 10.418  0.001 ***
Residual 59 0.089592
---
Signif. codes:  0 '***' 0.001 '**' 0.01 '*' 0.05 '.' 0.1 ' ' 1
```

显然，整个模型通过了显著性检验（p<0.001）。

需要强调的是，由于算法的限制，vegan 包中的 varpart()函数工具仅能解析 2～4 个环境因子的影响水平，如果需要进一步解析每个环境因子内部的影响因素的贡献则较为困难。南京林业大学的赖江山教授通过分层均分的方法提出了影响因素贡献的解析方法，并基于此提出了 rdacca.hp 包（Lai et al., 2022; 刘尧等, 2023）。在此尝试用 rdacca.hp 包来解析环境因子内不同影响因素的贡献水平。以之前述提到的数据为案例数据进行演示，代码如下：

```
library(rdacca.hp)
rdacca.hp(data1[,c(1,7)],data1[,2:5],method="CCA",type="adjR2",var.part = T,scale=F)
```

截取片段参数结果如下：

```
$Hier.part
      Unique Average.share Individual I.perc(%)
tsun  0.0494       -0.0008     0.0486     10.17
tem  -0.0015        0.0975     0.0960     20.08
pre   0.2705        0.0591     0.3296     68.95
minw  0.0017        0.0026     0.0043      0.90

attr(,"class")
[1] "rdaccahp"
```

可以看出，其中降雨的贡献最大，为 68.85%。四项影响因素的总贡献为 100%，即环境因子 1（气象因子）贡献 41.26%中的 68.85%。前述是基于 CCA 方法上进行解析进行，当然也可以用 dbRDA 和 RDA 两种方法进行，代码如下：

```
rdacca.hp(vegdist(data1[,c(1,7)]),data1[,2:5],method="dbRDA",type="adjR2",var.part = T,scale=F)
```

```
data2 <- decostand(data1[,c(1,7)],"hellinger")#Hellinger-transform the species dataset for RDA
rdacca.hp ( data2,data1[,2:5],method="RDA",type="adjR2",var.part = T, add=T,scale=F)
```

另外，rdacca.hp 包也提供对环境因子组合体进行贡献水平测算的能力（胡文浩等，2023），代码如下：

```
iv <- list(env=data1[,2:3],xy=data1[,4:6])
rdacca.hp(data1[,c(1,7)],iv,method="CCA",var.part = TRUE)
```

结果参数如下：

```
> rdacca.hp(data1[,c(1,7)],iv,method="CCA",var.part = TRUE)
$Method_Type
[1] "CCA"   "adjR2"

$Total_explained_variation
[1] 0.473

$Var.part
                        Fractions  % Total
Unique to env              0.0348     7.35
Unique to xy               0.2540    53.71
Common to env, and xy      0.1841    38.94
Total                      0.4729   100.00
```

结果可以看出，xy 环境因子的贡献更大为 53.71%，而 env 环境因子的贡献仅为 7.35%。

7.6.4　要点提示

（1）VPA 的计算需要满足数据维度和缺失值的要求，即因变量和自变量的观测需要一致，另外不能有缺失值的存在。

（2）但是需要注意的是，该分析主要用于矩阵之间的评估（也就是多变量，多行多列的样本），如果是单变量不建议用该方法，需要选择其他途径。

（3）VPA 中因变量不能有负值。

思　考　题

（1）为更好地了解如何在 R 语言中使用广义线性混合模型进行数据分析，请思考如何评估模型的拟合优度？

（2）如何与其他 R 包（如 spdep 或 rgdal）结合，使用地理探测器 R 包进行更复杂的空间分析？

（3）Mate 分析在处理地理数据时，是否存在相应局限性或者新的挑战？

（4）与其他模型相比，SEM 模型在处理相关数据时有哪些独特的优势和特点？如何最大化发挥这些优势？

（5）在 R 语言中，有哪些手段可以进行模型诊断，包括检查模型的假设是否成立？

第 8 章　时间序列分析

8.1　时间变量数据处理

8.1.1　概述

在地理数据中，区域的连续观测数据越来越受到科研人员的关注。通过区域定点的连续观测数据可以观测区域地理要素的发展与演变过程，确定其不同时间尺度下的变化趋势与规律。借助相关影响因素的观测就可以发现和揭示这一变化过程的主要驱动因素。在此基础上可以借助大量的连续观测观察较为细小和常被忽略的机制和机理问题，进而有助于深层次揭示地理要素事物发展规律的目标。在 R 语言中，连续观测数据的数据表现形式主要是时间序列数据，不同于简单的连续观测数据记录，连续观测数据需要有且唯一的变化序列索引，即时间。按照目前的公历纪年法，时间序列数据存在日、周、月、季度、季节和年等不同的时间尺度，其不同时间尺度的变化周期也不是一成不变的，如存在大小月。这就给数据统计带来非常大的麻烦，不能用传统的等差数列的思路去处理数据，必须基于不同的时间或日期尺度来计算。在 R 语言中，除了熟知的 as.Date()、as.POSIXct()和 as.POSIXlt()等控制时间变量的基础工具之外，还有很多功能包支持时间变量及其时间序列数据的分析与处理。目前，xts 包是借助 R 语言平台处理时间序列数据的主要功能包，具有极其强大的分析功能。因此，这里主要给大家介绍 zoo 包和 xts 包的功能，并借助案例对两个包的基本功能进行展示。

8.1.2　基本功能

zoo 作为时间序列的基础库，是面向通用的设计，可以用来定义股票数据，也可以分析天气数据。但由于业务行为的不同，需要更多的辅助函数，来帮助更高效地完成任务。xts 扩展了 zoo，提供更多的数据处理和数据变换的函数。实际上，xts 类型继承了 zoo 类型，丰富了时间序列数据处理的函数。xts 扩展 zoo 的基础结构，由 3 部分组成：①索引部分，时间类型向量；②数据部分，以矩阵为基础类型，支持可以与矩阵相互转换的任何类型；③属性部分，附件信息，包括时区、索引时间类型的格式等。xts 包和 zoo 包的主要功能如表 8-1 所示。

表 8-1 xts 包和 zoo 包的主要功能

功能	描述
as.xts()；as.zoo()	构建时间序列数据集
coredata()	提取时间序列数据集中的数据
index()	提取时间序列数据集中的时间索引
screens()	画多分面时间序列曲线
head()/tail()	查看时间序列数据的前面和后面一定数量的数据(默认前6个)
first()/firstof()/last()/lastof()	查看和给定一定时间范围内的时间序列数据和时间点
seq()/timeBasedSeq()/seq.Date()	生成时间序列索引；查看、提取一定时间区间的数据
merge.xts()/na.locf()	时间序列数据合并与 NA 填充
lag()	时间序列滞后
diff()	时间序列差分
rollmean()	时间序列滑动平均
acf()/ccf()	时间序列的自相关性和滞后相关性
apply.daily()/ apply.weekly()/ apply.monthly()/ apply.quarterly()/ apply.yearly()	每日、周、月、季度、年尺度统计
split-lapply-rbind	时间序列按日期提取、统计和组合
rollapply()	滚动函数
endpoint()/period.sum()/period.apply()	提取时间断点，按断点进行时间段数据分析

8.1.3 案例及代码

1. as.xts()和 as.zoo()

as.xts()和 as.zoo()两个函数主要用来构建时间序列数据。构建时间序列数据的最好的数据结构是数据框（data.frame），在数据框中可以有多列数据（变量），但必须包括一列时间或日期索引变量，采用如下形式构建时间序列数据：

```
as.xts(data.frame,ts)或as.zoo(data.frame,ts)
```

式中，data.frame 为变量数据；ts 为时间序列索引。

以本书附件资料 8.1 文件夹中的“precipitation.csv”文件为例，案例代码如下：

```
library(xts)
data <- read.csv("F:\\书\\code\\8.1\\precipitation.csv")
data$date <- parse_date_time(paste0(data$年,"-",data$月,"-",data$日),
"%Y-%m-%d")#构建时间序列,也可以用 as.Date()来实现
data1 <- as.xts(data$X20.20 时累计降水量,order.by=data$date)#用 as.xts 构建每日降雨的时间内序列数据,order.by=data$date 为时间索引
data2 <- as.zoo(data$X20.20 时累计降水量,order.by=data$date,frequency=1)
```

```
#用 as.zoo 构建每日降雨的时间内序列数据
str(data1)
class(data1)
class(data2)
```

结果如下：

```
> str(data1)
An 'xts' object on 1951-01-01/2020-08-31 containing:
  Data: num [1:25446, 1] 0 0 0 0 0 0 0 0 0 0 ...
  Indexed by objects of class: [POSIXct,POSIXt] TZ: UTC
  Original class: 'double'
  xts Attributes:
 NULL
> class(data1)
[1] "xts" "zoo"
> class(data2)
[1] "zooreg" "zoo"
```

xts 是在 zoo 的基础上支持更为便捷的数据处理方式，支持更多的时间序列索引类型，可以完全覆盖 zoo 支持的所有数据形式，建议大家使用 xts 格式。

2. coredata()

coredata()函数主要用于提取时间序列中的数据部分，以前述的“data1”数据为例，代码如下：

```
a <- coredata(data1)
head(a)
```

结果如下：

```
> head(a)
     [,1]
[1,]    0
[2,]    0
[3,]    0
[4,]    0
[5,]    0
[6,]    0
```

这一功能其实就相当于将时间序列索引去掉。

3. index()

index()函数主要是提取时间序列变量中的时间索引，以前述的“data1”数据为例，代码如下：

```
a <- index(data1)
head(a)
```

结果如下：

```
> head(a)
[1] "1951-01-01 UTC" "1951-01-02 UTC" "1951-01-03 UTC" "1951-01-04 UTC" "1951-01-05 UTC"
[6] "1951-01-06 UTC"
```

结果中 UTC，即协调世界时，是以原子时秒长为基础，在时刻上尽量接近于 GMT 的一种时间计量系统。为确保 UTC 与 GMT 相差不会超过 0.9 秒，在有需要的情况下会在 UTC 内加上正或负闰秒。UTC 现在作为世界标准时间使用。还经常见到一个时间缩写是 GMT，即格林尼治标准时间，也就是世界时。GMT 的正午是指当太阳横穿格林尼治子午线（本初子午线）时的时间。但地球自转不均匀不规则，导致 GMT 不精确，现在已经不再作为世界标准时间使用。所以，UTC 与 GMT 基本上等同，误差不超过 0.9 秒。还有一个区时代码 CST，常表示中国地方时，即东八区地方时，所谓的北京时间。

4. screens()

screens()函数主要是用来分面出图使用，只适用于 zoo 格式的时间序列数据，可以构建多分面出图有利于数据比较，以前述的 8.1 文件夹数据为例，代码如下：

```
data <- read.csv("F:\\书\\code\\8.1\\precipitation.csv")#降水数据
data$date <- parse_date_time(paste0(data$年,"-",data$月,"-",data$日),
"%Y-%m-%d")
data1 <- as.xts(data$X20.20时累计降水量,order.by=data$date)#构建xts时间序列数据
tem <- read.csv("F:\\书\\code\\8.1\\temperature.csv")#气温数据
tem$date <- parse_date_time(paste0(tem$年,"-",
tem$月,"-",tem$日),"%Y-%m-%d")
tem1 <- as.xts(tem$平均气温,order.by=tem$date) #构建xts时间序列数据
data5 <- merge(data1,tem1) #两个时间数据集合并
names(data5) <- c("Precipitation (mm)","Temperature")#修改变量名
#plot(data1)
plot(data5,main="")#xts时间变量数据绘图,见图8-1
```

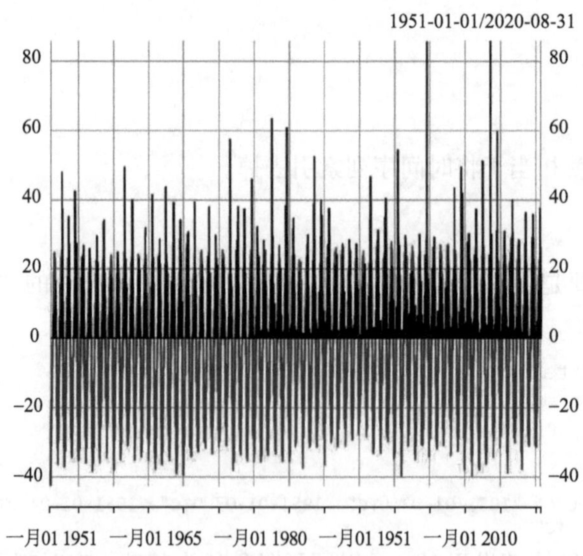

图 8-1 xts 格式时间序列数据图（单位：℃，黑色和红色为不同变量，注意 x 轴标签）

将 xts 格式转化为 zoo 格式之后出图，代码如下：

```
data5 <- as.zoo(data5)
plot(data5,screens=1,main="") #见图 8-2
plot(data5,screens=c(1,2),col='dark red',main="") #见图 8-3
```

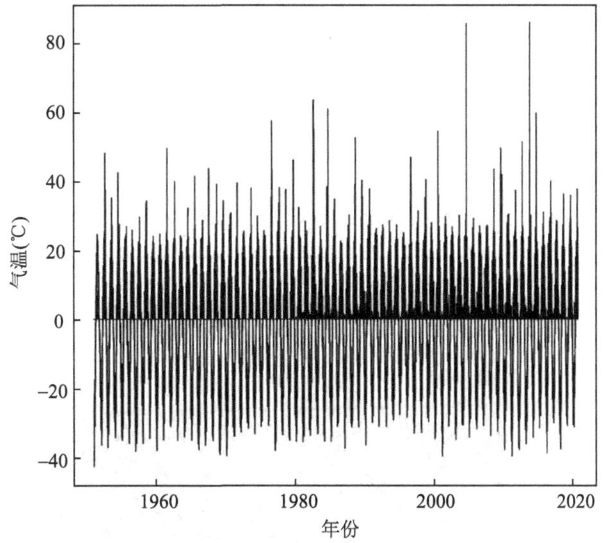

图 8-2 xts 格式时间序列数据图（双变量，注意 x 轴标签）

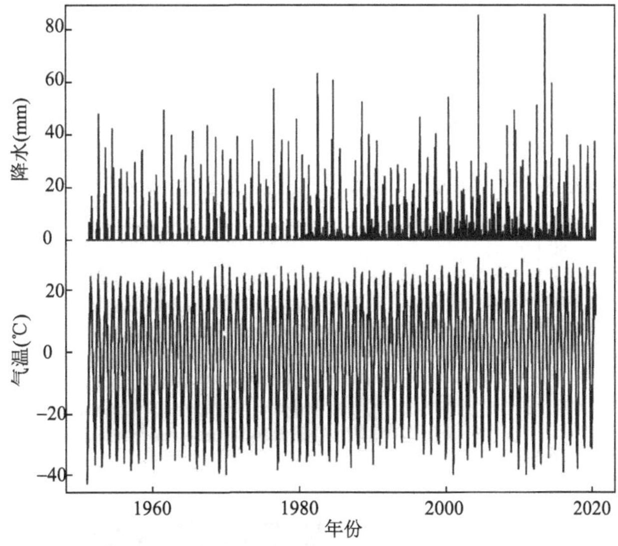

图 8-3 zoo 格式时间序列数据图（注意分面和 x 轴标签）

可以看出，zoo 格式下的 screens()函数可以支持共轴多分面绘图（图 8-3）。对于时间序列数据的简单 plot 出图，R 对于 zoo 格式的图显效果要明显好于 xts 格式，因此建议转换成 zoo 格式后进行 plot 出图。在这里，要提出一个疑问，如果两个时间序列变量的时间轴线不一致，那么 zoo 格式的表现又如何呢？在案例中构建两个时间序列变量，一个是

1958～2021 年的逐日降雨数据，另一个是 1980～2021 年的日均温度数据，案例代码如下：

```
data3 <- diff(tem1,lag = 365)
plot(as.zoo(data3),type="l",col="dark red",ylab="Temperature",xlab=
"Year")#见图 8-4
data3 <- data3[seq.Date(as.Date('1980-1-1'),as.Date('2020-8-1'),
by="day")]
data4 <- merge(data1,data3)
names(data4) <- c("Precipitation (mm)","Temperature")
data4 <- as.zoo(data4)
plot(data4,main="",col = "dark red")#见图 8-5
```

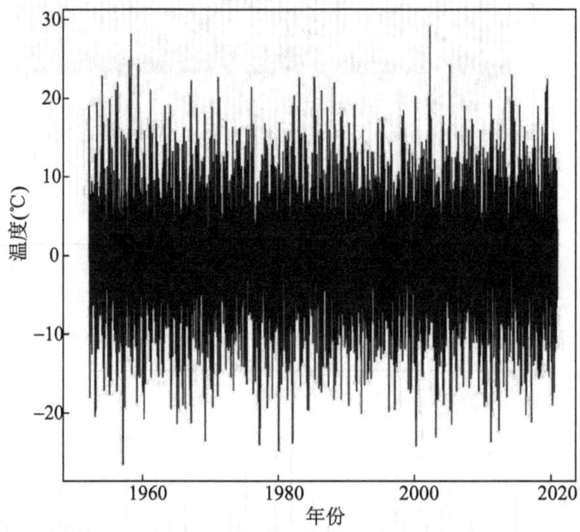

图 8-4　1958~2021 年日平均气温变化图（zoo 格式）

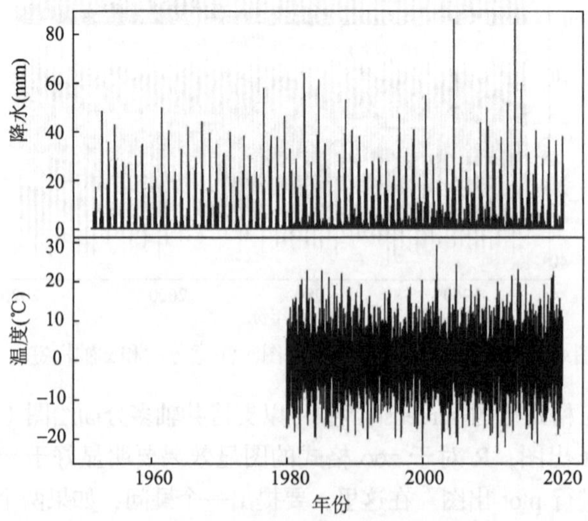

图 8-5　时间轴线不一致共轴表达（zoo 格式）

5. head()/tail()和 first()/firstof()/last()/lastof()

head()/tail()函数分别用于查看时间序列数据的前面和后面一定数量的数据（默认前 6 个）；first()/last()函数是用于查看一定时间范围内的数据，可以给定时间尺度，如周、月、年等；firstof()/lastof()函数是用于设定一个时间节点，firstof()函数给定时间或日期的最早日期，lastof()函数用于给定时间的最晚时间。采用附件数据中的“precipitation.csv”数据集作为案例进行展示，代码如下：

```
library(xts)
library(lubridate)# parse_date_time 功能所在的包
data <- read.csv("F:\\书\\code\\8.1\\precipitation.csv")
data$date <- parse_date_time(paste0(data$年,"-",data$月,"-",data$日),
"%Y-%m-%d")
data1 <- as.xts(data$X20.20 时累计降水量,order.by=data$date)
head(data1,7)#查看数据的前 7 个,根据需要设置查看数量
tail(data1,7) #查看数据的后 7 个,根据需要设置查看数量
first(data1,"1 weeks")#查看第一周的数据,根据需要设置查看时间尺度
last(data1,"1 weeks"))#查看最后一周的数据,根据需要设置查看时间尺度
firstof(2005,01,01)#给定起始日期
lastof(2005) #给定 2005 年的最后时间
firstof(2005) #给定 2005 年的起始日期
```

结果如下：

```
> head(data1,7)
           [,1]
1951-01-01    0
1951-01-02    0
1951-01-03    0
1951-01-04    0
1951-01-05    0
1951-01-06    0
1951-01-07    0
> tail(data1,7)
           [,1]
2020-08-25  0.0
2020-08-26  0.0
2020-08-27  0.0
2020-08-28  0.0
2020-08-29  2.3
2020-08-30  2.1
2020-08-31 15.4
> first(data1,"1 weeks")
           [,1]
1951-01-01    0
1951-01-02    0
1951-01-03    0
1951-01-04    0
1951-01-05    0
1951-01-06    0
1951-01-07    0
```

```
> last(data1,"1 weeks")
           [,1]
2020-08-31 15.4
> firstof(2005,01,01)
[1] "2005-01-01 CST"
> lastof(2005)
[1] "2005-12-31 23:59:59 CST"
> firstof(2005)
[1] "2005-01-01 CST"
```

需要注意的是，last()函数和 first()函数中的周月年等时间尺度是根据真实的周月年日历周期，而不是数据的最后 7 个、30 个和 365 个去展示。

6. seq()/timeBasedSeq()/seq.Date()

timeBasedSeq()函数是 xts 包自带的生成时间序列的功能，seq()函数和 seq.Date()函数为 R 基础包里自带的功能。三者的功能都差不多，都可以用来生成时间和日期序列，代码如下：

```
library(xts)
head(timeBasedSeq('2010-01-01/2010-01-02 12:00'))
head(timeBasedSeq('1999/2008'))
head(timeBasedSeq('199901/2008'))
head(timeBasedSeq('199901/2008/d'))
head(seq.Date(as.Date('1980-1-1'),as.Date('2020-8-1'),by="day"))
head(seq.Date(as.Date('1980-1-1'),as.Date('2020-8-1'),by="2 month"))
head(seq(as.Date('1980-1-1'),as.Date('2020-8-1'),by="2 month"))
```

结果如下：

```
> head(timeBasedSeq('2010-01-01/2010-01-02 12:00'))
[1] "2010-01-01 00:00:00 CST" "2010-01-01 00:01:00 CST" "2010-01-01 00:02:00 CST"
[4] "2010-01-01 00:03:00 CST" "2010-01-01 00:04:00 CST" "2010-01-01 00:05:00 CST"
> head(timeBasedSeq('1999/2008'))
[1] "1999-01-01" "2000-01-01" "2001-01-01" "2002-01-01" "2003-01-01" "2004-01-01"
> head(timeBasedSeq('199901/2008'))
[1] "12月 1998" "1月 1999"  "2月 1999"  "3月 1999"  "4月 1999"  "5月 1999"
> head(timeBasedSeq('199901/2008/d'))
[1] "12月 1998" "1月 1999"  "1月 1999"  "1月 1999"  "1月 1999"  "1月 1999"
> head(seq.Date(as.Date('1980-1-1'),as.Date('2020-8-1'),by="day"))
[1] "1980-01-01" "1980-01-02" "1980-01-03" "1980-01-04" "1980-01-05" "1980-01-06"
> head(seq.Date(as.Date('1980-1-1'),as.Date('2020-8-1'),by="2 month"))
[1] "1980-01-01" "1980-03-01" "1980-05-01" "1980-07-01" "1980-09-01" "1980-11-01"
> head(seq(as.Date('1980-1-1'),as.Date('2020-8-1'),by="2 month"))
[1] "1980-01-01" "1980-03-01" "1980-05-01" "1980-07-01" "1980-09-01" "1980-11-01"
```

7. merge.xts()/na.locf()

时间序列建立后经常需要不同时间序列数据的合并，以及在合并过程中时间序列长短以及空值存在导致的时间序列变化，这就需要 merge.xts()函数和 na.locf()函数两个功能的组合使用，案例代码如下：

```
library(xts)
```

```
a <- c(1:7)
t <- timeBasedSeq('1999/2005')
data_a <- as.xts(a,order.by=t)
b <- c(8:10,NA,11:15)
t <- timeBasedSeq('1999/2007')
data_b <- as.xts(b,order.by=t)
merge.xts(data_a,data_b)
merge(data_a,data_b,join='inner')
merge(data_a,data_b,join='left')
merge(data_a,data_b,join='right')
na.locf(merge(data_a,data_b,join='left'))
na.locf(merge(data_a,data_b))
na.locf(merge(data_a,data_b,all=F))
```

结果如下：

```
> merge.xts(data_a,data_b)
           data_a data_b
1999-01-01      1      8
2000-01-01      2      9
2001-01-01      3     10
2002-01-01      4     NA
2003-01-01      5     11
2004-01-01      6     12
2005-01-01      7     13
2006-01-01     NA     14
2007-01-01     NA     15
> merge.xts(data_a,data_b, join='inner')
           data_a data_b
1999-01-01      1      8
2000-01-01      2      9
2001-01-01      3     10
2002-01-01      4     NA
2003-01-01      5     11
2004-01-01      6     12
2005-01-01      7     13
> merge.xts(data_a,data_b, join='left')
           data_a data_b
1999-01-01      1      8
2000-01-01      2      9
2001-01-01      3     10
2002-01-01      4     NA
2003-01-01      5     11
2004-01-01      6     12
2005-01-01      7     13
> merge.xts(data_a,data_b,join='right')
           data_a data_b
1999-01-01      1      8
2000-01-01      2      9
2001-01-01      3     10
2002-01-01      4     NA
2003-01-01      5     11
2004-01-01      6     12
2005-01-01      7     13
2006-01-01     NA     14
2007-01-01     NA     15
```

```
> na.locf(merge.xts(data_a,data_b, join='left'))
           data_a data_b
1999-01-01      1      8
2000-01-01      2      9
2001-01-01      3     10
2002-01-01      4     10
2003-01-01      5     11
2004-01-01      6     12
2005-01-01      7     13
> na.locf(merge.xts(data_a,data_b))
           data_a data_b
1999-01-01      1      8
2000-01-01      2      9
2001-01-01      3     10
2002-01-01      4     10
2003-01-01      5     11
2004-01-01      6     12
2005-01-01      7     13
2006-01-01      7     14
2007-01-01      7     15
> na.locf(merge.xts(data_a,data_b,all=F))
           data_a data_b
1999-01-01      1      8
2000-01-01      2      9
2001-01-01      3     10
2002-01-01      4     10
2003-01-01      5     11
2004-01-01      6     12
2005-01-01      7     13
```

可以看出，merge.xts()函数和 merge()函数在功能上没有本质区别，两者可以互用。但是 merge.xts()函数只能用于时间序列数据，merge()函数还可以用于传统的数据结构处理。merge.xts()函数默认的合并方式是将合并的两个时间序列数据的时间序列补齐，缺的数据部分用 NA 替代。而 left、right 和 inner 功能分别表示以左边（第一个）、右边（第二个）和两者共有（相同时间索引）数据集的时间序列为准进行合并。na.locf()函数主要是用于替换数据集中的 NA，采用 NA 的前一个时间点数据来替换 NA，如果第一个数据就是 NA，则会删除这一行观测。

8. lag()/diff()和 rollmean()

lag()/diff()函数和 rollmean()函数分别用于时间序列滞后分析、差分分析和滑动平均计算功能，案例代码如下：

```
library(xts)
tem <- read.csv("F:\\书\\code\\8.1\\temperature.csv")
tem$date <- parse_date_time(paste0(tem$年,"-",tem$月,"-",tem$日),"%Y-%m-%d")
tem1 <- as.xts(tem$平均气温,order.by=tem$date)
length(tem1)
data3 <- diff(tem1,lag = 365)
length(data3)
data4 <- diff(tem1,lag = 7)
length(data4)
data5<- lag(tem1,k=-1,na.pad = T)
```

```
length(data5)
data6 <- lag(tem1,k=+1,na.pad = F)
length(data6)
x <- rollmean(tem1,k=365,align = "right",na.pad = T)# k=365 表明是年平均滑动
x <- na.locf(merge.xts(tem1,x,join="inner"))
x <- as.zoo(x)
plot(x,ylab="Temperature",xlab="Year",main = "")
#结果如下:
> length(tem1)
[1] 25446
> data3 <- diff(tem1,lag = 365)
> length(data3)
[1] 25446
> data4 <- diff(tem1,lag = 7)
> length(data4)
[1] 25446
> data5<- lag(tem1,k=-1,na.pad = T)
> length(data5)
[1] 25446
> data6 <- lag(tem1,k=+1,na.pad = F)
> length(data6)
[1] 25445
```

在此案例中，diff()函数主要用来计算时间序列数据的差分，其中 lag()函数用于控制差分项，365 表示前一年和后一年同期比（后一年减去前一年），7 表示前一周与后一周同期比（后一周减去前一周）。lag()函数观察时间序列的滞后性，滞后程度用 k 参数来控制，当 k 为正值时表示把时间序列天提前一天，反之则后移一天。当时间内序列数据发生迁移和后移后，相比于原始序列，序列长度会发生变化，一般会缩短，如后移一天后原来数列的第一个观测会空缺，导致原始数列和移动后的数列长度不一致。这时，na.pad=T 参数控制对空缺部分的数列用 NA 补充，以达到数据时间序列长度不变的效果。

如图 8-6 所示，通过年滑动平均（k=365）观察当地温度的变化曲线，可以发现从 1958～2021 年年平均温度呈上升的趋势，而原始数据很难观察到这一趋势。

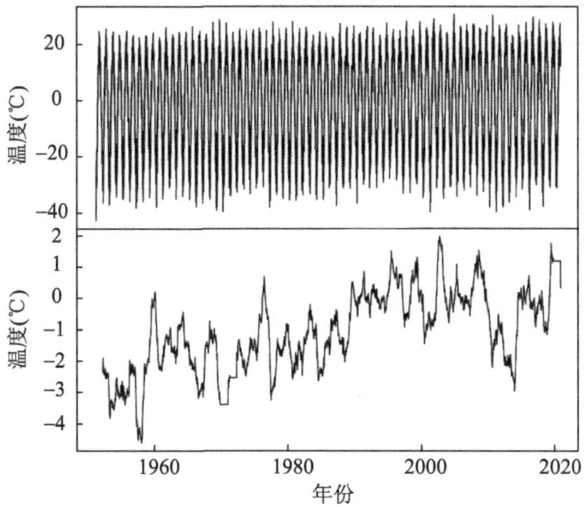

图 8-6　年滑动平均（下）与原始数据（上）的比较

9. acf()/ccf()

acf()/ccf()函数用于统计时间序列数据的自相关性和滞后相关性。自相关性显示出的显著相关系数个数是决定应用差分自回归移动平均模型（autoregressive integrated moving average model，ARIMA）的重要参考。而ccf()函数计算获得的滞后相关系数，通过图示可以清晰地发现两个时间序列数据在时间上的关系，特别是滞后性，如植被活动对于水分的变化，特别是干旱的发生具有明显的滞后性。这一滞后性的时间湿度（lagging effect）可以通过计算植被活动（NDVI）和SPEI之间的滞后相关性得以观测。以之前的降水和温度数据作为案例数据，分别计算降水与温度的滞后相关性和降水的自相关性，代码如下：

```
library(xts)
library(lubridate)
library(visdat)#查看缺失值
library(dplyr)#处理缺失值
library(naniar)#可视化缺失值用
library(Hmisc)
data <- read.csv("F:\\书\\code\\8.1\\precipitation.csv")
data$X20.20时累计降水量 <- Hmisc::impute(data$X20.20时累计降水量,median)
#补充缺失值,适合于单序列,如果是多序列请用simputation包
#查看缺失值数量和比例
data %>% vis_miss()#visdat包
data$date <- parse_date_time(paste0(data$年,"-",data$月,"-",data$日),
"%Y-%m-%d")
data$X20.20时累计降水量 <- as.numeric(data$X20.20时累计降水量)
data1 <- as.xts(data$X20.20时累计降水量,order.by=data$date)
data2 <- apply.yearly(data1,sum)#获得年降雨量
acf(data2)#自相关函数与图,见图8-7
```

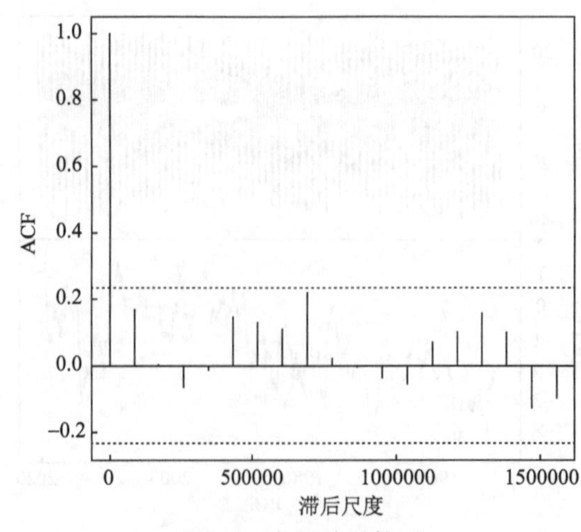

图8-7 自相关系数图

```
tem <- read.csv("F:\\书\\code\\8.1\\temperature.csv")
tem$date <- parse_date_time(paste0(tem$年,"-",tem$月,"-",tem$日),"%Y-%m-%d")
tem %>% vis_miss()
tem$平均气温 <- impute(tem$平均气温,median) #补充缺失值
tem$平均气温 <- as.numeric(tem$平均气温) #转为数字,补充完缺失值后数据格式不能满足建立 xts 时间序列的要求,必须先进行转换
tem1 <- as.xts(tem$平均气温,order.by=tem$date)
data3 <- apply.monthly(data1,sum) #年际降雨
tem2 <- apply.monthly(tem1,mean) #年均温度
data3 <- ts(as.numeric(data3[1:500,1]),start = c(1955,1),frequency = 12) #ccf 必须是 ts 格式,且数据必须是数字
tem2 <- ts(as.numeric(tem2[1:500,1]),start = c(1955,1),frequency = 12) #ts 好像也只能建立月份尺度的 ts 索引所以才用 apply.monthly 函数进行统计后计算 ccf
ccf(data3,tem2) #见图 8-8
```

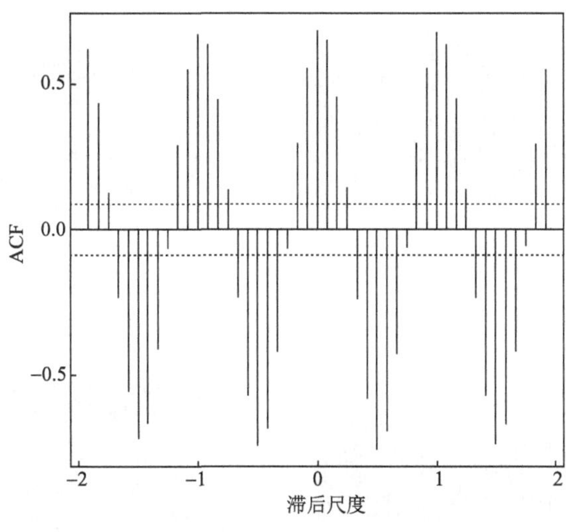

图 8-8　滞后相关出图

可以看出，温度和降水存在多尺度的关联，最大滞后周期在 2 天以内，超过 2 天关系不明显。蓝色虚线是显著性标志线，如图 8-8 所示，超过蓝色虚线的滞后天数具有显著滞后相关。

10. apply.daily()/ apply.weekly()/ apply.monthly()/ apply.quarterly()/ apply.yearly()

apply.时间尺度函数主要用统计时间序列数据进行不同时间尺度统计，包括均值、和、标准偏差、方差等。案例代码如下：

```
library(xts)
library(lubridate)
tem <- read.csv("F:\\书\\code\\8.1\\temperature.csv")
tem$date <- parse_date_time(paste0(tem$年,"-",tem$月,"-",tem$日),"%Y-%m-%d")
```

```
tem1 <- as.xts(tem$平均气温,order.by=tem$date)
tem_d <- apply.daily(tem1,mean,na.rm=T)
tem_w <- apply.weekly(tem1,sum,na.rm=T)
tem_m <- apply.monthly(tem1,sd,na.rm=T)
tem_q <- apply.quarterly(tem1,mean,na.rm=T)
tem_y <- apply.yearly(tem1,function(x) var(x))
par(mfrow=c(3,2),cex.axis=2,cex.lab=2)#统一设置轴标签和轴标题大小
plot(as.zoo(tem_d),xlab = "Daily",ylab="")
plot(as.zoo(tem_w),xlab = "Weekly",ylab="")
plot(as.zoo(tem_m),xlab = "Monthly",ylab="")
plot(as.zoo(tem_q),xlab = "Quarterly",ylab="")
plot(as.zoo(tem_y),xlab = "Yearly",ylab="")
plot(na.approx(as.zoo(tem_y)),xlab = "Yearly+na.approx",ylab="")#见图 8-9
dev.off()
```

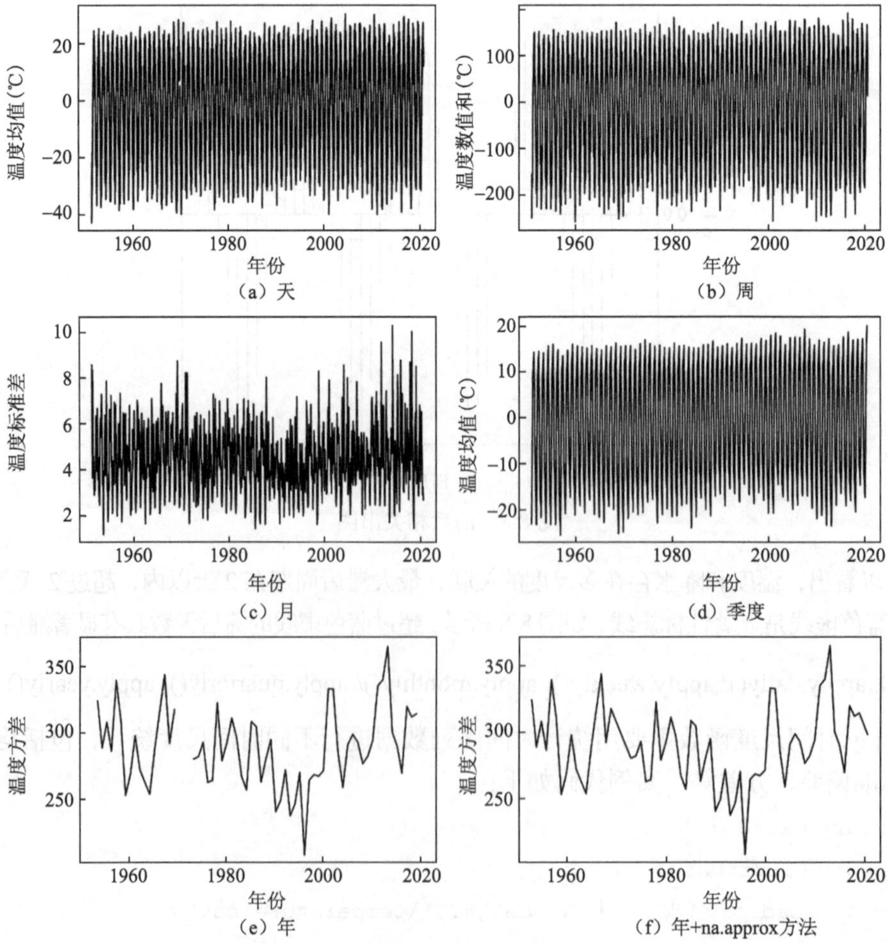

(a) 天

(b) 周

(c) 月

(d) 季度

(e) 年

(f) 年+na.approx方法

图 8-9 不同时间尺度统计效果图

注意：利用 as.xts()函数将数据转化为时间序列后，就可以利用 apply.时间尺度函数进行统计。但必须确保时间序列数据是数字不是字符，如果是字符则会报错，在纳入统计之前请用 as.numeric()函数将其转换成数字。na.approx()函数是利用线性模型对空值区域进行插值，效果很不错。

11. split-lapply-rbind

split-lapply-rbind 通常联合使用，分别是将时间序列数据按时间尺度提取，提取后放在 list 结构中，处理此结构需要用 lapply()函数进行数据统计。如果想合并 list 中的每个元素，不使用 for 循环，则可以使用 do.call+rbind 函数组合实现，rbind 后的数据结构为向量。案例代码如下：

```
library(xts)
library(lubridate)
tem <- read.csv("F:\\书\\code\\8.1\\temperature.csv")
tem$date <-parse_date_time(paste0(tem$年,"-",tem$月,"-",tem$日),"%Y-%m-%d")
tem1 <- as.xts(tem$平均气温,order.by=tem$date)
data_monthly <- split(tem1,f = "months")
data_monthly[[1]]
data_monthly[[2]]
temps_avg <- lapply(X = data_monthly,FUN = mean)
x_list_rbind <- do.call(rbind,temps_avg)
head(x_list_rbind)
```

结果如下：

```
> data_monthly[[1]]
            [,1]
1951-01-01    NA
1951-01-02 -40.9
1951-01-03 -42.2
1951-01-04 -42.6
1951-01-05 -38.9
1951-01-06 -39.5
1951-01-07 -40.6
1951-01-08 -39.1
1951-01-09 -38.2
1951-01-10 -40.0
1951-01-11 -41.4
1951-01-12 -37.1
> data_monthly[[2]]
            [,1]
1951-02-01 -22.9
1951-02-02 -27.8
1951-02-03 -30.2
1951-02-04 -30.3
1951-02-05 -24.7
1951-02-06 -26.2
1951-02-07 -24.1
1951-02-08 -25.5
1951-02-09 -29.1
1951-02-10 -26.2
1951-02-11 -28.1
1951-02-12 -27.7
```

```
> head(x_list_rbind)
            [,1]
[1,]          NA
[2,] -24.9392857
[3,] -14.2225806
[4,]  -0.1366667
[5,]   9.7935484
[6,]  16.1733333
```

12. rollapply()

rollapply()函数主要用于时间序列数据的滚动计算（相当于滑动平均），该函数参数有时间序列对象 *x*，窗口大小 width，应用于每个滚动周期的函数 FUN。使用功能为 rollapply（*x*，width = 10，FUN = max，na.rm = TRUE），width 参数规定了窗口中的观测值数量。例如，选取一个序列的 5 天滚动，代码如下：

```
library(xts)
library(lubridate)
tem <- read.csv("F:\\书\\code\\8.1\\temperature.csv")
tem$date<-parse_date_time(paste0(tem$年,"-",tem$月,"-",tem$日),"%Y-%m-%d")
tem1 <- as.xts(tem$平均气温,order.by=tem$date)
r_data <- rollapply(tem1,width=5,mean,align="right") #取滚动时间内尺度的均值赋值给下一个日期
l_data <- rollapply(tem1,width=5,mean,align="left") #取滚动时间内尺度的均值赋值给前一个日期
c_data <- rollapply(tem1,width=5,mean,align="center") #取滚动时间内尺度的均值赋值给中间日期
head(tem1,6)
head (r_data,6)
head (l_data,6)
head (c_data,6)
```

原数据如下：

```
> head(tem1,6)
            [,1]
1951-01-01    NA
1951-01-02 -40.9
1951-01-03 -42.2
1951-01-04 -42.6
1951-01-05 -38.9
1951-01-06 -39.5
```

取滚动时间内尺度的最右边日期（最后的日期），结果如下：

```
> head(r_data,6)
             [,1]
1951-01-01     NA
1951-01-02     NA
1951-01-03     NA
1951-01-04     NA
1951-01-05     NA
1951-01-06 -40.82
```

取滚动时间内尺度的最左边日期（最前的日期），结果如下：

```
> head (l_data,6)
              [,1]
1951-01-01      NA
1951-01-02 -40.82
1951-01-03 -40.76
1951-01-04 -40.14
1951-01-05 -39.26
1951-01-06 -39.48
```

取滚动时间内尺度的中间日期，如 1～5 日的计算结果的时间索引标注为 3 日，结果如下：

```
> head (c_data,6)
              [,1]
1951-01-01      NA
1951-01-02      NA
1951-01-03      NA
1951-01-04 -40.82
1951-01-05 -40.76
1951-01-06 -40.14
```

```
library(Cairo)
library(showtext)
library(sysfonts)
showtext_auto(enable=T)
font_add("hwzs","C:\\Windows\\Fonts\\STZHONGS.ttf")
font_add("RMN","C:\\Windows\\Fonts\\times.ttf")
font_add("ST","C:\\Windows\\Fonts\\simsun.ttc")
CairoPDF("G:\\plot.pdf")
par (mfrow=c (3,1),cex.axis=1.5,cex.lab=1.5,mai=c (0.6,0.5,0,0.1),
family="hwzs")
plot(as.zoo(r_data),xlab = "滑动平均取值赋值给下一个日期",ylab="")
plot(as.zoo(l_data),xlab = "滑动平均取值赋值给前一个日期",ylab="")
plot(as.zoo(c_data),xlab = "滑动平均取值赋值给中间一个日期",ylab="")
#见图 8-10
dev.off()
```

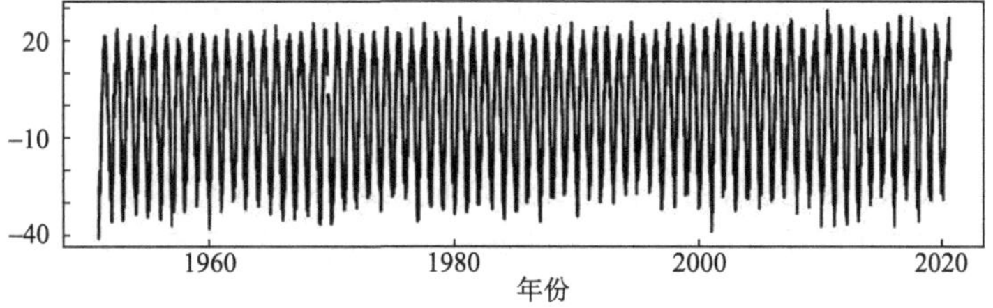

（a）滑动平均取值赋值给下一个日期

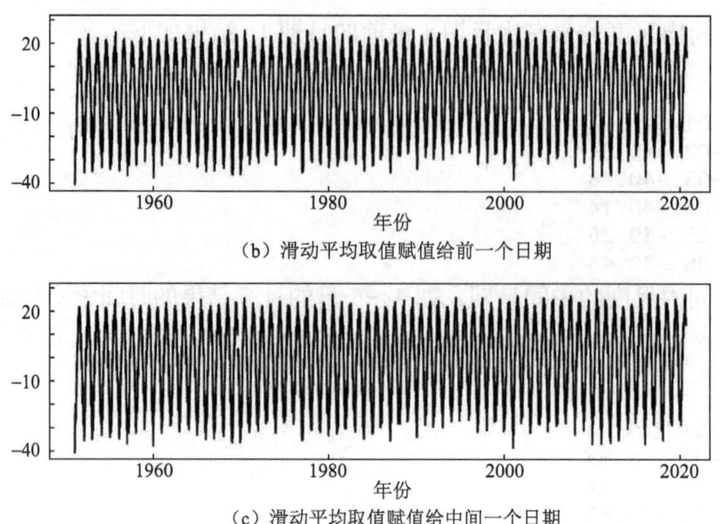

（c）滑动平均取值赋值给中间一个日期

图 8-10 不同的滑动平均取值规则

13. endpoints()、period.sum()和 period.apply()

前面主要从日、周、月、季度和年 5 种固定时间尺度进行统计分析，但是有的时候往往需要统计的时间尺度不是传统的以上 5 种时间尺度。例如，现在 MODIS 数据中的 NDVI 数据有 16 天的数据，如果想分析 NDVI 与气候之间的关系就需要统计分析出 16 天间隔时间尺度下的气候特征，显然以上 5 种时间尺度都不能满足。在 xts 包中，将 endpoint()、period.sum()或 period.apply()函数相结合就可以获得这样的数据分析方式。

endpoints()函数适用于设定时间断点，其调用方式为 endpoints（时间序列数据，on=时间尺度单位，k=数量），如：

```
x <- seq.Date(as.Date("2020-1-1"),as.Date("2020-12-31"),by="day")
endpoints(x,on="months",k=3)
endpoints(x,on="weeks",k=2)
endpoints(x,on="days",k=16)
```

结果如下：

```
> endpoints(x,on="months",k=3)
[1]   0  91 182 274 366
> endpoints(x,on="weeks",k=2)
 [1]   0   5  19  33  47  61  75  89 103 117 131 145 159 173 187 201 215 229 243 257
[21] 271 285 299 313 327 341 355 366
> endpoints(x,on="days",k=16)
 [1]   0  16  32  48  64  80  96 112 128 144 160 176 192 208 224 240 256 272 288 304
[21] 320 336 352 366
```

可以看出，endpoints()函数给出的是统计时间区间的间隔点索引，结合 period.apply()就可以根据这些间隔点索引，分别对间隔点之间的时间序列数据进行分析，代码如下：

```
library(xts)
library(lubridate)
data <- read.csv("F:\\书\\code\\8.1\\precipitation.csv")
```

```
data$date <- parse_date_time(paste0(data$年,"-",data$月,"-",data$日),
"%Y-%m-%d")
data$X20.20时累计降水量 <- na.approx(as.numeric(data$X20.20时累计降水量))
data1 <- as.xts(data$X20.20时累计降水量,order.by=data$date)
sum_8 <- period.sum(data1,endpoints(data1,on="days",k=16)) #period.sum()
只能进行加和计算,这里是16天加和计算
sum_a8 <- period.apply(data1,endpoints(data1,on="weeks",k=2),sum)
# period.apply()需要给定功能函数
tail(sum_8,8) #查看最后8行
tail(sum_a8,8) #查看最后8行
```

```
> tail(sum_8,8)#查看最后8行
           [,1]
2020-05-23 19.2
2020-06-08  5.5
2020-06-24  8.1
2020-07-10 37.3
2020-07-26 48.3
2020-08-11 85.1
2020-08-27 60.2
2020-08-31 19.8
Warning message:
timezone of object (UTC) is different than current timezone ().
> tail(sum_a8,8) #查看最后8行
           [,1]
2020-06-07  5.2
2020-06-21  6.1
2020-07-05 35.9
2020-07-19 52.0
2020-08-02 41.5
2020-08-16 95.3
2020-08-30 12.9
2020-08-31 15.4
Warning message:
timezone of object (UTC) is different than current timezone ().
```

注意：不满足给定时间尺度区间的时间序列数据保持不变，如 2020-08-31。

14. xts 包中“/”以及 index()函数的使用

在处理时间序列数据中经常会遇到从较长的时间序列中选取一段时间子集进行数据分析，前面已经通过 seq.Date()等函数进行时间序列子集的选取，这里再介绍两个好用的功能。如果想截取长时间序列中截至某一年份或日期前的时间序列数据，可以用这样的表达方式——时间序列数据[“/日期”]。如果想截取某一时间节点之后的所有时间序列数据，则使用：时间序列数据[index（时间序列数据）>“日期”]。案例代码如下：

如果要截取 2016 年 12 月 31 日之前的数据，则可以使用代码：

```
library(xts)
library(lubridate)
data <- read.csv("F:\\书\\code\\8.1\\precipitation.csv")
```

```
data$date <- parse_date_time (paste0 (data$年,"-",data$月,"-",data$日),
"%Y-%m-%d")
data$X20.20时累计降水量 <- na.approx (as.numeric (data$X20.20时累计降水量))
data1 <- as.xts (data$X20.20时累计降水量,order.by=data$date)
data_2016 <- data1['/2016-12-31']
tail (data_2016,8)#查看最后8行
> tail(data_2016,8)
           [,1]
2016-12-24  0.0
2016-12-25  0.3
2016-12-26  0.0
2016-12-27  0.0
2016-12-28  0.0
2016-12-29  0.0
2016-12-30  0.0
2016-12-31  0.0
```

如果要截取2000年12月31日之后的数据，则可以使用代码：

```
library (xts)
library (lubridate)
data <- read.csv ("F:\\书\\code\\8.1\\precipitation.csv")
data$date <- parse_date_time (paste0 (data$年,"-",data$月,"-",data$日),
"%Y-%m-%d")
data$X20.20时累计降水量 <- na.approx (as.numeric (data$X20.20时累计降水量))
data1 <- as.xts (data$X20.20时累计降水量,order.by=data$date)
data_2000 <- data1[index (data1) > as.Date ('20001231','%Y%m%d')]
head (data_2000,8)#查看最前面的8行
> head(data_2000,8)
           [,1]
2001-01-01  0.8
2001-01-02  0.1
2001-01-03  0.0
2001-01-04  0.0
2001-01-05  0.0
2001-01-06  0.0
2001-01-07  2.1
2001-01-08  2.0
```

当然还有更为简洁的时间序列数据选取方式，代码如下：

```
data_1959_2017 <- data1['1959-01-01/2017']
head (data_1959_2017,8)
tail (data_1959_2017,8)
> data_1959_2017 <- data1['1959-01-01/2017']
> head(data_1959_2017,8)
           [,1]
1959-01-01    0
1959-01-02    0
1959-01-03    0
1959-01-04    0
1959-01-05    0
1959-01-06    0
```

```
1959-01-07    0
1959-01-08    0
Warning message:
object timezone (UTC) is different from system timezone ()
> tail(data_1959_2017,8)
           [,1]
2017-12-24  0.0
2017-12-25  0.6
2017-12-26  0.0
2017-12-27  0.0
2017-12-28  0.0
2017-12-29  0.0
2017-12-30  0.1
2017-12-31  0.1
```

以上案例中的代码表示选取 1959 年 1 月 1 日至 2017 年 12 月 31 日的所有时间序列数据。

15. ARIMA 模型

差分自回归移动平均模型（ARIMA）是时间序列数据中较为常用的数据分析与拟合工具。ARIMA 的实质就是差分运算与自回归滑动平均（ARMA）的组合，这一关系意义重大。这说明任何非平稳序列如果能通过适当阶数的差分实现差分后平稳，就可以对差分后序列进行 ARMA 拟合了。而 ARMA 的分析方法非常成熟，这意味着对差分平稳序列的分析也将是非常简单、非常可靠的。

特别地，当 d=0 时，ARIMA（p，d，q）模型实际上就是 ARMA（p，q）模型。当 d=1，p=q=0 时，ARIMA（0，1，0）模型被称为随机游走（random walk）模型，或醉汉模型。

作为一个最简单的 ARIMA 模型，随机游走模型目前广泛应用于计量经济学领域。传统的经济学家普遍认为投机价格的走势类似于随机游走模型，随机游走模型也是有效市场理论的核心。

建立一个 ARIMA 模型主要分为三步：

（1）识别模型的阶数。

（2）对时间序列数据拟合模型，得到模型系数。

（3）进行模型诊断和模型验证。

ARIMA 模型中的阶数由三个字母来表示——（p，d，q），这里的 p 是自回归系数的个数，d 是差分的阶数，q 是移动平均系数的个数。当建立 ARIMA 模型时，一般不知道适合的阶数是多少时会用 auto.arima()函数来确定适合的模型阶数，无须手动寻找。目前，通过 forecast 包来实现 ARIMA 模型拟合。

以数据文件夹中“temperature.csv”数据为例进行案例展示，代码如下：

```
library(forecast)
library(Hmisc)
library(lubridate)
library(xts)
tem <- read.csv("F:\\书\\code\\8.1\\temperature.csv")
```

```
tem$date <- parse_date_time(paste0(tem$年,"-",tem$月,"-",tem$日),"%Y-%m-%d")
tem1 <- as.xts(tem$平均气温,order.by=tem$date)
x <- rollmean(tem1,k=365,align = "right",na.pad = T)#年平均滑动
#x <- na.locf(merge.xts(tem1,x,join="inner"))
x <- as.zoo(x)
plot(x,ylab="Temperature",xlab="Year",main = "")#见图 8-11
```

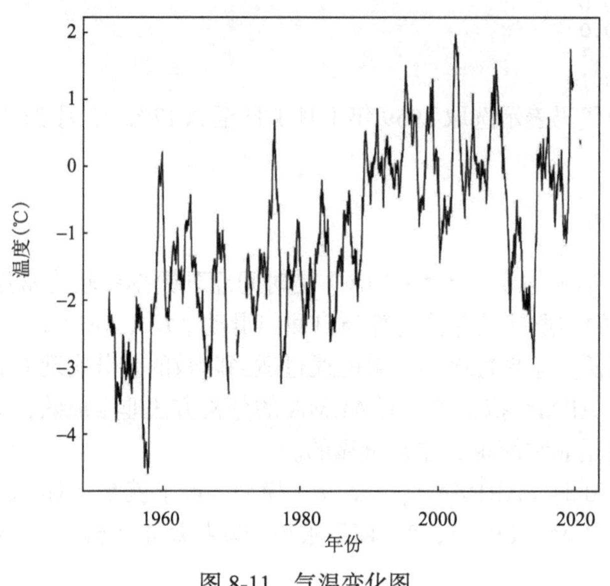

图 8-11　气温变化图

在以上代码中，首先做了一个年际的平均滑动（k=365），接着导出为图片。接着用 auto.arima()函数来确定最佳的拟合阶数，结果如下：

```
> auto.arima(x)
Series: x
ARIMA(5,1,0)

Coefficients:
         ar1      ar2     ar3      ar4     ar5
      0.8424  -0.2189  0.0786  -0.0209  0.0451
s.e.  0.0065   0.0084  0.0086   0.0084  0.0065

sigma^2 = 0.0001305:  log likelihood = 73033.25
AIC=-146054.5   AICc=-146054.5   BIC=-146005.7
```

auto.arima()函数运行的结果可以反映出以下几个方面：首先，工具确定了拟合的最优阶数为 ARIMA（5, 1, 0），表示“temperature.csv”数据的最优拟合阶数为（5，1，0），即先进行一阶差分；然后，再利用 5 个自回归系数来进行模型的模拟。

如果已经确定最优的拟合阶数，下面就可以进行 ARIMA 模型构建并拟合时间序列数据。auto.arima()函数已经将拟合的系数与精度等参数都计算了出来（s.e.为标准误差）。但是在 ARIMA 模型中还有一个比较棘手的问题，那就是回归系数的避零原则，即当回归系数中如果出现 0，则会影响拟合计算的速度和精度，因此，需要剔除。一般用 confint()

函数工具来检查拟合的系数的变化范围，代码如下：

```
m <- arima(x,order = c(5,1,0))
confint(m)
> confint(m)
           2.5 %       97.5 %
ar1  0.82978030  0.855086748
ar2 -0.23549219 -0.202375420
ar3  0.06187817  0.095396418
ar4 -0.03742695 -0.004310772
ar5  0.03246168  0.057779630
```

可以看出，5 个回归系数，没有出现 0 的风险，因此都可以保留。

如果出现可能为 0 的回归系数，则需要借助 ARIMA 模型中的 fixed 参数来进行排除设置。其规则是，如果设置为 0，则这一回归系数被排除在模型之外，如果设置为 NA，则保留这一回归系数。在本案例中没有出现 0 的回归系数。因此模型也可以写成：

```
arima(x,order = c(5,1,0),fixed = c(NA,NA,NA,NA,NA))
```

如果，获得的最优阶数中第一个和第三个有出现 0 的可能性，需要排除，则这一模型就可以写成：

```
arima(x,order = c(5,1,0),fixed = c(0,NA,0,NA,NA))
```

模型的参数都已经确定，接下来就可以利用这一模型进行预测，代码如下：

```
m<- arima(x,order = c(5,1,0),fixed = c(NA,NA,NA,NA,NA))
predict(m)
> predict(m)
$pred
Time Series:
Start = 1598918400
End = 1598918400
Frequency = 1.15740740740741e-05
[1] 0.3279992

$se
Time Series:
Start = 1598918400
End = 1598918400
Frequency = 1.15740740740741e-05
[1] 0.01142438
```

predict()函数返回值为两个元素的列表，一个为元素 pred 预测值，一个为 se 的标准误差。可见预测的第一个未来值为 0.33（2020 年 9 月 1 日与 2019 年 9 月 1 日的差值），标准差为 0.011。也可以用 n.ahead()函数来设置预测未来的长度，如预测 2020 年 8 月 31 日后十天的温度差值，则可以写成如下代码：

```
> predict(m,n.ahead = 10)
$pred
Time Series:
Start = 1598918400
End = 1599696000
Frequency = 1.15740740740741e-05
 [1] 0.3279992 0.3273570 0.3262597 0.3250501 0.3241322 0.3235287 0.3231199
 [8] 0.3228113 0.3225579 0.3223510
```

```
$se
Time Series:
Start = 1598918400
End = 1599696000
Frequency = 1.15740740740741e-05
 [1] 0.01142438 0.02394917 0.03583389 0.04684320 0.05696875 0.06649988
 [7] 0.07561491 0.08433953 0.09266898 0.10060747
```

如果要想将预测值进行图示显示，则可以利用 plot()函数与 forecast()函数工具混合使用，代码如下：

```
plot(forecast(m)) #见图 8-12
```

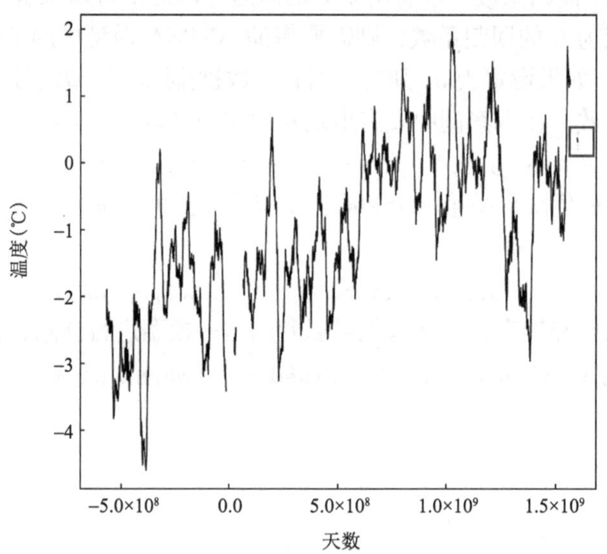

图 8-12　ARIMA 模型预测值图

横坐标表示距离 1970-1-1 的天数，负值为 1970-1-1 之前的天数

红框中显示的为预测的值。

ARMA 模型可以说是平稳时间序列建模中很常用的方法了，但是局限性也很明显——“平稳”。一般生活中的数据很难满足平稳性要求，比较常用的转化为平稳序列的做法就是差分，一阶差分不行二阶差分，几次差分后终能平稳，所以 ARIMA（p，d，q）在 ARMA（p，q）的基础上把差分的过程包含了进来，多了一步差分过程，对应就多了一个参数 d，也因此 ARIMA 可以处理非平稳时间序列。

因此 ARIMA 有一个不足之处，就是不能很好地处理周期型序列。虽说也可以用差分方式平稳化，但需要的是 k 步差分[季节差分，x = diff（x，k）]。所以说 ARIMA 对周期型序列来说还有不足。

在现实中常遇到有周期性时间序列的数据拟合，这就需要用到季节性 ARIMA 模型的方法，常规的时间序列导入 auto.arima()函数，其实很难识别出季节性等周期性因素的存在，以数据文件夹中的“temperature.csv”数据来说，前面内容主要预测其年际差分的变化情况，原数据没有预测主要是由于其存在明显的季节周期性。那将面临第一个问题，即如何让 ARIMA 模型的 auto.arima()函数识别出季节周期性的存在呢？首先如果用原数据进行结束识别，会出现如下结果：

```
> auto.arima(y)
Series: y
ARIMA(3,0,0) with zero mean

Coefficients:
         ar1      ar2     ar3
      0.9104  -0.1671  0.2421
s.e.  0.0229   0.0311  0.0229

sigma^2 = 10.56:  log likelihood = -4675.32
AIC=9358.65   AICc=9358.67   BIC=9380.63
```

```
x <- as.zoo(tem1)
x1 <- Hmisc::impute(x[-c(1:3000),],median)
acf(x1,lag.max = 40,plot = TRUE)
pacf(x1,lag.max = 40,plot = TRUE)
auto.arima(x1,D=1,trace=T,stepwise = F)
y <- msts(x1[1:1800],seasonal.periods=c(7,365.25))
fit <- auto.arima(y)
plot(forecast(fit,h=1000),xlab = "年份",ylab="温度") #图 8-13
```

根据这一结果，进行预测，只能获得平稳的预测结果，如图 8-13 所示。

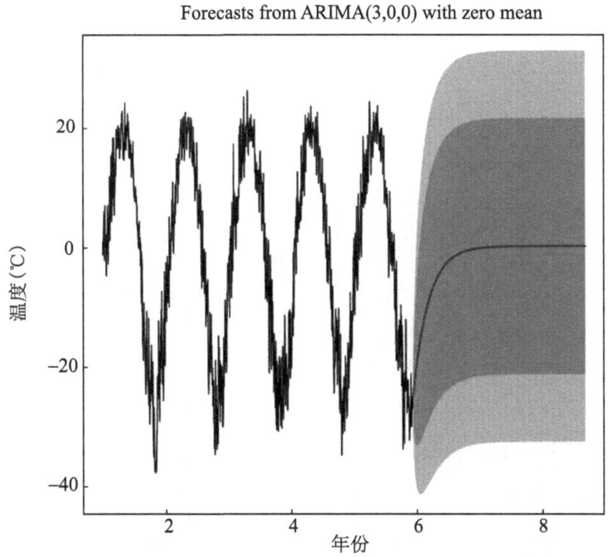

Forecasts from ARIMA(3,0,0) with zero mean

图 8-13　平稳 ARIMA 模型预测周期性时间序列数据

显然，这一拟合预测结果不能满足周期性时间序列数据的预测。需要让 ARIMA 模型识别这是周期性变化序列数据，代码如下：

```
#需要的包和数据与前述代码一致,不再重新读入,运行时需要将前述的代码运行一遍即可。
#首先,在 R 中读取的原始气温数据 tem1 转化为 zoo 格式数据
x <- as.zoo(tem1)
```

```
#其次,由于数据中有缺失值,因此利用 impute()函数中的中值填充算法进行填充插补(删掉前3000个观测值)。
x1 <- Hmisc::impute(x[-c(1:3000),],median)
#再次,检验数据的平稳性,绘制自相关系数(ACF)和偏自相关系数(PACF)图,并进行最优阶数检测
acf(x1,lag.max = 40,plot = TRUE)
pacf(x1,lag.max = 40,plot = TRUE)
#结果如图8-14:
auto.arima(x1,D=1,trace=T,stepwise = F)
```

结果如下:

```
 Best model: ARIMA(3,0,0) with zero mean

Series: x1
ARIMA(3,0,0) with zero mean

Coefficients:
         ar1      ar2     ar3
      0.9761  -0.2018  0.2111
s.e.  0.0065   0.0091  0.0065

sigma^2 = 10.26:  log likelihood = -57983.09
AIC=115974.2   AICc=115974.2   BIC=116006.3
```

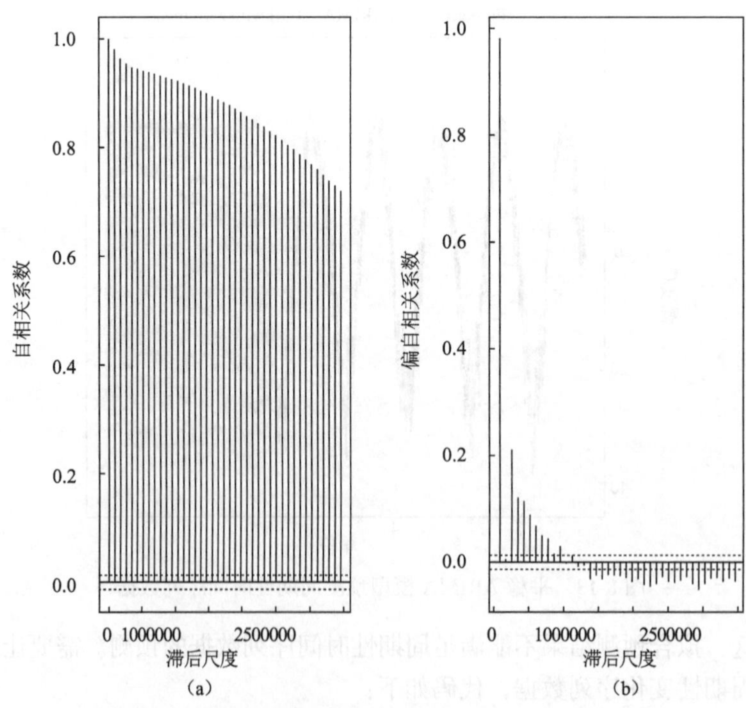

图 8-14 自相关系数图(a)与偏自相关系数图(b)

显然,原始数据的周期性不能被 ARIMA 模型所识别,需要变换。采用 msts()函数(forecast 包)来将周期性作为索引植入已有的数据集中,代码如下:

#为减少计算的时间，仅区别已有数据中的前 1800 个观测值（1800 天的气温数据），运用 msts() 函数进行周期植入。

```
y <- msts(x1[1:1800],seasonal.periods=c(7,365.25))
#紧接着，再用 auto.arima()函数工具进行最优阶数的检测。
auto.arima(y,D=1,trace=T,stepwise = F)
```

结果如下：

```
 Best model: ARIMA(2,0,2)(0,1,0)[365]

Series: y
ARIMA(2,0,2)(0,1,0)[365]

Coefficients:
         ar1      ar2      ma1      ma2
      1.1890  -0.2849  -0.4598  -0.2048
s.e.  0.1574   0.1091   0.1563   0.0384

sigma^2 = 17.8:  log likelihood = -4100.38
AIC=8210.77   AICc=8210.81   BIC=8237.11
```

注意，即便是 1800 个观测数据，运行也将需要 5～10 分钟的时间进行最优模型选择。

可以看出，经过 msts()函数工具周期性植入之后 ARIMA 已经能够识别最优的拟合模型，其主要的参数为 ARIMA（2, 0, 2）（0, 1, 0）[365]。这表示，季节性的阶数（p, d, q）分别为（0, 1, 0），周期为 365。根据确定的最佳模型参数，放入模型中进行建模并预测，代码如下：

```
m <- arima(y,order=c(2,0,2),seasonal=list(order=c(0,1,0),period=365))
pdf("F:\\书\\code\\8.1\\tem2.pdf")
plot(forecast(m,h=1000)) #见图 8-15
dev.off()
```

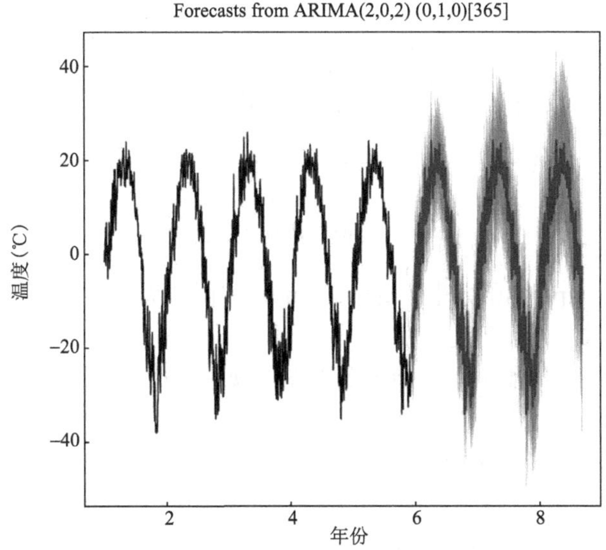

图 8-15　周期性 ARIMA 模型预测结果

可以看出，ARIMA 模型在周期性时间序列数据的建模与预测中效果不错，而在 ggplot2 包中可以自动进行周期性数据的建模与出图，代码如下：

```
library(ggplot2)
library(lubridate)
library(xts)
tem <- read.csv("F:\\书\\code\\8.1\\temperature.csv")
tem$date <- parse_date_time ( paste0 ( tem$年,"-",tem$月,"-",tem$日 ),
"%Y-%m-%d")
tem1 <- as.xts(tem$平均气温,order.by=tem$date)
x <- as.zoo(tem1)
x1 <- Hmisc::impute(x[-c(1:3000),],median)
x1 <- as.xts(x1)
dat <- x1[1:1800]
dat1 <- data.frame(date=as.Date(.indexDate(dat)),value=dat[,1],ind=year
(dat))
p1 <- ggplot(dat1,aes(x=date,y=value,group=ind)) +
  geom_line() +
 geom_smooth(fullrange=T)
p1#见图 8-16
```

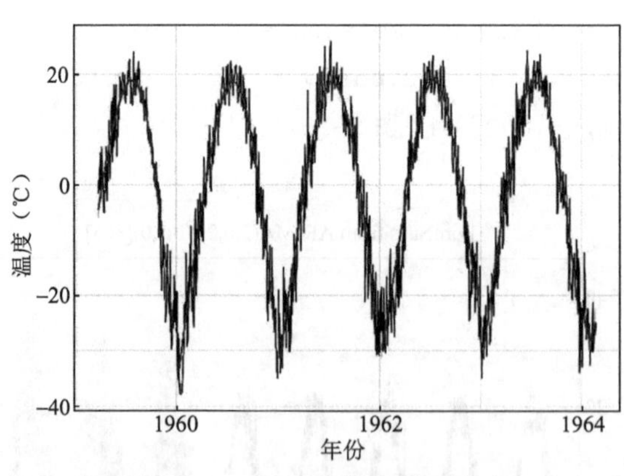

图 8-16　ggplot2 周期性数据拟合

需要注意的是，ggplot()函数中的 geom_smooth()函数周期性数据预测功能不是很好，但拟合功能较为强大。

如若进行周期性数据预测，则会出现下图的现象，代码与图示如下：

```
p2 <- ggplot(dat1,aes(x=date,y=value)) +
  geom_line(aes(group="%Y")) +
  scale_x_date(limits=as.Date(c('1960-1-1','1968-1-1')),
            date_breaks = "2 years",
            date_labels = "%Y")+geom_smooth(aes(group="%Y"),fullrange=T)
```

```
p2#见图 8-17
```

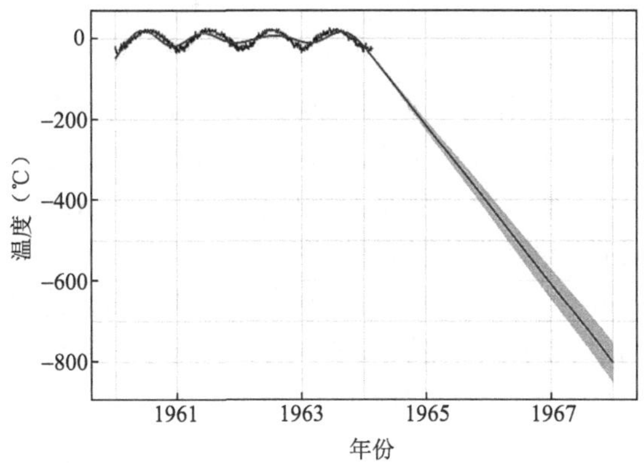

图 8-17　ggplot2 包中 geom_smooth 工具预测效果

8.1.4　要点提示

（1）zoo 和 xts 格式支持下的时间序列数据不支持传统的分面出图，如 mfrow、layout 和 grid. arrange 等，zoo 时间序列变量的多分面出图具有更好的图像表达，且用 screens() 函数可以控制分面出图的效果，建议时间变量出图用此功能组合。

（2）ARIMA 模型的周期性数据阶数最优参数确定较为耗时，运算前需检查电脑的内存使用状况，以免造成宕机等数据丢失的情况。虽然 geom_smooth()函数有较为强大的拟合功能，但是预测功能不能兼顾周期性的数据特征。

8.2　集合经验模式分解

8.2.1　概述

经验模式分解（empirical mode decomposition，EMD）方法是 Huang 提出的一种新的时频分析方法。EMD 适用于分析和处理非平稳、非线性信号，它是基于数据本身变化，摆脱了傅里叶变换的局限性（Huang et al.，1998）。但该方法存在重要的缺点：①用 EMD 得到的 IMF（本征模态函数）存在混叠现象。②末端效应影响分解效果。为了抑制其模态混叠现象，Handrin 等用 EMD 对白噪声分解后的结果进行统计，提出了基于噪声辅助分析的改进 EMD 方法，即集合经验模式分解（ensemble empirical mode decomposition，EEMD）（Cai et al.，2023）。

Wu 和 Huang（2009）曾把极小幅度的噪声加入到地震数据中，以此阻止低频模式分量的扩散。这种操作第一次把噪声辅助分析方法用到 EMD 中，但并没有完全地理解把噪声加入 EMD 中的影响。Wu 和 Huang（2009）也曾对白噪声 EMD 分解进行研究，他们选取了一组白噪声，对信号进行 EMD 分解，结论得出：①EMD 分解的作用与自适应二进制滤波器是相似的，表现在分离出的每个本征模态分量的频率周期大概是前一个的 2 倍（即后面频率是前面的 2 倍）；②白噪声的尺度呈现均匀分布状态，且其能量在频谱上也呈现均匀分布状态，作为二进制的滤波器，如果信号不是纯的白噪声时，会丢失一些尺度，所以可能出现模态混叠现象。模态混叠现象具体是不同模态的信号混叠在一起，一般有两种情况：一种是不同特征尺度的信号在一个 IMF 分量中出现，另一种是同一个特征尺度的信号被分散到不同的分量中（Wu and Huang，2009）。

直至法国的 Flandrin 提出了开创性的研究成果，他指出，传统 EMD 分解不能对没有足够多极值点的信号进行分解。在加入噪声后，Flandrin 将原来不能用于分析此数据的 EMD 算法变得可用（Torres et al.，2011）。Handrin 等用 EMD 对白噪声分解后的结果进行统计，提出了基于噪声辅助分析的改进 EMD 方法。在进行试验时，利用白噪声频谱均匀分布的特征，在待分析信号中加入白噪声，这样不同时间尺度的信号可以自动分离到与其相适应的参考尺度上去，这就是 EEMD 方法。该方法主要是在信号中添加白噪声，以此来补充一些缺失的尺度，在信号分解中具有良好的表现（Cai et al.，2023）。

EEMD 方法在气象学、地球物理学、环境科学、地质学等多个领域有广泛的应用。国内外众多学者通过 EEMD 方法在气象学领域进行了深入研究，赵天保和钱诚（2010）将通过 EEMD 的频-幅调制年循环（MAC）为参照的“距平”与地表气温的传统距平做比较，分析发现去除 MAC 的距平更好地去除了准年周期，以 MAC 为参照的年以上尺度低频分量更适合用于描述“年际尺度变革”。王兵和李晓东（2011）利用 EEMD 方法对欧洲 5 个站大于 150 年逐日温度序列进行分解，分析欧洲温度序列的低频变化、年循环及季节变化。在地球物理学领域，史恒等（2011）利用含噪信号 EEMD 分解后其有效信号和随机噪声在 IMF 中差异分布的特点，给出了一种地震信号随机噪声消除的方法。在地质学应用领域，薛雅娟和曹俊兴（2016）引进 EEMD 方法，结合小波变换从地震数据中提取具有明确物理和地质意义的新地震属性进行含气性检测，结果表明，该方法可以有效识别宽带地震响应中特定频率的强振幅异常，同时能较好地抑制地层等影响因素。另外，EEMD 方法还在电力工业、自动化技术、水利工程等领域有着极其广泛的应用和发展。

8.2.2　算法及过程

EEMD 方法的原理是一种叠加高斯白噪声的多次经验模式分解，利用了高斯白噪声具有频率均匀分布的统计特性，通过每次加入同等幅值的不同白噪声来改变信号的极值点特性，之后对多次 EMD 得到的相应 IMF 进行总体平均来抵消加入的白噪声，从而有效抑制模态混叠的产生（Wu and Huang，2009）。利用 EEMD 可以实现原始时间序列中噪声的分离，EEMD 是将组成原始信号的各尺度分量不断从高频到低频进行提取，则分解得到的 IMF 顺序是按频率由高到低进行排列的，即首先得到最高频的分量，然后是次高频的分量，最终得到一个频率接近 0 的低频残余分量。

EEMD 分解步骤如下：

（1）设定总体平均次数 M。

（2）将一个具有标准正态分布的白噪声 $n_i(t)$ 加到原始信号 $x(t)$ 上，以产生一个新的信号：

$$x_i(t) = x(t) + n_i(t) \tag{8-1}$$

式中，$n_i(t)$ 为第 i 次加性白噪声序列；$x_i(t)$ 为第 i 次试验的附加噪声信号，$i = 1, 2, \cdots, M$。

（3）对所得含噪声的信号 $x_i(t)$ 分别进行 EMD 分解，得到各自 IMF 和的形式：

$$x_i(t) = \sum_{j=1}^{J} c_{i,j}(t) + r_{i,j}(t) \tag{8-2}$$

式中，$c_{i,j}(t)$ 为第 i 次加入白噪声后分解得到的第 j 个 IMF；$r_{i,j}(t)$ 为残余函数，代表信号的平均趋势；J 为 IMF 的数量。

（4）重复步骤（2）和步骤（3）进行 M 次，每次分解加入幅值不同的白噪声信号得到 IMF 的集合为

$$\{c_{1,j}(t)\}, \{c_{2,j}(t)\}, \cdots, \{c_{M,j}(t)\} \tag{8-3}$$

式中，$j = 1, 2, \cdots, J$。

（5）利用不相关序列的统计平均值为零的原理，将上述对应的IMF进行集合平均运算，得到 EEMD 分解后最终的 IMF，即

$$c_j(t) = \frac{1}{M} \sum_{i=1}^{M} c_{i,j}(t) \tag{8-4}$$

式中，$c_j(t)$ 为 EEMD 分解的第 j 个 IMF，$i = 1, 2, \cdots, M$，$j = 1, 2, \cdots, J$。

8.2.3 案例及代码

以 1959～2017 年河南省郑州市年平均气温为案例数据，运用 EMD 和 EEMD 两种方法对 59 年时间长度的气温数据变化特征进行分析。在 R 语言中，Rlibeemd 包是进行经验模式解析的主要功能包，案例代码如下：

```
rm(list=ls())
gc()
library(readxl)
library(xlsx)
library(Rlibeemd)
library(xts)
```

```
ind <- read.xlsx("F:\\书\\code\\8.2\\1951-2017.xlsx",sheetIndex=1)
ind <- as.data.frame(ind)
x <- as.xts(ind,order.by = as.Date(ind$year))
x <- x['1959-01-01/2017']#提取时间序列子集
imfs1 <- emd(as.numeric(x[,2]),num_siftings = 10,num_imfs=5)#emd()函数分析
pdf('F:\\书\\code\\8.2\\plot.pdf')
plot(imfs1,main="EMD")#见图8-18
dev.off()
imfs1 <- eemd(as.numeric(x[,2]),num_siftings = 10,ensemble_size = 
50,threads = 1,num_imfs=5)#eemd()函数分析
pdf('F:\\书\\code\\8.2\\plot1.pdf')
plot(imfs1,col="red",main="EEMD")#见图8-19
dev.off()
```

从图8-18和图8-19的解析结果来看，郑州市1959～2017年的年际平均气温变化特征主要表现为不同的时间尺度周期（IMF1～4），最后一幅（Residual）表示趋势项。

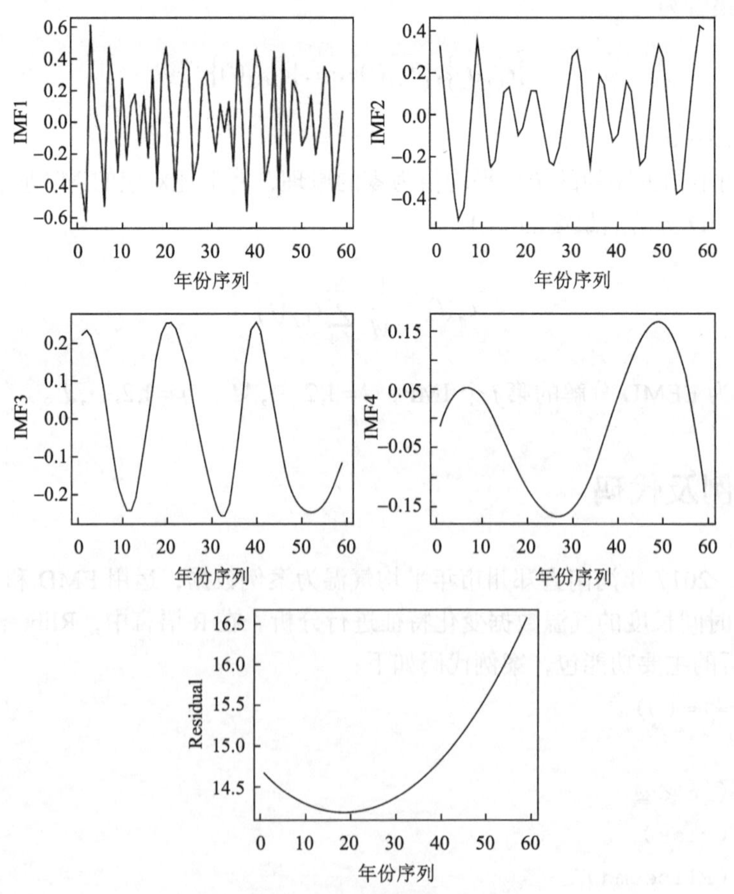

图8-18 EMD经验模式解析

简单地从 IMF4 分量去看，前十年上升（1959～1969 年），接着是 20 年的下降期（1969～1989 年），其后是快速的上升阶段，这一阶段持续时间为 1989～2009 年，随后的近 10 年时间呈快速下降的趋势。

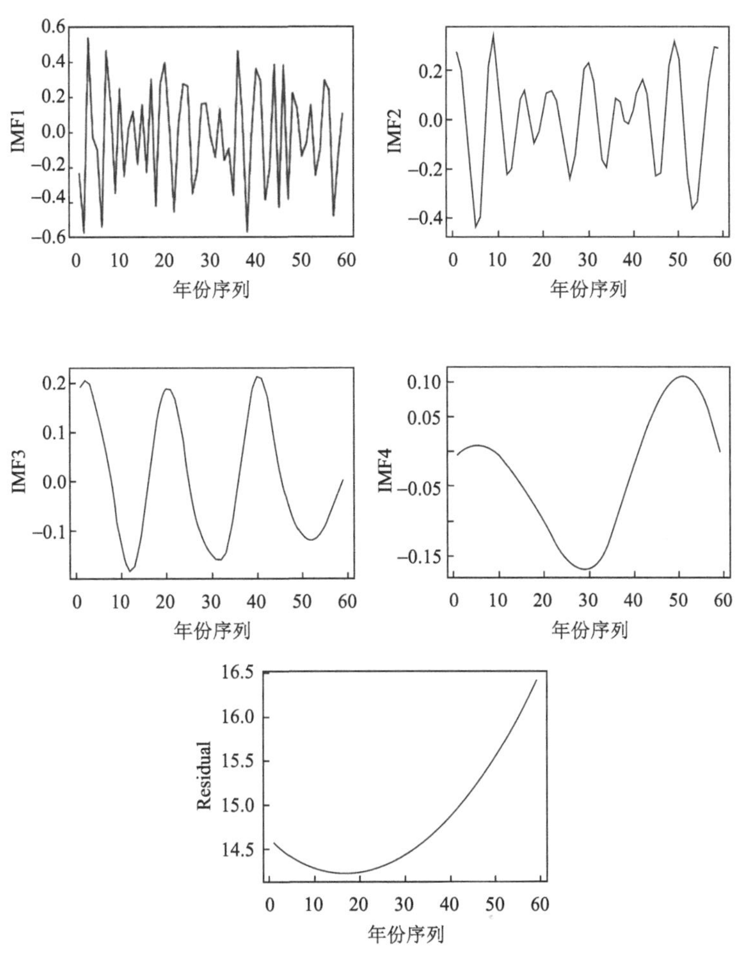

图 8-19　EEMD 集合经验模式解析

在以上的代码中，这里简单阐述 EMD/EEMD 的代码调用规则。

EMD 的调用规则为 emd(input, num_imfs = 0, S_number = 4L, num_siftings = 50L)，其中，input 为进行 EMD 分析的时间变化序列数据，最好用 xts 包进行转换。num_imfs 为需要解析的分量向量数，最少是两个。S_number 为设置 *S* 值，用于控制 EMD 迭代的停止标准设置。如果设置为 1 表明，迭代直到信号中的极值和过零点的数量相差最多为 1，并在 *S* 次连续迭代中保持相同。一般设置值在 3～8 范围内。如果 S_number 为零，则忽略此停止条件。默认值为 4。num_siftings 为设置最大筛分次数作为停止标准。如果 num_siftings 为零，则忽略此停止条件。默认值是 50。而相比于 EMD，EEMD 算法的调用规则中多了两个控制参数，分别是 ensemble_size = 50 和 threads = 1。ensemble_size = 50 表示用作集成的输入信号的副本数为 50；threads = 1 表示最大并行线程数阈值为 1。

其实，运用 EMD/EEMD 方法最重要的是要确定不同的趋势项（IMFs）显示的变化周期尺度，即变化的平均周期。在图 8-19 中可以看出，从 IMF1 到 IMF4 以及趋势项的变化周期频率是不一样的，如何确定不同解析分量的平均变化周期呢？在“EMD”包中有 extrema()函数可以解决这个问题。以 1982～2017 年的日降雨数据为例，案例代码如下：

```
library(readxl)
library(xlsx)
library(EMD)
library(xts)
ind <- read.csv("F:\\书\\code\\8.2\\precipitation.csv")
ind <- as.data.frame(ind)
x <- as.xts(ind[,3:4],order.by = as.Date(ind$X))
x <- x['1982-01-01/2017']
#有 NA 不能进行 emd 或者 eemd 处理,必须替换 NA
library(VIM)
library(mice)
x <- mice::mice(x,m=5,method = "rf")#mice 包的插补功能较为强大,但至少需要两列,随机森林插补
x <- complete(x)#提取插补完成后的数据框
imfs1 <- EMD::emd(as.numeric(x[,2]),max.imf=10)#emd 解析,10 个解析分量
imfs1 <- as.data.frame(imfs1)#将解析后的分量数据保存为数据框
p <- sapply(imfs1[,-12],function(x) EMD::extrema(x)$ncross)#统计交叉点数量
p <- as.numeric(p)#提取交叉点次数
cyl <- length(imfs1$imf.1)/(p-1)/365#以年为单位分析每个分量的变化周期(平均变化频率)
#EMD 包中的解析分量不能直接出图,需要重新构建出图所需的时间序列
plot_d <- as.xts( imfs1[,-12],order.by = seq.Date( as.Date('1982-1-1'),as.Date('2017-12-31'),by="day"))
plot_d <- as.zoo(plot_d)
pdf("F:\\书\\code\\8.2\\plot.pdf")
plot(plot_d,main="")#见图 8-20
dev.off()
```

在以上代码中，借助 extrema()函数统计出每个分量的交叉点次数（p），接着用 1982～2017 年总的天数除以交叉次数（p–1）就获得平均每次交叉间隔的天数（每次交会于 0 就是一次变化周期巡回），在此基础上除以 365 获得以年为单位的不同分量的平均变化周期（cyl，见表 8-2）。

表 8-2　不同解析分量的平均变化周期

分量	变化周期（年）	交叉点数（个）
imf1	0.006738619	5346
imf2	0.012797392	2815
imf3	0.02331693	1545
imf4	0.04238195	850
imf5	0.077807036	463
imf6	0.14182936	254
imf7	0.272914072	132
imf8	0.545828144	66
imf9	0.923709168	39
imf10	1.801232877	20

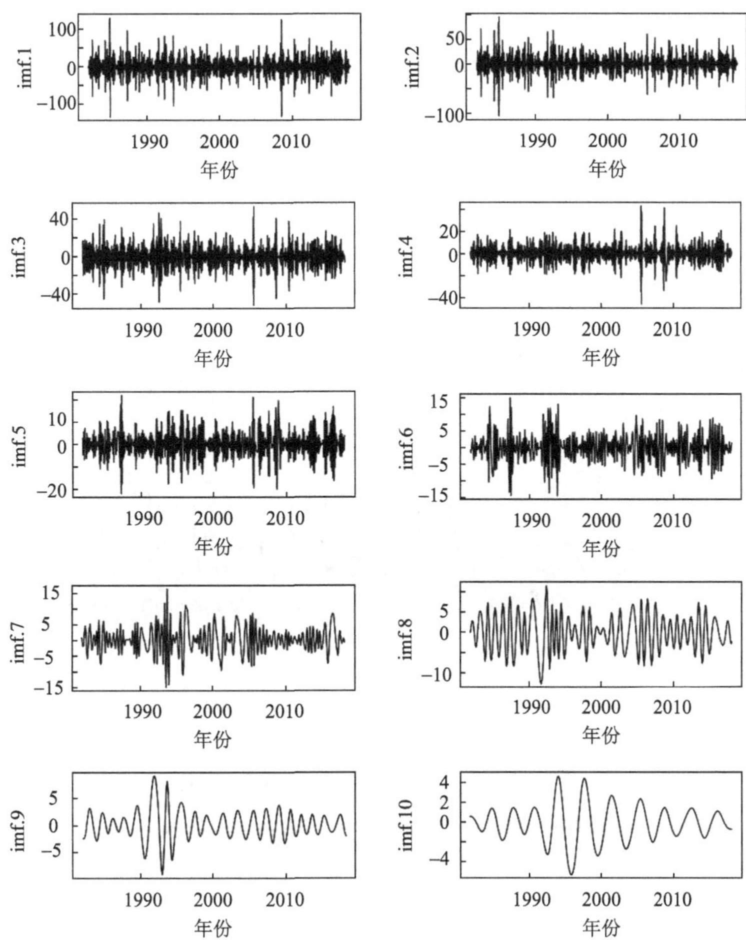

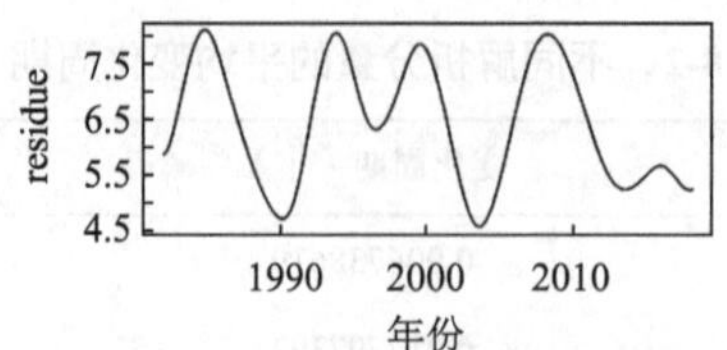

图 8-20 1982~2017 年日降雨数据的 EMD 解析

imf.1～10 表示分解出的趋势分量；residue 为趋势项

如果想了解分解后的 IMF 与原数据之间的关系，可以采用 ts.plot()函数进行出图，代码如下：

```
pdf('F:\\书\\code\\8.2\\plot2.pdf')
y <- cbind(as.numeric(x[,2]),imfs1[,(ncol(imfs1)-1)],imfs1[,5])
y <- ts(y,frequency =1,start =as.Date("1982-1-1"))
ts.plot(y[,1],y[,2],y[,3],col = c("black","green","red"),
main = "Original data VS IMF5 VS residual",ylab = "Temperature")#见图 8-21
dev.off()
```

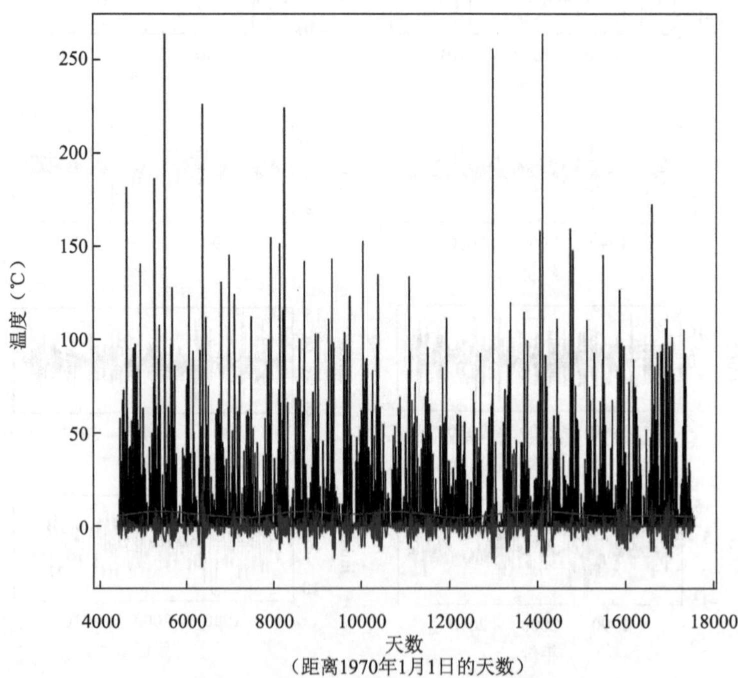

图 8-21 原数据与 IMF 分项的比较出图

红色折线为 IMF5 分量趋势；黑色折线为原始气温均值数据；绿线为趋势项

8.2.4 要点提示

EEMD 算法是一种对非线性非平稳信号分析和处理的有效方法，解决了信号在分解过程出现的模态混叠问题，但也存在一些缺点。

（1）分解过程中会存在残余的白噪声；选取有效的 IMF 完全依靠经验来确定。这些都影响了 EEMD 对信号分解重构的准确性。

（2）EMD/EEMD 分量解析功能主要借助于 Rlibeemd 和 EMD 两个包来实现。区别在于 EMD 包只能执行 EMD 功能解析，而 Rlibeemd 包却可以执行 EMD/EEMD 等功能。EMD 包中的 extrama 功能可以统计频率周期（0 交叉数），而 Rlibeemd 中的 extrama 则不行。

8.3　小 波 分 析

8.3.1　概述

小波分析是傅里叶分析理论在 20 世纪 80 年代发展起来的一个新分支（傅海伦，2000），其思想来源于伸缩与平移方法。国外研究小波的时间较早，小波分析方法的提出，最早应属 1910 年 Haar 提出的规范正交基，但当时并没有出现“小波”这个词。1936 年 Littlewood 和 Paley 对傅里叶级数建立了二进制频率分量分组理论，对频率按二进制进行划分，其傅里叶变换的相位变化并不影响函数的大小，这是多尺度分析思想的最早来源。1981 年，Stormberg 对 Haar 系进行了改进，证明了小波函数的存在性。1984 年，法国地球物理学家 J.Morlet 在分析地震数据时提出将地震波按一个确定函数的伸缩、平移系展开，通过物理的直观和信号处理的实际需要建立了反演公式，他与 A. Grossman 共同研究，发展了连续小波变换的几何体系。1985 年，法国的大数学家 Meyer 首先提出了光滑的小波正交基。1986 年，Meyer 及其学生 Lemarie 提出了多尺度分析的思想。1987 年 Mallat 将计算机视觉领域内的多尺度分析思想引入到小波分析中，提出了多分辨分析的概念，统一了在此之前的所有正交小波基的构造，并提出了相应的分解与重构快速算法。1988 年，年轻的女数学家 Daubechies 提出了具有紧支集的光滑正交小波基——Daubechies 基，推动了小波的应用研究。她撰写的《小波十讲》（*Ten Lectures on Wavelets*）总结了前人的研究成果，为向世界科技工作者普及小波理论做出了积极的贡献（Daubechies，1992）。

我国对小波的研究起步较晚，1994 年形成国内的小波研究高潮，并在信号的去噪和图像的压缩、机械故障检测等方面取得了较大的进展。从公开发表的应用性文章的内容看，主要可分为两大部分：一部分是利用小波分析对信号进行消噪处理，以提高解释方法的分辨率，这一部分包括小波变换用于信噪分离、弱信号的提取以及信号奇异点与奇异度的测定和多尺度边缘检测与重构；另一部分是利用小波分析做图像或数据压缩。一个图像经小波分解后，图像轮廓主要体现在小波系数的低频部分，而细节部分主要体现在高频部分，因此可以采用不同的量化方法对不同层次的低频系数和高频系数进行量化处理，对量化后的小波系数进行重构，以达到图像或数据压缩的目的。通过编码的方法进行阈值的选取和量化，以提高信号消噪和压缩的质量是利用小波分析降噪压缩最关键的部分，这方面的文章在各种刊物和文献中也不少见。现在我国有一批年轻的博士和硕士正在努力攻关，期待取得小波及其应用研究的突破性进展。

小波分析法的应用十分广泛，包括数学领域的许多学科、信号分析、影像处理、量子力学、理论物理、军事电子对抗与武器的智能化、电脑分类与识别、音乐与语言的人工合成、医学成像与诊断、地震勘探数据处理、大型机械的故障诊断等方面。例如，在数学方面，它已用于数值分析，构造快速数值方法、曲线曲面构造、微分方程求解、控制论等；在信号分析方面用于滤波、去噪声、压缩、传递等；在影像处理方面用于影像压缩、分类、识别与诊断，去污等；在医学成像方面用于减少 B 超、CT、核磁共振成像的时间、提高分辨率等；在土木工程领域用于复合材料的损伤检测等。

小波分析用于信号与影像压缩是小波分析应用的一个重要方面，主要针对信号的识别与诊断、数据压缩、语音分析与处理。它的特点是压缩比高、压缩速度快，压缩后能保持信号与影像的特征不变且在传递中可以抗干扰。基于小波分析的压缩方法很多，比较成功的有小波包的方法，小波网域纹理模型方法，小波变换零树压缩，小波变换向量压缩等。在信号分析中，小波可以用于边界的处理与滤波，时频分析，信噪分离与提取弱信号、求分形指数、信号的识别与诊断以及多尺度边缘侦测等。在地球物理勘探方面，小波分析主要应用于去噪、信号分离、提高地震资料分辨率、地震数据压缩、油气预测等，充分利用小波变换时频两域都有局部化的特点。此外，小波分析在流体力学的模型建立和求取数值解、医学细胞识别、线性系统计算、物理学分析、工程计算、电脑视觉、电脑图形学、曲线设计、远端宇宙的研究中也得到了应用（鹿亚珍，2010；朱希安等，2003）。

8.3.2 算法及过程

小波函数源于多分辨分析，其基本思想是将 L^2 中的函数 $f(t)$表示为一系列逐次逼近表达式，其中每一个都是 $f(t)$经过平滑后的形式，它们分别对应不同的分辨率。多分辨分析（multi-resolution analysis，MRA），又称多尺度分析，是建立在函数空间概念基础上的理论，其思想的形成来源于工程。受到 Meyer 正交小波基提出的启发，创建者 S. Mallat 想到是否用正交小波基的多尺度特性将图像展开，以得到图像不同尺度间的“信息增量”。这种思想导致了多分辨分析理论的建立。MRA 不仅为正交小波基的构造提供了一种简单的方法，而且为正交小波变换的快速算法提供了理论依据。其思想又同多采样率滤波器组不谋而合，使可将小波变换同数学滤波器的理论结合起来。因此，多分辨分析在正交小波变换理论中具有非常重要的地位。

小波分析的主要实现过程如下（桑燕芳等，2013）。

若$\Psi(t)$为 L^2 中的一个函数，它满足：

$$\int_{-\infty}^{+\infty}\Psi(t)\mathrm{d}t=0 \tag{8-5}$$

并定义

$$\Psi_s(t)=\frac{1}{s}\Psi\left[\frac{t}{s}-k\right] \tag{8-6}$$

式中，s 为尺度函数；k 为位置函数；对于 $f(t)\subset L^2$，其尺度 s 及位置 k 的小波变换由褶积定义为

$$w_s f(t)=(f\times\Psi_s)(t) \tag{8-7}$$

尺度参数 s 刻画了信号特征的大小和规律，实际应用中，尺度参数 s 必须离散化。通常 s 简化为二进制序列 $\{2^j|j\in z\}$，即有

$$w_2^j f(t)=(f\times\Psi_2^j)(t) \tag{8-8}$$

式（8-8）便是离散二进制小波变换。

同样，根据多分辨分析的原理，亦可将离散化，即有

$$\varphi_2^j(t)=\frac{1}{2^j}\varphi\left[\frac{t}{2^j}\right] \tag{8-9}$$

定义

$$s_2^j f(t)=\varphi_2^j\times f(t) \tag{8-10}$$

为多分辨逼近。

若假定最小尺度为 1，最大尺度为 $2J$，则 $s_1 f(t), s_2^J f(t)$ 为在尺度 1 和 $2J$ 上的多分辨逼近；而 $w_2^j f(t)(j\in 1,2,\cdots,J)$ 为在尺度 1，2，…，J 下的小波分解。可以证明：

$$\|s_1 f(t)\|=\sum_{j=1}^{J}\left\|w_2^j f(t)\right\|^2+\left\|s_2^J f(t)\right\|^2 \tag{8-11}$$

式（8-11）说明 $s_1 f(t)$的高频部分可以由 $w_2^j f(t)_{1\leqslant j\leqslant J}$ 来恢复，故称

$$s_2^J f(t),\ w_2^j f(t)_{1\leqslant j\leqslant J} \tag{8-12}$$

为 $s_1 f(t)$ 的有限尺度小波变换。

实践中，一般得到的信号均为离散信号。理论上已经证明，任何能量有限的离散信号都可以看作为在尺度 1 上一个函数光滑后的均匀采样，即以尺度为 1 的多分辨逼近。为此，任何一个能量有限的离散信号均可用离散小波变换来进行分解与重构。

1. Mallat 算法

在图像分解与重构的塔式算法启发下，Mallat 基于多分辨分析的理论，提出了以他

名字命名的算法。该算法在小波变换中的地位就像 FFT 在傅里叶变换中的地位一样重要。

数学上已经证明：

$$f(t) = A_j(t) = A_{j+1}f(t) + D_{j+1}f(t) \quad (8\text{-}13)$$

其中：

$$A_{j+1}f(t) = \sum_{m=-\infty}^{+\infty} C_{j+1,m}\Psi_{j+1,m} \quad (8\text{-}14)$$

$$D_{j+1}f(t) = \sum_{m=-\infty}^{+\infty} D_{j+1,m}\varphi_{j+1,m} \quad (8\text{-}15)$$

而

$$C_{(j+1,m)} = \sum_{k=-\infty}^{+\infty} h_{(k-2m)}C_{(j,k)} \quad (8\text{-}16)$$

$$D_{j+1,m} = \sum_{k=-\infty}^{+\infty} g_{k-2m}D_{j,k} \quad (8\text{-}17)$$

写成简洁的形式为

$$\begin{cases} C_{j+1} = HC_j \\ D_{j+1} = GD_j \end{cases} \quad (j = 1, 2, \cdots, J) \quad (8\text{-}18)$$

式（8-18）便是 Mallat 的塔式分解算法，称 C_j 、D_j 为在 2^j 分辨率下的离散逼近和离散细节。

由式（8-13）经适当的数学处理后，得到 Mallat 重构算法为

$$C_j = H^*C_{j+1} + G^*D_{j+1}(j = J, J-1, \cdots) \quad (8\text{-}19)$$

式中，H^* 和 G^* 为 H 和 G 的共轭（朱希安等，2003）。

2. 小波变换

令 $L^2(R)$ 表示定义在实轴上、可测的平方可积函数空间，信号 $f(t) \in L^2(R)$ 的连续小波变换（continuous wavelet transform，CWT）可表示为

$$W_f(a,b) = \int_{-\infty}^{+\infty} f(t)\,\Psi_{a,b}*(t)d_t \text{ with } \Psi_{a,b}(t) = \frac{1}{\sqrt{a}}\Psi\left(\frac{t-b}{a}\right) a,b \in R, a \neq 0 \quad (8\text{-}20)$$

式中，$W_f(a,b)$ 为连续小波变换系数；$\Psi*(t)$ 为 $\psi(t)$ 的复共轭函数；a 为时间尺度因子，可反映小波的周期长度；b 为时间位置因子，可反映时间上的平移。利用连续小波变换系数可以求得小波功率谱（global wavelet spectrum，GWS），用于描述序列在多时间尺

度上的能量分布：

$$\text{GWS}(a)=\int_{-\infty}^{+\infty}(W_f(a,b))^2 d_b \tag{8-21}$$

实测时间序列常是离散信号，对式（8-20）进行离散化处理，得到序列的离散小波变换（discrete wavelet transform，DWT）表达式：

$$W_f(j,k)=\int_{-\infty}^{+\infty} f(t)\Psi_{j,k}*(t)d_t \quad \text{with } \Psi_{j,k}(t)=a_0^{-\frac{j}{2}}\Psi\left(a_0^{-j}t-kb_0\right) \tag{8-22}$$

式中，a_0 和 b_0 均为常数；j 为分解水平（decomposition level，DL；也称时间尺度水平）；k 与式（7-20）中参数 b 的含义相同。$W_f(a,b)$ 或 $W_f(j,k)$ 是时间序列 $f(t)$ 通过单位脉冲响应的滤波器输出，能同时反映时域参数 b（或 k）和频域参数 a（或 j）的特性。a 较小时，信号分析在频域内的分辨率低，但在时域内的分辨率高；a 增大时，信号分析在频域内的分辨率增高，但时域内的分辨率降低。因此，小波变换能满足窗口大小和形状可变的信号时频局部化分析的要求。

实际时间序列分析过程中，常使用二进制离散小波变换（dyadic discrete wavelet transform），即设定 a_0=2 和 b_0=1，表达式如下：

$$W_f(j,k)=\int_{-\infty}^{+\infty} f(t)\Psi_{j,k}*(t)d_t \quad \text{with } \Psi_{j,k}(t)=2^{-\frac{j}{2}}\Psi\left(a_0^{-j}t-k\right) \tag{8-23}$$

根据二进制离散小波变换理论，分解水平的理论最大值 L 可由式（8-24）求得：

$$L=\left[\log_2\left(n_{f(t)}\right)\right] \tag{8-24}$$

式中，[·]为截取整数运算；$n_{f(t)}$ 表示序列 $f(t)$ 的长度为 n。

若使用的小波函数满足“规则性条件”式（8-25），利用小波系数并通过小波逆变换可得到序列的不同子序列，也可重构得到原序列：

$$\int_{-\infty}^{+\infty} t^k\Psi(t)d_t=0, k=1,\cdots,N-1 \tag{8-25}$$

$$f(t)=C_\Psi^{-1}\int_{-\infty}^{+\infty} W_f(a,b)\Psi_{a,b}(t)\frac{d_a}{a^2}d_b \tag{8-26}$$

或

$$f(t)=\sum\nolimits_{j,k} W_f(j,k)\Psi*(a_0^{-j}t-kb_0) \tag{8-27}$$

8.3.3　案例及代码

在 R 语言里，用于小波分析的包比较多，常用的为 WaveletComp 包，该包可以快速进行小波分析，并可视化小波分析的图件和数据分析图，以郑州市 1951～2017 年的年平均气温数据作为案例数据进行包主要功能讲解，代码如下：

```
library(WaveletComp)
library(xlsx)
rm(list=ls())
data <- read.xlsx("F:\\书\\code\\8.3\\1951-2017.xlsx",sheetIndex=1)
data <- as.data.frame(data)
my.w <- analyze.wavelet(data,"zhengzhou",
                    loess.span = 0,
                    dt = 1,dj = 1/250,
                    lowerPeriod = 4,
                    upperPeriod = 128,
                    make.pval = T,n.sim = 10)
reconstruct(my.w,plot.waves = F,lwd = c(1,2),legend.coords = "topleft")
#见图 8-22
reconstruct(my.w,plot.waves = T,lwd = c(1,2),legend.coords = "topleft")
#见图 8-23
wt.image(my.w,color.key = "quantile",n.levels = 250,
legend.params = list(lab = "wavelet power levels",mar = 4.7)) #见图 8-24
```

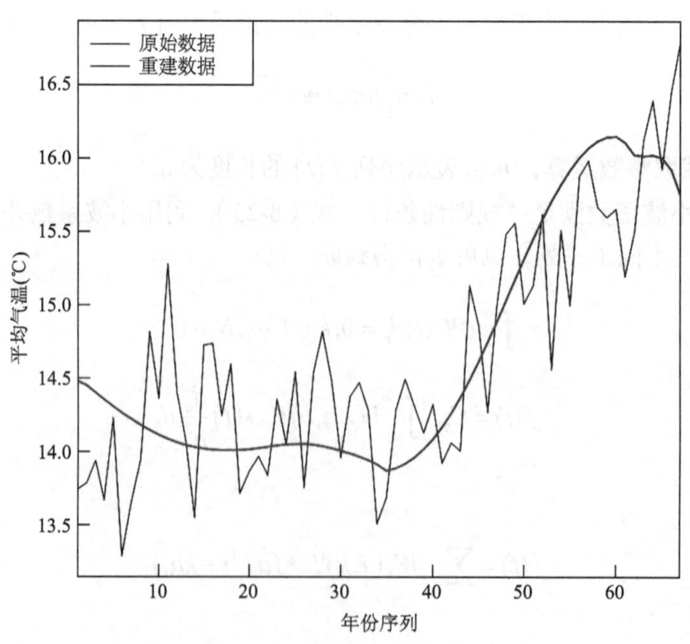

图 8-22　1951～2017 年郑州市年平均气温

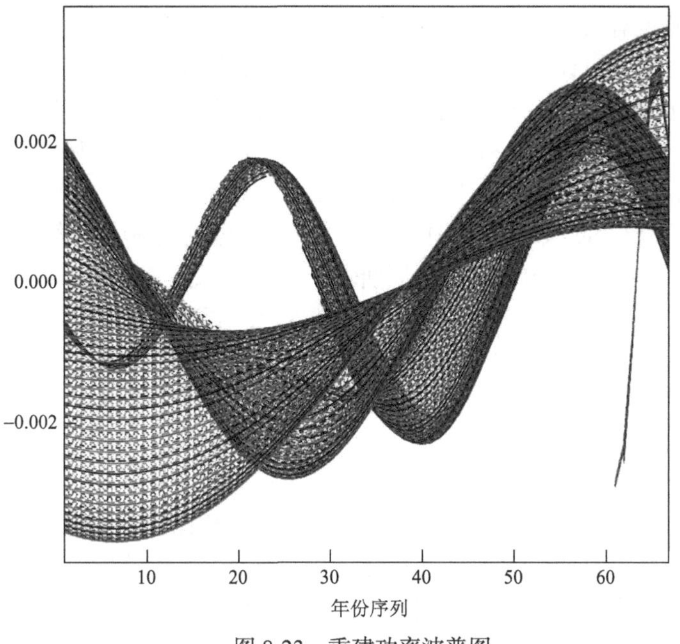

图 8-23　重建功率波普图

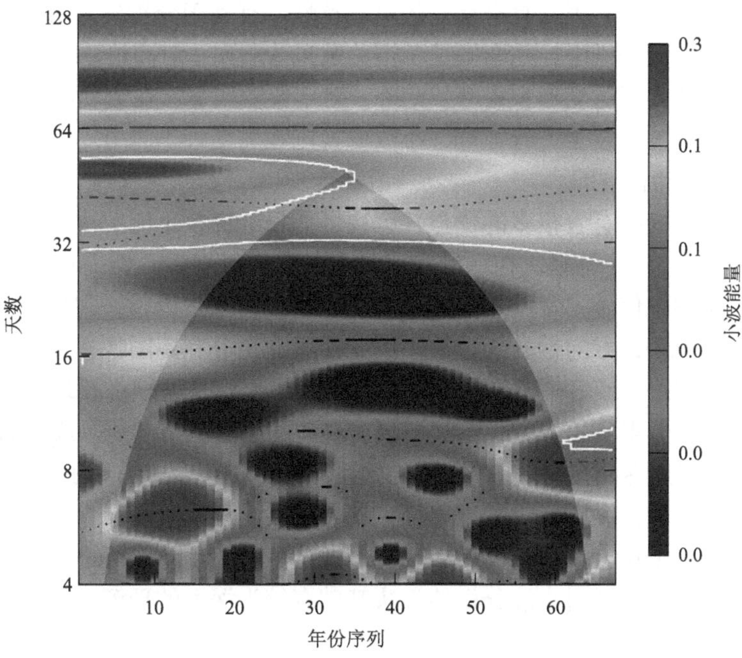

图 8-24　小波功率谱图

阴影包围的范围外表示通过了 0.05 显著性检验；倒 U 形分界线为影响锥曲线（COI），在该曲线以外的功率谱由于受到边界效应的影响而不予考虑

在本案例中，选用单时间平均气温数据进行小波功率谱数据计算。在模型的参数设置环节，loess.span 用于控制数据去趋势，此数据集数据是年际数据，不存在月和季节

的趋势变化，因此没有去趋势，此参数设定为 0。dt 为时间分辨率，单位天，如果数据是逐小时观测数据则可以设定为 1/24，默认值为 1。dj 为频率分辨率，默认值为 1/20。lowerPeriod 和 upperPeriod 分别表示小波分解的下上傅里叶周期（以 dt 决定的时间单位测量）。此案例中分别设置为 4 和 128 表示频率谱分析的最小周期和最大周期分别为 4 年和 128 年。make.pval 控制是否计算 p 值。n.sim 表示模拟次数，这里为 10 次。

从图 8-24 中可以看出，郑州市 1951～2017 年平均气温的频率功率谱显示出较为明显的两个小波功率周期，一个是 10 年左右的强周期表现，主要表现在 1955～1965 年、1976～1986 年和 1991～2001 年；另一个是 25～30 年的准周期变化，主要表现在 1951～1981 年。

8.3.4　要点提示

（1）不同于傅里叶分析，小波分析的多尺度分析思想以及带来的局部化革命，已经对许多学科产生了多方面的影响。首先，与傅里叶变换相比，小波变换是时间（空间）频率的局部化分析，它通过伸缩平移运算对信号（函数）逐步进行多尺度细化，最终达到高频的时间细分，低频处频率细分，能自动适应时频信号分析的要求，从而可聚焦到信号的任意细节，解决了傅里叶变换的困难问题（鹿亚珍，2010），且比快速傅里叶变换快一个数量级；其次，因其具有良好的时频特性，有利于分析确定时间发生的现象，已被广泛应用于形变分析中，并取得了不错的效果。例如，对高层建筑的动态监测、矿层的移动分析以及大坝的变形预报等。此外，对于突变信号，在突变的时间点，傅里叶变换需要用大量的三角波去进行拟合，小波变换则在突变处不为 0，其他区域相关系数都为 0，大量节省储存空间。

（2）虽然小波变换有着很多的优点，解决了傅里叶变换不能解决的许多困难问题，被誉为“数学显微镜”，但是它在一维时所具有的优异特性并不能简单推广到二维或更高维。对于二维图像信号，常用的二维小波是一维小波的张量积，它只有有限的方向，即水平、垂直、对角，方向性的缺乏使小波变换不能充分利用图像本身的几何正则性，不能最优表示含“线”或者“面”奇异的高维函数。也就是说，小波是以“点”为单位捕捉图像的特征。但事实上，高维空间中最为普遍的还是具有“线”或“面”奇异的函数，自然物体光滑边界使得自然图像的主要组成单位并不是“点”，而是“线”和“面”，从而小波分析在处理二维图像时表现出很大的局限性。

（3）WaveletComp 包中的 analyze.wavelet 功能参数较多且不同的参数的设置对结果影响比较大，需要研究者对小波分析的方法基础有较为深入的理解。

8.4　Mann-Kendall 检验

8.4.1　概述

Mann-Kendall 检验是一种非参数检验方法，用于检测时间序列数据的趋势（Kendall,

1990）。其发展历史可以追溯到 20 世纪 40 年代初期，最初是由 Frank Wilcoxon 提出的一种比较两个样本中位数是否存在差异的检验方法。后来，Mann 和 Kendall 分别在 1945 年和 1975 年发表了独立的论文，对 Wilcoxon 的方法进行了改进和扩展，形成了现在所称的 Mann-Kendall 检验（Mann，1945; McLeod，2005）。

随着统计学的发展，Mann-Kendall 检验得到了广泛应用。在时间序列分析、环境科学、气象学、水文学等领域中（Yue and Wang，2004），Mann-Kendall 检验被广泛使用。为了提高其检验效果，一些学者对 Mann-Kendall 检验进行了改进。例如，Hamed 和 Rao（1998）提出了一种改进的 Mann-Kendall 检验方法，可以用于具有序列相关性的数据。并且随着计算机技术的不断发展，Mann-Kendall 检验的计算效率得到了很大提高。许多统计软件包（例如 R、MATLAB、Python 等）都包含了 Mann-Kendall 检验的函数库。总体来说，Mann-Kendall 检验的发展历史与时间序列数据的分析和应用密切相关，提供了一种重要的工具和方法，用于研究趋势、预测变化和制定决策。总体来看，M-K 检验有以下几个优点：①非参数性，Mann-Kendall 检验不需要对数据进行任何分布假设，对数据分布的要求比较宽松，适用于各种类型的时间序列数据；②简单性，Mann-Kendall 检验计算过程简单，易于实现，常用的统计软件都有该功能；③稳定性，Mann-Kendall 检验能够处理少量或轻微的异常值，不会因数据中的异常值或离群点而失效。

8.4.2　算法及过程

Mann-Kendall 检验涉及以下假设给定时间序列数据：

（1）在没有趋势的情况下，数据是独立且相同的分布式（IID）。

（2）测量值表示可观测物在测量次数。

（3）用于样品采集、仪器测量和数据处理是公正的。

时间序列的 Mann-Kendall 检验第一步为计算数列 X_1，X_2，…，X_n 的 sgn（X_i-X_j）函数，表述为

$$\operatorname{sgn}\left(x_i-x_j\right)\begin{cases}1, x_i-x_j>0\\0, x_i-x_j=0\\-1, x_i-x_j<0\end{cases}\tag{8-28}$$

式（8-28）反映了时间测量之间的差异是否为正、负或零。

接下来，计算上述数量的均值和方差。均值 $E[S]$由式（8-29）给出：

$$E[S]=\sum_{i=1}^{n-1}\sum_{j=i+1}^{n}\operatorname{sgn}(x_i-x_j)\tag{8-29}$$

方差 VAR（S）由式（8-30）给出：

$$\mathrm{VAR}(S)=\frac{1}{18}\left[n(n-1)(2n+5)-\sum_{k=1}^{p}q_k(q_k-1)(2q_k+5)\right] \tag{8-30}$$

式中，p 为数据中连接组的总数；q_k 为第 k 个连接组中包含的数据点数。

使用均值 $E[S]$ 和方差 $\mathrm{VAR}(S)$ 计算 Mann-Kendall 检验统计量，使用以下变换，以确保对于大样本量，检验统计量 Z_{MK} 近似正态分布：

$$Z_{\mathrm{MK}}=\begin{cases}\dfrac{E[S]-1}{\sqrt{\mathrm{VAR}(S)}}, & E[S]>0\\ 0, & E[S]=0\\ \dfrac{E[S]+1}{\sqrt{\mathrm{VAR}(S)}}, & E[S]<0\end{cases} \tag{8-31}$$

注意：以上算法过程是对于单变量时间序列的 Mann-Kendall 检验，对于多变量时间序列的 Mann-Kendall 检验需要对每个变量分别进行检验。

8.4.3 案例及代码

以郑州和滨州市两个城市 1957～2017 年年平均气温数据集为案例，借助 Kendall 和 trend 两个包中的 M-K 检验分析功能分析这两城市近 60 年的年平均气温变化趋势，并借助自函数对两个城市气温变化进行突变点检测并绘图。

首先，运用 Kendall 包中的 MannKendall()函数和 trend 包中的 mk.test()函数分别对两个城市的变化气温变化趋势进行检测，代码如下：

```
library(Kendall)
library(trend)
library(xlsx)
library(reshape)
ind <- read.xlsx("F:\\书\\code\\8.4\\data.xlsx",sheetIndex=1)
ind <- as.data.frame(ind)
x <- as.xts(data.frame(zhengzhou=as.numeric(ind[,3]),binzhou=as.numeric(ind[,4])),order.by = as.Date(ind$year))
plot(as.zoo(x),xlab="Year") #画两个城市的气温曲线图
MannKendall(x$zhengzhou) #m-k 检验
res <- MannKendall(x$binzhou)
summary(res) #较为详细的 m-k 检验统计量
trend::mk.test(as.numeric(x$binzhou)) #mk.test 函数的 m-k 统计量更为详细
```

从图 8-25 可以看出，郑州市年平均气温（1957～2017 年）呈逐渐下降的趋势，而滨州市却有相反的趋势。

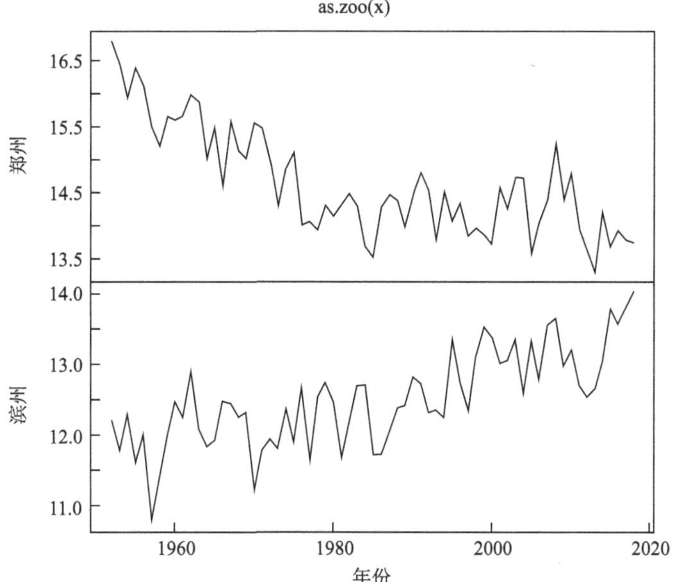

图 8-25　郑州和滨州年平均气温变化趋势图

M-K 检验的结果如下：

```
> MannKendall(x$zhengzhou)
tau = -0.546, 2-sided pvalue =6.4983e-11
> res <- MannKendall(x$binzhou)
> summary(res)
Score =  1173 , Var(Score) = 34147.67
denominator =  2211
tau = 0.531, 2-sided pvalue =< 2.22e-16
> trend::mk.test(as.numeric(x$binzhou))

        Mann-Kendall trend test

data:  as.numeric(x$binzhou)
z = 6.3423, n = 67, p-value = 2.264e-10
alternative hypothesis: true S is not equal to 0
sample estimates:
           S         varS          tau
1.173000e+03 3.414767e+04 5.305292e-01
```

MannKendall 函数的检验结果中 tau 为–0.546，p 值为 6.4938×10^{-11} 显示为极显著的负向增长。在 M-K 检验中除了观察 tau 统计量，也可以用 summary 观察 Score，即 Z 统计量，如果为正值则表示有增加趋势，反之则为降低的趋势。p 值则反映的是这一变化（增加或降低）趋势是否通过检验。用 trend 包中 mk.test()函数可以更为直观观察 M-K 检验的相关统计量。

其次，用自建函数构建 mk_U 与 MK_mut_test 两个函数，对两个城市 60 年来的气温变化突变点进行绘图，代码如下：

```
#构建 mk-U 函数
mk_U <- function(x) {
  n <- length(x)
```

```
    r <- sapply(1:n,function(k) sum(x[1:k] < x[k]))
    s <- cumsum(r)
    k <- 1:n
    var <- sapply(k,function(ki) {
      tf <- rle(sort(x[1:ki]))$lengths
      (ki * (ki-1) * (2*ki+5) - sum(tf * (tf-1) * (2*tf+5)))/72
    })
    E <- sapply(k,function(ki) {
      tf <- rle(sort(x[1:ki]))$lengths
      (ki*(ki - 1) - sum(tf * (tf-1)))/4
    })
    U <- (s - E) / sqrt(var)
    U[1] <- 0
    return(U)
  }
  #构建MK_mut_test函数
  MK_mut_test <- function( x,plot = TRUE,out.value = FALSE,index = NULL,p.size = 3,l.size = 0.6) {
    if(!is.null(dim(x))){
      if(ncol(x) > 1)
        warning("x is not a single series,and now only use the first column.")
      x <- x[ ,1]
    }
    n <- length(x)
    isxts <- FALSE
    if(is.xts(x)){
      t.ind <- index(x)
      x <- as.numeric(x)
      isxts <- TRUE
    }
    if(!is.null(index)){
      ind <- index
    }else if(isxts){
      ind <- t.ind
    }else ind <- 1:n
    UF <- mk_U(x)
    UB <- mk_U(rev(x))
    UB <- -rev(UB)
```

```
    mut.result <- data.frame(UF,UB)
    if(isxts) mut.result <- xts(mut.result,t.ind)
    if(!plot & out.value) {
      return(mut.result)
    }
    conf.bound <- c(0)
    if(max(mut.result) > 1.5) conf.bound <- append(conf.bound,1.645)
    if(min(mut.result) < -1.5) conf.bound <- append(conf.bound,-1.645)
    if(max(mut.result) > 1.85) conf.bound <- append(conf.bound,1.96)
    if(min(mut.result) < -1.85) conf.bound <- append(conf.bound,-1.96)
    mut.melt <- melt(data.frame(index = ind,mut.result),id.vars = 'index')
    mut.plot <- ggplot(data=mut.melt,aes(x=index,y=value,group=variable)) +
      geom_line(aes(linetype=variable),size=l.size) +

      geom_hline(yintercept = conf.bound,linetype=3) +
      geom_hline(yintercept = 0) +
      ylab("M-K statistic") +
      theme ( axis.title.x=element_text ( family = "RMN" ),legend.title=
element_blank()) +labs(x="Year")
    if(plot & out.value){
      plot(mut.plot)
      return(mut.result)

    }else  return(mut.result)
  }
  par(mfrow=c(1,2))
  MK_mut_test(x$zhengzhou,plot = T,out.value = T,index = NULL,p.size = 0.5,
          l.size = 1)
  MK_mut_test(x$binzhou,plot = T,out.value = T,index = NULL,p.size = 0.5,
          l.size = 1)
```

图 8-26 中，UF 曲线反映的是气温变化的趋势，如 UF>0 则表示气温呈上升的趋势，反之则表示下降。虚线则是置信区间（±1.96），如果 UF 越过这一区间之外则表示通过显著性检验。如图 8-26 所示，郑州 1958 年以来气温下降趋势明显，特别是 1963 年以来（UF 越过置信区间线），而其突变性下降则是在 1968 年以后（UF 与 UB 的交点位置）。滨州市气温则完全相反。那么，这里最为重要的工作就是确定 UF 与 UB 的交叉点的位置，即确定突变点的年份。

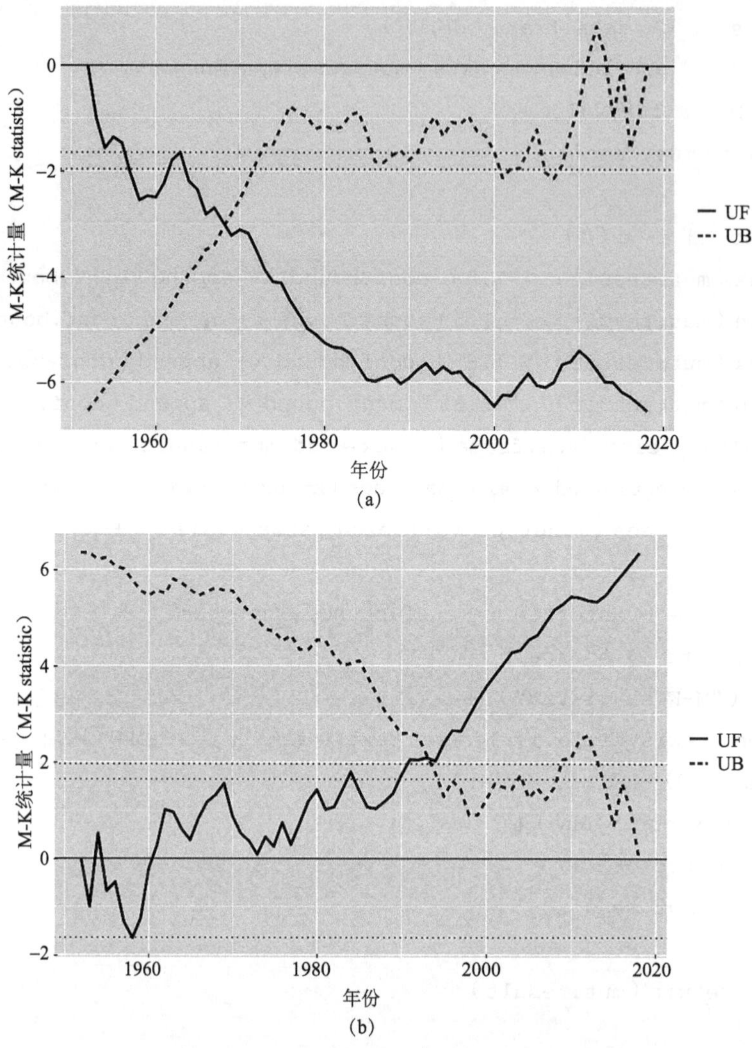

图 8-26　郑州（a）和滨州（b）气温突变点检测

最后，确定突变点的年份。使用自编函数 inter_year，用来确定两个城市气温突变的年份。代码的主要思路是：①计算 UF-UB 的值，在突变前后，其差值会从正值变为负值，或从负值变为正值；②将差值中正值赋值为 1，负值为 0，并用 diff 函数计算差分（后一个值减去前一个值，设置 lag=1）；③筛选差分后的非零值，这些数值对应的时间是突变点（负值为突变降低，正值为突变增加）。代码如下：

```
library(xts)
inter_year <- function(x){
  a <- x$UF-x$UB
  a[a>=0] <- 1
  a[a<0] <- 0
  b <- diff(a,lag = 1)
```

```
  c <- seq(from=as.Date("1952-1-1"),to=as.Date("2017-12-1"),by="year")
#给定突变点的年份时间
  b <- as.xts(b,order.by=c)
  return(b)
}
zhengzhou <- MK_mut_test ( x$zhengzhou,plot = T,out.value = T,index =
NULL,p.size = 0.5,
         l.size = 1)#返回包含 UF 和 UB 两个参数的数据框
binzhou <- MK_mut_test ( x$binzhou,plot = T,out.value = T,index =
NULL,p.size = 0.5,
                l.size = 1)
zhengzhou <- as.data.frame(zhengzhou)
binzhou <- as.data.frame(binzhou)
inter_year(zhengzhou)
inter_year(binzhou)
cbind(inter_year(zhengzhou),inter_year(binzhou))
```

结果如下：

```
> cbind(inter_year(zhengzhou),inter_year(binzhou))
           inter_year.zhengzhou. inter_year.binzhou.
1952-01-01                     0                   0
1953-01-01                     0                   0
1954-01-01                     0                   0
1955-01-01                     0                   0
1956-01-01                     0                   0
1957-01-01                     0                   0
1958-01-01                     0                   0
1959-01-01                     0                   0
1960-01-01                     0                   0
1961-01-01                     0                   0
1962-01-01                     0                   0
1963-01-01                     0                   0
1964-01-01                     0                   0
1965-01-01                     0                   0
1966-01-01                     0                   0
1967-01-01                     0                   0
1968-01-01                    -1                   0
1969-01-01                     0                   0
1970-01-01                     0                   0
1971-01-01                     0                   0
1972-01-01                     0                   0
1973-01-01                     0                   0
1974-01-01                     0                   0
1975-01-01                     0                   0
1976-01-01                     0                   0
1977-01-01                     0                   0
1978-01-01                     0                   0
1979-01-01                     0                   0
1980-01-01                     0                   0
1981-01-01                     0                   0
1982-01-01                     0                   0
1983-01-01                     0                   0
1984-01-01                     0                   0
1985-01-01                     0                   0
1986-01-01                     0                   0
1987-01-01                     0                   0
1988-01-01                     0                   0
1989-01-01                     0                   0
1990-01-01                     0                   0
1991-01-01                     0                   0
1992-01-01                     0                   0
1993-01-01                     0                   1
1994-01-01                     0                   0
1995-01-01                     0                   0
1996-01-01                     0                   0
1997-01-01                     0                   0
```

可以看出，郑州气温突变点在 1968 年（–1），自 1968 年郑州年均温呈快速下降的趋势；而滨州则是 1，位于 1993 年，表明自 1993 年滨州年均温开始升温加速。

8.4.4　要点提示

（1）敏感性：对于短时间序列或者样本量较小的情况，可能会出现较高的误判率。

（2）无法处理季节性趋势：Mann-Kendall 检验只能检测数据中的总体趋势，对于具有明显季节性变化的数据，其效果可能不好。

（3）无法处理周期性趋势：Mann-Kendall 检验只适用于单调递增或单调递减的趋势，对于具有周期性变化的数据，其效果可能不好。

（4）只能检测单变量趋势：Mann-Kendall 检验只适用于单变量的时间序列数据，对于多变量或面板数据，需要进行扩展或者其他方法处理。

思　考　题

（1）许多领域都会用到时间序列分析。这些领域千差万别，对时间序列分析要实现的目标也不尽相同，那简单来讲大家使用时间序列分析希望或能够实现什么目的呢？

（2）请问相对于 EMD，EEMD 具有哪些优势？并思考 EEMD 分析在信号处理中的应用前景。

（3）小波分析主要应用在哪些领域？

（4）请问如果 Mann-Kendall 突变检验出现多个交叉点、突变点，该怎么办？

第9章 机器学习

9.1 决策树

9.1.1 概述

决策树（decision tree）是在已知各种情况发生概率的基础上，通过构成决策树来求取净现值的期望值大于等于零的概率，评价项目风险，判断其可行性的决策分析方法，是直观运用概率分析的一种图解法。决策树的结构，顾名思义，就像一棵树。它利用树的结构将数据记录进行分类，树的一个叶结点就代表某个条件下的一个记录集，根据记录字段的不同取值建立树的分支；在每个分支子集中重复建立下层结点和分支，便可生成一棵决策树（戴淑芬，2000）。由于这种决策分支画成图形很像一棵树的枝干，故称决策树。在机器学习中，决策树是一个预测模型，其代表的是对象属性与对象值之间的一种映射关系。

决策树易于理解和实现，学习过程中不需要使用者了解很多的背景知识，通过解释后便可以理解决策树所表达的意义，并且能够直接体现数据的特点（邹媛，2010）。对于决策树，数据的准备往往是简单或者是不必要的，而且它能够同时处理数据型和常规型数据，在相对短的时间内可以对大型数据源做出可行且效果良好的结果（陈诚，2009）。

决策树是分类应用中利用最广泛的模型之一。与神经网络和贝叶斯方法相比，决策树无须花费大量的时间和进行上千次的迭代来训练模型，并且适用于大规模数据集，除了训练数据中的信息外，不再需要其他额外信息，表现了良好的分类精确度。决策树的核心问题是测试属性选择的策略，以及对决策树进行剪枝。连续属性离散化和对高维大规模数据降维，也是扩展决策树算法应用范围的关键技术（田苗苗，2004）。

9.1.2 算法及过程

决策树学习算法是以实例为基础的归纳学习算法，通常用来形成分类器和预测模型，可以对未知数据进行分类或预测、数据预处理、数据挖掘等。它通常包括两部分：树的生成和树的剪枝。

1. 决策树的类型

决策树的内结点的测试属性可能是单变量的，即每个内结点只包含一个属性。也可能是多变量的，即存在包含多个属性的内结点。根据测试属性的不同属性值的个数，可能使得每个内结点有两个或多个分支。如果每个内结点只有两个分支则称之为二叉决策树。每个属性可能是值类型，也可能是枚举类型。

分类结果既可能是两类又可能是多类，如果二叉决策树的结果只能有两类则称之为布尔决策树。布尔决策树可以很容易以析取范式的方法表示，并且在决策树学习的最自然的情况就是学习析取概念。

2. 递归方式

决策树学习采用自顶向下的递归方式，在决策树的内部结点进行属性值的比较并根据不同的属性值判断从该结点向下的分支，在决策树的叶结点得到结论。所以从根到叶结点的一条路径就对应着一条合取规则，整个决策树就对应着一组析取表达式规则。决策树生成算法分成两个步骤：一是树的生成，开始时所有数据都在根结点，然后递归地进行数据分片。二是树的修剪，就是去掉一些可能是噪音或异常的数据。决策树停止分割的条件包括：一个结点上的数据都是属于同一个类别；没有属性可以用于对数据进行分割。

3. 决策树的构造算法

决策树的构造算法可通过训练集 T 完成，其中 $T=\{\langle x,C_j\rangle\}$，而 $x=$（a_1，a_2，…，a_n）为一个训练实例，它有 n 个属性，分别列于属性表（A_1，A_2，…，A_n），其中 a_i 表示属性 A_i 的取值。$C_j \in C=\{C_1$，C_2，…，$C_m\}$表示 X 的分类结果。算法分以下几步：

从属性表中选择属性 A_i 作为分类属性；若属性 A_i 的取值有 K_i 个，则将 T 划分为 K_i 个子集 T_i，…，T_{K_i}，其中，$T_{ij}=\{\langle x,C\rangle|\langle x,c\rangle\} \in T$，且 X 的属性取值 A 为第 K_i 个值；从属性表中删除属性 A_i；对于每一个 T_{ij}（$1 \leqslant j \leqslant K_i$），令 $T=T_{ij}$；如果属性表非空，返回第一步，否则输出。

目前比较成熟的决策树方法有 ID3、C4.5、CART、SLIQ 等。

4. 决策树的简化方法

在决策树学习过程中，如果决策树过于复杂，则存储所要花费的代价也就越大；而如果结点个数过多，则每个结点所包含的实例个数就越少，支持每个叶结点假设的实例个数也越少，学习后的错误率就随之增加，同时对用户来说难于理解，使得很大程度上分类器的构造没有意义。实践表明简单的假设更能反映事物之间的关系，所以在决策树学习中应该对决策树进行简化。

简化决策树的方法有控制树的规模、修改测试空间、修改测试属性、数据库约束、改变数据结构等。

控制树的规模可以采用预剪枝、后剪枝算法等方法来实现。预剪枝算法不要求决策树的每一个叶结点都属于同一个类，而是在这之前就停止决策树的扩张，具体何时停止是其研究的主要内容，如可以规定决策树的高度，达到一定高度即停止扩张；或计算扩张对系统性能的增益，如小于某个规定的值则停止扩张。后剪枝算法则首先利用增长集生成一棵未经剪枝的决策树 T 并进行可能的修剪，把 T 作为输入，再利用修剪集进行选择，输出选择最好的规则。

9.1.3 案例及代码

此处，利用 meuse 数据集进行演示。meuse 数据集分为 meuse.all 与 meuse.alt 两类，本案例以 meuse.all 数据集为例。Meuse.all 数据集是比利时 meuse 河流的最原始与最完整的数据集，meuse.alt 是 meuse 河流的海拔数据集。Meuse.all 数据集包含以下变量：x：RDM 中的 x 坐标（m）（荷兰地形图坐标）；y：RDM 中的 y 坐标（m）（荷兰地形图坐标）；Cadmium：表土镉浓度，ppm（1ppm=10^{-6}）；Copper：表土铜浓度，ppm；lead：表土铅浓度，ppm；zinc：表土锌浓度，ppm；elev：相对高程；om：有机物百分比；ffreq：洪水频率等级；soil：土壤类型；lime：石灰类；landuse：土地利用等级；dist.m：实地考察时获得的到默兹河的距离（m）；in.pit：表示是否是在坑中采集的样本；in.meuse155：逻辑值，表示样本是否属于 meuse（即过滤）数据集的一部分；除矿坑中的样本外，还剔除了一个锌含量偏高的样本（139）；in.BMcD：逻辑值，表示样本是否被用作 Burrough 和 McDonnell 的各种插值实例中 98 个点子集的一部分。

```
library(rpart)#决策树工具包
library(rpart.plot)#绘制决策树结果图工具包
library(gstat)#用于加载 meuse 数据集
data(meuse.all) #加载 meuse.all 数据
```

1. 分类问题

利用 lime、ffreq、dist.m、om、elev 等变量对 soil 进行分类。

第一步：建立分类树模型。

```
#拟合一棵树
fitC <- rpart(soil ~ lime + ffreq + dist.m + om + elev,
          method="class",data=meuse.all)
#查看树的结果
printcp(fitC)
> printcp(fitC)

Classification tree:
rpart(formula = soil ~ lime + ffreq + dist.m + om + elev, data = meuse.all,
    method = "class")

Variables actually used in tree construction:
[1] dist.m elev   ffreq  om
```

```
Root node error: 64/164 = 0.39024

n= 164

        CP nsplit rel error  xerror     xstd
1 0.359375      0   1.00000 1.00000 0.097609
2 0.054688      1   0.64062 0.73438 0.090477
3 0.046875      3   0.53125 0.73438 0.090477
4 0.015625      4   0.48438 0.68750 0.088657
5 0.010000      6   0.45312 0.71875 0.089891
```

第二步：修剪树。

```
#寻找最优复杂度参数 cp
best <- fitC$cptable[which.min(fitC$cptable[,"xerror"]),"CP"]
#利用最优复杂度参数进行树的修剪
fitCpruned_tree <- prune(fitC,cp=best)
```

第三步：绘制分类树的结果图。

```
#未修剪的树（图 9-1）
prp(fitC)
#修剪后的树（图 9-1）
prp(fitCpruned_tree)
```

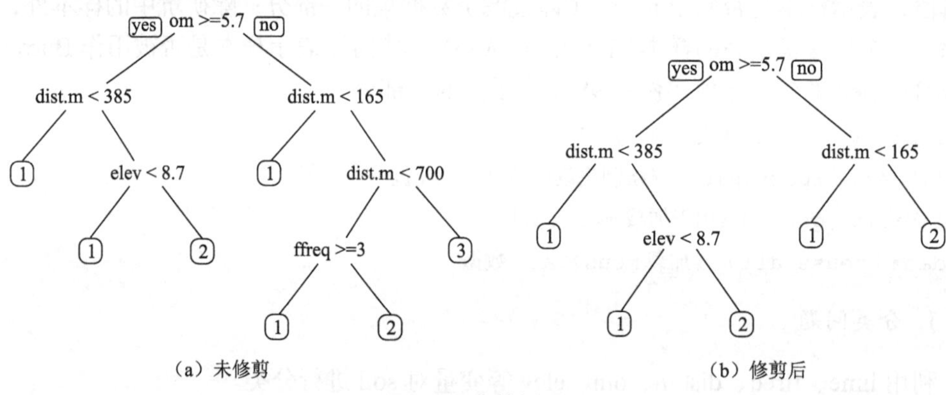

（a）未修剪　　　　（b）修剪后

图 9-1　决策树图

2. 回归问题

利用 lime、ffreq、dist.m、soil、elev 等变量对 om 进行预测

第一步：建立回归树模型。

```
fitR <- rpart(om ~ lime + ffreq + dist.m + elev + soil,
        data=meuse.all)
#查看树的结果
printcp(fitR)
> printcp(fitR)

Regression tree:
rpart(formula = om ~ lime + ffreq + dist.m + elev + soil, data = meuse.all)
```

```
Variables actually used in tree construction:
[1] dist.m elev   soil

Root node error: 1904.6/162 = 11.757

n=162 (因为不存在，2个观察量被删除了)

        CP nsplit rel error  xerror     xstd
1 0.515791      0   1.00000 1.01396 0.126397
2 0.085895      1   0.48421 0.58789 0.086278
3 0.019330      2   0.39831 0.48529 0.073135
4 0.012278      3   0.37898 0.52680 0.070402
5 0.011468      4   0.36671 0.52860 0.070541
6 0.010000      5   0.35524 0.52841 0.070569
```

第二步：修剪树。

```
#寻找最优复杂度参数 cp
best <- fitR$cptable[which.min(fitR$cptable[,"xerror"]),"CP"]
#利用最优复杂度参数进行树的修剪
fitRpruned_tree <- prune(fitR,cp=best)
fitRpruned_tree
```

运行结果为

```
> fitRpruned_tree
n=162 (因为不存在，2个观察量被删除了)

node), split, n, deviance, yval
      * denotes terminal node

1) root 162 1904.6080  7.291358
  2) dist.m>=55 137  704.7872  6.239416
    4) soil>=1.5 61  223.8164  5.019672 *
    5) soil< 1.5 76  317.3742  7.218421 *
  3) dist.m< 55 25  217.4416 13.056000 *
```

第三步：绘制分类树的结果图。

```
#未修剪的树[图 9-2(a)]
prp(fitR)
#修剪后的树[图 9-2(b)]
prp(fitRpruned_tree)
```

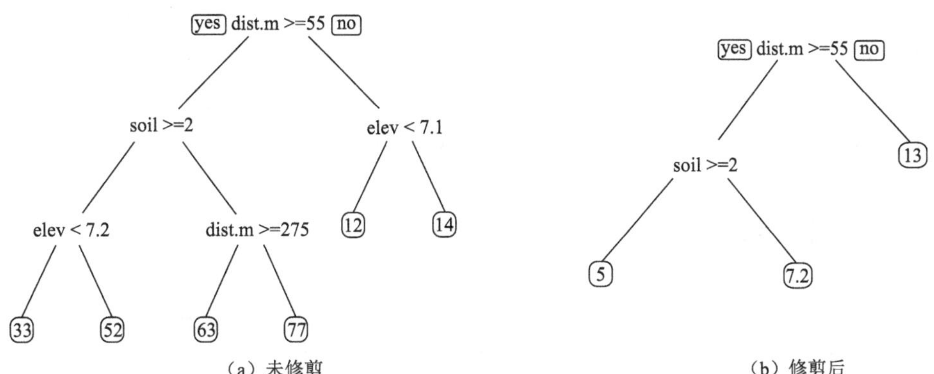

（a）未修剪　　（b）修剪后

图 9-2　回归树模型决策树

9.1.4　要点提示

（1）当经过一批训练实例集的训练产生一棵决策树，决策树可以根据属性的取值对一个未知实例集进行分类。使用决策树对实例进行分类的时候，由树根开始对该对象的属性逐渐测试其值，并且顺着分支向下走，直至到达某个叶结点，此叶结点代表的类即为该对象所处的类。

（2）决策树是一个可以自动对数据进行分类的树型结构，是树型结构的知识表示，可以直接转换为决策规则，它能被看作一棵树的预测模型。树的根结点是整个数据集合空间，每个分结点是一个分裂问题，它是对一个单一变量的测试，测试将数据集合空间分割成两个或更多块，每个叶结点是带有分类的数据分割。

（3）决策树也可以解释成一种特殊形式的规则集，其特征是规则的层次组织关系。决策树算法主要是用来学习以离散型变量作为属性类型的学习方法。连续型变量必须被离散化才能被学习。

9.2　支持向量机

9.2.1　概述

支持向量机（support vector machine，SVM）是数据挖掘中由 Vapnik 等于 1995 年提出的一项新技术，它是借助最优化方法解决机器学习问题的新工具（Vapnik，1999）。SVM 以结构风险最小化为原则，它的本质是求解凸二次规划问题，在解决小样本、非线性和高维模式分类问题中有较大优势。SVM 有泛化能力强的特点，利用 SVM 方法还可避免其他方法可能造成的维数灾难，所以一经提出，便引起了广泛关注。

支持向量机是一种监督学习算法。以二分类问题为例，其原理可以简单用“最大间隔超平面”来描述（李航，2012; 周志华，2016）。对于一个 n 维的特征空间，目标就是要找到一个超平面，使得这个超平面将两个类别间的样本完全分开，并且对未知数据的分类能力最强。支持向量机通过非线性映射将低维特征空间中不可分的数据变换到高维线性可分的特征空间中，从高维的线性空间中获得一种最优的线性分类面。非线性空间转换为高维线性空间主要是通过合适的内积函数（核函数）来实现的。常用的核函数包括：多项式核函数、径向内积核函数、Sigmoid 核函数等。

9.2.2　算法及过程

SVM 方法是 20 世纪 90 年代初 Vapnik 等根据统计学习理论提出的一种新的机器学习方法，它以结构风险最小化原则为理论基础，通过适当地选择函数子集及该子集中的判别函数，使学习机器的实际风险达到最小，保证了通过有限训练样本得到的小误差分类器，对独立测试集的测试误差仍然较小（Boser et al.，1992; Cortes and Vapnik，1995）。

1. 支持向量机的基本思想

首先，在线性可分情况下，在原空间寻找两类样本的最优分类超平面。在线性不可分的情况下，加入了松弛变量进行分析，通过使用非线性映射将低维输入空间的样本映射到高维属性空间使其变为线性情况，从而使得在高维属性空间采用线性算法对样本的非线性进行分析成为可能，并在该特征空间中寻找最优分类超平面。其次，它通过使用结构风险最小化原理在属性空间构建最优分类超平面，使得分类器得到全局最优，并在整个样本空间的期望风险以某个概率满足一定上界（陈冰梅等，2010）。

2. 最优分类面和广义最优分类面

SVM 是从线性可分情况下的最优分类面发展而来的。对于一维空间中的点、二维空间中的直线、三维空间中的平面，以及高维空间中的超平面，图中实心点和空心点代表两类样本，H 为它们之间的分类超平面，H_1、H_2 分别为过各类中离分类面最近的样本且平行于分类面的超平面，它们之间的距离 ΔH 叫作分类间隔（margin）（图 9-3）。

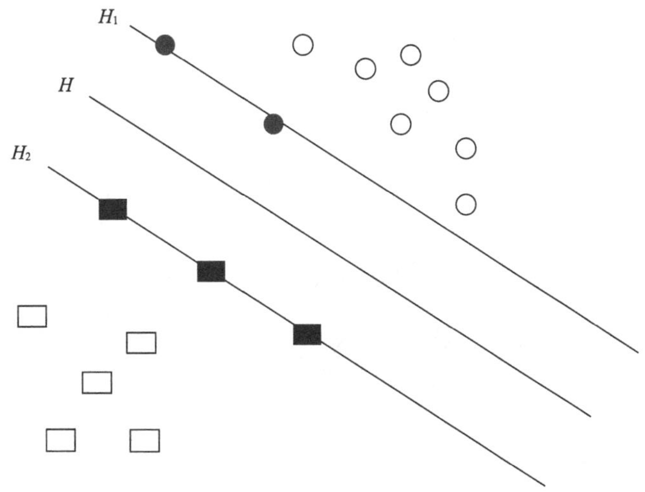

图 9-3　线性可分情况下的最优分类线

所谓最优分类面是要求分类面不但能将两类正确分开，而且使分类间隔最大。将两类正确分开是为了保证训练错误率为 0，也就是经验风险最小（为 0）。使分类空隙最大实际上就是使推广性的界中的置信范围最小，从而使真实风险最小。推广到高维空间，最优分类线就成为最优分类面。

设线性可分样本集为（x_i，y_i），i=1，⋯，n，$x \in R^d$，$y \in \{+1,-1\}$是类别符号。d 维空间中线性判别函数的一般形式为是类别符号。d 维空间中线性判别函数的一般形式为 $g(x)=wx+b$（注：w 代表 Hilbert 空间中权向量；b 代表阈值），分类线方程为 $wx+b=0$。将判别函数进行归一化，使两类所有样本都满足$|g(x)=1|$，也就是使离分类面最近的

样本的$|g(x)=1|$，此时分类间隔等于$\frac{2}{\|w\|^2}$，因此使间隔最大等价于使$\|w\|$（或$\|w\|^2$）最小。要求分类线对所有样本正确分类，就是要求它满足①

$$y_i[(w \cdot x)+b]-1 \geqslant 0, i=1,2,\cdots,n \tag{9-1}$$

满足上述条件，并且使$\|w\|^2$最小的分类面就叫作最优分类面，过两类样本中离分类面最近的点且平行于最优分类面的超平面 H_1，H_2 上的训练样本点就称作支持向量（support vector），因为它们"支持"了最优分类面。

3. SVM 的非线性映射

对于非线性问题，可以通过非线性交换转化为某个高维空间中的线性问题，在变换空间求最优分类超平面。这种变换可能比较复杂，因此这种思路在一般情况下不易实现。但是可以看到，在上面对偶问题中，不论是寻优目标函数还是分类函数都只涉及训练样本之间的内积运算（$x \cdot x_i$）。设有非线性映射$\Phi: R^d \to H$将输入空间的样本映射到高维（可能是无穷维）的特征空间 H 中，当在特征空间 H 中构造最优超平面时，训练算法仅使用空间中的点积，即$\Phi(x_i) \cdot \Phi(x_j)$，而没有单独的$\Phi(x_i)$出现。因此，如果能够找到一个函数 K 使得①

$$K(x_i \cdot x_j)=\Phi(x_i) \cdot \Phi(x_j) \tag{9-2}$$

这样在高维空间实际上只需进行内积运算，而这种内积运算是可以用原空间中的函数实现的，甚至没有必要知道变换中的形式。根据泛函的有关理论，只要一种核函数 K（$x_i \cdot x_j$）满足 Mercer 条件，它就对应某一变换空间中的内积。因此，在最优超平面中采用适当的内积函数 K（$x_i \cdot x_j$）就可以实现某一非线性变换后的线性分类，而计算复杂度却没有增加。此时目标函数变为（智能财会研究院，2021）

$$Q(\alpha)=\sum_{i=1}^{n}\alpha_i-\frac{1}{2}\sum_{i,j=11}^{n}\alpha_i\alpha_j y_i y_j K(x_i \cdot x_j) \tag{9-3}$$

而相应的分类函数也变为

$$f(x)=\operatorname{sgn}\left\{\sum_{i=1}^{n}\alpha_i^* y_i K(x_i \cdot x_j)+b^*\right\} \tag{9-4}$$

算法的其他条件不变，这就是 SVM。

4. 核函数

选择满足 Mercer 条件的不同内积核函数，就构造了不同的 SVM，这样也就形成了不同的算法（李航，2012；周志华，2016）。目前研究最多的核函数主要有三类①。

① 智能财会研究院. 2021. 智能财务风险预警方法—支持向量机[EB/OL]. https://it.sohu.com/a/443734399_120636688 [2023-10-30].

（1）多项式核函数：

$$K(x,x_i)=[(x\cdot x_i)+1]^q \tag{9-5}$$

式中，q 为多项式的阶次，所得到的是 q 阶多项式分类器。

（2）径向基函数（RBF）：

$$K(x,x_i)=\exp\left\{-\frac{|x-x_i|^2}{\sigma^2}\right\} \tag{9-6}$$

所得的 SVM 是一种径向基分类器，它与传统径向基函数方法的基本区别是：这里每一个基函数的中心对应于一个支持向量，它们以及输出权值都是由算法自动确定的。径向基形式的内积函数类似人的视觉特性，在实际应用中经常用到，但是需要注意的是，选择不同的 S 参数值，相应的分类面会有很大差别。

（3）S 形核函数：

$$K(x,x_i)=\tanh[v(x\cdot x_i)+c] \tag{9-7}$$

这时的 SVM 算法中包含了一个隐层的多层感知器网络，不但网络的权值，而且网络的隐层结点数也是由算法自动确定的，而不像传统的感知器网络那样由人凭借经验确定。此外，该算法不存在困扰神经网络的局部极小点的问题。

上述几种常用的核函数中，最为常用的是多项式核函数和径向基核函数。除了上面提到的三种核函数外，还有指数径向基核函数、小波核函数等其他一些核函数，应用相对较少。事实上，需要进行训练的样本集有各式各样，核函数也各有优劣。B. Bacsens 和 S. Viaene 等曾利用 LS-SVM 分类器，采用 UCI 数据库，对线性核函数、多项式核函数和径向基核函数进行了实验比较，从实验结果来看，对不同的数据库，不同的核函数各有优劣，而径向基核函数在多数数据库上得到略为优良的性能（Baesens et al.，2017）。

9.2.3 案例及代码

此处，利用 meuse 数据集进行演示，数据及变量说明详见 9.1.3 节。

```
library(e1071)#支持向量机工具包
library(gstat)#用于加载 meuse 数据集
data(meuse.all) #加载 meuse.all 数据
meuse.all <- meuse.all[complete.cases(meuse.all),] #去除缺失值
meuse.all$soil <- as.factor(meuse.all$soil) #类型转换
```

分类问题：利用 lime、ffreq、dist.m、om、elev 等变量对 soil 进行分类

第一步：建立径向支持向量机模型。

```
fitC <- svm(soil ~ lime + ffreq + dist.m + om + elev,
           type="C-classification",data=meuse.all,
```

```
                kernel = "radial",scale = FALSE)
```

第二步：效果评价。

```
print(fitC)
> print(fitC)

Call:
svm(formula = soil ~ lime + ffreq + dist.m + om + elev, data = meuse.all, type = "C-classificat
ion",
    kernel = "radial", scale = FALSE)


Parameters:
   SVM-Type:  C-classification
 SVM-Kernel:  radial
       cost:  1

Number of Support Vectors:  149
```

```
mean(meuse.all$soil != predict(fitC)) #错分率
> mean(meuse.all$soil != predict(fitC))
[1] 0.0621118
```

第三步：寻找最优参数。

```
tuned <- tune.svm(soil ~ lime + ffreq + dist.m + om + elev,
                  data = meuse.all,gamma = 10^(-6:-1),cost = 10^(1:2))
summary(tuned)
> summary(tuned)

Parameter tuning of 'svm':

- sampling method: 10-fold cross validation

- best parameters:
 gamma cost
  0.01  100

- best performance: 0.1680147

- Detailed performance results:
   gamma cost     error dispersion
1  1e-06   10 0.3849265 0.09568324
2  1e-05   10 0.3849265 0.09568324
3  1e-04   10 0.3849265 0.09568324
4  1e-03   10 0.2430147 0.07614723
5  1e-02   10 0.2117647 0.10773446
6  1e-01   10 0.1805147 0.09575228
7  1e-06  100 0.3849265 0.09568324
8  1e-05  100 0.3849265 0.09568324
9  1e-04  100 0.2430147 0.07614723
10 1e-03  100 0.2180147 0.13317927
11 1e-02  100 0.1680147 0.09381286
12 1e-01  100 0.1746324 0.10166769
```

第四步：利用最优参数重新拟合模型。

```
fitC.tuned <- svm(soil ~ lime + ffreq + dist.m + om + elev,
```

```
              type="C-classification",data=meuse.all,
             kernel = "radial",cost = 100,scale = FALSE,gamma=0.01)
```

第五步：再次进行效果评价。

```
#错分率
mean(meuse.all$soil != predict(fitC.tuned))
> mean(meuse.all$soil != predict(fitC.tuned))
[1] 0.00621118
```

9.2.4 要点提示

支持向量机在高维空间上表现出很好的泛化能力，对于数据错误或噪声具有较好的容错能力，在样本量较少的情况下也能够有效应用。但是，支持向量机算法在计算量上比较大，对大数据量处理较为困难。此外，由于对非线性问题的处理需要经过核函数的处理，核函数的选择对结果产生较大的影响。

9.3 随 机 森 林

9.3.1 概述

随机森林就是通过集成学习的思想将多棵树集成的一种算法，它的基本单元是决策树，而它的本质属于机器学习的一大分支——集成学习（ensemble learning）方法。随机森林的名称中有两个关键词，一个是“随机”，一个就是“森林”。“森林”很好理解，一棵叫作树，那么成百上千棵就可以叫作森林了，这样的比喻还是很贴切的，其实这也是随机森林的主要思想——集成思想的体现。L. Breiman 和 A. Cutler 发展出推论出随机森林的算法。而“Random Forests”是他们的商标。这个术语是 1995 年由贝尔实验室的 Tin Kam Ho 所提出的随机决策森林（random decision forests）而来的。这个方法则是结合 Breimans 的“Bootstrap aggregating”想法和 Ho 的“random subspace method”以建造决策树的集合。20 世纪 80 年代等发明分类树的算法，通过反复二分数据进行分类或回归，计算量大大降低。2001 年 Breiman 把分类树组合成随机森林，即在变量（列）的使用和数据（行）的使用上进行随机化，生成很多分类树，再汇总分类树的结果（Breiman，2001）。随机森林在运算量没有显著提高的前提下提高了预测精度。随机森林对多元公线性不敏感，结果对缺失数据和非平衡的数据比较稳健，可以很好地预测多达几千个解释变量的作用，被誉为当前最好的算法之一。

由于随机森林算法的综合性能较好，所以在很多领域都有广泛的应用。任博等（2020）对基于随机森林的航空安全因果预测的新方法进行了研究，研究表明该方法能有效预测航空安全关键因素及航空安全关键态势变化趋势。许允之和王舒萍（2019）将随机森林算法应用到环境保护中，用来预测徐州雾霾情况。王可心等（2021）基于宁宿徐高速公路三个交通气象站 2015～2018 年冬季逐 10 min 实时观测资料，使用随机森林回归模型预报这三个站的未来 1h 冬季路面温度，分析了该模型在冬季路面温度预报中的可行性和适用性。Evans 等（2019）利用基于上下文的随机森林算法预测道路交通状况。de Santana 等（2019）利用随机森林算法和红外光谱进行食品掺假检测。

9.3.2 算法及过程

随机森林的核心思路是通过组合多个决策树来提高模型的预测能力。具体来说，随机森林包含以下几个步骤：①从原始数据集中随机抽取一部分样本，形成一个新的子集，称为“随机子样本”。这样做是为了减少数据集的方差和过拟合。②从所有的特征中随机选择一部分特征，形成一个新的特征集，称为“随机特征集”。这样做是为了减少特征之间的相关性和决策树之间的相关性。③使用随机子样本和随机特征集来构建决策树。这里使用的是 CART（分类回归树）算法。重复步骤，构建多个决策树，形成一个“森林”。对于新的样本数据，将其输入到每个决策树中进行分类或回归，并对每个决策树的结果进行投票或平均，得到最终的预测结果。随机森林的核心思想是通过降低方差和决策树之间的相关性来提高模型的预测能力。这使得随机森林在处理高维数据、处理大数据集和处理复杂数据时表现出色，并且具有较好的鲁棒性和准确性。

随机森林和 CART（classification and regression trees）决策树是两种不同的机器学习算法，但随机森林算法的基础之一是使用 CART 决策树来构建随机森林中的每个基本分类器。下面是随机森林和 CART 决策树的区别与联系：首先，随机森林是一种集成学习方法，使用多个决策树来进行预测，而 CART 决策树是一种单一的分类或回归模型。随机森林在每个决策树的构建过程中会使用随机子样本和随机特征集来降低模型的方差和决策树之间的相关性，而 CART 决策树使用所有样本和所有特征来构建决策树。随机森林可以处理高维数据和大数据集，并且具有较好的鲁棒性和准确性，而 CART 决策树通常更适用于处理低维数据和小数据集。其次，随机森林的基础是使用 CART 决策树来构建随机森林中的每个基本分类器，因此两种算法都使用决策树来进行预测。随机森林算法的核心思想是通过组合多个决策树来提高模型的预测能力，因此它们都属于决策树集成方法的范畴。总体来说，随机森林和 CART 决策树都是常用的机器学习算法，它们可以用于处理不同类型的数据和问题，并具有各自的优缺点。随机森林通过使用多个决策树进行集成学习，提高了模型的鲁棒性和准确性，但需要更多的计算资源和时间。而 CART 决策树则是一种简单、快速的算法，适用于处理小型和低维度的数据集。

随机森林的基础学习器是决策树，决策树模型简单，具有预测效率好、具有可解释性等诸多优点，其根据损失函数达最小的原则建立决策树模型，包括 3 个基本步骤：属性选择、决策树的生成与剪枝。

通过信息增益准则对属性进行选择来构建决策树的方法称为 ID3 算法，公式如下：

$$H(D)=-\sum_{k=1}^{K}\frac{|C_k|}{|C_k|}\log_2\frac{|C_k|}{|D|} \tag{9-8}$$

计算特征 A 对数据集 D 的经验条件熵 $H(D|A)$，公式如下：

$$H(D|A)=-\sum_{k=1}^{K}\frac{|D_i|}{|D|}H(D_i)=-\sum_{k=1}^{K}\frac{|D_i|}{|D|}\sum_{k=1}^{K}\frac{|D_{ik}|}{|D_i|}\log_2\frac{|D_{ik}|}{|D_i|} \tag{9-9}$$

计算信息增益 $g(D,A)$，公式如下：

$$g(D,A)=H(D)-H(D|A) \tag{9-10}$$

选择最大的信息增益 $g(D,A)$作为结点，再递归并调用以上方法得到子结点，直到信息增益很小，没有属性选择为止，决策树的构建完成。然而用 ID3 算法划分训练集的属性，会对取值较多的属性有偏，所以使用信息增益率对属性进行选择可以优化这一问题，即 C4.5 算法。

计算信息增益率比 $g(D,A)$，公式如下：

$$g_R(D,A)=\frac{g(D,A)}{H_A(D)} \tag{9-11}$$

式中，

$$H_A(D)=-\sum_{i=1}^{n}\frac{|D_i|}{|D|}\log_2\frac{|D_i|}{|D|} \tag{9-12}$$

式中，n 为属性 A 取值的个数。CART 决策树的生成就是递归地构建二叉决策树的过程。首先用训练集生成尽量大的树，其次用验证集对已经生成的树进行剪枝处理并选择最优的二叉树。对回归树、分类树分别用平方误差最小化准则和基尼指数最小化准则进行属性选择。ID3、C4.5 和 CART 决策树是构建随机森林算法常用的基决策树。

令 $h(x)$ 表示其中一个决策树的回归预测值，然后对决策树的回归预测值取平均得到随机森林回归的预测值，如式（9-13）所示：

$$M(X)=\frac{1}{m}\sum_{i=1}^{N}h_i(x) \tag{9-13}$$

随机森林的分类：首先，从原始训练集中随机选取 k 个样本；其次，分别建立决策树模型，得到 k 个样本的分类结果，根据分类结果对每个样本进行投票；最后，确定分类，其中 $I(\cdots)$ 是一个线性函数。公式如下：

$$M(X)=\arg\max_Y\sum_{i=1}^{N}I(h_i(x)=Y) \tag{9-14}$$

给定一组分类模型 $m_1(x)$, $m_2(x)$, …, $m_k(x)$，每个分类的训练数据从原始数据（X,Y）抽样得到。所以，用残差函 $f(X,Y)$ 来求正确分类大于错误分类的具体情况，其公式如下：

$$f(X,Y)=av_nI(m_n(x)=Y)-\max_{j\neq n}av_nI(m_n(x)=j) \tag{9-15}$$

由此可知，$f(X,Y)$ 和分类预测结果密切相关，$f(X,Y)$ 越大，预测结果越准确。因此模型的外推误差为

$$\mathrm{PE}^*=P_{X,Y}[f(X,Y)<0] \tag{9-16}$$

随着决策树分类数量的增加，泛化误差增大，所有决策树都收敛于公式：

$$\lim_{n\to\infty}\mathrm{PE}=P_{xy}\left\{P_\theta\left[m(X,\theta)=Y\right]-\max P_\theta\left[m(X,\theta)=j\right]<0\right\} \tag{9-17}$$

式中，n 为森林中决策树的数量。随着决策树变大，泛化误差 PE 趋于上界，即随机森林算法具有良好的收敛性和防止过拟合的能力。

9.3.3 案例及代码

以第 6 章的调查问卷数据为例，利用随机森林模型阐明影响垃圾分类意愿的影响因素：包括性别、年龄、学历、家庭人口、住所类型、住宅面积、建成时间和物业费。每个问题的赋值标准是这样的：①性别，男性赋值为 1，女性为 0；②学历，研究生及以上赋值为 7，本科赋值为 5，大专赋值为 4，高中赋值为 3，初中赋值为 2，无赋值为 1；③住所类型，多层普通住宅、高层或小高层普通住宅、别墅或独院和自建房分别为 1 分、3 分、5 分和 7 分；④以居民的垃圾分类意愿问卷中的第 28 题为依据，多选项中每多选一个选项加 1 分，如果选择 F 项则减去 2 分。代码如下：

```
library(readxl)
library(showtext)
library(sysfonts)
library(ggplot2)
library(stringr)
showtext_auto(enable=T)
font_add("hwzs","C:\\Windows\\Fonts\\STZHONGS.ttf")
font_add("RMN","C:\\Windows\\Fonts\\times.ttf")
wj <- read_xlsx("F:\\书\\code\\9.3\\垃圾回收问卷.xlsx",sheet=1)
wj_sub <- wj[,c(3:10,29)]
wj_sub <- wj_sub[-1,]
str <- str_split(wj_sub$题28,"")
```

```
fz<- function(x){ifelse("F"%in%x,length(x)-1-2,length(x))}
wj_sub$题28 <- sapply(str,fz)
wj_sub$题2[wj_sub$题2=="A"] <- 1
wj_sub$题2[wj_sub$题2=="B"] <- 0
#针对第四题的赋值
x <- wj_sub$题4
  x[x=="A"] <- 7
  x[x=="B"] <- 5
  x[x=="C"] <- 4
  x[x=="D"] <- 3
  x[x=="E"] <- 2
  x[x=="F"] <- 1
wj_sub$题4 <- x
#第六题
wj_sub$题6[wj_sub$题6=="A"] <- 1
wj_sub$题6[wj_sub$题6=="B"] <- 3
wj_sub$题6[wj_sub$题6=="C"] <- 5
wj_sub$题6[wj_sub$题6=="D"] <- 7
#随机森林
library(randomForest)
dy1 <- wj_sub[complete.cases(wj_sub),]
names(dy1) <- c("gender","age","education","family",
             "architecture","area","year","fee","perception")
dy1 <- as.data.frame(dy1)
dy1 <- as.data.frame(sapply(dy1,as.numeric,simplify = T))
fit <- randomForest ( perception~.,data=dy1,importance=T,ntree =
500,proximity=TRUE)
#重要性
imp <- as.data.frame(importance(fit))
pdf("F:\\书\\code\\9.3\\importance.pdf",width=15)
op <- par(mfrow=c(1,2))
dotchart ( imp[order ( imp$`%IncMSE` ) ,]$'%IncMSE',labels = row.names
(imp[order(imp$`%IncMSE`),]),
        cex = 0.9,pch = 21,xlab = "%IncMSE",color = "darkred",family="RMN")
text(-1,10.5,expression(bolditalic(a)))
dotchart ( imp[order ( imp$IncNodePurity ) ,]$IncNodePurity,labels =
row.names(imp[order(imp$IncNodePurity),]),
        cex = 1,pch = 17,xlab = "IncNodePurity",color = "darkgreen",
```

```
family="RMN")
   text(2,10.5,expression(bolditalic(b)))
   par(op)
   dev.off()
```

在引入的随机森林模型中（randomForest），选择500棵衍生树（ntree = 500）。从结果可以看出，如果以%IncMSE 指标为准（图 9-4），对垃圾分类意愿影响最大的前三个因素分别是年龄、教育水平和性别。而以 IncNodePurity（图 9-4）指标为准，住宅面积、年龄和物业费是对垃圾分类意愿影响最大的前三个因素。可以看出，年龄是影响小区垃圾分类意愿的核心要素。

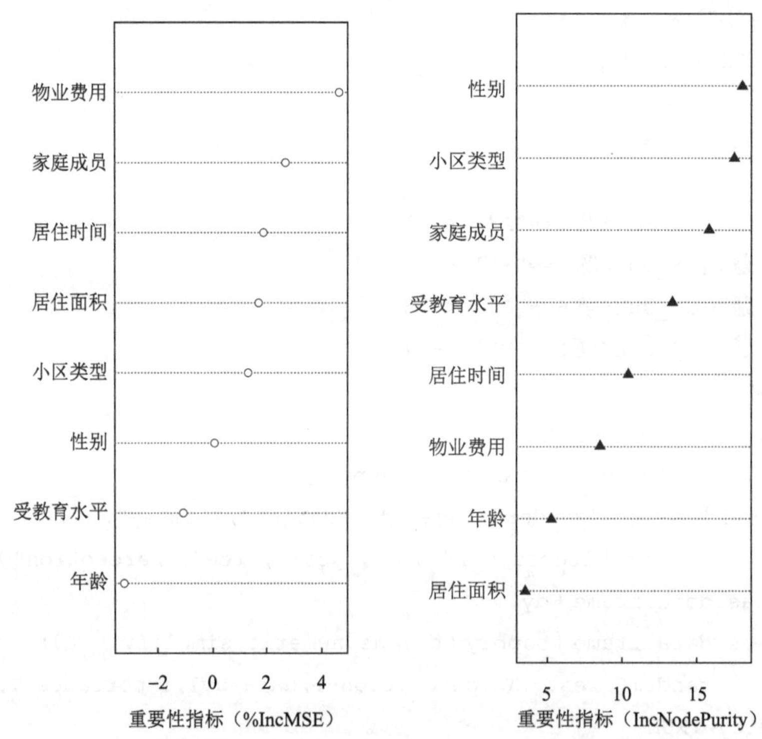

图 9-4　随机森林模型获取的垃圾分类意愿的影响因素重要性

只知道不同影响因素对垃圾分类意愿的影响大小还远远不够，使用者更关心每个因素是如何影响垃圾分类意愿的，即影响方向。如年龄大对垃圾分类有帮助还是年纪轻？因此，利用偏相绘图工具（partialPlot）来可视化这一问题，代码如下：

```
imp <- importance(fit)
impvar <- rownames(imp)[order(imp[,1],decreasing=TRUE)]
op <- par(mfrow=c(3,3))
for (i in seq_along(impvar)) {
  partialPlot(fit,dy1,impvar[i],xlab=impvar[i],
              main=paste("on",impvar[i]))
```

```
}
par(op)
```

结果如图 9-5 所示。

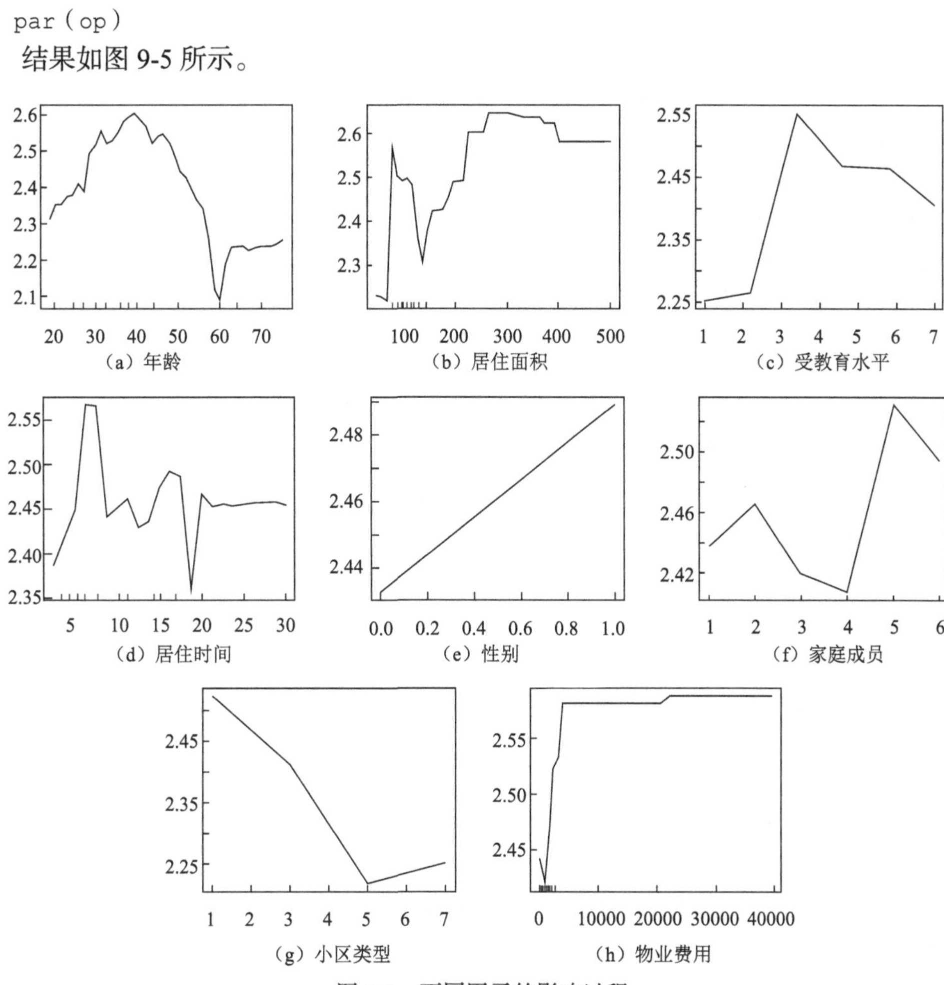

图 9-5　不同因子的影响过程

可以看出，20～40 岁区间，业主随着年龄的增加垃圾分类意愿呈快速增加的趋势，而当年龄超过 50 岁以后其意愿呈快速下降的趋势。另外，在性别差异上男性要比女性往往具有更高的垃圾分类意愿（图 9-5）。

难度加深：随机森林作为一种机器学习算法，其预测功能也非常强大，在本案例中如何利用 8 个影响因素来预测垃圾分类意愿是个比较有意思的话题，尝试一下。

```
library(randomForest)
dy1$perception <- as.factor(dy1$perception) #将因变量转变为因子变量，提升拟合精度。
ind <- sample(2,nrow(dy1),replace = TRUE,prob=c(0.8,0.2)) #随机生成向量
fit <- randomForest(perception~age+gender+area+year,data=dy1[ind == 1,])
#由于这四个影响因素重要性比较大，因此选用这四个进行预测。
fit
```

```
> fit <- randomForest(perception~age+gender+area+year,data=dy1[ind == 1,])
> fit

Call:
 randomForest(formula = perception ~ age + gender + area + year,          data = dy1[ind == 1,
 ])
               Type of random forest: classification
                     Number of trees: 500
No. of variables tried at each split: 2

        OOB estimate of  error rate: 76%
Confusion matrix:
   -1 0 1  2 3 4 class.error
-1  0 0 0  0 0 1   1.0000000
0   0 0 0  2 0 0   1.0000000
1   0 0 1  5 4 2   0.9166667
2   0 0 3 10 7 3   0.5652174
3   0 0 7  9 7 2   0.7200000
4   0 0 3  4 5 0   1.0000000
```

可以看出，预测精度可以达到 76%。接着用起来预测，代码如下：

```
pre <- predict(fit,dy1[ind == 2,])
table(observed = dy1[ind==2,"perception"],predicted = pre)
```

生成混淆矩阵，如下：

```
> table(observed = dy1[ind==2, "perception"], predicted = pre)
        predicted
observed -1 0 1 2 3 4
      -1  0 0 0 0 0 0
      0   0 0 0 0 1 0
      1   0 0 0 1 0 0
      2   0 0 1 2 5 0
      3   0 0 2 1 3 1
      4   0 0 3 1 0 1
```

可以看出，将预测值与实际观测进行对比形成混淆矩阵：观测数据中垃圾分类意愿为 4 的有 5 个（最后一行），而模拟预测的只有 2 个，其中还有一个将观测中的 3 模拟预测成了 4。而模拟模型对垃圾分类意愿中的 3，模拟较准，模拟预测准了 3 个（第 5 行，第 5 列）。

9.3.4　要点提示

（1）随机森林在解决回归问题时，并没有像它在分类中表现得那么好，这是因为它并不能给出一个连续的输出。当进行回归时，随机森林不能够做出超越训练集数据范围的预测，这可能导致在某些特定噪声的数据进行建模时出现过度拟合（随机森林已经被证明在某些噪声较大的分类或者回归问题上会过拟合）。

（2）对于许多统计建模者来说，随机森林给人的感觉就像一个黑盒子，无法控制模型内部的运行。只能在不同的参数和随机种子之间进行尝试。可能有很多相似的决策树，掩盖了真实的结果。

（3）对于小数据或者低维数据（特征较少的数据），可能不能产生很好的分类。处理高维数据、处理特征遗失数据、处理不平衡数据是随机森林的长处。执行数据虽然比 boosting 等快（随机森林属于 bagging），但比单只决策树慢。

9.4 神 经 网 络

9.4.1 概述

神经网络模型是一种模拟人类神经系统的计算模型，它由大量的人工神经元组成，可以通过学习和训练来实现各种任务，如分类、回归、聚类等（朱大奇和史慧，2006）。神经网络模型通常由输入层、隐藏层和输出层组成，其中输入层接收输入数据，输出层输出结果，隐藏层则负责处理输入数据并提取特征。神经网络模型的训练过程通常使用反向传播算法，通过不断调整神经元之间的权重和偏置来最小化损失函数，从而提高模型的准确性和泛化能力。常见的神经网络模型包括前馈神经网络、卷积神经网络、循环神经网络等。在实际应用中，神经网络模型已经被广泛应用于图像识别、语音识别、自然语言处理、推荐系统等领域[①]。

人工神经网络（artificial neural network，ANN），简称神经网络（neural network，NN），是一种模仿生物神经网络的结构和功能的数学模型或计算模型，用于对函数进行估计或近似[②]。神经网络是一种非线性统计性数据建模工具，通常是通过一个基于数学统计学类型的学习方法（learning method）得以优化，所以也是数学统计学方法的一种实际应用。神经网络具有自适应学习、并行处理、容错能力强等特点，在机器学习和认知科学领域得到广泛应用[②]。

典型的人工神经网络具有以下三个部分。

结构（architecture）：结构指定了网络中的变量和它们的拓扑关系。例如，神经网络中的变量可以是神经元连接的权重（weights）和神经元的激励值（activities of the neurons）[②]。

激励函数(activation rule)：大部分神经网络模型具有一个短时间尺度的动力学规则，来定义神经元如何根据其他神经元的活动来改变自己的激励值。一般激励函数依赖于网络中的权重（即该网络的参数）[②]。

学习规则（learning rule）：学习规则指定了网络中的权重如何随着时间推进而调整。这一般被看作是一种长时间尺度的动力学规则。一般情况下，学习规则依赖于神经元的激励值。它也可能依赖于监督者提供的目标值和当前权重的值。例如，用于手写识别的一个神经网络，有一组输入神经元。输入神经元会被输入图像的数据所激发。在激励值被加权并通过一个函数（由网络的设计者确定）后，这些神经元的激励值被传递到其他神经元。这个过程不断重复，直到输出神经元被激发。最后，输出神经元的激励值决定了识别出来的是哪个字母[②]。

一种常见的多层结构的前馈网络（multilayer feedforward network）由三部分组成[③]。

输入层（input layer）：众多神经元（neuron）接受大量非线性输入消息。输入的消

① EarsonLau. 2018. 数据挖掘笔记[EB/OL]. https://blog.csdn.net/weixin_47969779/article/details/122287257[2023-10-30].

② 余露. 2013. 人工神经网络简介[EB/OL]. https://blog.sciencenet.cn/blog-696950-697101.html[2023-10-30].

③ bluebelfast. 2013. 传统神经网络 ANN 简介[EB/OL]. https: //www.cnblogs.com/earsonlau/p/11360853.html[2023-10-30].

息称为输入向量。

输出层（output layer）：消息在神经元链接中传输、分析、权衡，形成输出结果。输出的消息称为输出向量。

隐藏层（hidden layer）：简称“隐层”，是输入层和输出层之间众多神经元和链接组成的各个层面。隐层可以有一层或多层。隐层的结点（神经元）数目不定，但数目越多，神经网络的非线性越显著，从而神经网络的强健性（控制系统在一定结构、大小等的参数摄动下，维持某些性能的特性）更显著。习惯上会选输入 1.2～1.5 倍的结点。

这种网络一般称为感知器（对单隐藏层）或多层感知器（对多隐藏层），神经网络的类型已经演变出很多种，这种分层的结构也并不是对所有的神经网络都适用。

通过训练样本的校正，对各个层的权重进行校正（learning）而创建模型的过程，称为自动学习过程（training algorithm）。具体的学习方法则因网络结构和模型不同而不同，常用反向传播（backpropagation/倒传递/逆传播，以 output 利用一次微分 delta rule 来修正 weight）算法来验证。

9.4.2 算法及过程

神经网络模型中常用的算法包括如下。

1. 反向传播算法

反向传播（backpropagation）算法是一种基于梯度下降的优化算法，通过计算损失函数对权重和偏置的偏导数来更新神经元之间的权重和偏置，从而提高模型的准确性和泛化能力。

2. 随机梯度下降算法

随机梯度下降（stochastic gradient descent，SGD）算法是一种基于随机采样的梯度下降算法，通过随机选择一部分样本来计算梯度并更新权重和偏置，从而加速模型的训练过程。

3. 自适应学习率算法

自适应学习率（adaptive learning rate，AdaGrad）算法是一种基于梯度历史信息的优化算法，通过自适应地调整学习率来提高模型的收敛速度和稳定性。

4. 动量算法

动量（momentum）算法是一种基于动量的优化算法，通过累积之前的梯度信息来加速模型的训练过程，从而避免陷入局部最优解。

5. Adam 算法

Adam 算法是一种结合了 AdaGrad 和 momentum 的优化算法，通过自适应地调整学习率和动量来提高模型的收敛速度和稳定性。

除了以上算法，还有一些其他的优化算法，如 RMSprop、Nesterov Accelerated Gradient 等，不同的算法适用于不同的神经网络模型和任务。

9.4.3 案例及代码

以下是一个使用R语言实现基于神经网络的分类案例：

使用“neuralnet”包中的 neuralnet()函数来构建神经网络模型。这里使用土壤颜色和土壤电导率组成的一个数据集 EcColor.rda。

```
library(tidyverse)
library(neuralnet)
library(GGally)
EcColor <- read.csv("G:\\1213\\DATA\\9.4\\data.csv")
EcColor <- EcColor [,-1]
```

在进行任何数据分析之前，先看一下数据集内部的关系。

```
ggpairs(EcColor,
        title = "Scatterplot Matrix of the Features of the Soil Data Set")
```

图9-6中可以看到数据集中每个特征变化。注意最底部的散点图条，这显示了作为其他数据集特征（独立实验值）的函数，同时也给出了与其他数据集之间的相关性和显著性。

在构建回归人工神经网络之前，首先必须将 EcColor 数据集分为测试数据集和训练数据集。在分割之前，缩放每个特征使其落入[0,1]间隔。首先建立一个函数，该函数将每个数据观察映射到函数中调用的间隔。然后，提供可重复结果的种子，并随机提取（无替换）80%的观测值来构建数据集。最后，使用函数提取不在数据集中的所有观测值作为中的测试数据集。

```
scale01<- function(x){
  (x - min(x)) / (max(x) - min(x))
}
ECdata <- EcColor %>%
 mutate_all(scale01)
```

该 scale01()函数将每个数据映射到[0,1]区间内，函数中调用的是 dplyr 包 mutate_all()。

```
#数据分成训练集和测试集
library(caret)
set.seed(123)
ind <- createDataPartition(ECdata$EC,p = 0.7,list = F)
EC_train <- ECdata
EC_test <- ECdata[-ind,]
```

语言提供了可重复结果的种子，使用 caret 的 createDataPartition()函数随机提取（无替换）70%的观测值来构建数据 EC_Train 集，余下的 30%的数据集作为测试数据集 EC_Test。

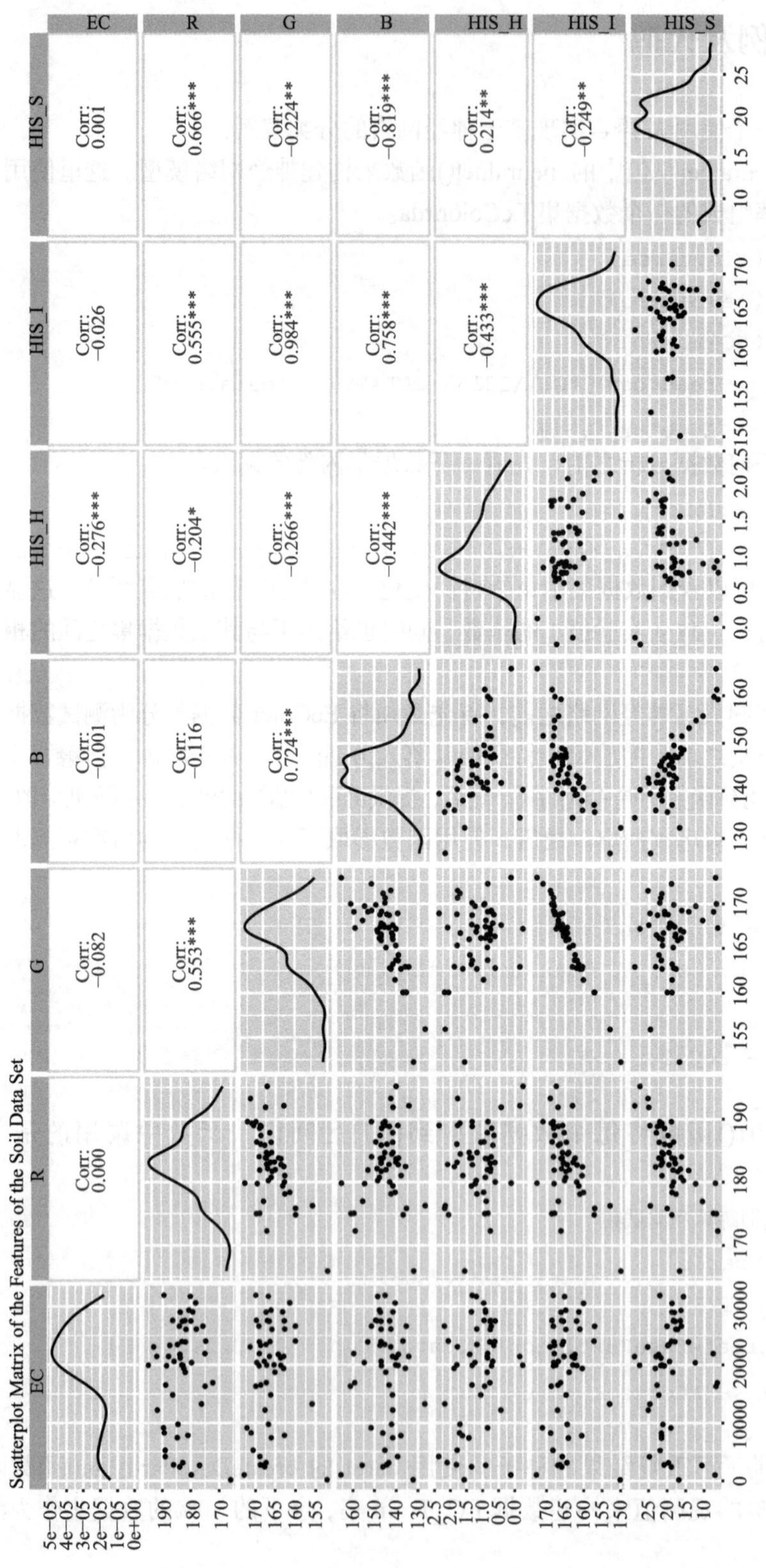

图9-6 数据集内部的关系

```
#最简单神经网络,隐藏层为 1,神经元也为 1
set.seed(12321)
EC_NN1 <- neuralnet(EC ~ .,data = EC_train,
                    hidden=1,linear.output = FALSE)
plot(EC_NN1,rep = 'best')
pred <- predict(EC_NN1,EC_test)#预测结果
cor(pred,EC_test$EC)
> cor(pred, EC_test$EC)
          [,1]
[1,] 0.3129458
```

可以看出,该神经网络模型经过测试数据的检测,实际值与预测值的相关性较小(图 9-7)。

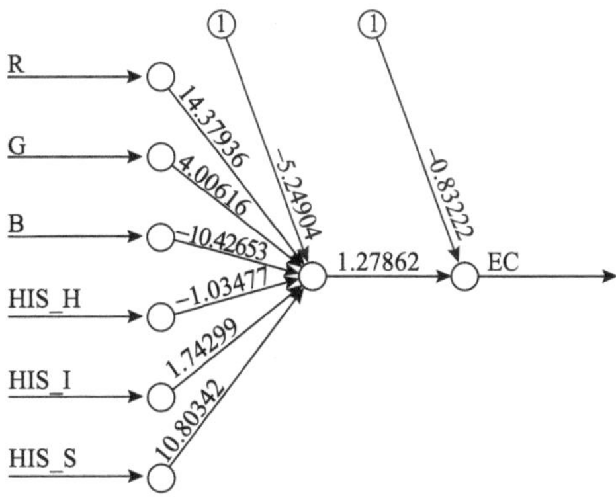

图 9-7　最简单的神经网络图

隐藏层和神经元较多的神经网络(两个隐藏层的神经元分别为 4 和 2),因此,神经网络模型设置如下:

```
set.seed(12321)
EC_NN1 <- neuralnet(EC ~ .,data = EC_train,
               hidden=c(4,2),linear.output = FALSE)
plot(EC_NN1,rep = 'best')
pred <- predict(EC_NN1,EC_test)#预测结果
cor(pred,EC_test$EC)
> cor(pred, EC_test$EC)
          [,1]
[1,] 0.5567552
```

可以看出,该神经网络模型经过测试数据的检测,实际值与预测值的相关性相对较大(图 9-8)。在进行两次神经网络回归算法时,都设置了相同的随机种子,说明两次用的数据集是一致的,但是一个只有一个隐藏层且只有一个神经元的模型,另一个是有两个隐藏层且都有多个神经元的模型。从测试数据集中可以看出,对于本数据集来说,隐藏层和神经元多的网络模型对 EC 的回归效果较好。

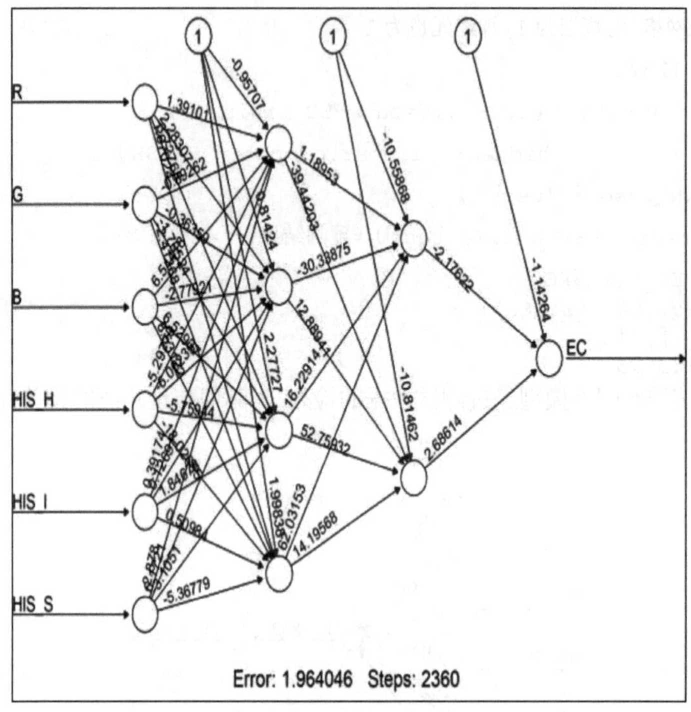

图 9-8 多隐藏层的神经网络图

9.4.4 要点提示

（1）R 语言中有很多包关于神经网络，如 nnet、AMORE、neuralnet 以及 RSNNS。nnet 提供了最常见的前馈反向传播神经网络算法。AMORE 包则更进一步提供了更为丰富的控制参数，并可以增加多个隐藏层。neuralnet 包的改进在于提供了弹性反向传播算法和更多的激活函数形式。RSNNS 则是连接 R 和 SNNS 的工具，在 R 中即可直接调用 SNNS 的函数命令，在这方面有了极大的扩充。

（2）神经网络模型的隐藏层和神经元设计对结果影响很大，需找到合适的隐藏层和神经元数量。数据集在进行模型训练时应该进行归一化，减小数据之间的差异对结果的影响。

思 考 题

（1）查阅相关资料回答与神经网络、贝叶斯等方法相比，在什么情况下会优先选择决策树呢？

（2）支持向量机在实际生活中有着广泛的应用，谈一谈在生活中哪些方面可以运用。

（3）查阅资料分析控制树的规模、修改测试空间、修改测试属性、数据库约束、改变数据结构等简化决策树的方法各有什么优缺点。

（4）简化决策树是必要的吗？什么情况下需要简化决策树？

（5）人工神经网络有两种分类方式，分别是依学习策略（algorithm）分类和依网络架构（connectionism）分类，请查阅相关文献了解两种分类下的不同网络，并分析每一种网络主要功能与优势是什么。

（6）在人工智能迅速发展的时代，想一想神经网络在推进人工智能发展中起到什么作用。

第 10 章　空间自相关与空间回归模型

10.1　概　　述

Tobler（1970）曾指出“地理学第一定律：任何东西与别的东西之间都是相关的，但近处的东西比远处的东西相关性更强。”空间自相关统计量是用于度量地理数据（geographic data）的一个基本性质：某位置上的数据与其他位置上的数据间的相互依赖程度。通常把这种依赖叫作空间依赖（spatial dependence）。地理数据由于受空间相互作用和空间扩散的影响，彼此之间可能不再相互独立，而是相关的。所谓的空间自相关（spatial autocorrelation）就是研究空间中，某空间单元与其周围单元间，就某种特征值，通过统计方法，进行空间自相关性程度的计算，以分析这些空间单元在空间上分布现象的特性[①]。可采用全局和局部自相关指数来衡量空间要素属性值聚合或离散的程度。空间自相关是指在空间上相邻区域之间的相关程度[②]。在地理空间分析中，空间自相关通常被用来描述空间数据中的空间分布特征，它可以帮助了解不同位置之间的相互作用和联系。空间自相关可以通过计算空间数据的协方差或相关系数来衡量。一般来说，如果相邻区域的数据值趋向于相似或相关，则认为存在正的空间自相关；反之，如果相邻区域的数据值趋向于不同或不相关，则存在负的空间自相关。如果相邻区域的数据值随机变化或者没有明显的趋势，则不存在空间自相关。空间相关类型：地理空间相关性最常见的形式是斑块和梯度。一个变量的空间相关性可以是外生的（由另一个空间自相关的变量引起,如降雨），也可以是内生的（由某个过程引起，如疾病的传播）[③]。

不同的自相关系数适用于不同的数据类型。空间权重是进行空间自相关分析的前提和基础[①]。空间自相关的探究可以用于多种应用场景：①描述和理解地理现象的空间分布特征，如人口密度、土地利用、犯罪率等。②帮助预测未知地点的属性值，如通过已知地点的数据值来预测未知地点的数据值。③检测数据中的空间异质性，如通过探究不同区域之间的相似性来判断是否需要使用空间加权方法进行分析。④空间聚类分析，如通过检测空间自相关来确定数据是否呈现出空间集聚的模式。在空间分析中，空间自相

① GISer. 2021. 空间自相关的理论理解[EB/OL]. https://zhuanlan.zhihu.com/p/495701298[2023-10-30].

② Wen L. 2020. 数据分析学习总结笔记 12: 空间自相关——空间位置与相近位置的指标测度[EB/OL]. https://blog.csdn.net/weixin_41961559/article/details/105600009[2023-10-30].

③ 沈浩. 2020. 空间自相关|空间位置与相近位置的指标测度[EB/OL]. https://towardsdatascience.com/spatial-autocorrelation-close-objects-affecting-other-close-objects-90f3218e0ac8[2023-10-30].

关是一个重要的概念，它可以帮助更好地理解和分析地理现象。空间自相关分析可以：①揭示空间结构：空间自相关可以揭示地理现象的空间结构，帮助了解地理现象的空间分布特征，包括空间集聚和空间离散。这有助于更好地理解和分析地理现象，发现地理现象之间的相互作用和联系。②提供空间预测能力：空间自相关可以帮助预测未知位置的属性值，通过已知位置的数据值来推断未知位置的数据值。这对于一些实际应用非常有用，如空气质量检测、地震预测等。③提高分析精度：空间自相关可以通过考虑相邻区域之间的相关性，提高分析的精度和可靠性。这有助于更准确地分析地理现象，制定更科学的决策和规划（刘湘南等，2017）。

10.2　算法及过程

空间自相关统计量是用于度量地理数据（geographic data）的一个基本性质：某位置上的数据与其他位置上的数据间的相互依赖程度，常把这种依赖叫作空间依赖（spatial dependence）。地理数据由于受空间相互作用和空间扩散的影响，彼此之间可能不再相互独立，而是相关的。例如，视空间上互相分离的许多市场为一个集合，如市场间的距离近到可以进行商品交换与流动，则商品的价格与供应在空间上可能是相关的，而不再相互独立。实际上，市场间距离越近，商品价格就越接近、越相关（刘湘南等，2017）。

它在地理统计学科中应用较多，现已有多种指数可以使用，但最主要的有两种指数，即 Moran 的 I 指数和 Geary 的 C 指数。

10.2.1　全局 Moran 指数

如果 x_i 是位置（区域）i 的观测值，则该变量的全局 Moran 指数 I，用以下公式计算：

$$I=\frac{n\sum_{i=1}^{n}\sum_{j\neq i}^{n}W_{ij}\left(x_i-\bar{x}\right)\left(x_j-\bar{x}\right)}{\sum_{i=1}^{n}\sum_{j\neq i}^{n}W_{ij}\sum_{i=1}^{n}\left(x_i-\bar{x}\right)^2}\tag{10-1}$$

式中，I 为 Moran 指数；$\bar{x}$ 为平均数。

Moran 指数 I 的取值一般在[−1,1]之间，小于 0 表示负相关，等于 0 表示不相关，大于 0 表示正相关[①]（刘湘南等，2017；徐建华和陈睿山，2017）。

对于 Moran 指数，可以用标准化统计量 Z 来检验 n 个区域是否存在空间自相关关系，Z 的计算公式为

$$Z(I)=\left(I-E(I)\right)/\mathrm{VAR}(I)\tag{10-2}$$

① 陈腾飞. 2020. 莫兰指数(Moran's I)讲解[EB/OL]. https://blog.csdn.net/tengfei0973/article/details/105929871[2023-10-30].

式中的均值和方差都是理论上的均值和标准方差。可以对零假设 H0（n 个区域单元的属性值之间不存在空间自相关）进行假设性检验，即检验所有区域单元的观测值之间是否存在空间自相关。显著性水平可以由标准化 Z 值的 p 值检验来确定：通过计算 Z 值的 p 值，再将它与显著性水平 α 进行比较，决定拒绝还是接受零假设；如果 p 值小于给定的显著性水平 α，则拒绝零假设；否则接受零假设。在实际问题分析中，常常取显著性水平 α=0.05（徐建华和陈睿山，2017；张松林和张昆，2007）。

在实际中，关于显著性检验有三种方法：第一种方法是最常用的，即假设变量服从正态分布，在样本无限大的情况下，Z 值服从标准正态分布，据此可判断显著性水平。第二种方法，是在未知分布的情况下，用随机化方法得到 Z 值的近似分布。如果假设区域单元的观测值和位置完全无关，易知 Z 值渐进地服从标准正态分布，据此判断显著性水平。第三种方法是置换方法，假设观测值可以等概率地出现在任何位置之中，但是关于 I 的分布是实证地产生的，最后得到 I 的均值和方差（徐建华和陈睿山，2017）。

在正态分布假设下，Moran 指数 I 的期望值与方差分别为

$$S_0=\sum_{i=1}^{n}\sum_{j=1}^{n}w_{i,j} \tag{10-3}$$

$$S_1=\frac{1}{2}\sum_{i=1}^{n}\sum_{j=1}^{n}\left(W_i+W_{ji}\right)^2 \tag{10-4}$$

$$S_2=\sum_{i=1}^{n}\left(W_i+W_j\right)^2 \tag{10-5}$$

$$E\left[I\right]=\frac{-1}{n-1} \tag{10-6}$$

$$\mathrm{VAR}\left(I\right)=\frac{n^2S_1-nS_2+3S_0^2}{\left(n^2-1\right)S_0^2} \tag{10-7}$$

随机分布假设下，Moran 指数 I 的期望值与方差分别为

$$E\left[I\right]=\frac{-1}{\left(n-1\right)} \tag{10-8}$$

$$\mathrm{VAR}\left(I\right)=\frac{n\left[\left(n^2-3n+3\right)S_1-nS_2+3S_0^2\right]-\dfrac{n\sum_{i=1}^{n}\left(x_i-\bar{x}\right)^2}{\left[\sum_{i=1}^{n}\left(x_i-\bar{x}\right)^2\right]^2}\left[\left(n^2-n\right)S_1-2nS_2+6S_0^2\right]}{\left(n-1\right)\left(n-2\right)\left(n-3\right)S_0^2}-E\left[I^2\right] \tag{10-9}$$

当 Z 值为正且显著时，表明存在正的空间自相关，也就是说，相似的观测值趋于空

间聚集；当 Z 值为负且显著时，表明存在负的空间自相关，也就是说，相似的观测值趋于分散分布；当 Z 值为零时，观测值呈独立随机分布。

10.2.2　局部空间自相关

Moran 指数 I 和 Geary 系数 C 对空间自相关的全局评估，存在忽略了空间过程的潜在不稳定性问题。如果进一步考虑是否存在观测值的高值或低值的局部空间集聚，哪个区域单元对全局空间自相关的贡献更大，以及在多大程度上空间自相关的全局评估掩盖了反常的局部状况或小范围的局部不稳定性时，就必须进行局部空间自相关分析。局部空间自相关分析方法包括三种：LISA、G 统计、Moran 散点图（徐建华和陈睿山，2017）。

空间联系的局部指标（local indicators of spatial association，LISA）满足下列两个条件：每个区域单元的 LISA，是描述该区域单元周围显著的相似值区域单元之间空间集聚程度的指标；所有区域单元 LISA 的总和与全局的空间联系指标成比例（徐建华和陈睿山，2017）。

LISA 包括局部 Moran 指数和局部 Geary 指数。

局部 Moran 指数 I_i 被定义为

$$I_i = \frac{n\left(x_i - \bar{x}\right)\sum_{j \neq i}^{n} W_{ij}\left(x_j - \bar{x}\right)}{\sum_{i=1}^{n}\sum_{j=1}^{n}\left(x_i - \bar{x}\right)^2} \tag{10-10}$$

每个区域单元 i 的 I_i 是描述该区域单元周围显著的相似值区域单元之间空间集聚程度的指标；正值表示该区域单元周围相似值的空间集聚，负值表示非相似值的空间集聚。

局部 Geary 系数的计算公式为

$$C_i == \frac{n\sum_{j \neq i}^{n} W_{ij}\left(x_i - \bar{x}\right)^2}{\sum_{i=1}^{n}\left(x_i - \bar{x}\right)^2} \tag{10-11}$$

LISA 方法考虑了对全局指标 Moran 指数的分解，将其分解到每个观测值的贡献上。评估全局统计量在很大程度上代表着局部联系的平均格局，如果空间过程平稳，则全局统计量围绕着均值波动很小。也就是说，与均值差别很大的局部观测值表示该区域对全局统计量的贡献更大。这些观测值因而是需要进一步深入探究的“界外值”，或者是具有较大影响的极端值[①]（徐建华和陈睿山，2017）。

LISA 作为 ESDA 技术的重要组成部分之一，包含了两个主要的解释：其一为每个观测值单元周围的局部空间集聚的显著性评估，这与 G 统计量的解释很相似；其二为小范围内空间不稳定性的指标，可以揭示出界外值和不同的空间联系形式，这与利用 Moran 散点图来识别界外值或影响较大的极端值相似。

① DP&GIS. 2022. 空间统计分析(一)[EB/OL]. https://blog.csdn.net/weixin_47969779/article/details/122287257[2023-10-30].

反映空间联系的局部指标可能会与全局指标不一致，实际上，空间联系的局部格局成为全局指标所不能反映的“失常”是有可能的，尤其在大样本数据中，在强烈而且显著的全局空间联系之下，可能掩盖着完全随机化的样本数据子集，有时甚至会出现局部的空间联系趋势和全局的趋势恰恰相反的情况，这就使得采用 LISA 来探测空间联系很有必要（徐建华和陈睿山，2017）。

10.2.3 空间回归模型

当将地理要素的空间关系搞清楚之后，就可以利用这种空间关系建立自变量与因变量在空间上的耦合关系，进而可以将两者之间的空间关系作为变量引入两者之间的因素解析模型之中，这就是所谓的空间回归模型。这主要是在一个空间样本集中，样本点之间是相互影响的，这种影响表现在数据上就是 Y 的空间自相关性，一般用 Moran 指数来衡量。空间自相关来源有三：或是 Y 之间相互影响，或是毗邻的 X 影响本身的 Y，或是模型中忽略的因素存在空间关联性。如果是邻居的 Y_j 影响自身的 Y_i（反过来 Y_i 也会影响 Y_j），那就把邻居的 Y_j 值平均后视为新的自变量 LY，加到 X 中去再回归。好比浙江的 GDP 受到本身投入水平的影响，但也与周边的 GDP 产出水平有关，因此需要将其毗邻省份，如上海、江苏、安徽、江西、福建的 GDP 平均后作为新的自变量[①]。每个省份都如此处理，就得到了一列新的变量。在 R 语言的 spdep 包中，可以获取 7 种以上的空间回归模型，这里仅展示其中最常见的三种空间回归模型，分别是空间复合模型（SAC）、空间误差模型（SEM）和空间杜宾模型（SDM）。

空间复合模型（SAC）：

$$y = \rho W_1 y + X\beta + e \tag{10-12}$$

$$e = \lambda W_2 e + \mu \tag{10-13}$$

式中，y 为 $n\times1$ 被解释向量；X 为 $n\times k$ 设计阵；β 为 $k\times1$ 回归系数向量；e 为残差向量；ρ 为空间相关系数；λ 为残差相关系数，两者是标量；μ 为随机误差项向量，其元素 μ_i 相互独立同分布，且具有零均值和同方差 σ_2；W_1、W_2 为空间权重矩阵。

空间误差模型（SEM）：

$$Y = X\beta + \lambda W_\varepsilon + \xi \tag{10-14}$$

式中，Y 为人口统计数；X 为经筛选得到的自变量；β 为自变量的空间回归系数；W 为误差项 ε 的空间权重矩阵；λ 为误差项 ε 的空间回归系数；ξ 为随机误差。

空间杜宾模型（SDM）：

根据美国著名学者 Anselin 等的研究可知，对于空间效应的另一建模方式是，假设区域 i 的被解释变量 y_i 依赖于其邻居的自变量（Anselin，2001）。

---

① 王庆喜. 2020. 一招搞定空间横截面数据回归模型[EB/OL]. https://blog.sciencenet.cn/home.php?mod=space&uid=3376208&do=blog&id=1222645[2023-10-30].

$$y = X\beta + WX\delta + \varepsilon \tag{10-15}$$

式中，$WX\delta$ 表示来自邻居自变量的影响，而 δ 为相应的系数向量。例如，区域 i 的犯罪率不仅依赖于本区域的警力，还可能依赖于相邻区域的警力。此模型称为空间杜宾模型。由于方程（10-15）不存在内生性，故可直接进行 OLS 估计；只是解释变量 X 与 WX 之间可能存在多重共线性。如果 δ=0，则方程（10-15）简化为一般的线性回归模型。

将空间杜宾模型与空间自回归模型相结合，可得

$$y = \lambda Wy + X\beta + WX\delta + \varepsilon \tag{10-16}$$

方程（10-16）有时也称为空间杜宾模型。

10.3　案例及代码

10.3.1　矢量点空间全局自相关（邻近点控制）

在 R 语言里，spdep 包是专门用于进行空间相关指数计算的包，本案例代码主要借助这一包进行。在计算点空间自相关过程中首要是要构建点要素的空间联系，最常用的是构建基于邻近点个数的空间联系矩阵。根据地理学的第一定律，相较于较小的邻近点阈值设置，较大的空间邻近点会显著降低点在空间上的自相关及其显著性水平，选择适合的邻近点阈值对于进行特定的地理研究要素具有重要的意义[①]。本案例中选用东部某城市的畜禽养殖区位点来进行演示。首先，看一下不同邻近点（k）阈值设置下畜禽养殖点空间联系特征，代码如下：

```
library(rgdal)
library(sp)#绘制地图
library(spdep)#空间自相关计算
library(maptools)
poinT<- readOGR("F:\\书\\code\\10","dt6",stringsAsFactors=F,encoding = "UTF-8",verbose=FALSE)#读取地图空间点数据
#point <- sf::st_read("F:\\书\\code\\10\\调查点.shp")
pdf("F:\\书\\code\\10\\plot.pdf")
par(mfrow=c(3,2))
for (i in seq(1,30,5)) {
nbk1 <- knn2nb(knearneigh(point,k = i,longlat = TRUE))#knn2nb 函数主要利用 K 邻近算法(knn)将点空间数据转换为空间邻接矩阵
snbk1 <- make.sym.nb(nbk1)#将空间连接矩阵转换为空间权重链接对象
```

① godxia. 2022. 白话空间统计之二十五：空间权重矩阵(四)R 语言中的空间权重矩阵(3)：反距离权重[EB/OL]. https://blog.51cto.com/u_15707947/5452998[2023-10-30].

```
  test <- data.frame(dt6)[,17:18]#提取经纬度（投影坐标）
  plot(nb2listw(snbk1),test)#绘制空间联系图
  title(paste0("空间邻近数量 ","k=",i))#加标题
}
dev.off()
```

需要注意的是，读取 shp 格式文件时如遇读取的字符问题时，请“UTF-8”改为“GB2312”。结果如图 10-1 所示，可以看出随着 k 值的增加，空间点的联系更加密集，但是并不是 k 值越大越好，当 k 值过大，就会造成空间上没有实际联系的空间点被纳入空间聚集指数的计算过程中。要根据研究对象实际辐射空间对 K 值进行有效的设定。

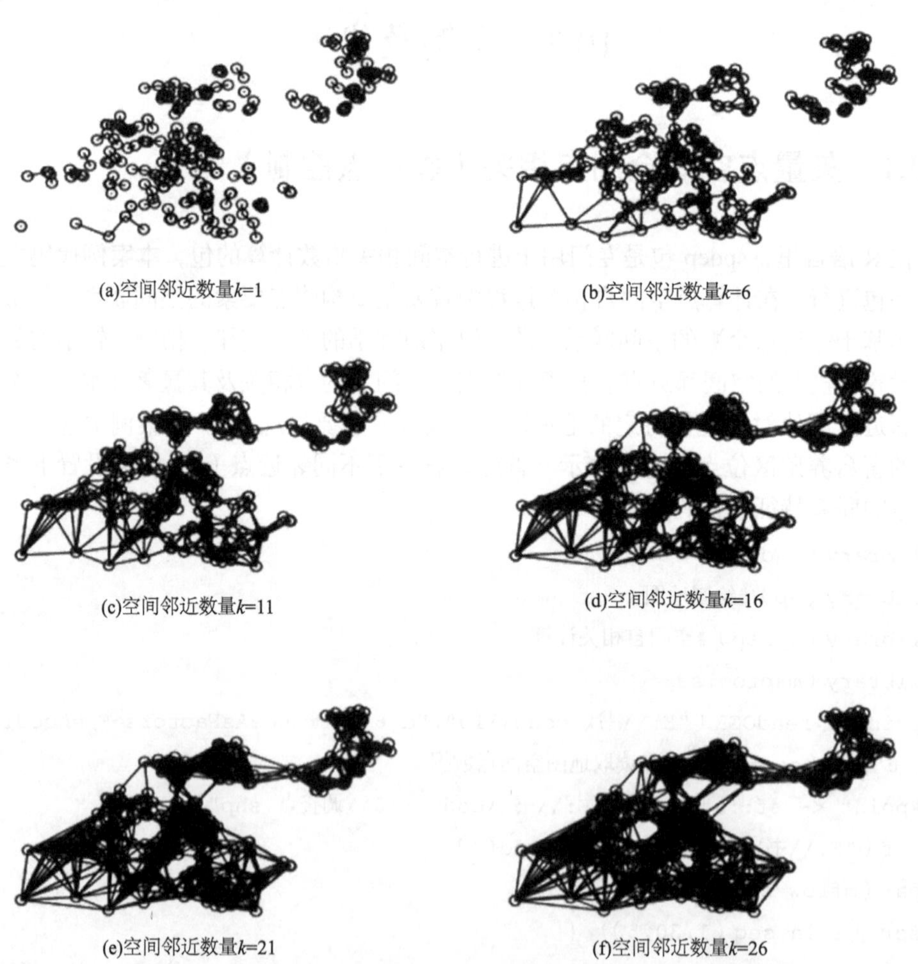

(a)空间邻近数量k=1　(b)空间邻近数量k=6　(c)空间邻近数量k=11　(d)空间邻近数量k=16　(e)空间邻近数量k=21　(f)空间邻近数量k=26

图 10-1　点状矢量图不同邻近点数量设置条件下的空间联系图

为此，将 k 值从 0 不断放大到 100，并用 moran.test 函数对不同 k 取值下的空间点的全局自相关进行测算并提取出来绘图，以观察不同 k 取值下 Moran’s I 的变化过程（图 10-2），代码如下：

```
x <- NULL
y <- NULL
par(mfrow=c(3,2))
dt6<- readOGR("F:\\书\\code\\10","dt6",stringsAsFactors=F,encoding = 
"UTF-8",verbose=FALSE)#读取地图空间点数据
for (i in 1:100) {
nbk1 <- knn2nb(knearneigh(point,k = i,longlat = TRUE))
snbk1 <- make.sym.nb(nbk1)
test <- data.frame(dt6)[,17:18]#提取经纬度(投影坐标)
x <- c(x,as.numeric(moran.test(point$存栏量_.,nb2listw(snbk1))
$estimate[1]))#收集全局自相关Moran's I的测算值
y <- c(y,moran.test(point$存栏量_.,nb2listw(snbk1))$p.value)#收集全局
自相关Moran's I的显著性
}
z <- data.frame(moron=x,p=y,k=c(1:100))#构建数据框用于ggplot2绘图
library(ggplot2)
library(showtext)
library(sysfonts)
showtext_auto(enable=T)
font_add("hwzs","C:\\Windows\\Fonts\\STZHONGS.ttf")
font_add("RMN","C:\\Windows\\Fonts\\times.ttf")
p <- ggplot(z,aes(x=k,y=moron,color=moron))+geom_line(size=1)+
    geom_point(size=3)+scale_color_continuous(high="red",low="blue",
guide=guide_colorbar(reverse=F),name = "Moran's I")+
  labs(x="Number of neighbours",y="Moran's I")+
  theme(axis.title.x=element_text(family="RMN",size=15,colour="black"),
        axis.title.y=element_text
(family="RMN",size=15,angle=90,colour="black"),
        axis.text.x=element_text(family="RMN",size=15,colour="black"),
        axis.text.y=element_text(family="RMN",size=15,colour="black"))
p
ggsave(p,file="点自相关.pdf",width=10,height=10,dpi=400,path="F:\\书
\\code\\10\\")
```

可以看出，随着 *k* 值的增加，全局自相关 Moran's *I* 呈明显的下降趋势，这与传统的地理学认知是一致的。当 *k* 取值在 25 附近时，Moran's *I* 会有明显的跃升，这与地理要素在空间上的自组织规律有一定的关系。当 *k* 值大于 50 以后，区域的 Moran's *I* 基本保持低水平稳定，这意味着这已经是这一地区续期养殖空间组织关系的边界（图 10-2）。

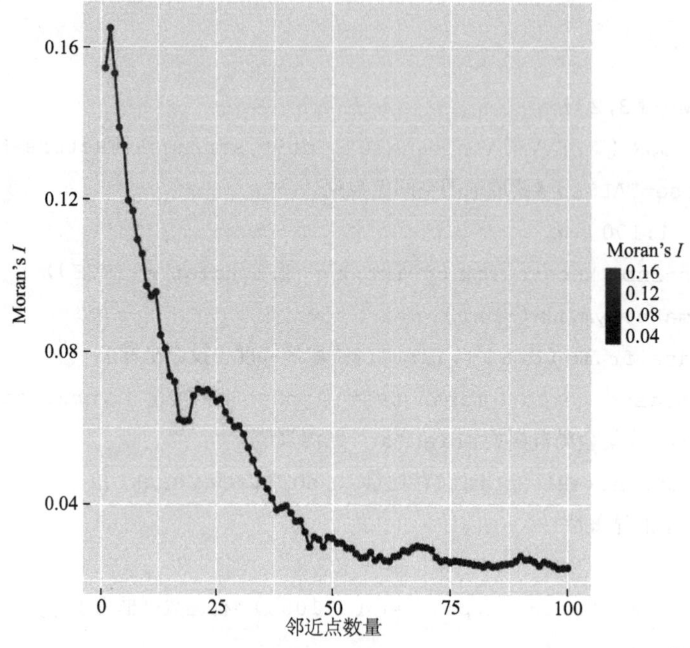

图 10-2 点状矢量数据不同邻近点设置下的 Moran's *I*

10.3.2 矢量点空间全局自相关（距离控制）

除了运用 *k* 值控制邻近点数量来获取空间联系矩阵的办法，spdep 包还提供根据距离的远近来设定空间连接矩阵的办法，用 dnearneigh 函数来实现①。以前述的案例数据为例来演示，代码如下：

```
library(rgdal)
library(sp)
library(spdep)
dt6<- readOGR("F:\\书\\code\\10","dt6",stringsAsFactors=F,encoding = "UTF-8",verbose=FALSE) #读取点空间数据
IDs <- row.names(as(dt6,"data.frame")) #获取唯一的点索引
side_kn1 <- knn2nb(knearneigh(as.data.frame(dt6)[,17:18],k=1),row.names =IDs) #建立邻近两点之间的链接矩阵
dist <- unlist(nbdists(side_kn1,as.data.frame(dt6)[,17:18])) #nbdists 获取邻近两点链接的距离列表并打散(unlist)
summary(dist)
max_k1 <- max(dist) #获取最大的两点的链接距离
x <- NULL
y <- NULL
```

① godxia. 2022. 白话空间统计之二十五：空间权重矩阵(四)R 语言中的空间权重矩阵(3)：反距离权重[EB/OL]. https://blog.51cto.com/u_15707947/5452998.

```
b <- seq(0.1*max_k1,1.5*max_k1,1.5*max_k1/6)
pdf("F:\\书\\code\\10\\plot_point.pdf")
par(mfrow=c(3,2),mai=c(0,0,1,0))
for (i in b) {
side_kd1 <- dnearneigh(as.data.frame(dt6)[,17:18],d1=0,d2=i,row.names
=IDs)#根据距离(max_k1)阈值设置获取空间链接矩阵
plot ( nb2listw ( side_kd1,zero.policy=TRUE ) ,as.data.frame ( dt6 )
[,17:18],cex=0.1,col="blue")#使用 nb2listw 函数为每个邻居分配权重,默认采用
style="W",即被赋予相等的权重,通过将分数 1/(邻居的数量)分配给每个相邻的样本来实现的。
points(as.data.frame(dt6)[,17:18],col='red')#导入点
title(paste0("Distance=",round(i,0),"m"))
}
dev.off()
```

结果如图 10-3 所示，可以看出随着空间距离阈值的增加，空间点之间的链接网络变得致密。

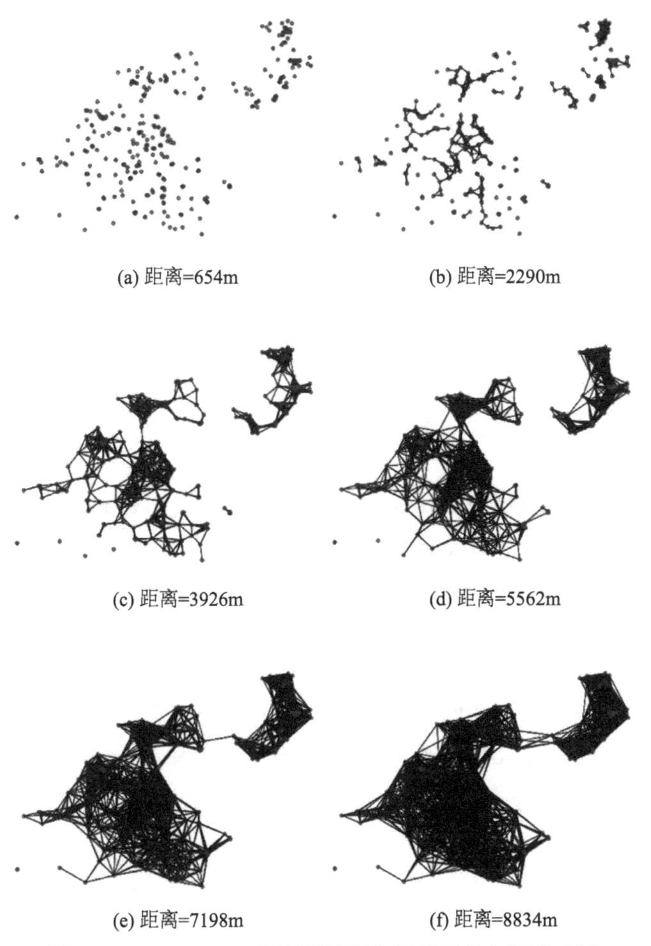

图 10-3　dnearneigh 获取不同距离阈值下的空间联系图

不同距离阈值会直接影响空间点的链接网络矩阵，并借助不同的空间点权重（距离）函数形成权重矩阵并以此影响全局自相关（Moran's I）[①]。在本案例中，通过 100 个不同距离阈值并在此基础上利用 nb2listw 函数分别进行平均距离权重、反距离权重和幂函数距离权重设置观察不同距离权重函数在这一过程对全局 Moran's I 的影响。案例数据依旧以前述的点空间数据为例，代码如下：

```
dt6<- readOGR ("F:\\书\\code\\10"," dt6",stringsAsFactors=F,encoding = "UTF-8",verbose=FALSE) #读取地图空间点数据
IDs <- row.names (as (dt6,"data.frame"))
x <- NULL
y <- NULL
b <- seq (0.1*max_k1,100000,100000/100)
for  (i in b)  {
  side_kd1 <-dnearneigh(as.data.frame(dt6)[,17:18],d1=0,d2=i,row.names =IDs)
  dlist <- nbdists (side_kd1,as.data.frame (dt6) [,17:18])
  dlist <- lapply (dlist,function (x)  1/ (x*x)) #求指数倒数,距离越远,权重越小
  col.w.d <- nb2listw (side_kd1,glist=dlist,zero.policy=T) #将距离大小直接作为权重
  Gm <- moran.test (dt6$存栏量_.,listw=col.w.d,zero.policy=T)
  x <- c (x,as.numeric (Gm$estimate[1]))
  y <- c (y,Gm$p.value)
}
z <- data.frame (moron=x,p=y,Dist=b)
library (ggplot2)
library (showtext)
library (sysfonts)
showtext_auto (enable=T)
font_add ("hwzs","C:\\Windows\\Fonts\\STZHONGS.ttf")
font_add ("RMN","C:\\Windows\\Fonts\\times.ttf")
p1 <- ggplot (z,aes (x=Dist,y=moron,color=moron)) +geom_line (size=1) +
  geom_point (size=3) +scale_color_continuous (high="red",low="yellow", guide=guide_colorbar (reverse=F) ,name = "Moran's I") +
  labs (x="Distance  (m) ",y="Moran's I") +
  theme(axis.title.x=element_text(family="RMN",size=15,colour="black"),
        axis.title.y=element_text ( family="RMN",size=15,angle=90, colour="black") ,
```

① godxia. 2022. 白话空间统计之二十五：空间权重矩阵(四)R 语言中的空间权重矩阵(3)：反距离权重[EB/OL]. https://blog.51cto.com/u_15707947/5452998.

```
        axis.text.x=element_text(family="RMN",size=15,colour="black"),
        axis.text.y=element_text(family="RMN",size=15,colour="black"))
p1
ggsave(p1,file="点自相关-dist1.pdf",width=10,height=10,dpi=400,path="F:
\\书\\code\\10\\")
#反距离矩阵权重倒数
dt6<- readOGR ("F:\\书\\code\\10","dt6",stringsAsFactors=F,encoding =
"UTF-8",verbose=FALSE)#读取地图空间点数据
IDs <- row.names(as(dt6,"data.frame"))
x <- NULL
y <- NULL
b <- seq(0.1*max_k1,100000,100000/100)
for (i in b) {
  side_kd1 <- dnearneigh(as.data.frame(dt6)[,17:18],d1=0,d2=i,row.names =IDs)
  dlist <- nbdists (side_kd1,as.data.frame (dt6) [,17:18])
  dlist <- lapply(dlist,function(x) 1/(x))#求指数倒数,距离越远,权重越小
  col.w.d <- nb2listw(side_kd1,glist=dlist,zero.policy=T)
  Gm <- moran.test(dt6$存栏量_.,listw=col.w.d,zero.policy=T)
  x <- c(x,as.numeric(Gm$estimate[1]))
  y <- c(y,Gm$p.value)
}
z <- data.frame(moron=x,p=y,Dist=b)
library(ggplot2)
library(showtext)
library(sysfonts)
showtext_auto(enable=T)
font_add("hwzs","C:\\Windows\\Fonts\\STZHONGS.ttf")
font_add("RMN","C:\\Windows\\Fonts\\times.ttf")
p2 <- ggplot(z,aes(x=Dist,y=moron,color=moron))+geom_line(size=1)+
  geom_point(size=3)+scale_color_continuous(high="red",low="yellow",
guide=guide_colorbar(reverse=F),name = "Moran's I")+
  labs(x="Distance (m)",y="Moran's I")+
  theme(axis.title.x=element_text(family="RMN",size=15,colour="black"),
        axis.title.y=element_text(family="RMN",size=15,angle=90, colour=
"black"),
        axis.text.x=element_text(family="RMN",size=15,colour="black"),
        axis.text.y=element_text(family="RMN",size=15,colour="black"))
p2
ggsave(p2,file="点自相关-dist2.pdf",width=10,height=10,dpi=400,path=
```

```
"F:\\书\\code\\10\\")
  #指数倒数距离矩阵权重
  dt6<- readOGR("F:\\书\\code\\10","dt6",stringsAsFactors=F,encoding =
"UTF-8",verbose=FALSE)#读取地图空间点数据
  IDs <- row.names(as(dt6,"data.frame"))
  x <- NULL
  y <- NULL
  b <- seq(0.1*max_k1,100000,100000/100)
  for (i in b) {
    side_kd1<-dnearneigh(as.data.frame(dt6)[,17:18],d1=0,d2=i,row.names=IDs)
    dlist <- nbdists(side_kd1,as.data.frame(dt6)[,17:18])
    dlist <- lapply(dlist,function(x) 1/(x*x))#求指数倒数,距离越远,权重越小
    col.w.d <- nb2listw(side_kd1,glist=dlist,zero.policy=T)
    Gm <- moran.test(dt6$存栏量_.,listw=col.w.d,zero.policy=T)
    x <- c(x,as.numeric(Gm$estimate[1]))
    y <- c(y,Gm$p.value)
  }
  z <- data.frame(moron=x,p=y,Dist=b)
  library(ggplot2)
  library(showtext)
  library(sysfonts)
  showtext_auto(enable=T)
  font_add("hwzs","C:\\Windows\\Fonts\\STZHONGS.ttf")
  font_add("RMN","C:\\Windows\\Fonts\\times.ttf")
  p3 <- ggplot(z,aes(x=Dist,y=moron,color=moron))+geom_line(size=1)+
    geom_point(size=3)+scale_color_continuous(high="red",low="yellow",
guide=guide_colorbar(reverse=F),name = "Moran's I")+
    labs(x="Distance (m)",y="Moran's I")+
    theme(axis.title.x=element_text(family="RMN",size=15,colour="black"),
          axis.title.y=element_text(family="RMN",size=15,angle=90,colour=
"black"),
          axis.text.x=element_text(family="RMN",size=15,colour="black"),
          axis.text.y=element_text(family="RMN",size=15,colour="black"))
  p3
  ggsave(p3,file="点自相关-dist3.pdf",width=10,height=10,dpi=400,path="F:
\\书\\code\\10\\")
  library(patchwork)
  p <- p1/p2/p3
  ggsave(p,file="点自相关-dist4.pdf",width=10,height=22,dpi=400,path="F:
\\书\\code\\10\\")
```

结果如图 10-4 所示，可以看出不同的距离权重模型对全局 Moran's I 有较大的影响。在此案例中，设置 0～100000m 的距离阈值。总体来看，点空间全局自相关 Moran's I 随着距离的增加呈快速下降的趋势，特别是当距离超过 10km 后，全局 Moran's I 已经降至 0 附近。当将两点之间的距离直接作为权重时（图 10-4），当距离超过 40km 时，当地畜禽养殖空间集聚呈离散的负相关，即距离相距越远，养殖规模越接近。这不符合地理要素的一般分布规律。而现实中两个地理要素如果相距越远，其相互的影响越小，因而将距离直接赋值为链接权重改为距离越远权重越小（图 10-4）。结果可以看出，当两点相距超过 10km 后，全局 Moran's I 基本保持低水平正相关。而在 0～10km 距离区间，养殖点规模全局 Moran's I 呈快速下降的趋势。这表明，在县域进行种养结合的空间优化时，10km 是最优的空间规划尺度。

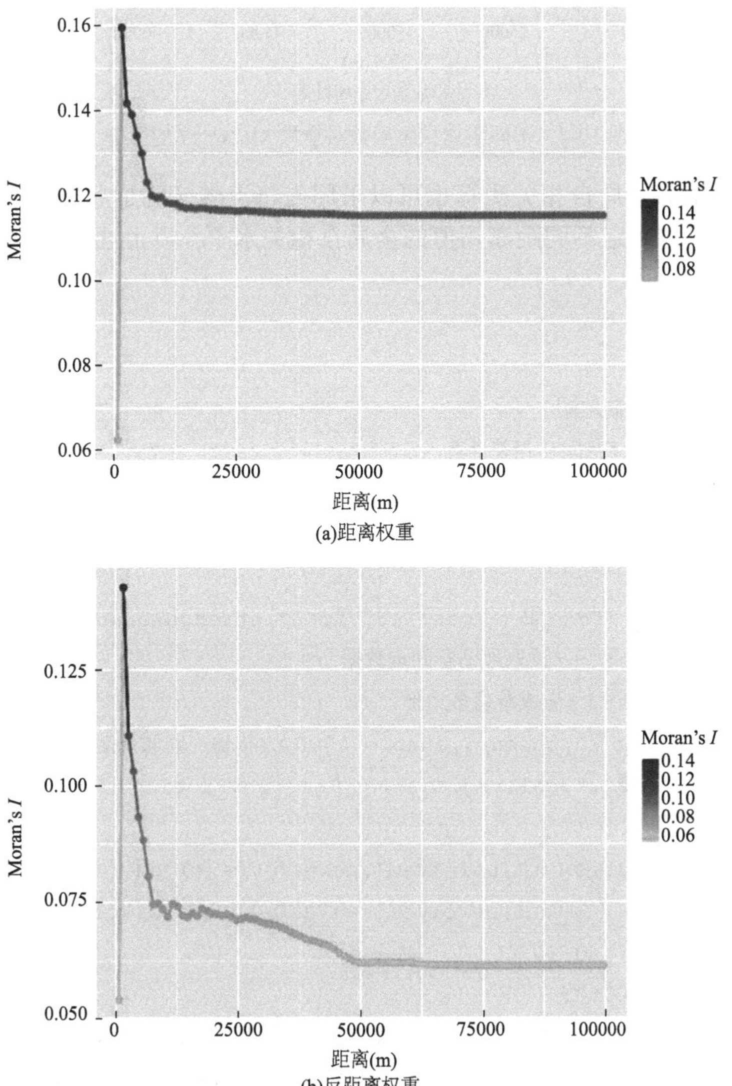

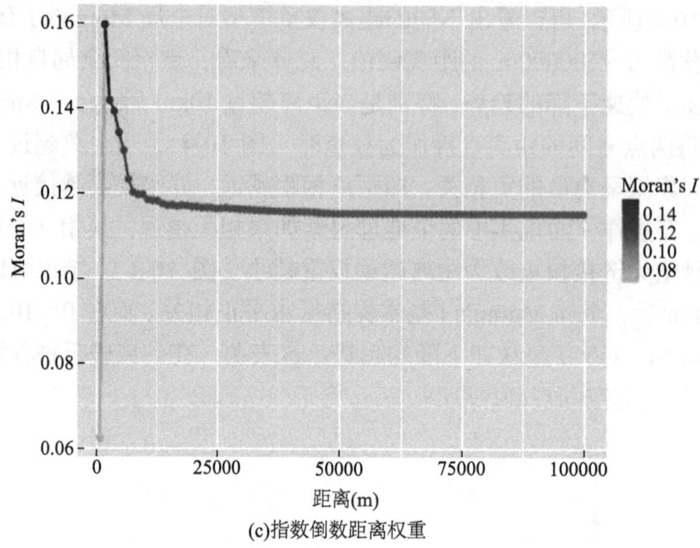

(c)指数倒数距离权重

图 10-4 不同距离权重函数对全局 Moran's I 的影响

空间点数据的全局自相关测算也可以采用先将点转变为面状数据，再通过面重心点距离阈值设定确定不同距离阈值的全局自相关水平。以上述的点空间数据为例，代码如下：

```
rm(list=ls())
library(rgdal)
library(sp)#绘制地图
library(spdep)#空间自相关计算
library(maptools)
library(dismo)
library(deldir)
dt6<- readOGR("F:\\书\\code\\10","dt6",stringsAsFactors=F,encoding =
"UTF-8",verbose=FALSE)#读取地图空间点数据
v <- voronoi(dt6)#生成泰森多边形
w_cn2 <- poly2nb(v,queen=T,snap = 1000)#构建空间联系矩阵,snap=1000m
spplot(v,"存栏量_.",col.regions=rev(get_col_regions()))#绘制 voronoi 多
边形图
points(coordinates(v),col='red',pch='*',cex=1.5)
plot(nb2listw(w_cn2,zero.policy=TRUE),coords=coordinates(v),
cex=0.1,col="blue",add=T)
title("snap=1000m")
```

结果如下，利用 voronoi 函数功能，将点空间数据转换为面状空间 Voronoi 图数据（图 10-5），在此基础上进行不同空间距离阈值下全局空间自相关测算。

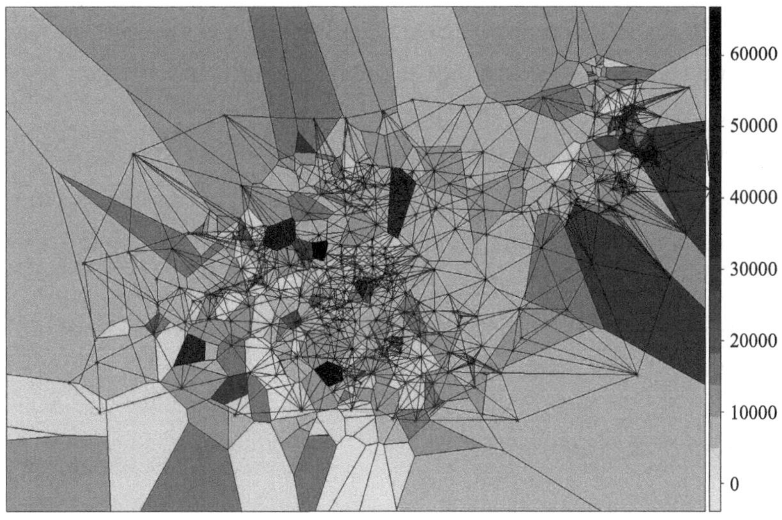

图 10-5　snap=1000m 的面状空间联系图（Voronoi 图）

因为在 spdep 包里，面状空间数据是可以进行不同空间距离阈值下全局自相关测算，在利用 voronoi 函数功能生成泰森多边形图后，借助 poly2nb 功能中的 snap 参数设置空间距离阈值（这一空间距离为不同多边形的重心点之间的距离，如果是地理经纬度，则表示纬度，如 1°经线的长度约为 110km）进而构建空间链接矩阵并依据此矩阵测算全局自相关。构建 0～100000m 距离区间下的 100 个距离阈值，借助 for 循环分别构建空间链接矩阵并测算全局自相关并绘图，代码如下：

```
#安装包与前述一致,在此省略。如遇到报错请检查是否已载入相关包。
x <- NULL
y <- NULL
b <- seq(0,100000,1000)
for (i in b) {
  w_cn2 <- poly2nb(v,queen=T,snap = i)#构建不同距离阈值的空间链接矩阵
  Gm <- moran.test ( v$存栏量_.,listw=nb2listw ( w_cn2,style="W",
zero.policy=TRUE),zero.policy=T)#全局自相关测算与检验
  x <- c(x,as.numeric(Gm$estimate[1]))#提取 Moran’s I
  y <- c(y,Gm$p.value)#提取 p 值
}
z <- data.frame(moron=x,p=y,snap=b)
library(ggplot2)
library(showtext)
library(sysfonts)
showtext_auto(enable=T)
font_add("hwzs","C:\\Windows\\Fonts\\STZHONGS.ttf")
font_add("RMN","C:\\Windows\\Fonts\\times.ttf")
```

```
p <- ggplot(z,aes(x=snap,y=moron,color=moron))+geom_line(size=1)+
  geom_point(size=3)+scale_color_continuous(high="red",low="yellow",
guide=guide_colorbar(reverse=F),name = "Moran's I")+
  labs(x="Distance (m)",y="Moran's I")+
  theme(axis.title.x=element_text(family="RMN",size=15,colour="black"),
        axis.title.y=element_text(family="RMN",size=15,angle=90,colour=
"black"),
        axis.text.x=element_text(family="RMN",size=15,colour="black"),
        axis.text.y=element_text(family="RMN",size=15,colour="black"))
p
```

结果如图 10-6 所示。

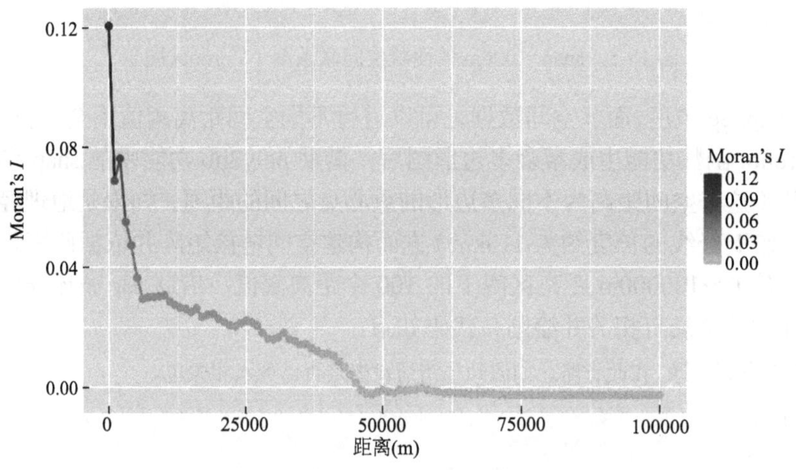

图 10-6 不同距离阈值下点矢量的全局自相关

10.3.3 点空间回归模型

如果空间点存在空间的自相关性，则可以利用空间自回归模型进行因变量影响因素解析，在本案例中采用前述空间点数据，分别利用空间复合模型（SAC）、空间误差模型（SEM）和空间杜宾模型（SDM）对畜禽养殖规模的影响因素进行解析，代码如下：

```
library(spatialreg)#输出条形图回归结果
library(texreg)#输出 word 回归结果
library(spdep)
point <- sf::st_read("F:\\书\\code\\10\\调查点.shp")
point$weight <- runif(length(point$可产生沼))*100
point$gender <- sample(c("M","F"),length(point$可产生沼),replace=T)
point$education <- sample(c(5:20),length(point$可产生沼),replace=T)
nbk1 <- knn2nb(knearneigh(point,k = 5,longlat = TRUE))
```

```
snbk1 <- make.sym.nb(nbk1)
sac<- sacsarlm(point$存栏量_. ~ point$weight + point$education+ factor
(point$gender), listw=nb2listw(snbk1,style="W")) #空间复合模型
sem <- errorsarlm(point$存栏量_. ~ point$weight + point$education+ factor
(point$gender), listw=nb2listw(snbk1,style="W")) #空间误差模型
sdm <- lagsarlm(point$存栏量_. ~ point$weight + point$education+ factor
(point$gender), listw=nb2listw(snbk1,style="W"),Durbin=T) #空间杜宾模型
screenreg(list(sem,sac,sdm),
      custom.model.names=c("SEM","SAC",  "SDM")) #输出结果
wordreg(list(sem,sac,sdm),
      custom.model.names=c("SEM","SAC","SDM"),file = "result1.doc")
```

可以看出（表 10-1），三个模型都可以较好地解释畜禽养殖规模的影响因素，其中养殖户的体重虽然是正向的影响，但是不显著；而可以看出，空间复合模型（SAC）和空间杜宾模型（SDM）回归结果表明，随着养殖户教育年限的增加，养殖的规模反而是显著降低的。

表 10-1　SAC/SEM/SDM 模型回归参数

	SEM	SAC	SDM
(Intercept)	11622.60 ***	5604.69 ***	12475.66 ***
	(1424.89)	(1536.12)	(3399.07)
point$weight	15.98	11.23	14.34
	(13.64)	(12.91)	(14.17)
point$education	-160.19	-178.69 *	-165.58 *
	(81.77)	(75.95)	(82.86)
factor(point$gender)M	-483.71	-475.86	-500.17
	(781.10)	(701.68)	(726.10)
lambda	0.30 ***	-0.57 **	
	(0.07)	(0.21)	
rho		0.63 ***	0.31 ***
		(0.09)	(0.07)
lag.point$weight			-35.34
			(41.96)
lag.point$education			-170.21
			(221.62)
lag.factor(point$gender)M			31.92
Num. obs.	378	378	378
Parameters	6	7	9
Log Likelihood	-3922.74	-3920.79	-3921.81
AIC (Linear model)	7871.22	7871.22	7875.54
AIC (Spatial model)	7857.47	7855.58	7861.62
LR test: statistic	15.75	19.64	15.92
LR test: p-value	0.00	0.00	0.00

*** $p < 0.001$; ** $p < 0.01$; * $p < 0.05$

参数中，括号之上的数字为回归系数，而括号中的数字为回归系数的变异系数，lambda 表示的是被解释变量彼此间的影响，正值为正向影响，反之则为负向影响；rho 为空间自相关系数，如果不显著则不可以用空间回归模型。

10.3.4 面状空间全局自相关

面状空间数据主要是通过获取每个面状图斑的重心点并以两个重心点之间的距离为构建空间链接矩阵的依据。在spdep包中主要利用poly2nb功能中的snap参数设置重心点之间距离阈值。在本案例中，以东部某城市的乡镇行政边界图“dt6_town1.shp”为例，利用R探索面状空间数据的全局自相关过程，代码如下：

```
rm(list=ls())
library(rgdal)
library(sp)#绘制地图
library(spdep)#空间自相关计算
library(maptools)
library(dismo)
library(deldir)
dt6 <-  rgdal::readOGR("F:\\书\\code\\10\\dt6_town1.shp")
spplot(dt6,"OBJECTID",col.regions=rev(get_col_regions()))#绘制多边形图
x <- NULL
y <- NULL
for (i in seq(0,100000,1000)) {
  w_cn2 <- poly2nb(dt6,queen=T,snap =i)
  x<-c(x,as.numeric(moran.test(dt6$area,nb2listw(w_cn2,style="W",zero.
policy=TRUE))$estimate[1]))
   y <- c (y,moran.test ( dt6$area,nb2listw ( w_cn2,style="W",zero.
policy=TRUE))$p.value)
}
z <- data.frame(moron=x,p=y,snap=seq(0,100000,1000))
library(ggplot2)
library(showtext)
library(sysfonts)
library(patchwork)
showtext_auto(enable=T)
font_add("hwzs","C:\\Windows\\Fonts\\STZHONGS.ttf")
font_add("RMN","C:\\Windows\\Fonts\\times.ttf")
p <- ggplot(z,aes(x=snap,y=moron,color=moron))+geom_line(size=1)+
  geom_point(size=3)+scale_color_continuous(high="red",low="yellow",
guide=guide_colorbar(reverse=F),name = "Moran's I")+
  labs(x="Distance (m)",y="Moran's I")+
  theme(axis.title.x=element_text(family="RMN",size=15,colour="black"),
```

```
        axis.title.y=element_text(family="RMN",size=15,angle=90,colour=
"black"),
        axis.text.x=element_text(family="RMN",size=15,colour="black"),
        axis.text.y=element_text(family="RMN",size=15,colour="black"))
p
```

结果如图 10-7 所示。

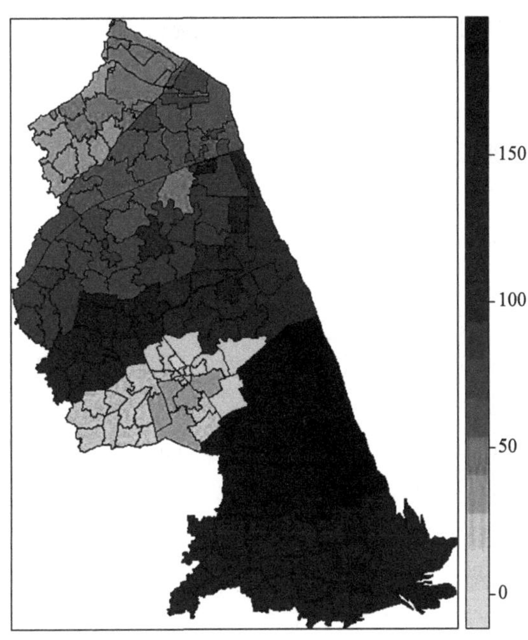

图 10-7　案例区乡镇边界全局自相关

可以看出，不同乡镇距离在 30km 的尺度上存在空间依赖特征，这也可以反映出两个乡镇之间的距离一般都在 30km 左右（图 10-8）。

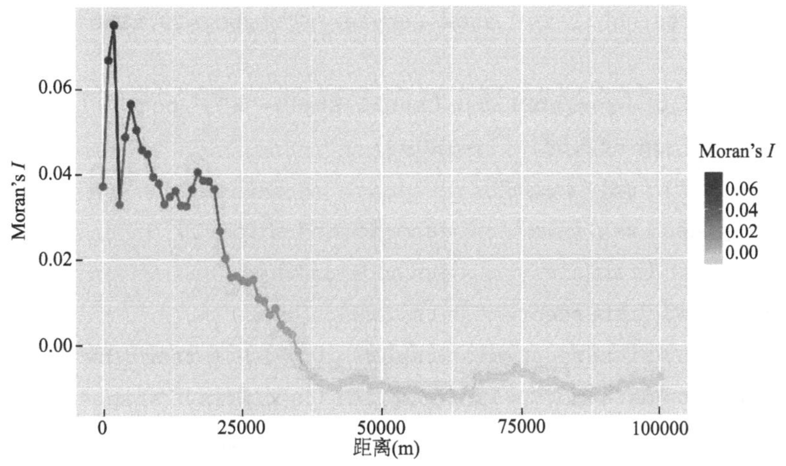

图 10-8　面状矢量图不同空间距离下的全局 Moran's I

10.3.5 点与面空间数据局部自相关

局部空间自相关可以识别出不同点/面要素在空间上的聚集特征及其贡献。在本案例中，采用上述的点和面矢量数据分别测算其局部自相关并通过图示揭示不同点/面要素的贡献及其集聚特征。一般来讲，点空间数据可以通过象限散点图来显示点要素聚集特征，面状空间数据则可以通过将测算获取的 z 分数赋值给图斑，进而可以看出不同的集聚特征。以前述的空间数据为例进行局部空间自相关分析，代码如下：

```
rm(list=ls())
library(rgdal)
library(sp)#绘制地图
library(spdep)#空间自相关计算
library(maptools)
library(dismo)
library(deldir)
point <- sf::st_read("F:\\书\\code\\10\\调查点.shp")
res <- point$存栏量_.
nbk1 <- knn2nb(knearneigh(point,k = 5,longlat = TRUE))
snbk1 <- make.sym.nb(nbk1)
moran.test(res,listw=nb2listw(snbk1,style="W"),zero.policy=T)
library(patchwork)
library(showtext)
library(sysfonts)
showtext_auto(enable=T)
font_add("hwzs","C:\\Windows\\Fonts\\STZHONGS.ttf")
font_add("RMN","C:\\Windows\\Fonts\\times.ttf")
moran.plot(res,nb2listw(snbk1,style="W"),pch=19,xlab = "Sclae")##
moran.plot 绘图
mp <- moran.plot(res,nb2listw(snbk1,style="W"),pch=19)
if (require(ggplot2,quietly=TRUE)) {
  xname <- attr(mp,"xname")
 ggplot(mp,aes(x=x,y=wx)) + geom_point(shape=1) +
   geom_smooth(formula=y ~ x,method="lm") +
   geom_hline(yintercept=mean(mp$wx),lty=2) +
   geom_vline(xintercept=mean(mp$x),lty=2) + theme_bw() +
   geom_point(data=mp[mp$is_inf,],aes(x=x,y=wx),shape=9) +
   geom_text(data=mp[mp$is_inf,],aes(x=x,y=wx,label=labels,vjust=1.5)) +
   xlab("Sclae") + ylab(paste0("Spatially lagged ",xname)) +
```

```
    theme(axis.title.x=element_text(family="RMN",size=15,colour="black"),
   axis.title.y=element_text
(family="RMN",size=15,angle=90,colour="black"),
   axis.text.x=element_text(family="RMN",size=15,colour="black"),
   axis.text.y=element_text(family="RMN",size=15,colour="black"))
  }
```

结果如图 10-9 所示，畜禽养殖点位在四个象限都有分布，主要分布在第 1 和 3 象限，这表明案例城市畜禽养殖主要两种空间聚集形态：①小规模养殖户空间聚集；②大规模养殖户空间聚集。

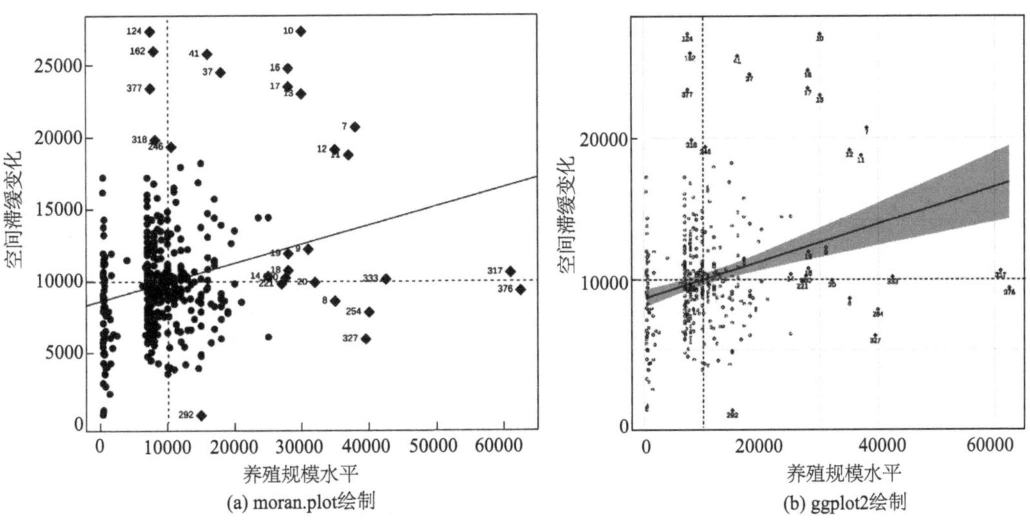

图 10-9　局部自相关象限散点图

面状空间数据局部自相关以及出图代码如下：

```
library(sp)
library(spdep)
dt6 <-  rgdal::readOGR("F:\\书\\code\\10\\dt6_town1.shp")
library(lattice)
W_cont_el_mat <- poly2nb(dt6,queen=T,snap =30000)
W_cont_el_mat <- nb2listw(W_cont_el_mat,style="W",zero.policy=T)
lm1 <- localmoran(dt6$area,listw=W_cont_el_mat,zero.policy=T)
dt6$lm1 <- lm1[,4]#提取 z-scores,z 得分大于 0 的区域 z 得分保留,其他区域赋 0 值
dt6$lm1[!(dt6$area >mean(dt6$area) & dt6$lm1 >0)]<-0
lm.palette <-colorRampPalette(c("white","orange","red"),space ="rgb")
#设置颜色梯度
pdf("F:\\书\\code\\10\\局部自相关.pdf")
```

```
spplot(dt6,zcol=c("lm1"),col.regions=lm.palette(20),main="高聚集区域",
pretty=T)
dev.off()
```

出图如图 10-10 所示，可以看出这一地区在 30km 的空间距离阈值尺度上，红色集聚区域的几个乡镇对整个案例城市的乡镇空间集聚起到核心的作用。

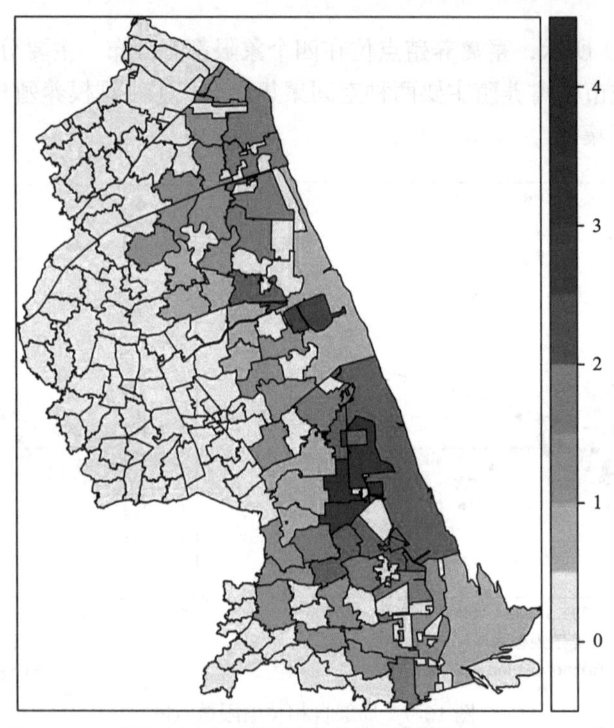

图 10-10　局部空间自相关识别区域空间集聚（snap=30km）

10.4　要 点 提 示

总体来说，空间自相关是一种较为高效的地理空间分析方法，可以帮助更好地了解和分析地理现象的空间分布特征。但是，在实际应用中需要注意数据假设、时间维度和数据精度等方面的限制，以获得准确和可靠的结果。

（1）需要满足数据假设：空间自相关的计算通常需要满足数据独立性和正态分布假设。如果数据不符合这些假设，则空间自相关的结果可能会失真。

（2）忽略时间维度：空间自相关通常只考虑地理现象在空间上的分布，而忽略时间维度的变化。这可能会导致对地理现象的变化和演化缺乏完整的认识。

（3）受数据精度限制：空间自相关的结果可能会受到数据精度的限制，尤其是对于小样本数据。

（4）空间数据的空间距离阈值设置和邻近点数量对空间自相关测算结果的影响非常

大，需要根据研究地理要素的特点设置合适的距离阈值和邻近点数量（k）。

思　考　题

（1）相比于用 ArcGIS 进行空间自相关分析，用 R 语言实现有什么优势呢?

（2）若空间回归模型中忽略的因素间存在空间关联性，这种效应将被误差项吸收，造成误差项相关。如果忽略的因素外生性很强，如环境变量或是外生冲击等，其不会造成有偏性或是一致性等问题，因此在大样本下问题不严重，但其会影响估计效率。对此思考一下有何解决办法。

（3）空间回归模型与普通的回归模型的联系和差别有什么？请举例说明。

参考文献

陈冰梅, 樊晓平, 周志明, 等. 2010. 支持向量机原理及展望[J]. 制造业自动化, 32(14): 136-138.
陈诚. 2009. 基于 AFS 理论的模糊分类器设计[D]. 大连: 大连理工大学.
程开明. 2006. 结构方程模型的特点及应用[J]. 统计与决策, (10): 22-25.
程新, 黄林, 李昆太. 2010. Meta 分析: 一种新的文献综述方法[J]. 广东农业科学, 37(6): 376-378.
戴淑芬. 2000. 管理学教程[M]. 北京: 北京大学出版社.
蒂特. 2013. R 语言经典实例[M]. 北京: 机械工业出版社.
顾勤. 2021. 网络爬虫技术原理及其应用研究[J]. 信息与电脑(理论版), 33(4): 174-176.
郭金玉, 张忠彬, 孙庆云. 2008. 层次分析法的研究与应用[J]. 中国安全科学学报, 18(5): 148-153.
何红艳, 郭志华, 肖文发. 2005. 降水空间插值技术的研究进展[J]. 生态学杂志, 24(10): 1187-1191.
贾晓妮, 程积民, 万惠娥. 2007. DCA、CCA 和 DCCA 三种排序方法在中国草地植被群落中的应用现状[J]. 中国农学通报, 23(12): 391-395.
李国春, 吴勉华, 余小金. 2013. Meta 分析导论[M]. 北京: 科学出版社.
李航. 2012. 统计学习方法[M]. 北京: 清华大学出版社.
李威闻, 黄金权, 齐瑜洁, 等. 2023. 土壤侵蚀条件下土壤微生物生物量碳含量变化及其影响因素的 Meta 分析[J]. 生态环境学报, 32(1): 47-55.
李忆平, 李耀辉. 2017. 气象干旱指数在中国的适应性研究进展[J]. 干旱气象, 35(5): 709-723.
林忠辉, 莫兴国, 李宏轩, 等. 2002. 中国陆地区域气象要素的空间插值[J]. 地理学报, 57(1): 47-56.
刘湘南, 王平, 关丽, 等. 2017. GIS 空间分析[M]. 北京: 科学出版社.
刘小刚, 冷险险, 孙光照, 等. 2018. 基于 1961—2100 年 SPI 和 SPEI 的云南省干旱特征评估[J]. 农业机械学报, 49(12): 236-245, 299.
刘艳红. 2019. 网络爬虫行为的刑事规制研究: 以侵犯公民个人信息犯罪为视角[J]. 政治与法律, (11): 16-29.
刘尧, 于馨, 于洋, 等. 2023. R 程序包 "rdacca. hp" 在生态学数据分析中的应用: 案例与进展[J]. 植物生态学报, 47(1): 134-144.
刘志丽. 2021. 非线性典范对应分析方法及其应用[D]. 长沙: 湖南农业大学.
鹿亚珍. 2010. 试论小波分析法在土木工程中的应用[J]. 中国科技财富, (24): 309, 136.
骆正清, 杨善林. 2004. 层次分析法中几种标度的比较[J]. 系统工程理论与实践, 24(9): 51-60.
马建勇, 许吟隆, 潘婕. 2012. 基于 SPI 与相对湿润度指数的 1961—2009 年东北地区 5—9 月干旱趋势分析[J]. 气象与环境学报, 28(3): 90-95.
马俊逸, 赵成章, 苟芳珍, 等. 2020. 甘肃金塔北海子国家湿地公园植物群落数量分类及其环境解释[J]. 湿地科学, 18(3): 328-336.
马柱国, 黄刚, 甘文强, 等. 2005. 近代中国北方干湿变化趋势的多时段特征[J]. 大气科学, 29(5): 671-681.
么士宇. 2011. 基于分布式计算的网络爬虫技术研究[D]. 大连: 大连海事大学.

秦涛, 付宗堂. 2007. ArcGIS 中几种空间内插方法的比较[J]. 物探化探计算技术, 29(1): 72-75, 95.
任博, 崔利杰, 刘嘉, 等. 2020. 一种基于随机森林的航空安全因果预测方法, CN202011111711.8[P]. 2020-10-16.
桑燕芳, 王中根, 刘昌明. 2013. 小波分析方法在水文学研究中的应用现状及展望[J]. 地理科学进展, 32(9): 1413-1422.
沈国强, 郑海峰, 雷振锋. 2017. 基于 SPEI 指数的 1961—2014 年东北地区气象干旱时空特征研究[J]. 生态学报, 37(17): 5882-5893.
师义民, 徐伟, 秦超英, 等. 2015. 数理统计[M]. 4 版. 北京: 科学出版社.
史本林, 朱新玉, 胡云川, 等. 2015. 基于 SPEI 指数的近 53 年河南省干旱时空变化特征[J]. 地理研究, 34(8): 1547-1558.
史恒, 李桂林, 王伟, 等. 2011. 基于总体经验模式分解的地震信号随机噪声消除[J]. 地球物理学进展, 26(1): 71-78.
孙连荣. 2005. 结构方程模型(SEM)的原理及操作[J]. 宁波大学学报(教育科学版), 27(2): 31-34, 43.
田苗苗. 2004. 数据挖掘之决策树方法概述[J]. 长春大学学报, 14(6): 48-51.
汪浩, 马达. 1993. 层次分析标度评价与新标度方法[J]. 系统工程理论与实践, 13(5): 24-26.
王兵, 李晓东. 2011. 基于 EEMD 分解的欧洲温度序列的多尺度分析[J]. 北京大学学报(自然科学版), 47(4): 627-635.
王东, 张勃, 安美玲, 等. 2014. 基于SPEI的西南地区近53a干旱时空特征分析[J]. 自然资源学报, 29(6): 1003-1016.
王慧麟. 2004. 测量与地图学[M]. 南京: 南京大学出版社.
王劲峰, 廖一兰, 刘鑫. 2010. 空间数据分析教程[M]. 北京: 科学出版社.
王劲峰, 徐成东. 2017. 地理探测器: 原理与展望[J]. 地理学报, 72(1): 116-134.
王可心, 包云轩, 朱承瑛, 等. 2021. 随机森林回归法在冬季路面温度预报中的应用[J]. 气象, 47(1): 82-93.
王林, 陈文. 2014. 标准化降水蒸散指数在中国干旱监测的适用性分析[J]. 高原气象, 33(2): 423-431.
王兆礼, 黄泽勤, 李军, 等. 2016. 基于SPEI和NDVI的中国流域尺度气象干旱及植被分布时空演变[J]. 农业工程学报, 32(14): 177-186.
王芝兰, 李耀辉, 王素萍, 等. 2015. 1901—2012 年中国西北地区东部多时间尺度干旱特征[J]. 中国沙漠, 35(6): 1666-1673.
威克姆. 2013. ggplot2: 数据分析与图形艺术[M]. 西安: 西安交通大学出版社.
魏翠萍. 1999. 层次分析法中和积法的最优化理论基础及性质[J]. 系统工程理论与实践, (9): 113-115, 119.
熊光洁. 2013. 近 50 年中国西南地区不同时间尺度干旱气候变化特征及成因研究[D]. 兰州: 兰州大学.
徐建华. 2014. 计量地理学[M]. 2 版. 北京: 高等教育出版社.
徐建华, 陈睿山, 等. 2017. 地理建模教程[M]. 北京: 科学出版社.
徐珉久. 2017. R 语言与数据分析实战[M]. 北京: 人民邮电出版社.
许允之, 王舒萍. 2019. 基于随机森林算法的徐州雾霾回归预测模型[C]// 《环境工程》2019 年全国学术年会论文集, 北京: 175-179, 185.
薛雅娟, 曹俊兴. 2016. 聚合经验模态分解和小波变换相结合的地震信号衰减分析[J]. 石油地球物理勘探, 51(6): 1148-1155, 1050-1051.
杨靖韬, 陈会果. 2010. 对网络爬虫技术的研究[J]. 科技创业月刊, 23(10): 170-171.
杨青霄, 田大栓, 曾辉, 等. 2017. 降水格局改变背景下土壤呼吸变化的主要影响因素及其调控过程[J]. 植物生态学报, 41(12): 1239-1250.
叶森土, 金超, 吴初平, 等. 2020. 浙江松阳县生态公益林群落分类排序及优势种种间关联分析[J]. 浙江农林大学学报, 37(4): 693-701.
翟禄新, 冯起. 2011. 基于 SPI 的西北地区气候干湿变化[J]. 自然资源学报, 26(5): 847-857.
张杰. 2019. R 语言数据可视化之美: 专业图表绘制指南[M]. 北京: 电子工业出版社.
张金屯. 1992. 植被与环境关系的分析Ⅱ: CCA 和 DCCA 限定排序[J]. 山西大学学报(自然科学版), 15(3): 292-298.
张金屯. 2018. 数量生态学[M]. 3 版. 北京: 科学出版社.
张利利, 周俊菊, 张恒玮, 等. 2017. 基于 SPI 的石羊河流域气候干湿变化及干旱事件的时空格局特征研究[J]. 生态学报, 37(3): 996-1007.
张松林, 张昆. 2007. 全局空间自相关 Moran 指数和 G 系数对比研究[J]. 中山大学学报(自然科学版), 46(4): 93-97.
张午朝, 高冰, 马育军. 2019. 长江流域 1961—2015 年不同等级干旱时空变化分析[J]. 人民长江, 50(2): 53-57.
赵天保, 钱诚. 2010. 传统距平与变年循环参照系下的中国气温变率比较[J]. 气候与环境研究, 15(1): 34-44.
郑博文. 2011. 基于 Hadoop 的分布式网络爬虫技术[D]. 哈尔滨: 哈尔滨工业大学.
周志华. 2016. 机器学习[M]. 北京: 清华大学出版社.
朱大奇, 史慧. 2006. 人工神经网络原理及应用[M]. 北京: 科学出版社.
朱希安, 金声震, 宁书年, 等. 2003. 小波分析的应用现状及展望[J]. 煤田地质与勘探, 31(2): 51-55.
庄少伟, 左洪超, 任鹏程, 等. 2013. 标准化降水蒸发指数在中国区域的应用[J]. 气候与环境研究, 18(5): 617-625.
邹强, 张晓华, 姚玉刚, 等. 2014. 泰森多边形在环境空气监测网络布设中的应用[J]. 干旱环境监测, 28(1): 36-38.
邹媛. 2010. 基于决策树的数据挖掘算法的应用与研究[J]. 科学技术与工程, 10(18): 4510-4515.
Kabacoff R. 2013. R 语言实战[M]. 高涛, 肖楠, 陈钢, 译. 北京: 人民邮电出版社.
Alicias E R. 2005. Toward an objective evaluation of teacher performance: the use of variance partitioning analysis, VPA[J]. Education Policy Analysis Archives, 13: 30.
Angelopoulou T, Tziolas N, Balafoutis A, et al. 2019. Remote sensing techniques for soil organic carbon estimation: a review[J]. Remote Sensing, 11(6): 676.
Anselin L. 2001. Spatial effects in econometric practice in environmental and resource economics[J]. American Journal of Agricultural Economics, 83(3): 705-710.
Austin J T, Wolfle L M. 1991. Annotated bibliography of structural equation modelling: technical work[J]. The British Journal of Mathematical and Statistical Psychology, 44 (Pt 1): 93-152.
Baesens B, Van Gestel T, Viaene S, et al. 2017. Benchmarking state-of-the-art classification algorithms for credit scoring[J]. Journal of the Operational Research Society, 54(6): 627-635.
Bentler P M. 1980. Multivariate analysis with latent variables: causal modeling[J]. Annual Review of Psychology, 31: 419-456.
Bolker B M. 2015. Ecological Statistics: Contemporary theory and application[M]. Oxford: Oxford University Press.
Bolker B M, Brooks M E, Clark C J, et al. 2009. Generalized linear mixed models: a practical guide for ecology and evolution[J]. Trends in Ecology & Evolution, 24(3): 127-135.
Bollen K A, Long J S. 1993. Testing Structural Equation Models[M]. Thousand Oaks: Sage.
Boser B E, Guyon I M, Vapnik V N. 1992. A training algorithm for optimal margin classifiers[C]// Proceedings of the Fifth Annual Workshop on Computational Learning Theory, Pittsburgh: 144-152.
Breiman L. 2001. Random forests[J]. Machine Learning, 45(1): 5-32.

Busetto L, Ranghetti L. 2016. MODIStsp: an R package for automatic preprocessing of MODIS Land Products time series[J]. Computers & Geosciences, 97: 40-48.

Cai R Q, Liu W, Zhu Z M. 2023. Study on wind power prediction based on EEMD-LSTM[C]//2023 IEEE 2nd International Conference on Electrical Engineering, Big Data and Algorithms (EEBDA), Changchun: 1791-1796.

Carstea E M, Bridgeman J, Baker A, et al. 2016. Fluorescence spectroscopy for wastewater monitoring: a review[J]. Water Research, 95: 205-219.

Cawse-Nicholson K, Townsend P A, Schimel D, et al. 2021. NASA's surface biology and geology designated observable: a perspective on surface imaging algorithms[J]. Remote Sensing of Environment, 257: 112349.

Cortes C, Vapnik V. 1995. Support-vector networks[J]. Machine Learning, 20(3): 273-297.

Cressie N. 1988. Spatial prediction and ordinary Kriging[J]. Mathematical Geology, 20(4): 405-421.

Daubechies I. 1992. Ten Lectures on Wavelets[M]. Philadelphia: Society for Industrial and Applied Mathematics.

de Santana F B, Borges Neto W, Poppi R J. 2019. Random forest as one-class classifier and infrared spectroscopy for food adulteration detection[J]. Food Chemistry, 293: 323-332.

Evans J, Waterson B, Hamilton A. 2019. Forecasting road traffic conditions using a context-based random forest algorithm[J]. Transportation Planning and Technology, 42(6): 554-572.

Gao X R, Zhao Q, Zhao X N, et al. 2017. Temporal and spatial evolution of the standardized precipitation evapotranspiration index (SPEI) in the Loess Plateau under climate change from 2001 to 2050[J]. Science of the Total Environment, 595: 191-200.

Gass S I. 2013. Model accreditation[M]//Gass S I, Fu M C. Encyclopedia of Operations Research and Management Science. Boston: Springer: 983-983.

Guanter L, Kaufmann H, Segl K, et al. 2015. The EnMAP spaceborne imaging spectroscopy mission for earth observation[J]. Remote Sensing, 7(7): 8830-8857.

Hamed K H, Rao R A. 1998. A modified Mann-Kendall trend test for autocorrelated data[J]. Journal of Hydrology, 204(1/2/3/4): 182-196.

Hedges L V, Gurevitch J, Curtis P S. 1999. The meta-analysis of response ratios in experimental ecology[J]. Ecology, 80(4): 1150-1156.

Huang N E, Shen Z, Long S R, et al. 1998. The empirical mode decomposition and the Hilbert spectrum for nonlinear and non-stationary time series analysis[J]. Proceedings of the Royal Society of London Series A: Mathematical, Physical and Engineering Sciences, 454(1971): 903-995.

Jabbi F F, Li Y E, Zhang T Y, et al. 2021. Impacts of temperature trends and SPEI on yields of major cereal crops in the Gambia[J]. Sustainability, 13(22): 12480.

Jiang N, Wang L. 2015. Quantum image scaling using nearest neighbor interpolation[J]. Quantum Information Processing, 14(5): 1559-1571.

Jöreskog K G. 1988. Handbook of Multivariate Experimental Psychology[M]. Boston: Springer.

Kendall M G. 1990. Rank correlation methods[J]. British Journal of Psychology, 25(1): 86-91.

Kirman A. 2008. Economy as a complex system[M]//The New Palgrave Dictionary of Economics. London: Palgrave Macmillan UK: 1-10.

Lai J S, Zou Y, Zhang J L, et al. 2022. Generalizing hierarchical and variation partitioning in multiple regression and canonical analyses using the rdacca.hp R package[J]. Methods in Ecology and Evolution, 13(4): 782-788.

Lee J S, Son D H, Lee S H, et al. 2020. Canonical correspondence analysis ordinations and competitor, stress tolerator, and ruderal strategies of coastal dune plants in South Korea[J]. Journal of Coastal Research, 36(3): 528.

Liu Y X, Zhuo L, Pregnolato M, et al. 2022. An assessment of statistical interpolation methods suited for gridded rainfall datasets[J]. International Journal of Climatology, 42(5): 2754-2772.

Luc D T. 2016. Multiobjective Linear Programming[M]. Berlin: Springer.

Makarenkov V, Legendre P. 2002. Nonlinear redundancy analysis and canonical correspondence analysis based on polynomial regression[J]. Ecology, 83(4): 1146-1161.

Mann H B.1945. Nonparametric tests against trend[J]. Econometrica, 13(3): 245.

Maroufpoor S, Bozorg-Haddad O, Chu X F. 2020. Geostatistics[M]//Handbook of Probabilistic Models. Amsterdam: Elsevier: 229-242.

Martinelli F, Scalenghe R, Davino S, et al. 2015. Advanced methods of plant disease detection. A review[J]. Agronomy for Sustainable Development, 35(1): 1-25.

Matheron G. 1963. Principles of geostatistics[J]. Economic Geology, 58(8): 1246-1266.

McKee T, Doesken N, Kleist J. 1993. The relationship of drought frequency and duration to time scales[C] //Proceedings of the 8th Conference on Applied Climatology, Anaheim, CA: 179-184.

McLeod A I. 2005. Kendall rank correlation and Mann-Kendall trend test[J]. R Package Kendall, 602: 1-10.

Nikas A, Fountoulakis A, Forouli A, et al. 2022. A robust augmented ε-constraint method (AUGMECON-R) for finding exact solutions of multi-objective linear programming problems[J]. Operational Research, 22(2): 1291-1332.

Oliver M A, Webster R. 1990. Kriging: a method of interpolation for geographical information systems[J]. International Journal of Geographical Information Systems, 4(3): 313-332.

Olson D L. 1993. Tchebycheff norms in multi-objective linear programming[J]. Mathematical and Computer Modelling, 17(1): 113-124.

Ren Y, Yu H P, Liu C X, et al. 2022. Attribution of dry and wet climatic changes over central Asia[J]. Journal of Climate, 35(5): 1399-1421.

Saaty T L, Vargas L G. 2013. Decision Making with the Analytic Network Process: Economic, Political, Social and Technological Applications with Benefits, Opportunities, Costs and Risks[M]. Boston: Springer US.

Schimel D, Pavlick R, Fisher J B, et al. 2015. Observing terrestrial ecosystems and the carbon cycle from space[J]. Global Change Biology, 21(5): 1762-1776.

Sedgwick P. 2012. Pearson's correlation coefficient[J]. British Medical Journal, 345: e4483.

Setianto A, Triandini T. 2015. Comparison of Kriging and inverse distance weighted (IDW) interpolation methods in lineament extraction and analysis[J]. Journal of Applied Geology, 5(1): 21-29.

Tan C P, Yang J P, Li M. 2015. Temporal-spatial variation of drought indicated by SPI and SPEI in Ningxia Hui autonomous region, China[J]. Atmosphere, 6(10): 1399-1421.

Ter Braak C J F. 1986. Canonical correspondence analysis: a new eigenvector technique for multivariate direct gradient analysis[J]. Ecology, 67(5): 1167-1179.

Ter Braak C J F. 1987. The analysis of vegetation-environment relationships by canonical correspondence analysis[J]. Vegetatio, 69(1): 69-77.

Tobler W R. 1970. A computer movie simulating urban growth in the Detroit region[J]. Economic Geography, 46: 234.

Torres M E, Colominas M A, Schlotthauer G, et al. 2011. A complete ensemble empirical mode decomposition with adaptive noise[C]//2011 IEEE International Conference on Acoustics, Speech and Signal Processing (ICASSP). Prague: 4144-4147.

Vapnik V N. 1999. An overview of statistical learning theory[J]. IEEE Transactions on Neural Networks, 10(5): 988-999.

Vicente-Serrano S M, Beguería S, López-Moreno J I. 2010. A multiscalar drought index sensitive to global warming: the standardized precipitation evapotranspiration index[J]. Journal of Climate, 23(7): 1696-1718.

Wu Z H, Huang N E. 2009. Ensemble empirical mode decomposition: a noise-assisted data analysis method[J]. Advances in Adaptive Data Analysis, 1(1): 1-41.

Xu C Y, Singh V P. 2002. Cross comparison of empirical equations for calculating potential evapotranspiration with data from Switzerland[J]. Water Resources Management, 16(3): 197-219.

Xu T, Hutchinson M. 2011. A NUCLIM version 6.1 user guide[J]. The Australian National University. Canberra: Fenner School of Environment and Society.

Yue S, Wang C Y. 2004. The Mann-Kendall test modified by effective sample size to detect trend in serially correlated hydrological series[J]. Water Resources Management, 18(3): 201-218.

Zarei A R, Moghimi M M. 2019. Modified version for SPEI to evaluate and modeling the agricultural drought severity[J]. International Journal of Biometeorology, 63(7): 911-925.

Zeleny M. 1974. Linear Multiobjective Programming[M]. Berlin: Springer.

Zhu Y L, Chang J X, Huang S Z, et al. 2016. Characteristics of integrated droughts based on a nonparametric standardized drought index in the Yellow River Basin, China[J]. Hydrology Research, 47(2): 454-467.